高等学校机械专业系列教材

全国教育科学"十一五"规划课题研究成果

机电传动控制

第二版

海心 蒋荣 主编

高等教育出版社·北京

内容提要

本书是全国教育科学"十一五"规划课题研究成果。

本书内容分为五部分,第一部分内容为机电传动控制技术基础,重点介绍组成电气系统常用电器元件的结构和工作原理、电气图纸的阅读和绘制以及用于电路分析的逻辑代数;第二部分内容为继电器控制技术基础,通过典型环节电路和典型设备电气系统分析,阐述电气控制系统的工作原理、分析电气系统的方法;第三部分内容为可编程序控制器(PLC)应用技术,其中涉及 PLC 的工作原理、基本使用方法、编程软件与组态软件应用等知识;第四部分内容为设备调速控制技术,其中包含直流调速系统和近年来应用日益广泛的交流调速系统;第五部分内容为电气控制系统设计基础,初步涉及电气控制系统设计的有关知识。

本书以初次接触电气控制技术的读者为主,内容由浅到深,循序渐进,涉及知识面宽,内容丰富。本书既可作为高等学校机械工程类专业的课程教材,也可作为相关工程技术人员的参考文献。

图书在版编目(CIP)数据

机电传动控制 / 海心,蒋荣主编. --2 版. --北京:高等教育出版社,2018.9(2022.12重印)
ISBN 978-7-04-050083-7

Ⅰ.①机… Ⅱ.①海… ②蒋… Ⅲ.①电力传动控制设备-高等学校-教材 Ⅳ.①TM921.5

中国版本图书馆 CIP 数据核字(2018)第 154223 号

| 策划编辑 | 卢 广 | 责任编辑 | 卢 广 | 封面设计 | 赵 阳 | 版式设计 | 童 丹 |
| 插图绘制 | 于 博 | 责任校对 | 刘娟娟 | 责任印制 | 韩 刚 | | |

出版发行	高等教育出版社	网　址	http://www.hep.edu.cn
社　址	北京市西城区德外大街4号		http://www.hep.com.cn
邮政编码	100120	网上订购	http://www.hepmall.com.cn
印　刷	运河(唐山)印务有限公司		http://www.hepmall.com
开　本	787mm×960mm　1/16		http://www.hepmall.cn
印　张	23.5	版　次	2007年11月第1版
字　数	430千字		2018年9月第2版
购书热线	010-58581118	印　次	2022年12月第5次印刷
咨询电话	400-810-0598	定　价	45.90元

本书如有缺页、倒页、脱页等质量问题,请到所购图书销售部门联系调换
版权所有 侵权必究
物 料 号　50083-00

机电传动控制

第二版

海 心
蒋 荣 主编

1. 计算机访问 http://abook.hep.com.cn/12319729,或手机扫描二维码、下载并安装 Abook 应用。
2. 注册并登录,进入"我的课程"。
3. 输入封底数字课程账号(20位密码,刮开涂层可见),或通过 Abook 应用扫描封底数字课程账号二维码,完成课程绑定。
4. 单击"进入课程"按钮,开始本数字课程的学习。

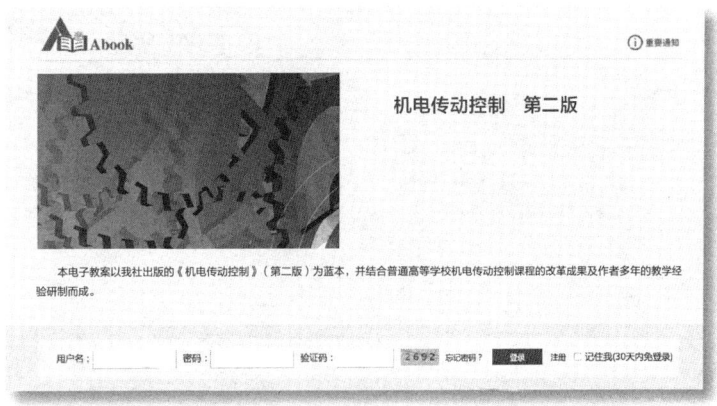

课程绑定后一年为数字课程使用有效期。受硬件限制,部分内容无法在手机端显示,请按提示通过计算机访问学习。

如有使用问题,请发邮件至 abook@hep.com.cn。

扫描二维码
下载 Abook 应用

http://abook.hep.com.cn/12319729

前　言

本书是根据"十一五"规划国家重点课题"21世纪中国高等学校应用型人才培养体系的创新与实践"项目中对机械工程类专业应用型本科人才培养目标要求开展编写工作的。该书的编写原则是从机械类专业的人才培养目标出发，在知识结构组织、编写内容安排、例题习题选择等方面体现机械工程类专业应用型教育的特点，力求内容清晰，结构紧凑，实用性强，尽可能反映本学科近年来科技发展的新内容、新技术，并注意引入工程实用技术手段与应用实例。

本书在编写内容安排上，依据应用型本科机械类专业机电传动控制课程以认识、分析和应用机电控制系统为重点的教学目标，着重于课程知识体系完整、知识面宽、工程实用性强的知识构架。在内容组织上，一方面是采用简单完整的实例，重点体现知识点掌握与方法应用，使刚开始接触电气控制系统的初学者能够很快地进入学科领域；另一方面是将实际计算机工程软件应用于书中实例，使技术知识学习与实际应用相结合，并在扩展知识的基础上引入组态软件应用。

按照上述编写目标，本书编写内容由传统的继电器控制应用开始，在学习电气控制基本原理的基础上，进一步引入采用计算机技术的可编程序控制器应用知识以及使用计算机工程应用软件编制控制器程序的方法。同时本书内容还涉及交流电动机和直流电动机的调速控制，系统地给出电气控制系统涉及的知识内容，并由此形成机电传动控制课程的知识体系。

本书第一版编写于2007年。随着技术的发展，特别是近年来PLC控制器应用不断有新技术出现，原书这部分内容已不能满足知识学习的要求。本次修订重点主要是第三篇的第6章、第7章、第8章，修改完善原有内容，并增加当前经常使用的新内容，更新并采用新版工程应用编程软件。

参加本书修订的有海心、蒋荣、孙延永、赵华、王俭朴、李守军，由海心、蒋荣任主编，孙延永任副主编。东南大学汤文成教授对全书进行了认真的审阅，并提出许多宝贵的意见。另外在编写的过程中，得到了马银忠、李春荣、厉荣给予的诸多帮助，同时也参考了许多相关文献，在此一同表示衷心的感谢。

限于编者的学识水平，加之时间仓促，书中存在的错误和不妥之处，诚希使用本书的读者给予指正，在此表示衷心的感谢。

编　者

2018年3月

目　　录

第一部分　机电传动控制技术基础

第1章　绪论 ·· 2
1.1　概述 ··· 2
1.1.1　设备组成与工作过程 ··· 2
1.1.2　设备控制方式的变化 ··· 3
1.2　机电传动控制技术发展概述 ··· 3
1.2.1　设备驱动方式的发展 ··· 4
1.2.2　电气控制方式的发展 ··· 6
1.2.3　电气元件的发展 ··· 7
1.2.4　控制系统设计技术的发展 ··································· 7
1.3　机电传动控制技术研究重点 ··· 7
1.4　职业道德与社会责任 ··· 8
习题及思考题 ··· 8

第2章　常用低压电器 ·· 9
2.1　概述 ··· 9
2.2　开关类电器 ··· 11
2.2.1　动力电路开关电器 ·· 11
2.2.2　控制电路开关电器（主令电器） ························· 21
2.3　继电器类电气元件 ·· 28
2.3.1　接触器类电气元件 ·· 29
2.3.2　控制继电器 ·· 31
2.3.3　热过载保护继电器 ·· 36
2.4　其他电器 ··· 38
2.4.1　熔断器 ··· 38
2.4.2　控制变压器 ·· 40
习题及思考题 ··· 41

第3章　电气控制系统基础知识 ·· 42
3.1　电气图绘制及绘图标准 ·· 42
3.1.1　电气图中的图形符号和文字符号 ························· 42

3.1.2 电路图ㆍㆍㆍ 44
3.1.3 电气元件布置图ㆍㆍㆍ 47
3.1.4 接线图ㆍㆍㆍ 48
3.2 电气控制系统的逻辑代数分析方法ㆍㆍ 50
3.2.1 电气元件的逻辑表示ㆍㆍ 51
3.2.2 电路状态的逻辑表达式ㆍㆍㆍ 52
3.2.3 电路化简的逻辑方法ㆍㆍ 52
习题及思考题ㆍㆍㆍ 53

第二部分 继电器控制技术基础

第 4 章 电气控制系统基本控制电路ㆍㆍ 56
4.1 三相笼型异步电动机基本控制电路环节ㆍㆍㆍ 56
4.1.1 三相笼型异步电动机的启动控制电路ㆍㆍㆍ 57
4.1.2 三相笼型异步电动机的正反转控制电路ㆍㆍㆍㆍㆍㆍㆍㆍㆍㆍㆍㆍㆍㆍㆍㆍㆍㆍㆍㆍㆍㆍㆍㆍㆍㆍㆍㆍㆍㆍㆍㆍㆍㆍㆍㆍ 63
4.1.3 三相笼型异步电动机的制动控制电路ㆍㆍㆍㆍㆍㆍㆍㆍㆍㆍㆍㆍㆍㆍㆍㆍㆍㆍㆍㆍㆍㆍㆍㆍㆍㆍㆍㆍㆍㆍㆍㆍㆍㆍㆍㆍㆍㆍㆍ 67
4.1.4 三相笼型异步电动机的变速控制电路ㆍㆍㆍㆍㆍㆍㆍㆍㆍㆍㆍㆍㆍㆍㆍㆍㆍㆍㆍㆍㆍㆍㆍㆍㆍㆍㆍㆍㆍㆍㆍㆍㆍㆍㆍㆍㆍㆍㆍ 72
4.2 特定功能控制电路ㆍㆍ 76
4.2.1 点动与长动控制电路ㆍㆍ 76
4.2.2 多地点、多条件控制电路ㆍㆍㆍ 77
4.2.3 联锁控制电路ㆍㆍㆍ 79
4.3 自动循环工作控制电路ㆍㆍㆍ 82
4.3.1 机械设备自动循环工作控制电路ㆍㆍ 82
4.3.2 电液控制电路ㆍㆍ 87
习题及思考题ㆍㆍㆍ 94
第 5 章 典型设备电气控制系统分析与电路图设计ㆍㆍ 96
5.1 设备电气控制系统分析概述ㆍㆍㆍ 96
5.2 普通车床电气控制系统分析ㆍㆍㆍ 98
5.2.1 车床的主要结构和工作要求分析ㆍㆍ 98
5.2.2 电力拖动及控制要求分析ㆍㆍ 99
5.2.3 车床电气控制系统分析ㆍㆍ 99
5.3 卧式铣床电气控制系统分析ㆍㆍ 104
5.3.1 铣床的主要结构和运动形式分析ㆍㆍㆍ 104

5.3.2 电力拖动及控制要求分析 ……………………………………………… 105
5.3.3 铣床电气控制系统分析 ………………………………………………… 106
5.4 组合机床电气控制系统分析 ………………………………………………… 113
5.4.1 组合机床的结构及运动分析 …………………………………………… 114
5.4.2 组合机床的拖动及控制要求 …………………………………………… 116
5.4.3 组合机床控制电路分析 ………………………………………………… 117
5.5 电气控制系统电路图设计基础 ……………………………………………… 122
5.5.1 控制电路设计的基本原则 ……………………………………………… 122
5.5.2 控制电路设计的基本方法 ……………………………………………… 122
5.5.3 电路图的控制逻辑设计 ………………………………………………… 123
5.5.4 电路图设计中的注意事项 ……………………………………………… 124
5.5.5 电路图设计举例 ………………………………………………………… 127
习题及思考题 ……………………………………………………………………… 130

第三部分 可编程序控制器(PLC)应用技术

第6章 可编程序控制器(PLC)应用基础 ………………………………… 132
6.1 概述 …………………………………………………………………………… 132
6.1.1 问题的提出与解决途径 ………………………………………………… 132
6.1.2 可编程序控制器使用特点 ……………………………………………… 133
6.2 可编程序控制器硬件构成及工作原理 ……………………………………… 139
6.2.1 可编程序控制器硬件构成 ……………………………………………… 139
6.2.2 可编程序控制器用户程序输入设备 …………………………………… 144
6.2.3 可编程序控制器工作原理 ……………………………………………… 144
6.3 用户控制程序编程概述 ……………………………………………………… 147
6.3.1 可编程序控制器的编程方式 …………………………………………… 147
6.3.2 可编程序控制器编程元素 ……………………………………………… 149
6.4 PLC控制程序编程基础 ……………………………………………………… 153
6.4.1 基本指令 ………………………………………………………………… 153
6.4.2 可编程序控制器程序编制规则 ………………………………………… 159
6.4.3 可编程序控制器编程应用 ……………………………………………… 161
6.5 可编程序控制器编程软件 …………………………………………………… 165
6.5.1 编程软件概述 …………………………………………………………… 165

  6.5.2 编程软件应用实例 ································· 168
  6.5.3 用户控制程序仿真 ································· 172
 习题及思考题 ··· 179

第7章 可编程序控制器扩展应用 181
 7.1 步进控制 ··· 181
  7.1.1 顺序功能图 SFC ··································· 182
  7.1.2 步进梯形图与步进指令 ······························· 184
  7.1.3 步进功能的 SFC 方法程序输入 ························ 186
  7.1.4 功能图主要类型 ··································· 194
 7.2 功能指令应用 ··· 198
  7.2.1 功能指令构成 ····································· 198
  7.2.2 功能指令应用实例 ································· 202
 7.3 监控组态软件在 PLC 控制系统中的应用 ··············· 209
  7.3.1 组态软件应用概述 ································· 210
  7.3.2 组态软件的主要功能与组态步骤 ······················· 212
  7.3.3 PLC 监控组态软件组态实例 ·························· 214
 习题及思考题 ··· 223

第8章 可编程序控制器的 STEP7 编程方法(西门子 PLC 产品应用) 224
 8.1 STEP7 编程方法基础 ·································· 224
  8.1.1 STEP7 程序结构与程序调用 ·························· 225
  8.1.2 STEP7 编程软件应用简介 ···························· 226
  8.1.3 STEP7 编程元素与指令 ······························ 229
 8.2 S7-200 系列 PLC 编程应用举例(风机运行监控) ······· 233
 8.3 STEP7 编程方法应用扩展(S7-300 系列 PLC 应用) ····· 237
  8.3.1 西门子 S7-300 系列 PLC 硬件系统组成 ················ 237
  8.3.2 S7-300 系列 PLC 产品编程应用 ······················· 239
  8.3.3 西门子 S7 系列 PLC 的网络应用与组态监控 ············ 248
 习题及思考题 ··· 252

第四部分 设备调速控制技术

第9章 设备伺服系统概述 254
 9.1 概述 ··· 254

  9.1.1 设备的调速要求 ⋯⋯⋯⋯⋯⋯⋯⋯⋯⋯⋯⋯⋯⋯⋯⋯⋯⋯⋯⋯⋯⋯ 254

  9.1.2 电气调速的基本概念 ⋯⋯⋯⋯⋯⋯⋯⋯⋯⋯⋯⋯⋯⋯⋯⋯⋯⋯⋯ 255

 9.2 伺服控制系统 ⋯⋯⋯⋯⋯⋯⋯⋯⋯⋯⋯⋯⋯⋯⋯⋯⋯⋯⋯⋯⋯⋯⋯⋯⋯⋯ 258

  9.2.1 伺服控制系统构成 ⋯⋯⋯⋯⋯⋯⋯⋯⋯⋯⋯⋯⋯⋯⋯⋯⋯⋯⋯⋯ 258

  9.2.2 伺服控制系统分类 ⋯⋯⋯⋯⋯⋯⋯⋯⋯⋯⋯⋯⋯⋯⋯⋯⋯⋯⋯⋯ 259

  9.2.3 伺服系统的基本要求 ⋯⋯⋯⋯⋯⋯⋯⋯⋯⋯⋯⋯⋯⋯⋯⋯⋯⋯⋯ 262

  9.2.4 伺服系统应用 ⋯⋯⋯⋯⋯⋯⋯⋯⋯⋯⋯⋯⋯⋯⋯⋯⋯⋯⋯⋯⋯⋯ 263

 习题及思考题 ⋯⋯⋯⋯⋯⋯⋯⋯⋯⋯⋯⋯⋯⋯⋯⋯⋯⋯⋯⋯⋯⋯⋯⋯⋯⋯⋯⋯⋯ 264

第 10 章 直流电动机调速控制 ⋯⋯⋯⋯⋯⋯⋯⋯⋯⋯⋯⋯⋯⋯⋯⋯⋯⋯⋯⋯⋯ 265

 10.1 直流调速控制系统的基本概念 ⋯⋯⋯⋯⋯⋯⋯⋯⋯⋯⋯⋯⋯⋯⋯⋯⋯⋯ 265

  10.1.1 直流电动机工作原理 ⋯⋯⋯⋯⋯⋯⋯⋯⋯⋯⋯⋯⋯⋯⋯⋯⋯⋯ 265

  10.1.2 他励直流电动机机械特性方程 ⋯⋯⋯⋯⋯⋯⋯⋯⋯⋯⋯⋯⋯⋯ 266

  10.1.3 他励直流电动机调速方式 ⋯⋯⋯⋯⋯⋯⋯⋯⋯⋯⋯⋯⋯⋯⋯⋯ 267

  10.1.4 直流电动机调速装置 ⋯⋯⋯⋯⋯⋯⋯⋯⋯⋯⋯⋯⋯⋯⋯⋯⋯⋯ 269

  10.1.5 直流电动机调速指标 ⋯⋯⋯⋯⋯⋯⋯⋯⋯⋯⋯⋯⋯⋯⋯⋯⋯⋯ 273

 10.2 速度负反馈单闭环直流电动机调速系统 ⋯⋯⋯⋯⋯⋯⋯⋯⋯⋯⋯⋯⋯⋯ 278

  10.2.1 晶闸管-直流电动机调速系统 ⋯⋯⋯⋯⋯⋯⋯⋯⋯⋯⋯⋯⋯⋯⋯ 278

  10.2.2 晶闸管-直流电动机转速负反馈调速系统 ⋯⋯⋯⋯⋯⋯⋯⋯⋯⋯ 280

 10.3 无静差直流调速系统 ⋯⋯⋯⋯⋯⋯⋯⋯⋯⋯⋯⋯⋯⋯⋯⋯⋯⋯⋯⋯⋯⋯ 284

  10.3.1 调节器 ⋯⋯⋯⋯⋯⋯⋯⋯⋯⋯⋯⋯⋯⋯⋯⋯⋯⋯⋯⋯⋯⋯⋯⋯ 284

  10.3.2 采用 PI 调节器的单闭环转速负反馈调速系统 ⋯⋯⋯⋯⋯⋯⋯⋯ 287

 10.4 直流电动机转速、电流双闭环调速系统 ⋯⋯⋯⋯⋯⋯⋯⋯⋯⋯⋯⋯⋯⋯ 288

  10.4.1 转速、电流双闭环调速系统的组成 ⋯⋯⋯⋯⋯⋯⋯⋯⋯⋯⋯⋯ 289

  10.4.2 转速、电流双闭环调速系统的调速过程 ⋯⋯⋯⋯⋯⋯⋯⋯⋯⋯ 290

 习题及思考题 ⋯⋯⋯⋯⋯⋯⋯⋯⋯⋯⋯⋯⋯⋯⋯⋯⋯⋯⋯⋯⋯⋯⋯⋯⋯⋯⋯⋯⋯ 292

第 11 章 交流电动机调速控制 ⋯⋯⋯⋯⋯⋯⋯⋯⋯⋯⋯⋯⋯⋯⋯⋯⋯⋯⋯⋯⋯ 293

 11.1 交流电动机调速概述 ⋯⋯⋯⋯⋯⋯⋯⋯⋯⋯⋯⋯⋯⋯⋯⋯⋯⋯⋯⋯⋯⋯ 293

  11.1.1 三相异步电动机的结构和工作原理 ⋯⋯⋯⋯⋯⋯⋯⋯⋯⋯⋯⋯ 293

  11.1.2 交流电动机调速系统分类 ⋯⋯⋯⋯⋯⋯⋯⋯⋯⋯⋯⋯⋯⋯⋯⋯ 294

 11.2 交流电动机定子侧变频调速系统 ⋯⋯⋯⋯⋯⋯⋯⋯⋯⋯⋯⋯⋯⋯⋯⋯⋯ 296

  11.2.1 变频调速的基本原理 ⋯⋯⋯⋯⋯⋯⋯⋯⋯⋯⋯⋯⋯⋯⋯⋯⋯⋯ 296

  11.2.2 变频器的基本结构与工作原理 ⋯⋯⋯⋯⋯⋯⋯⋯⋯⋯⋯⋯⋯⋯ 298

  11.2.3 正弦波脉宽调制(SPWM) ⋯⋯⋯⋯⋯⋯⋯⋯⋯⋯⋯⋯⋯⋯⋯⋯ 302

 11.3 交流电动机转子侧串级调速系统 ⋯⋯⋯⋯⋯⋯⋯⋯⋯⋯⋯⋯⋯⋯⋯⋯⋯ 306

11.3.1 串级调速概述 ... 306
11.3.2 串级调速构成与调速原理 ... 307
11.3.3 晶闸管串级调速系统结构与工作原理 ... 309
11.4 无刷直流电动机调速系统 ... 311
11.4.1 永磁无刷直流电动机结构组成 ... 312
11.4.2 永磁无刷直流电动机调速控制 ... 313
11.5 VVVF变频器产品与使用 ... 316
11.5.1 一般变频器的基本结构 ... 316
11.5.2 变频器的主要控制参数 ... 317
11.5.3 变频器使用简介 ... 318
习题及思考题 ... 323

第五部分 电气控制系统设计基础

第12章 设备电气控制系统设计 ... 326

12.1 电气控制系统设计的基本原则和内容 ... 326
12.1.1 电气控制系统设计的基本原则 ... 326
12.1.2 电气控制系统设计的主要工作内容 ... 327
12.2 电气控制装置的设计步骤与设计要点 ... 329
12.2.1 电气控制系统设计的设计步骤 ... 329
12.2.2 电气控制系统设计的设计要点 ... 330
12.3 设计举例 ... 337
12.3.1 设备结构及运动概述 ... 337
12.3.2 初步设计 ... 339
12.3.3 技术设计 ... 340
习题及思考题 ... 345

附 录 ... 347
附录A 电气元件的操作件图形符号及电气元件触点图形符号例 ... 347
附录B 电气元件文字符号(项目种类代号) ... 352
附录C 日本三菱公司微型可编程控制器指令 ... 355

参考文献 ... 360

第一部分

机电传动控制技术基础

第1章 绪 论

1.1 概述

在人类发展的历史过程中,工具的使用是一个重要的因素。人类所使用的工具,从原始人制作的石斧发展到今天现代人制造的登月探测车,经历了原始技能到现代技术的进步,人类利用工具不仅延伸了自身的生存能力,也改变了自己的生活方式。观察我们周围就会发现,人们已被各种各样的工具所包围,有些复杂工具,就被称之为机器,或者设备。这些机器或设备,有的是与生活直接有关,如洗衣机、电冰箱、飞机等,有的则是与设备制造有关,如数控机床、线切割机、汽车生产线等。人们的生活不仅离不开这些设备,同时还需不断地发明和制造新的设备。

1.1.1 设备组成与工作过程

当我们仔细分析周围的设备,就会发现它们都有一个共同点,那就是设备整体来说主要有3部分组成,即固定支撑机构及功能执行部分(工作部分)、驱动装置部分和控制驱动装置的控制系统部分。例如,图1.1.1所示洗衣机的构成,外壳、洗衣桶、进排水管等组成洗衣机的工作部分,电动机为洗衣机驱动装置,电路板、操作键和按钮组成洗衣机的控制部分(电气控制系统),控制部分按照人们设定的洗衣要求控制洗衣机完成洗衣过程。

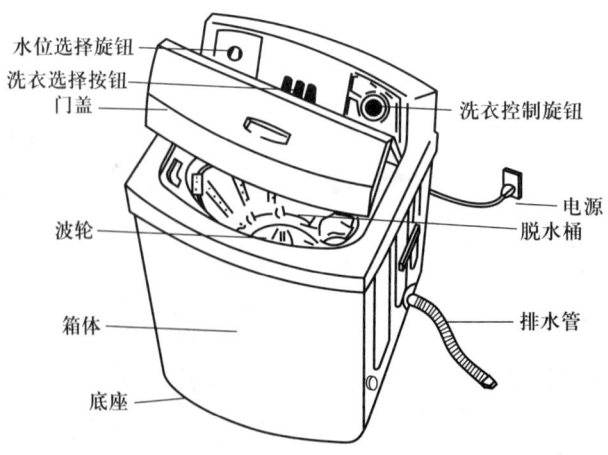

图 1.1.1 洗衣机构成示意图

又如在数控机床上也可以看到同样的构成形式,床身、主轴箱、进给机构、换刀机构组成设备的工作部分,电动机和液压系统为机床的驱动装置,含数控单元的电气系统组成机床的控制部分。电气控制系统控制数控机床完成零件加工过程。

上述设备构造特点使人们在设计、制造设备的过程中,逐渐延伸形成设备功能设计制造、驱动系统设计制造与控制系统设计制造等相互关联的技术领域。控制系统设计制造是本书关注和讨论的内容。

1.1.2　设备控制方式的变化

设备的控制部分是其必不可少的重要组成部分,而控制部分的构成以及其所采用的控制方式也经历了一个不断变化的过程。

人们最早实现设备控制的方式可以从机械钟表的结构中看到,无论是普通钟表时、分、秒针的走动,还是"布谷"钟上伴随报时出现的小鸟和音乐,其控制都是由发条、齿轮、杆件、齿鼓、弹簧等机械零件组成的系统完成,这种控制方式为机械方式。在 20 世纪早期,制造汽车发动机凸轮的机床上,也采用凸轮等机械方式控制机床完成自动循环加工的工作过程。

机械控制方式的应用,受到构成组件的体积、重量、功能等方面的限制。随着各种电动机产品的出现和使用,使人们逐渐转向使用电气方式,通过开关、接触器、继电器等开关类器件组成电气系统对设备进行控制。从上个世纪后期的一些产品和设备中可以看到这些控制方式的例子,例如有些洗衣机、电风扇及普通车床的控制等。

随着计算机技术的发展和现代自动化生产过程的出现,普通开关类器件组成的电气系统已不能满足人们对设备控制的要求,在计算机技术的支持下,人们拓展了电气系统的组件,加入一些其他的控制系统,如数控系统、可编程序控制器系统、单片机系统、计算机集成系统等计算机控制方式和数字控制方式。

控制技术的发展,还与控制对象的发展紧密相关,各种电动机的制造和使用,压力液体和压力空气的使用,使设备有了更多的驱动形式,因而也出现相应的控制系统。

目前,采用电气传动控制技术构建设备的控制系统,是主要的设备控制途径。通过由电气设备构成的控制系统,可以控制设备完成设计预定的工作功能。

1.2　机电传动控制技术发展概述

机电传动控制技术的研究对象是设备的电气控制系统。设备上与电气控制系统相关的部分为设备的驱动装置和由各种电气元件组成的控制装置,其关系如图 1.2.1 所示。驱动装置(如电动机、液压系统、气动系统等)拖动设备产生工作运动,如洗衣机洗衣桶的转动,车床的主轴转动等。控制装置则按照工作要求控制驱动装置提供动力。在现代设备控制中,电气控制系统概念也已不像早期设备的电气控制方法和手段,只涉及开关类器件组成的控制装置,而是包含很多采用计算机技术实现控制的综合性系统。通过对生产设备电气控制系统发展过程的回顾,将能够进一步了解电气传动技术涉及领域和题目。电气控制系统发展过程可以从设备驱动方式、电气控制方式、组成电气控制系统的元器件设计和使用,以及控制系统设计技术的发展变化过程来了解。

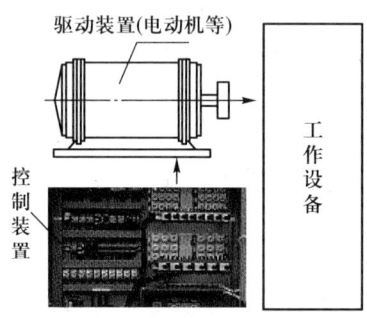

图 1.2.1　控制系统关系图

1.2.1　设备驱动方式的发展

设备驱动方式的发展主要是指生产企业中,使用电动机拖动设备时,电动机配置方式的变化过程。20 世纪初,电动机开始被用于拖动生产设备时,是采用一台电动机拖动多台设备工作的传动形式,此时,电动机通过中间机构(天轴)将动力传送到多台设备,传动关系如图 1.2.2a 所示。设备的控制主要依靠机械方式实现。这种驱动方式传动机构复杂、动力传送路径长、功耗大、可变性差。

为改变设备的工作性能,到 20 世纪中期,很多设备已由一台电动机单独驱动(在单台设备多台电动机的情况下,主要工作运动由一台电动机驱动,其他为辅助电动机,如冷却泵电动机等),设备传动关系如图 1.2.2b 所示。其特点是驱动对象减少,设备功能增加。例如普通车床由一台电动机驱动,通过机械传动链将动力分别传递到主轴和进给机构,产生切削主运动和进给运动。但是此种驱动方式仍然存在机械传动链长、传动机构复杂、精度难以提高的问题,同时设备结构庞大,功能增加受到限制,并且不易实现设备工作自动化。

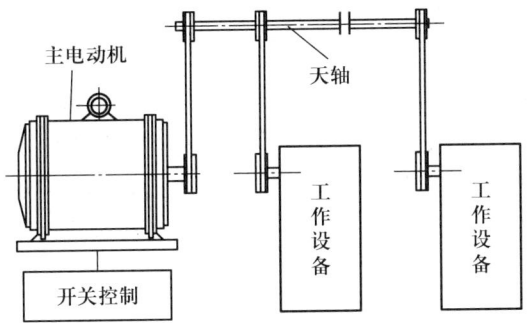

(a) 一台电动机拖动多台设备

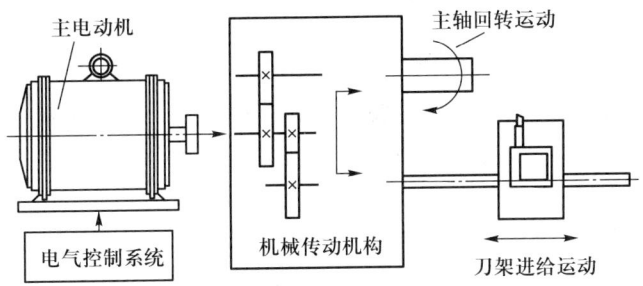

(b) 一台电动机拖动一台设备

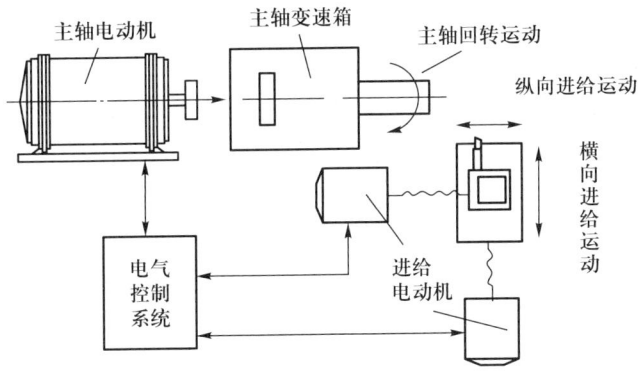

(c) 多台电动机拖动一台设备

图 1.2.2 设备传动示意图

为了解决上述存在的问题，一些需要多个工作运动输出的设备，就将一台电动机驱动几个传动链的传动方式改为每一个工作运动都由单独的电动机驱动，形成在一台设备上采用多台电动机驱动的方式,电动机驱动对象单一。此时由于电动机的动力直接传递到运动执行件上,取消了通过机械传动链分配动力的机构,从而设备机械结构得以简化,机械传动链缩短,传动精度得到提高,设备传动关系如图 1.2.2c 所示。例如目前人们常见的大型仿形铣床上,工作台两个方向的移动分别由两台电动机拖动。而数控车床的主轴转动和刀架移动也分别由主轴电动机和进给伺服电动机驱动。采用多台电动机驱动的设备,其控制系统也由原来控制一个电动机的简单控制变为对多个电动机协调控制,因此,对电气控制系统的功能要求增加,控制系统的复杂程度也随之增加。

随着技术的发展,除使用电动机作为驱动动力,人们还发明和采用压力液体和压力空气作为设备工作的驱动力,这种驱动装置被广泛地用在现代自动化设备中,同时也形成相应的控制系统。

1.2.2 电气控制方式的发展

设备驱动方式的改变,促使设备控制方式的发展。控制系统的主要功能就是按照设备的工作要求,控制驱动设备的动力供给和分配,同时,系统在完成主要功能的基础上,还需要具有保证设备安全正常工作的功能。电气控制系统随着驱动方式的改变,在控制要求增加和变化的带动下发展起来,其发展变化过程,也反映了电气控制系统的现状和涉及的技术领域。

针对早期简单设备以及目前一些容量小、动作单一的设备,人们采用的是简单手动开关电气控制,只完成动力设备电源的接通和断开,其操作简单、功能单一,且人为因素影响大、安全性差。

随着驱动方式的改变以及设备功能和安全方面要求的增加,出现了采用继电器、接触器等电磁操作的元器件作为电气控制系统主要控制电器,系统由开关、接触器、继电器等电气元件构成开关逻辑电路,实现对设备的工作控制。这种方法使用的是硬件逻辑控制原理,简单直接、工作稳定可靠、成本低,基本能满足设备工作的各种控制需要,而且能够实现设备工作自动化。

但是由于继电器控制系统是由许多电气元件通过接线组装成的控制电路,具有分立电气元件通过固定接线方式构成控制系统的特点,因此存在两个不足之处,其一是控制系统一旦设计确定,制造安装完毕,便不能随时更改,可变性差;其二是分立电气元件组成自动控制系统,特别是对规模较大的自动化生产设备控制,系统中电气元件数量较多,控制系统结构庞大复杂,尽管单个元件故障率不高,但是设备总故障率还是很高,并且故障查找困难。这样的控制系统控制柔性差,控制规模受限制,同时控制功能也具有局限性,难以适应现代化生产模式的需求。

现代计算机技术的发展,为电气控制系统的组成、控制功能等方面提供了改进的途径和方法。可编程序控制器(PLC)以其大规模集成电路的器件结构特点和可以通过编程改变控制逻辑的特点,使得采用 PLC 构建的电气控制系统,不仅解决了继电器控制系统的硬件控制逻辑不可变问题,同时还极大地提高了系统的工作可靠性,降低系统故障率。由于 PLC 本身具有工业计算机的结构组成,因此还赋予控制系统许多计算机所具备的功能,组成的控制系统不但能完成一般设备开关量控制,还能够实现如联网通信,数据、文件保存处理,与上位计算机组合实现远程实时控制等功能。目前 PLC 被广泛地用于设备电气控制系统中。

数字控制也是利用计算机技术,在现代设备中实现精确位置控制的一种控制方式,被广泛地用在各种数控设备中。

1.2.3 电气元件的发展

电气元件的发展是各种控制方式能够实现的基础,早期的开关元件只能简单满足接通和切断电源的控制功能,随着设备控制功能要求的增加,人们对多功能、多形式、多用途的电气元件的需求也在增加。各种新型电气元件被设计和制造出来。例如适应不同场合、不同用途的各种继电器类产品,为满足各种自动化设备的控制要求,用于采集各种现场控制数据、测量各种物理量的传感器产品等。电子技术、计算机技术的发展,带来了各种集成电路产品,例如一些具有特殊控制功能的集成电路块等。可编程序控制器(PLC)即是典型的大规模集成电路产品,为一集成多种电气元件功能的复合控制器件。这些电气元件的出现,使得控制系统的组成与功能也发生了巨大变化。新材料、新技术的出现以及控制系统发展过程中的各种需求,使电气元件的设计、制造和使用处在不断地更新过程中。

1.2.4 控制系统设计技术的发展

在设备的设计过程中,控制系统设计是重要设计工作之一。早期人们采用经验设计法、逻辑设计法设计控制系统。随着控制要求的不断增多,控制规模的不断变大,控制系统采用的元器件的不断更新,这样的设计方法已不能满足要求,现在人们更多的利用计算机工程设计软件来完成控制系统设计工作,例如 Protel 设计软件、PLC 编程软件、组态软件等。

1.3 机电传动控制技术研究重点

从机电传动控制技术发展过程中可以看到,随着社会的前进,各种各样的生产、生活用设备处在日新月异的变化和发展中,与之紧密相关的电气控制系统也在适应这种需求中发展起来。从上述电气控制系统发展过程的描述中,可以看到,电气传动控制技术涉及驱动设备、控制系统、电气元件等方面,但是设备控制系统的核心,是利用各种电气设备与元件构成电气系统,实现对设备工作运行的控制。因此,研究电气控制系统的组成、工作原理、控制方法与控制功能是机电传动控制技术课程的重点内容。在本教材的后续章节中,将从构成电气控制系统的常用电气元件开始,通过对设备电气控制基础知识、可编程序控制器(PLC)应用技术、设备伺服系统基础、电气控制系统设计等机电传动控制技术内容的组织,系统地给出机电传动控制技术的基本知识与应用基础。

1.4 职业道德与社会责任

作为设计和制造设备的工程技术人员,不仅仅是从事具体的技术工作,更重要的是作为社会的一个成员,需要做出有益于社会,有助于人类发展,能够提供满足社会环境要求的技术成果。

在工程人员技术工作中的一些决策,会对周围环境造成很大的影响,例如设计制造的产品是否安全,产品在制造和使用的过程中是否对周围的环境造成损害等。工程技术人员对保护社会公众利益负有责任,国家对一系列产品的制造和使用也制定了各种法规和标准,因此我们在学习机电传动控制课程的同时,也需要遵守职业责任和关注与技术工作有关的社会效应。

习题及思考题

1-1 简述电气传动控制技术发展过程中的各种设备控制方式。
1-2 以某电冰箱为例,分析其控制方式。
1-3 分别以生活中某些设备为例,说明各种控制方式。

第 2 章 常用低压电器

在设备的控制系统中,电气控制系统是由各种具有不同功能的电器设备和元件通过接线组合构成。由于这些设备和元件是电气控制系统的基本组成单元,因此了解和认识它们的组成结构、工作原理,以及在电路图中的文字符号与图形符号表达形式是分析和设计电气控制系统的基础。本章将分类讨论设备控制中常用的一些低压电器。

2.1 概述

低压电器通常是指在交流电压小于 1 200 V、直流电压小于 1 500 V 的电路中工作的电器。这类电器能够在电路中完成基本的控制功能和保护作用,是电气控制系统的主要基础构件。

图 2.1.1 所示为三相异步电动机实现启动和停止控制的电气系统电路图。电路图使用依据国家电气制图标准规定的电气图形符号和文字符号表达组成控

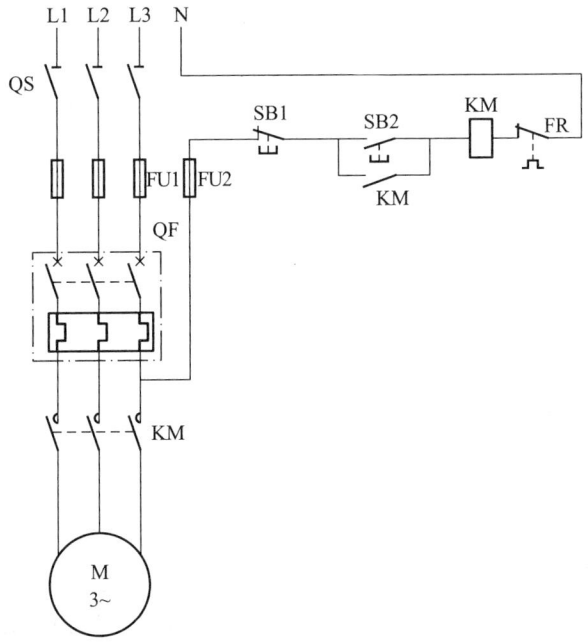

图 2.1.1 三相异步电动机全压启、停控制电路

制系统电气元件的种类和功能,显示电气元件之间的连接关系和控制系统的工作原理。图中电路表明,该控制系统是由一些常用的低压电器构成,其中,隔离开关 QS 将三相电源接入三相异步电动机的动力驱动电路,并将外部电源与设备电路隔离;熔断器 FU 进行设备的短路保护;低压断路器 QF 是电动机的电源开关,同时对电路具有过载保护功能;交流接触器 KM,按钮 SB 完成电动机运行的控制操作。

由图示控制系统电路分析可知,组成系统的低压电器产品具有不同的功能,并在系统中起着不同的作用,因此在电气控制系统设计和制作中需要依据系统功能要求选择和组合使用各类电器。低压电器产品品种繁多,结构各异,为有效的理解和选用低压电器,人们对它们进行分类,常用的分类方法中,有的按功能分类,有的按控制对象分类,也有的按动作方式分类,其分类状况如下。

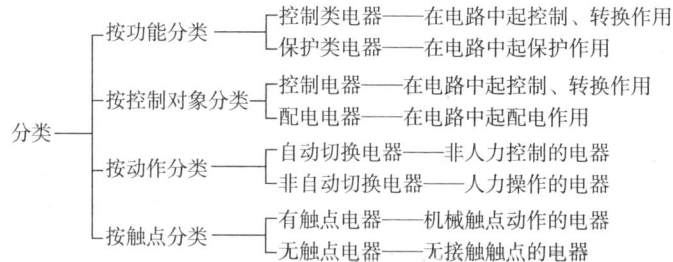

在普通机械设备的电气控制系统中,常用的低压电器主要有控制类电器(如驱动电路的开关、主令电器、接触器、控制继电器等),保护类电器(如熔断器、热继电器、各种保护继电器等)和其他一些功能电器(如控制变压器、电磁铁等),这些电器在电路中不仅完成各种控制功能,同时能够保证电气系统正常安全运行。

低压电器产品与电气控制系统的功能紧密相关,随着控制系统对低压电器产品的种类和质量方面不断提出更高的要求,低压电器产品的发展,成为使用过程中需要注意的一个重要方面。当前,低压电器产品从设计方面看,主要体现在功能和结构上的变化,产品趋向于多功能、多形式、多用途,以满足各种使用要求和使用场合。新产品不断地被研制和开发出来,特别是多功能化产品及机电一体化产品,如电子化的新型控制电器(接近开关、光电开关、固态继电器与接触器等)。从制造方面来看,新材料、新工艺、新技术的使用极大地提高了产品质量、改善了产品性能。目前,国内低压电器制造工业飞速发展,并且在引进国外先进的产品制造技术,实现产品国产化等一系列举措的基础上,低压电器产品不断更新换代,已有大量多品种、新结构、高性能的产品可以满足各种控制系统的使用需求。

综上所述，了解、认识以及使用低压电器，主要从三个方面进行，其一是了解电器的结构原理与功能，其二是掌握国家标准规定的该电气元件的图形符号和文字符号，第三是产品的选用。

2.2 开关类电器

开关类电器属于控制类电器，电器操作由人力或其他非电控因素完成，是电气控制系统中必不可少的一类电气元件，在系统中主要起着配电和控制工作状态转换的作用。

设备上使用的开关类电器主要有两大类，一类为用在驱动电路（动力电路）中的开关类电器，这类电器工作在较高电压、较大电流的电路中，主要起配电作用和作为设备控制系统的电源开关，如负荷开关、断路器等，另一类为用在控制电路中的开关类电器，这类电器工作在低电压、小电流的电路中，主要起控制工作状态转换的作用，如按钮开关、位置开关、选择开关等。

2.2.1 动力电路开关电器

在设备控制系统中，常用的动力电路开关电器主要有隔离器、负荷开关和断路器。

隔离器用于对电气设备的带电部分进行维修时，将电气设备从电网中脱开并隔离，起隔离电源的作用，隔离器分断时能将设备电路中所有电流通路切断。隔离器一般属于无载通断类型的电器，作为隔离器使用的开关称作隔离开关。

负荷开关是在刀开关基础上，加入熔断器的开关，是一种结构简单、应用十分广泛的手动电器，可进行带载通断电路，主要用作电源开关以及用于电动机运行切换控制。

低压断路器俗称自动空气开关，是设备控制系统中的主要开关电器之一，它不仅可以接通和分断正常负载电流、电动机工作电流，并且能够在工作状态下，当系统中发生严重过电流、过载、短路等故障时，自动切断电路，保护电气设备。设备控制系统中，低压断路器主要作为能够对电路、电气设备及电动机等进行保护的电源开关使用。

1. 刀开关

"刀开关"是具有刀形触片的各类开关电器的总称。图 2.2.1a 所示为刀开关的结构示意图，开关由手柄、触刀、静插座、铰链支座和绝缘支座等部分组成。扳动手柄，使触刀绕铰链支座转动，当触刀插入静插座内时，电路接通，拉动手柄，使触刀脱离静插座时，电路断开。刀开关一般用于无载通断电路。

刀开关按极数可分为单极、双极、三极 3 类,其中三极刀开关使用较多。刀开关的图形符号如图 2.2.1b 所示。动力电路开关主文字符号为 Q,用作隔离开关时,组合辅助说明文字符号 S,为 QS。

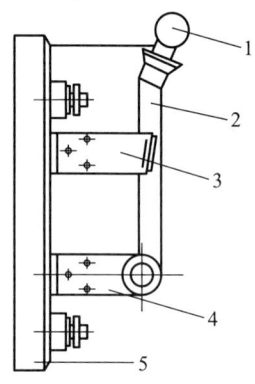

(a) 刀开关的结构图

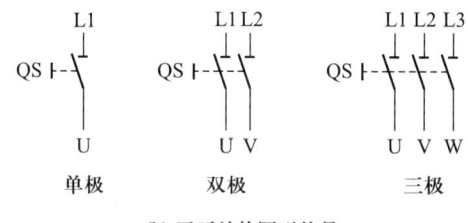

(b) 刀开关的图形符号

图 2.2.1 刀开关

1—手柄;2—触刀;3—静插座;4—铰链支座;5—绝缘支座

2. 负荷开关(刀开关熔断器组)

当刀开关和熔断器串联组合时构成熔断器组合电器,即熔断器式刀开关。熔断器与开关组合的电器也称为负荷开关,这种类型的开关能够带负载接通和断开电路,并具有一定的短路保护功能。

将一个三极刀开关与三个熔断器串联后组装在一个铁壳内构成的刀开关熔断器组,称为铁壳开关的封闭式负荷开关,其结构如图 2.2.2a 所示。它的结构特点是装有一个速断弹簧,当拉闸断电时,触刀能够很快地与静插座分离,电弧被迅速拉长而熄灭。其次,开关的操作机构设有机械锁装置,当铁壳盖打开时,开关被卡住不能合闸接通电路,而当开关在合闸位置时,铁壳盖不能打开,保证处于安全状态。

封闭式负荷开关的图形符号与文字符号如图 2.2.2b 所示。在主开关文字符号 Q 后,组合保护功能辅助说明文字符号 L,负荷开关的文字符号为 QL。

封闭式负荷开关在配电电路中用作隔离开关,在设备控制电路中可用作电源开关,手控不频繁地接通或断开带负荷电路,也可作为小型异步电动机的非频繁全压启动的控制开关。

负荷开关产品种类很多,常见的旋转手柄式高性能封闭负荷开关结构紧凑、工作可靠,其结构外形如图 2.2.2c 所示。

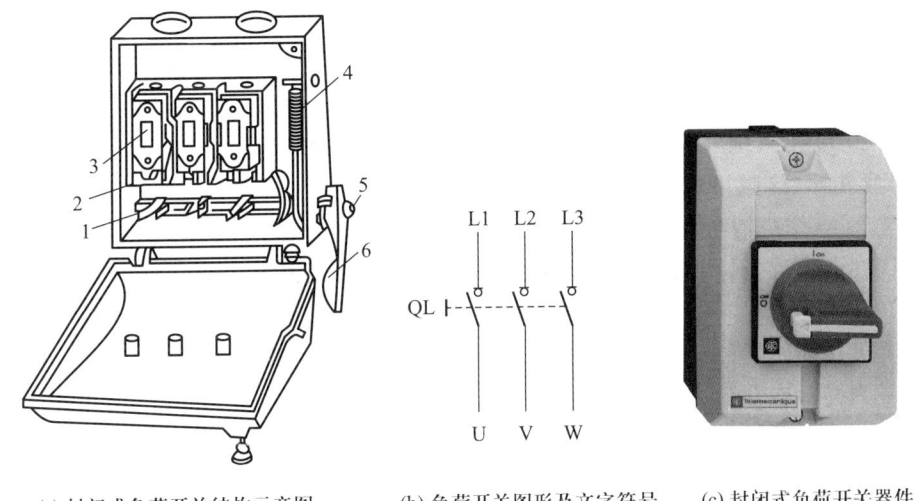

(a) 封闭式负荷开关结构示意图　　(b) 负荷开关图形及文字符号　　(c) 封闭式负荷开关器件

图 2.2.2　封闭式负荷开关

1—触刀;2—静插座;3—熔断器;4—速断弹簧;5—转轴;6—手柄

3. 低压断路器

低压断路器也称自动空气开关或空气断路器,与 IEC 国际标准统一名称后,称为低压断路器,简称断路器。当电路正常工作时,断路器可以接通或分断正常负载电流。当电路发生严重过载、短路或失压故障时,断路器能够自动地分断故障电路,有效地保护串接在其后面的电气设备,是一种具有保护环节而被广泛使用的开关电器。根据断路器在电路中的不同用途,断路器常被区分为低压配电用断路器,电动机保护用断路器和其他负载(如照明)用断路器等。

低压断路器通过各种脱扣器、继电器或附件来实现保护功能,使用时,依据用途配备不同的脱扣器或继电器。脱扣器可以是断路器本身的一个组成部分,也有采用外接的脱扣器模块。而配置的继电器(包括热敏电阻保护单元)则通过与断路器操作机构相连的脱扣器的动作控制断路器。高性能型万能式断路器带有各种保护功能脱扣器,包括智能化脱扣器,可实现与计算机网络通信。

设备控制电路中常用的低压断路器为塑料外壳式断路器,其主要特征是有一个塑料外壳,所有部件均安装在这个外壳内。塑料外壳式断路器容量较小,除可用于配电支路的保护开关外,一般用作电动机、照明电路及电热电路的控制开关。

(1) 断路器结构与工作原理

塑料外壳式断路器操作方式多为手动,断路器主要有3个组成部分:

① 触点和灭弧系统。

② 脱扣系统　各种可供选择的脱扣器,包括过电流脱扣器、失电压(欠电压)脱扣器、热脱扣器和分励脱扣器等。

③ 操作机构与自动脱扣机构(自动脱扣是指当电路出现故障时,不论操作手柄在何位置,触点均能迅速自动分断,此部分是联系以上两部分的中间传递部件)。

低压断路器的结构原理如图2.2.3a所示,图形符号如图2.2.3b所示,文字符号为QF,内部结构如图2.2.3c所示。

低压断路器的主触点一般由耐弧合金制成,采用灭弧栅片灭弧。在正常情况下,主触点可以接通或分断工作电流。当出现故障时,断路器能够快速及时地切断高达数十倍额定电流的故障电流,从而保护电路及电路中的电气设备。

图中自动脱扣机构2是一套连杆机构,如果电路中发生故障,自动脱扣机构就在有关脱扣器的驱动下动作,使脱钩脱开,同时带动主触点分离,切断电路。

过电流脱扣器3(也称为电磁脱扣器)的线圈和热脱扣器5的热组件与主电路串联。当电路发生短路或严重过载时,过电流脱扣器的衔铁吸合,使自动脱扣机构动作。当低压断路器由于过载而断开后,为使热脱扣器恢复原位,一般需要等待2~3 min后才能重新合闸。过电流脱扣器和热脱扣器互相配合,热脱扣器担负主电路的过载保护功能,过电流脱扣器担负短路和严重过载故障保护功能。若电网电压过低或为零时,欠电压脱扣器的衔铁被释放,同样使自动脱扣机构动作,断路器分断电路。这样,当电路出现过载、短路或欠电压的异常状态时,断路器都能自动切断电源,保证了电路及电路中设备的安全。

低压断路器因其具有多种保护功能,通断能力较大,运行安全可靠,且故障动作时三相联动,动作后经复位可继续使用,并具有体积小、重量轻、价格低等优点,所以在电路中得到了广泛应用。

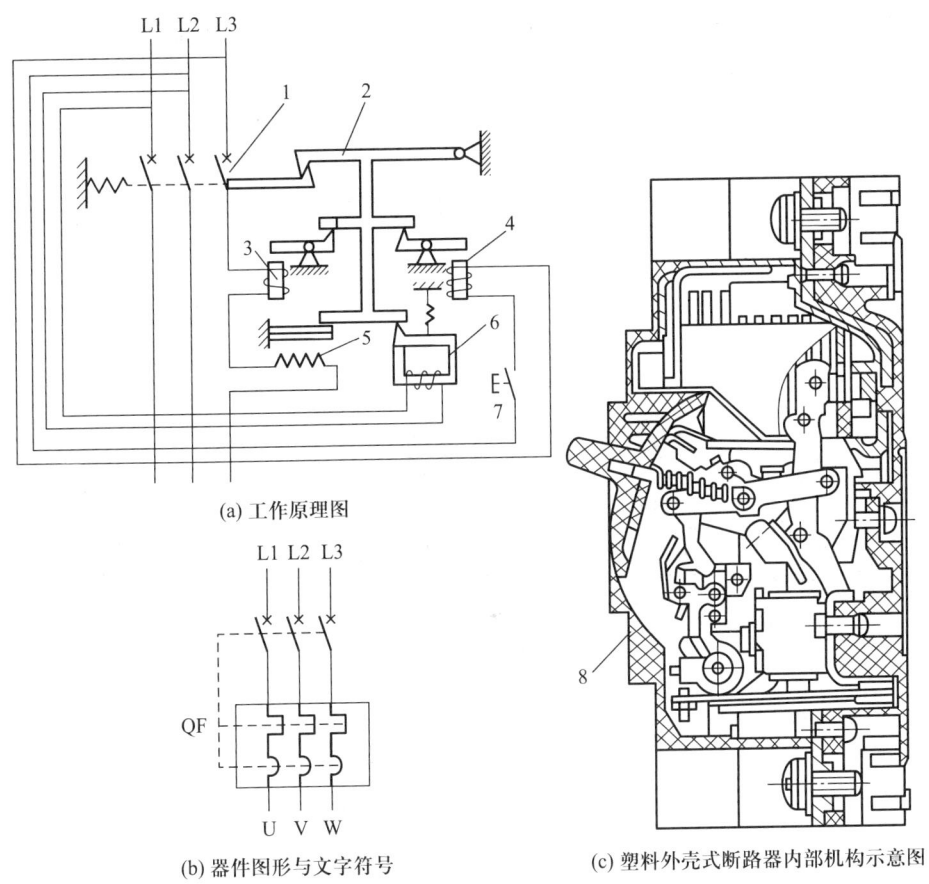

图 2.2.3 低压断路器

1—主触点；2—自动脱扣机构；3—过电流脱扣器；4—分励脱扣器；
5—热脱扣器；6—欠电压脱扣器；7—手动脱扣按钮；8—塑料外壳

(2) 断路器产品选用

断路器产品很多，并且常采用模块化的方式进行功能器件组合。一般各生产商使用字母与数字组合的代码方式给生产的产品系列命名，通过产品代码表明产品的类型、产品规格与基本结构，以便于选用和订购。典型国产断路器的代号编码如 SM40，国外产品如西门子公司的断路器产品之一代号为 3VU13，其附件欠电压脱扣器代号 3VU9132-0AB15 等，施耐德公司的某断路器产品代号 GV2-LE，欠压脱扣器附件代号 GV-AX 等，在断路器的选用过程中，详细选用指标及计算方法，可以查阅电气设计手册给予确定，在具体器件选用时，器件型号及使用资料通过生产商提供的样本查阅，通常由样本提供的资料中有产品说明、产品型号代码、产品外形及结构图、产品详细规格和技术参数、产品安装方式、安装尺寸以及接线图等。如图2.2.4所示为产品样本资料中电动机保护用断路器的产品和附件关系图,图2.2.5所示的电路图提供附件连接使用信息,表2.2.1显示断路器产品技术数据,表2.2.2显示断路器在额定电流和额定工作电压下的额定极限短路分断能力I_{cu}和额定运行短路分断能力I_{cs}等。

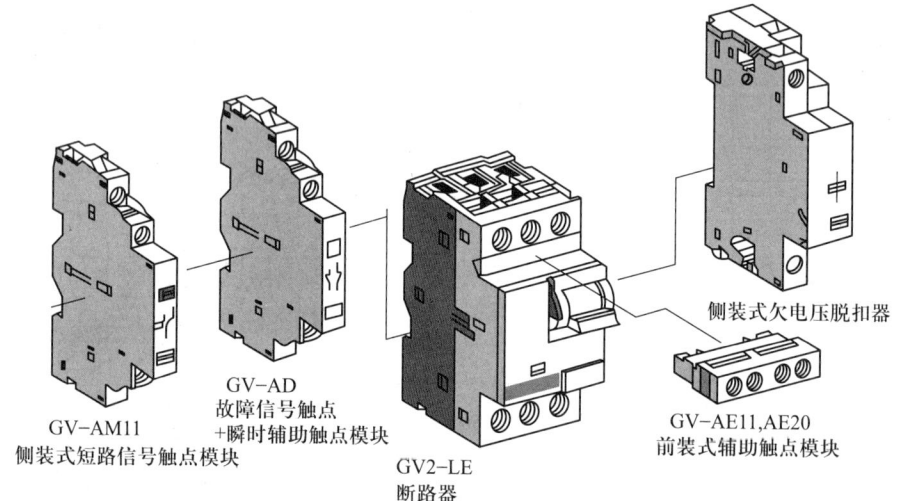

图2.2.4 电动机保护用断路器

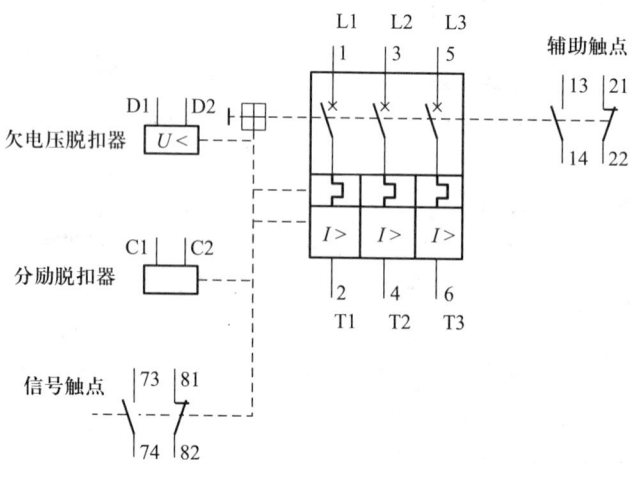

图2.2.5 组合断路器电路图

表 2.2.1 断路器技术参数

符合标准	IEC 947-1,IEC 947-2,IEC 947-4-1,	
型号	3VU13	3VU16
极数	3	3
最大额定电流 A:设备保护	25	63
电动机保护	25	52
允许环境温度/℃:额定电流时	−20~+55	
库存时	−50~+80	
额定工作电压/V	690	
额定频率/Hz	50/60	
额定绝缘电压/V	750	
额定冲击耐受电压/kV	6	
使用类别:断路器	A	
电动机启动器	AC-3	
机械寿命 操作循环次数:小于 25 A	100 000	100 000
大于 25 A		30 000
带负荷时每小时操作次数　　　　1/h	25	25
防护等级	IP 00/IP 20	
温度补偿	有	
断相保护	有	
附件	分励脱扣器	有	
	欠电压脱扣器	有	
	辅助触点	有	
	报警触点	有	
	限流器	有	
	远程控制机构	有	

表 2.2.2　断路器额定短路分断能力

断路器型号	额定电流 I_N/A	低于 AC 240 V 电压			低于 AC 415 V 电压		
		额定极限短路分断能力 I_{cu}/kA	额定运行短路分断能力 I_{cs}/kA	最大后备熔断器/A	额定极限短路分断能力 I_{cu}/kA	额定运行短路分断能力 I_{cs}/kA	最大后备熔断器/A
3VU13	1 以下	短路电流低于 100 kA，不需用后备熔断器			短路电流低于 100 kA，不需用后备熔断器		
	1.6						
	2.4						
	3.6~4						
	5~6						
	8~10				10	10	80
	13~16				6	6	80
	20~25	10	10	100	6	6	80

4. 智能化断路器

智能化断路器作为高性能的断路器主要用在配电网络中分配电能和作为线路及电源设备控制与保护的电器，也可用于三相笼型异步电动机的控制电器。智能化断路器的特征是采用了以微处理器或单片机为核心的智能控制器（智能脱扣器），因此不仅具备普通断路器的各种保护功能，同时还具备实时显示电路中的各种电气参数（电流、电压、功率、功率因数等）的功能，可以对电路进行在线监视、调节、测量、试验、自诊断、通信等操作；也能够对各种保护功能的动作参数进行显示、设定和修改；保护电路动作时的故障参数还能够存储在非易失存储器中，便于查询。

智能化塑料外壳式断路器，均配有系列智能控制器及配套附件，这些配件可以采用模块配套方式，也可以直接安装在断路器本体中。控制器的显示模块可安装于面板或电气柜门上，方便监视断路器的运行及故障状态，通过手持编程器可进行各种参数的设定，配用通信接口模块时可联网通信。智能化断路器原理框图如图 2.2.6 所示，一般智能控制器则具有以下功能：

① 具有包括过载长延时、短路瞬时和短延时、单相接地等保护功能。

② 具有对各种运行电流及接地故障电流、各线电压的显示功能。

③ 远端监控和诊断功能脱扣器具有本机故障诊断功能,当本机发生故障时能发出出错显示或报警,同时重新启动。

④ 可对脱扣器各种参数进行调整设置的整定功能。

⑤ 负载监控功能设置。

⑥ 具有通过专用接口与计算机、可编程序控制器、CRT、打印机、语言系统等连接的通信接口功能。

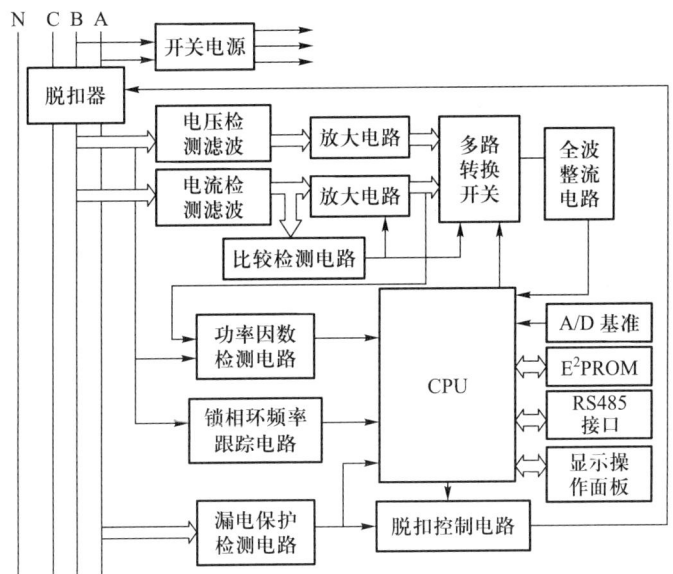

图 2.2.6　智能化断路器原理框图

5. 转换开关

转换开关为多极多位置开关,可实现多组触点组合进行电路转换的操作。转换开关依据用途不同可分为控制三相电动机正转和反转切换开关,多回路控制转换开关,电流/电压测量用转换开关,步进定位式(多位置)转换开关等。开关通常由底座、触点块、操作头(操作手柄)和面板铭牌组成。底座与触点块有整体结构形式,也有使用触点模块,依据需要组合的结构形式。操作头的形式也有多种,例如圆头 H 形手柄,钥匙手柄等。转换开关上由多对静触片(位置固定)和动触片(通过操作头操作凸轮机构改变位置)构成接通和断开电路的触点组。当操作手柄改变凸轮的位置时,即改变触点组中触点的状态,从而达到接通或断开一组电路的目的,其单层结构示意图以及电路图中的图形、文字符号如图 2.2.7 所示。

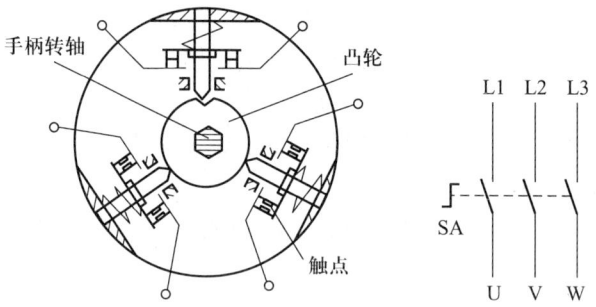

图 2.2.7　转换开关结构原理简图与图形符号

多极多位置转换开关触点关系较多,通常其接线关系采用接线图、接线表和开关位置的方式说明,必要时添加文字说明,例如电动机换向转换开关及其接线关系说明如图 2.2.8 所示。

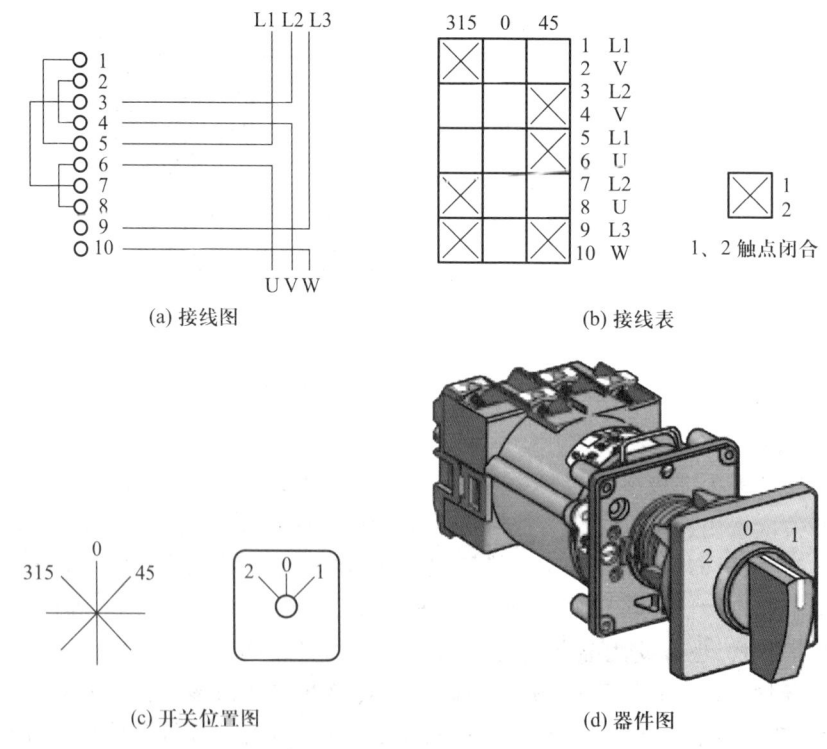

图 2.2.8　电动机换向转换开关

电气元件产品通过文字和数字组合的代号标识其产品类型、结构特性、额定工作条件等,由于电器产品生产厂商遍布国内外,因此产品型号表达方式也存在差异。转换开关选用方法与断路器相同,也是依据生产厂商提供的产品样本选择与使用,主要的产品技术数据确定可从相关设计手册中查阅。

2.2.2 控制电路开关电器(主令电器)

主令电器主要用在控制电路中,发出控制工作状态转换的命令或信号,完成设备的各种工作要求控制和工作进程控制。主令电器的触点与其他电器触点共同构成控制电路的控制逻辑。

主令电器应用广泛,种类很多,主要有按钮类开关、位置类开关(包括行程开关、光电开关、接近开关等)、选择类开关等。

1. 按钮类开关

按钮类开关是一类短时接通或分断小电流电路的电器,在控制电路中手动操作,用于控制其他电气元件负载电路的接通和断开,例如控制继电器、接触器的工作线圈电路,从而实现对各种运动输出的控制。

按钮类开关是一种结构简单的手动电器,其典型结构如图2.2.9a所示,由按钮帽、桥式动触点、复位弹簧、两组静触点组成。在未操作状态时(常态),桥式动触点与上部静触点接触,形成动断触点,动断触点控制的电路在常态时导通,下部静触点与动触点无接触,形成动合触点,动合触点控制的电路在常态时断开。当按下按钮帽时(操作状态),桥式动触点向下移动,动触点与上部静触点脱离接触,转而与下部静触点接触,因此动断触点打开,断开电路,动合触点闭合,接通电路。而当松开按钮帽时,在复位弹簧作用下,桥式动触点上移复位,触点恢复常态位置。按钮类开关的图形符号如图2.2.9b所示,文字符号为SB。

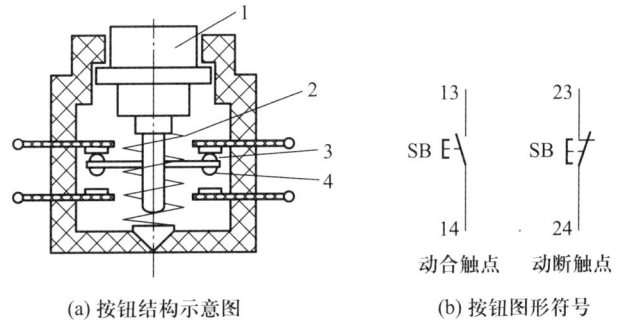

图2.2.9 按钮开关
1—按钮帽;2—弹簧;3—动断触点;4—动合触点

在实际设备操作过程中,从安全和方便的角度出发,需要按钮类开关能够满足各种使用要求,因此这类开关有多种结构形式,按钮帽也有不同的颜色,并且模块式的按钮能够根据使用要求组合触点数目。表 2.2.3 所示为一些按钮类开关的结构形式。按钮帽的颜色应符合相关国家标准的要求,例如"停止"和"急停"按钮必须是红色,"启动"按钮是绿色等。使用不同颜色按钮的目的是标明各个按钮开关的作用,避免误操作。当电路中有多个支路需要按钮操作控制时,则该按钮需要相应数目的触点,以满足使用要求。

表 2.2.3 控制按钮主要结构形式

分类			代号	特点
安装方式	面板安装按钮			供开关板、控制台上安装固定用
	固定安装按钮			底部有安装固定孔
防护式	开启式按钮		K	无防护外壳,适于嵌装在柜、台面板上
	保护式按钮		H	有防护外壳,可防止偶然触及带电部分
	防水式按钮		S	具有密封外壳,可防止雨水浸入
	防腐式按钮		F	具有密封外壳,可防止腐蚀性气体侵入
操作方式	按压操作			按压操作
	旋转操作	手柄式	X	用旋钮操作,有两位置或三位置
		钥匙式	Y	用钥匙插入旋钮进行操作,限定操作权限
	拉式		L	用拉杆进行操作
	万向操纵杆式		W	操纵杆能以任何方向进行操作
复位性	自复按钮			外力释放后,按钮依靠弹簧作用恢复原位
	自持按钮			按钮内装有锁紧机构,需要操作复位
结构特征	一般式按钮			一般结构
	带灯按钮		D	按钮内装有信号灯,兼做信号指示
	紧急式按钮		J	一般有蘑菇头突出,紧急时可切断电源

按钮类开关不但要求动作精度高、电气性能良好、通断绝对可靠,而且还要求造型新颖美观、手感好、功能齐全、安装使用方便。这类开关品种繁多,在选用的过程中,主要依据使用场合与使用要求选择。

2. 位置类开关

在设备控制中,常需要对设备运动件位置状态进行检测和定位,并依据位置状态,进行设备工作状态转换控制,因此,位置类开关被广泛使用。位置类开关按结构分为机械类和电气类,机械类开关为有触点式开关,机械设备中常用的有行程开关和微动开关等;电气类为无触点式开关,常用的有接近开关、光电开关等。

(1) 行程开关[①]

行程开关(又称限位开关)属于机械类有触点式开关,微动开关是其中一类。在设备上,设备运动件的行程(位置)控制开关发出信号,以控制运动件的运行顺序或行程大小。

图 2.2.10a 所示为直动式行程开关的结构图。其工作原理与按钮开关相同,只是操作方式不同,按钮开关通过手动操作进入工作状态,行程开关利用设备运动件上的撞块,压动开关操作件进入工作状态。

实际使用中,行程开关安装在设备基座上预定位置,相应运动件上装有撞块,并且撞块位置可以调整,当运动件移动到撞块压动行程开关时,行程开关通过机械可动部分的动作,将设备位置状态转换为控制电路的触点信号,从而实现对设备工作过程的自动控制或进行越位保护。行程开关广泛用于各类有位置控制要求或依据位置关系实现顺序工作控制要求的设备中。

行程开关的通用图形符号如图 2.2.10b 所示,文字符号为 SQ。

行程开关种类繁多,按操作形式分有直杆式(柱塞式)、直杆滚动式(滚动柱塞式)、转臂式等,模块化的产品如图 2.2.10c 所示,开关可以采用更换操作头的形式以适应不同的工作要求。而按复位形式可分为自动复位和非自动复位两种结构。自动复位的行程开关,工作原理类似按钮开关,当压动开关的撞块离开后,开关触点将恢复原态。非自动复位行程开关则需要有复位操作。

对操作力和行程均很小的行程开关称为微动开关。微动开关体积很小,要求瞬时动作灵敏,重复定位精确,适合在小型机构及定位要求较高的场合使用。常用的微动开关产品如图 2.2.11 所示。

行程开关、微动开关的主要技术参数可查阅相关手册。通常也依据厂商提供的产品样本选定。

[①] 在国家标准中,行程开关统称为位置开关。本书为便于与其他位置开关区分,仍采用行程开关这一名称。

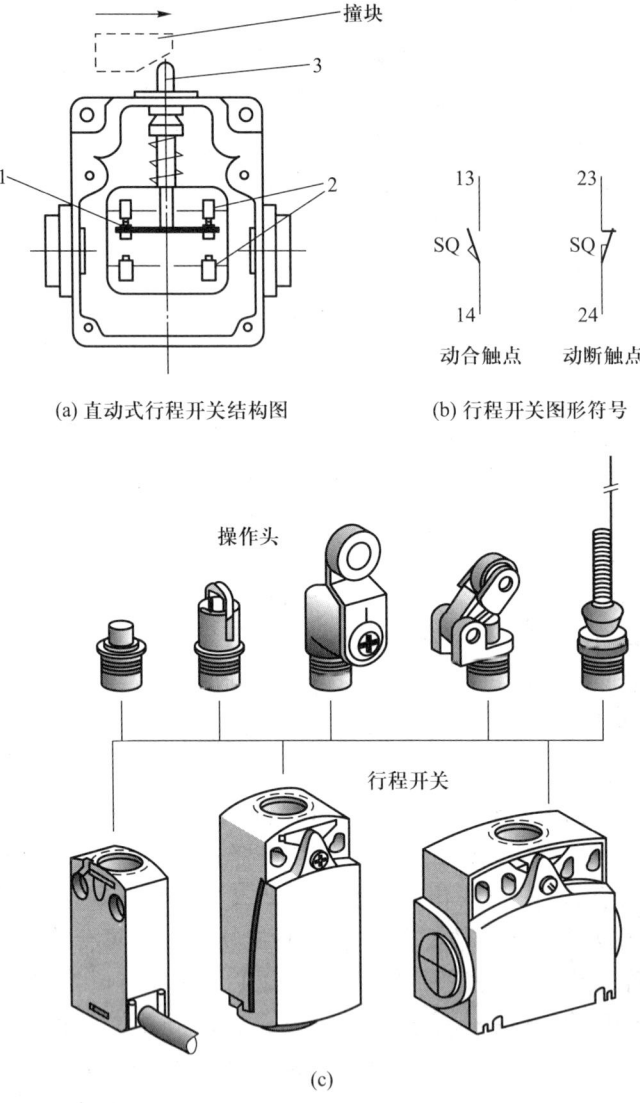

图 2.2.10 行程开关
1—动触点；2—静触点；3—推杆

（2）接近开关与光电开关（接近传感器与光电传感器）

接近开关与光电开关为非接触式（无触点）的电气类开关，通过非机械方式操作。使用中当设备运动件上的位置检测片到达开关作用区时，开关即发出控制电信号。这种类型的开关内部没有运动元件和机械触点，因此消除了由于机

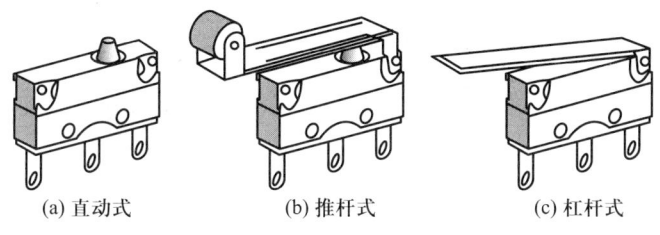

(a) 直动式　　　(b) 推杆式　　　(c) 杠杆式

图 2.2.11　微动开关

械装置产生的动作滞后,机械磨损等问题。

接近开关与光电开关具有动作可靠、反应迅速(即操作频率高)、寿命长、灵敏度高,并且没有机械损耗,能够在恶劣的工作环境下工作等特点而得到广泛应用。在设备控制中,不仅可以用作行程控制和限位保护开关,它们还可以作为传感器,用于检测、计数、测速等工作场合,并可以直接与计算机或可编程序控制器的接口电路连接。

1) 接近开关

接近开关按其产生电信号的方式可分为电感式接近开关、电容式接近开关和超声波式接近开关。

电感式接近开关专用于检测金属物体。开关由振荡器(含检测面)和输出驱动构成,线圈组成检测面,振荡器振荡后,在线圈周围产生交变磁场。当一个金属物体处于接近开关产生的磁场内时,感应电流形成一个附加磁场,阻止线圈磁场交变,振荡停止,这引起输出驱动器动作。针对"振荡"和"停振"两种不同的状态,输出驱动器输出"高"和"低"两种不同的电平信号,从而起到类同于动合触点或动断触点的控制作用。图 2.2.12 所示为电感式接近开关的工作原理图和产品应用示例图。

电容式接近开关可用于检测任意材料制作的物体,例如金属、矿物、木材、塑料、玻璃、纸板、皮革、陶瓷、液体等。开关的感应表面由两个金属电极构成,相当于未绕线电容器的两个电极,极区与一个高频振荡器的回路相连。由于空气的介电常数为 $\varepsilon_r = 1$,电容容量为 C_0,当材料介电常数 $\varepsilon_r > 2$ 的物体接近感应表面,进入电极区电场时,它将增加耦合电容,使电容容量改变($C_1 > C_0$),从而激发振荡器开始工作,产生类似动合触点和动断触点的输出信号用于控制电路。电容式接近开关的工作原理如图 2.2.13 所示。

材料介电常数 $\varepsilon_r > 2$ 的任意物体都可以被接近开关检测到,但是接近开关的工作距离与被检测物体材料的介电常数(ε_r)大小有关,ε_r 的值越高,物体的检测越容易,工作距离的计算式为

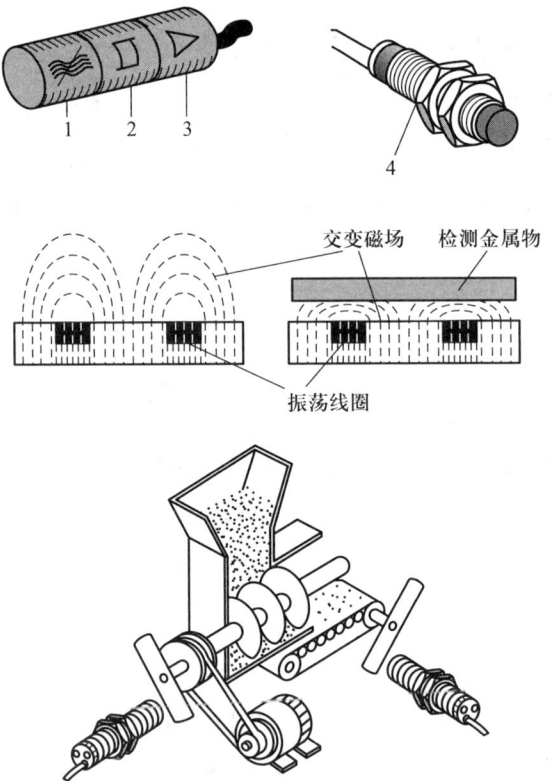

图 2.2.12 电感式接近开关工作原理及应用
1—振荡器；2—输出驱动；3—输出极；4—器件图

$$S_a = S_N F_c$$

式中：S_a——工作距离；

S_N——传感器的额定检测距离；

F_c——物体材料的修正系数。

下面通过一个计算实例说明计算过程。

[例 2.2.1] 电容式接近开关工作距离计算

计算接近开关 XT1 M30PA372 检测橡胶物体的工作距离，计算参数值由表 2.2.4 选取。

$$S_N = 10 \text{ mm}, F_c = 0.3$$

工作距离

$$S_a = 10 \times 0.3 \text{ mm} = 3 \text{ mm}$$

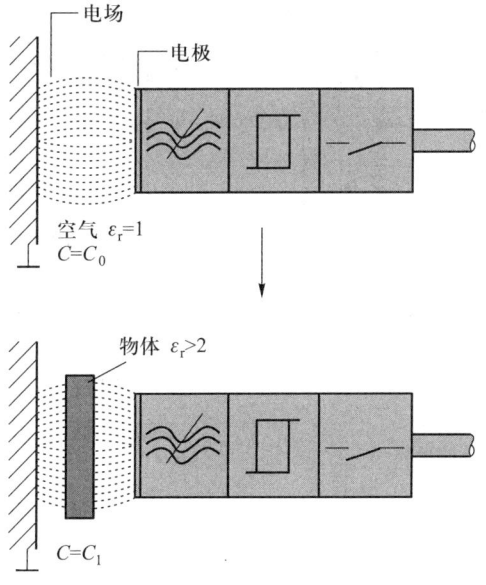

图 2.2.13 电容式接近开关工作原理

表 2.2.4 工作距离计算参数表

常用材料的介电常数值 ε_r,以及额定检测距离下的校正因数(F_c)					
材料	ε_r	F_c	材料	ε_r	F_c
丙酮	20	0.8	纸	2~4	0.2~0.3
空气	1	0	石蜡	2~2.5	0.2
酒精	24	0.85	橡胶	2.5~3	0.3

超声波式接近开关可触发固体、液体或粉末状物体,只要对声音有足够反射能力即可。

2) 光电开关

光电开关是通过对光的感应产生控制信号。光电开关有遮挡和反射两种工作形式,遮挡式光电开关由发光管和接受器两部分构成,当物体遮挡或未遮挡住发光管的光线时,接受管将会有两种检测状态,从而产生"高"和"低"两种不同的电平输出,形成"开"和"关"的控制作用。反射式光电开关的发光管和光接收器组合在一起,通过物体对光的反射,进行运动件位置状态检测。常见开关形式如图 2.2.14 所示。

接近开关与光电开关触点的文字符号和通用图形符号与行程开关相同,特性符号与传感器类元件符号相似,采用国家标准规定方式与触点符号组合。具

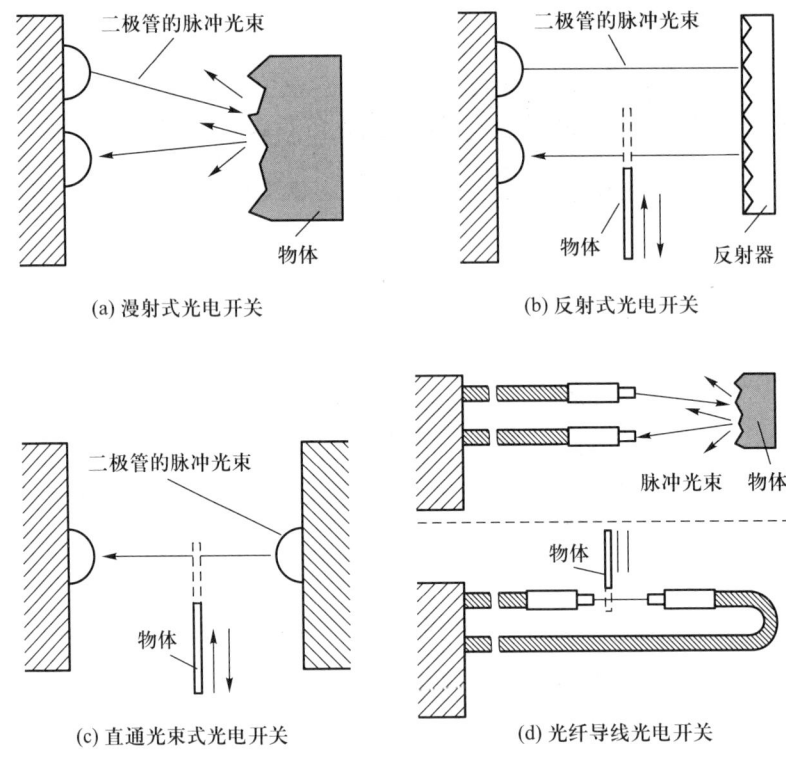

图 2.2.14 光电开关产品类型

体组合方式见下一章内容。

3. 其他类型传感器及信号元件

随着技术的发展以及可编程序控制器在控制系统中的使用,各类检测传感器信号也可作为开关控制信号对设备进行控制,例如温度传感器、压力传感器、颜色识别传感器等。其他识别信号还有如条码读入设备信号,这些信号都能够控制设备工作状态转换。

2.3 继电器类电气元件

继电器类电气元件是电气控制系统中实现自动控制的一类重要控制元件,在系统中主要起间接控制的作用。这类电气元件动作由电磁系统等非人力因素操作,人们可以通过继电器类元件间接控制如动力电路那样有较大功率负载的电路,也可以采用这类器件构成设备自动工作的控制电路。

继电器类元件的结构主要由两部分组成,一个是驱动部分,另一个是触点系统部分。驱动部分由电气系统或设备工作参数(例如时间、速度等)驱动动作机构带动动触点移动,使动触点和静触点之间产生接触和分断动作。触点系统则依据电器产品的使用功能来设置,不同的电气元件,有不同的触点类型。

常用的继电器类电气元件有接触器类元件、控制继电器类元件以及保护继电器类元件。

2.3.1 接触器类电气元件

接触器类元件是用于对动力电路、大容量控制电路进行间接控制的电气元件。在设备控制中,电动机驱动电路是交流接触器的主要控制对象。接触器类元件也用于其他电力负载电路,如电热器、电焊机、电炉、变压器及电容器等。接触器类元件不仅可用来频繁地接通或断开带负荷电路,还能够实现远距离控制,并具有失压保护功能。接触器类元件产品种类很多,如按使用的电路不同来分类,可分为交流接触器和直流接触器。

1. 交流接触器的结构和工作原理

在普通设备电动机驱动电路上广泛使用的是电磁式交流接触器,习惯简称为交流接触器。交流接触器通过控制电路操作器件的电磁驱动系统,由驱动系统机构带动主触点接通和断开动力电路,对大功率负载电路,需要采用带有灭弧机构的接触器,在分断电路时能够迅速熄灭电弧。

(1) 交流接触器元件结构

图 2.3.1a 所示为交流接触器的结构示意图。交流接触器由以下 4 部分组成:

1) 电磁机构

交流接触器的驱动机构由电磁线圈、铁心和衔铁等组成,其功能是操作动触点移动,实现动、静触点之间的接触和分断。

2) 触点系统

依据交流接触器的控制功能要求,器件的触点系统设置有两类触点,即主触点和辅助触点。用于三相动力电路的 3 个动合触点为主触点,可以接通和断开较大的电流,不同型号的交流接触器,主触点允许通断电流的大小不同,需要依据工作要求选择。

辅助触点用于控制电路,接触器的辅助触点一般为两对触点(两个动合触点,两个动断触点),可以接通和断开较小的工作电流(一般不超过 5 A)。

3) 灭弧系统

主触点容量在 10 A 以上的交流接触器都设有灭弧装置,用于消除触点分断时产生的电弧。灭弧方式常采用纵缝灭式结构或栅片结构。

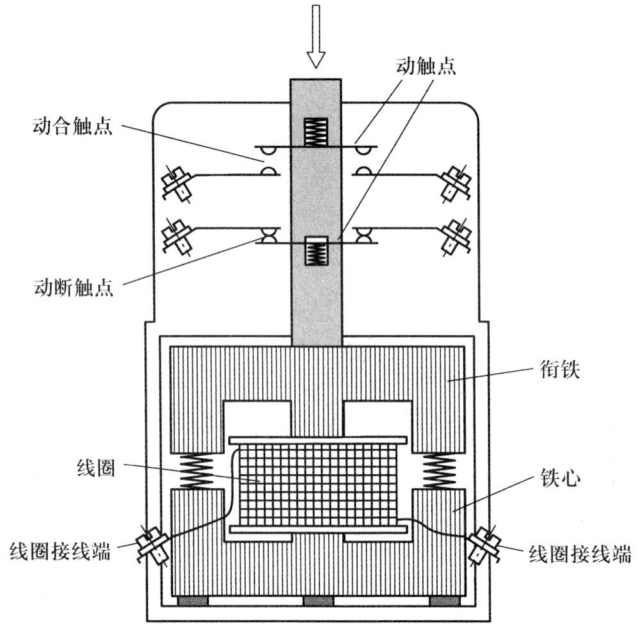

(a) 交流接触器结构示意图

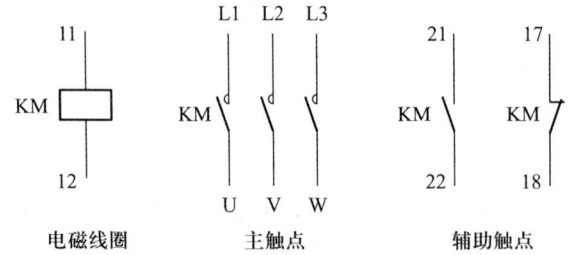

(b) 交流接触器的图形符号

图 2.3.1 交流接触器

4）其他部分

交流接触器的其他部分包括弹簧、接线柱及外壳等。

(2) 交流接触器的工作原理

当交流接触器连接在控制电路中的线圈通电后，线圈电流将产生磁场，使静铁心产生电磁吸力并将衔铁吸合，衔铁带动动触点向下运动，使常态中接触的动、静触点分开（动断触点断开），常态中分开的动、静触点接触（动合触点闭合）。当线圈断电时，电磁吸力消失，衔铁被释放并在弹簧作用下复位，各动、静触点又恢复原来常态位置，从而实现由控制电路通过接触器主触点控制动力电路的接通与断开。

交流接触器的图形符号如图2.3.1b所示，图形符号共有3部分，分别表示线圈、主触点和辅助触点。文字符号为KM，同一个交流接触器的3个图形部分使用相同的文字符号。

与其他类电气元件选用过程相同，交流接触器的主要技术参数是该元件的选用依据，在电气设计手册上，可以查阅到交流接触器使用要求、技术指标、主触点容量计算公式等。产品样本提供具体产品选用的技术资料。需要注意的是电磁线圈的额定工作电压应与控制电路电压相一致。

2. 直流接触器

直流接触器用于控制直流电动机的启动、停止、正反转以及制动等，也用于电磁操作机构的合闸线圈，或频繁接通和断开的电磁阀、离合器电磁线圈等。直流接触器与交流接触器工作原理相同，电磁驱动线圈由控制电路操作，主触点用于接通和断开直流电路。

2.3.2 控制继电器

控制继电器是用于控制电路的中间转换电器，人们可以通过控制继电器将一些物理量转换为触点动作，从而在控制系统中完成需要的控制功能。常用的控制继电器有中间继电器、时间继电器、速度继电器等。

1. 中间继电器

中间继电器用于在控制电路中完成中间状态保持、信号传递与转换以及对其他电器和电磁线圈电路进行控制，采用中间继电器可以实现多路控制，可以将小功率的控制信号转换为大容量的触点动作，也可以在自动循环控制中完成各工步状态的隔离控制。

中间继电器的工作原理与交流接触器的工作原理相同，驱动部分由电磁系统完成，其结构示意图如图2.3.2a所示，但是器件的触点系统与接触器不同。依据中间继电器在控制电路中的使用特点，继电器的触点系统只有一种类型触点，但是触点数目则有多种组合。不同型号的中间继电器会有不同的触点数目，例如有一对触点（动合触点、动断触点各一），二对触点，或者更多的触点。由于中间继电器是在控制电路中使用，所以一般通过触点的电流比较小。

中间继电器的图形符号如图2.3.2b所示，图形符号中，两种图形分别表达中间继电器的驱动装置和触点系统，中间继电器的文字符号为KA。

中间继电器的种类很多，例如，机械设备控制中使用的继电器，触点允许额定电流可达5 A，电子装置中的中间继电器，触点允许额定电流则可能很小，因

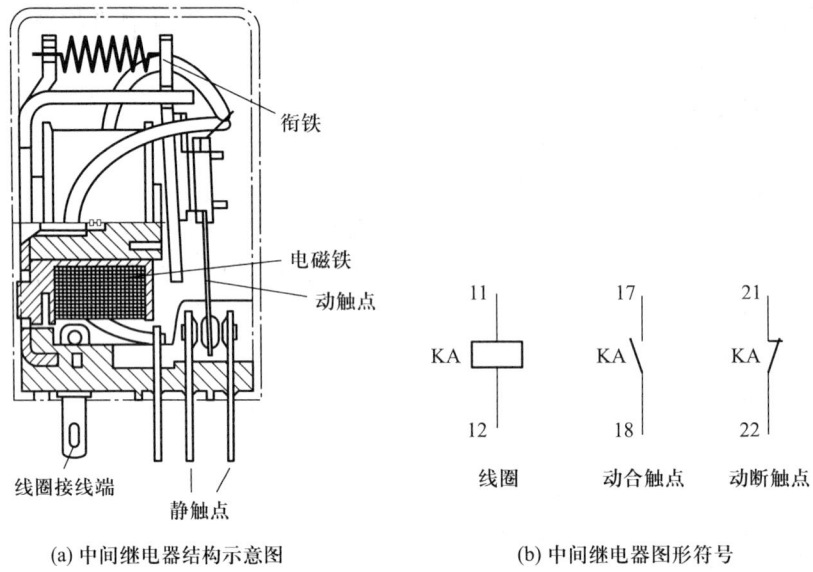

图 2.3.2 中间继电器

此中间继电器的选用是依据控制电路的电压等级、继电器线圈的工作电压要求、动断触点数目与动合触点数目需求确定。中间继电器的主要技术参数在相关电气设计手册和产品手册中可以查阅,产品选择时需要注意器件的线圈驱动电源有直流和交流两种类型。

2. 时间继电器

时间继电器是一种定时元件,在电路中用作将时间量转换为触点信号来实现控制,当时间继电器的计时驱动装置开始工作并计时到达预定时间后,器件触点开始动作,接通或断开电路(即延时接通或断开电路)。

时间继电器的计时驱动装置有多种形式,如机械式、电磁式、空气阻尼式和电子式等。依据产品结构不同,计时时间长度也不同。计时长度、计时精度,计时稳定性是时间继电器的选用依据。

由于时间继电器是用在延时控制过程中,因此其触点系统与中间继电器不同。时间继电器的触点有三种类型,即瞬时触点、通电延时触点和断电延时触点。时间继电器的瞬时触点与中间继电器的触点相同,当时间继电器驱动部分通、断电时、触点立即随之动作。通电延时触点则在时间继电器通电并延迟预定时间后才动作,断电时,触点立即动作。断电延时触点动作与通电延时触点相反,时间继电器通电时,触点立即动作,而断电时,触点需延迟预定时间后动作,时间继电器触点动作时序如图 2.3.3 所示。

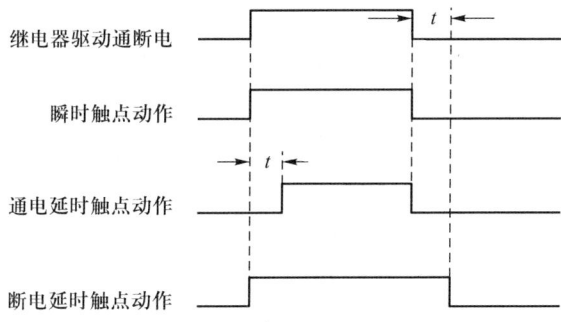

图 2.3.3 时间继电器触点动作时序

时间继电器的图形符号如图 2.3.4 所示,其驱动装置符号与中间继电器类似,延时触点符号则通过通电延时符号和断电延时符号分别与触点符号组合,构成相应触点符号,其文字符号为 KT。

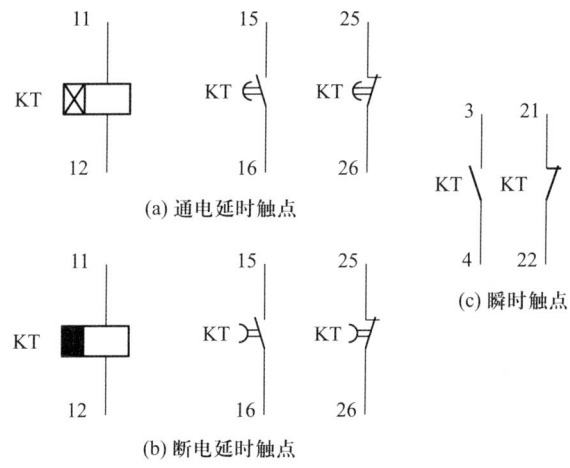

图 2.3.4 时间继电器图形符号

目前电子式计时装置的时间继电器使用较多,该类时间继电器是利用电子线路实现计时功能,又称电子式延时继电器。电子式延时继电器除了执行机构外,全部由电子器件及线路或集成电路组成,与传统的电磁式、空气阻尼式、同步电动机式时间继电器相比,具有延时范围宽、延时精度高、工作可靠、寿命长、体积小、消耗功率小以及调节方便等优点,多用于电气传动、自动顺序控制及各种生产过程的控制系统中。

在使用可编程序控制器的电气控制系统中,中间继电器和时间继电器的一些控制功能可以通过程序软件形式实现。

3. 速度继电器

速度继电器是利用电动机的转速和转向参数控制设备工作状态的中间电器，可以将电动机的转速和转向参数转换成触点信号用于控制电路。速度继电器常与交流接触器配合实现对电动机的反接制动控制，因此也称反接制动继电器。

图 2.3.5a 所示的是速度继电器的结构原理图。速度继电器主要由转子、定子、触点系统和操作机构4部分组成。转子与定子构成转速、转向检测系统，也是速度继电器的驱动系统。触点系统有一对正转控制触点和一对反转控制触点。

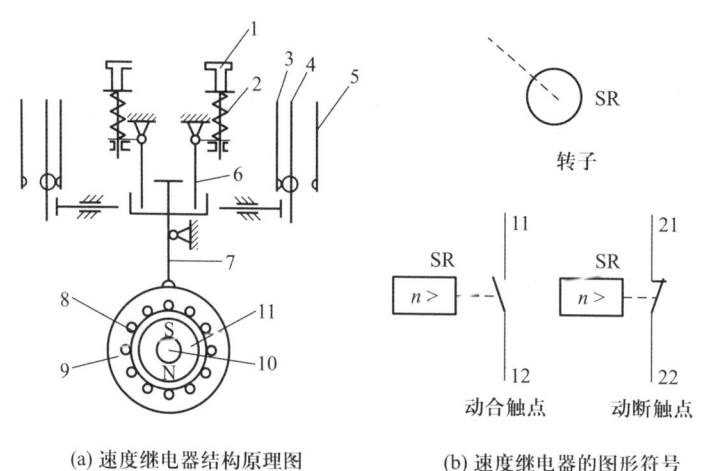

(a) 速度继电器结构原理图　　(b) 速度继电器的图形符号

图 2.3.5　速度继电器

1—调节螺钉；2—反力弹簧；3—动断触点；4—动触头；5—动合触点；
6—返回杠杆；7—杠杆；8—定子导体；9—定子；10—转轴；11—转子

在速度继电器驱动系统中，转子是一个圆柱形永久磁铁，转子的轴与被控电动机的轴相连，定子是个笼型空心圆环，由硅钢片叠成并装有笼型绕组，定子空套在转子上，可通过杠杆机构操作动触点。当电动机运转时，带动速度继电器的转子转动，这样，永久磁铁的静磁场就成了旋转磁场，与电动机的工作原理相同（转子相当于电动机的定子，提供旋转磁场，定子相当于电动机的转子，跟随转动），速度继电器的定子跟随转子转动（实际上，也与设备电动机同方向转动），并带动杠杆机构，使相应转动方向的触点动作，当电动机转速下降，定子转动力矩减小，杠杆机构在弹簧力的作用下复位，触点恢复常态。同理，当电动机向相反方向转动时，定子作反方向随动，使速度继电器的反向触点动作。通过速度继电器，设备系统中的转速、转向参数被转换成为触点的控制功能，因而成为可用于电气控制系统的控制信号。

调节螺钉的位置,可以调节反力弹簧的反作用力大小,从而调节触点动作时所需转子的转速。一般速度继电器的动作转速不低于 120 r/min,复位转速约为 100 r/min 以下。

速度继电器的图形符号如图 2.3.5b 所示。图中,图形符号分为两部分,即继电器的测速部分与触点部分,速度标志与触点符号组合构成速度继电器的触点图形符号。继电器文字符号为 SR。

4. 压力继电器

压力继电器是利用流体系统中的压力参数控制设备工作状态的中间电器,它用于将流体压力参数转换成触点控制信号。压力继电器在机电液一体化设备的自动循环控制中被广泛使用。

图 2.3.6a 所示的是用于液压系统的压力继电器结构原理图。压力继电器由压力检测驱动部分和触点控制部分组成。压力检测部分为一与液压系统相连的小型压力阀,触点系统为一小型微动行程开关。压力阀的阀杆可在液压系统压力作用下移动,当压力到达调定值时,阀杆压动微动开关。微动开关的触点与行程开关触点的作用相同,因此压力继电器将压力参数转换成为触点信号,用作

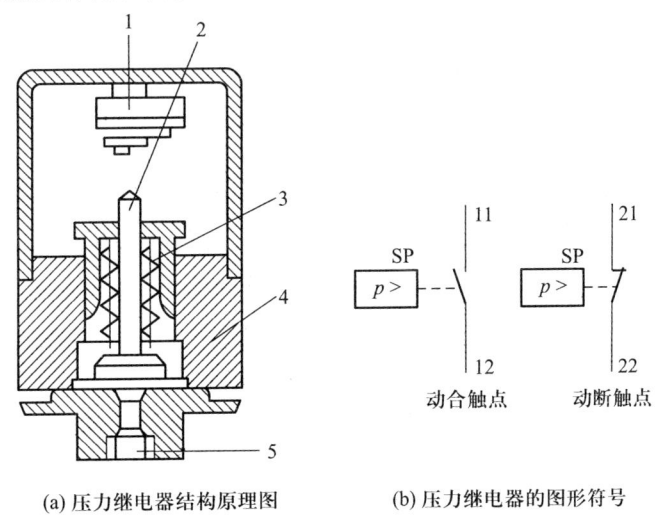

(a) 压力继电器结构原理图　　(b) 压力继电器的图形符号

图 2.3.6　压力继电器

1—微动开关;2—阀杆;3—弹簧;4—橡皮膜;5—进油口

主令信号控制设备工作状态的转换。

压力继电器的图形符号如图 2.3.6b 所示,文字符号为 SP。

2.3.3 热过载保护继电器

继电器类元件中,一种是控制类继电器,在电路中主要起控制电路切换,实现设备工作状态转换的作用,另一种是在电路中主要起保护作用的保护类继电器,以使电路能够正常、安全地工作。

用作保护功能的继电器有过载保护继电器(热继电器)、过电流保护继电器、欠电流保护继电器、过电压保护继电器、欠电压保护继电器等。这种类型电器的元件结构与控制类继电器中的时间继电器、速度继电器一样,由检测驱动装置部分和触点控制部分组成,检测驱动装置部分检测系统中监测的参数,触点控制部分则依据检测结果控制电路,一般在控制电路中使用保护继电器的动断触点,当电路中出现异常情况时能够及时切断电路。

用于不同检测参数的保护类继电器,尽管检测部分的结构原理不同,但最终均能够将检测参数值转换为触点的控制动作,在系统运行过程中,当检测的参数处于正常工作数值时,继电器触点保持电路接通,一旦出现非正常工作状态的参数值,其触点将立即切断电路,防止意外发生并保护设备。

保护类继电器的控制参数值依据保护目的不同而不同,因此保护类继电器通常为系列产品,并且控制参数值可以在一定的范围内调整。

热继电器是保护类继电器中用于对设备进行过载保护的电气元件。继电器的检测驱动装置利用电流的热效应原理来工作,通过操作机构将电流变化转换成为触点动作来实现过载保护。

生产设备上的电动机在实际运行过程中,如果出现长期超载、频繁启动、欠电压、断相运行或堵转等现象时,电动机中的工作电流将会超过额定值,从而引起电动机过热,使绕组绝缘老化,缩短电动机工作寿命,严重时甚至烧坏电动机,通常需要使用热继电器进行电动机的过载保护。

双金属片式热继电器主要由电热元件、双金属片、控制触点和操作机构等部分组成。电热元件与双金属片构成热继电器的温度检测驱动装置,触点部分用于控制电路的接通和断开。热继电器的结构示意如图 2.3.7a 所示。图中,电热元件串接在电动机定子绕组中,电动机绕组电流为电热元件的发热电流。双金属片是由两种不同线膨胀系数的金属片用机械方式碾压成一体,当双金属片受热后,由于两层金属的线膨胀系数不同,导致两金属片膨胀量不同,紧密地贴合在一起的双金属片即向线膨胀系数小的金属片一侧弯曲。热继电器的动断触点串接在电动机的控制电路中。

在设备工作过程中,当电动机正常运行时,电热元件中流过的电流在允许范围内,产生的热量虽能使双金属片弯曲,但不足以使触点动作;当电动机过载时,电热元件中流过电流增大,产生热量增加,将使得双金属片产生的弯曲位移增大,当超出允许值后,操作机构动作,使动断触点断开,切断电动机控制电路,电动机停机得到保护。

由于过载时热继电器将电动机电源切断,此时,发热元件也断电,温度下降,双金属片逐渐恢复原来形状,动断触点也恢复常态,电动机仍然可以重新启动工作。

热继电器工作有一个热积累的过程,瞬间大电流不能引起器件动作,因此热继电器不能做短路保护。但同时也由于此特性,在电动机启动或短时过载时,电器不会动作,从而使电动机能够正常工作。

热继电器的图形符号如图 2.3.7b 所示,图形符号分为检测部分图形符号和触点符号两部分,热继电器的文字符号为 FR。

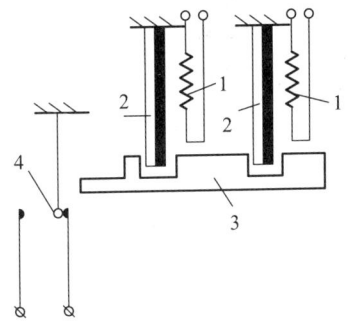

(a) 热继电器工作原理示意图

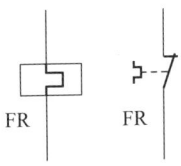

热元件　　动断辅助触点

(b) 热继电器图形符号

图 2.3.7　热继电器
1—热元件;2—双金属片;3—推板;4—动触点

热继电器在选用中涉及的主要性能参数有热继电器额定电流、电热元件额定电流和整定电流。通常继电器的整定电流与电动机的额定电流相当,一般取到 0.95~1.05 倍额定电流,器件可以在一定的调整范围内调整到要求的整定电流值。在产品结构形式上,热继电器有独立安装形式和与接触器组合安装形式。

图 2.3.8 所示为某热继电器的产品示意图及安装形式,器件面板上设有参数调节装置与复位按钮。

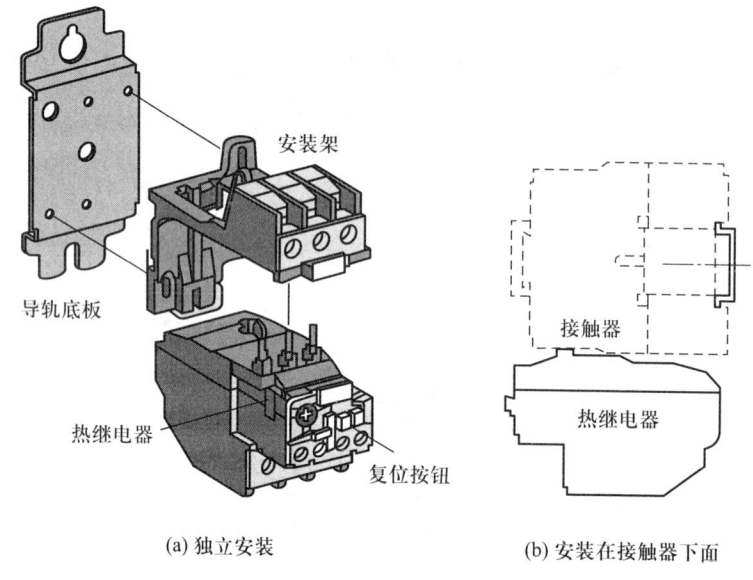

(a) 独立安装　　(b) 安装在接触器下面

图 2.3.8　热继电器产品示意图及安装形式

2.4　其他电器

电气控制系统常用的其他低压电器中,熔断器是控制系统中保证系统安全运行的一类重要电器,用于实现短路保护,它与热继电器一起组成控制系统的基本保护环节。控制变压器则用于为控制系统提供工作电压并使控制电路与动力电路隔离。

2.4.1　熔断器

熔断器是一种最简单有效的保护电器,在低压配电系统和各种控制系统中广泛用作短路保护。熔断器可以作为保护器件单独使用,也可以与开关电器组合构成各种熔断器组合电器,使开关电器附加短路保护功能。

1. 熔断器结构及工作原理

熔断器主要由熔体或熔丝(俗称保险丝)、安装熔体的熔管和熔断器基座组成。熔体是熔断器的核心,通常是采用低熔点的铅、锡、锌、铜、银及其合金等材料制成丝状或根据保护特性的需要设计成灭弧栅状和具有变截面片状结构。熔管一般采用高强度陶瓷、绝缘钢板或玻璃纤维等制成,在熔体熔断时兼有灭弧作用,基座则是放置熔管,并与电路连接的部分。

熔断器的熔体与被保护的电路串联,当电路正常工作时,熔体允许小于保护值的电流流过而不被熔断;当电路发生短路或严重过载时,熔体上将流过很大的故障电流,故障电流使熔体熔断,迅速切断电路,达到保护系统的目的。

电流流过熔体时产生的热能与电流的平方和电流通过的时间成正比,电流越大,则熔体熔断的时间越短。这一熔体熔断电流值与熔断时间的关系称为熔断器的保护特性,也称安秒特性,可用图 2.4.1 所示的特性曲线表示。

熔断器的图形符号如图 2.4.2 所示,文字符号为 FU。

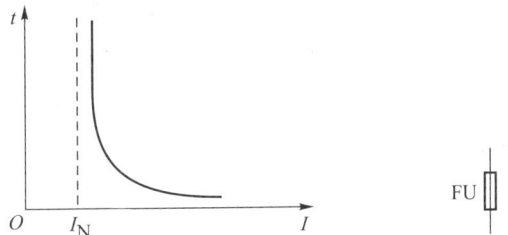

图 2.4.1 熔断器安秒特性　　图 2.4.2 熔断器图形符号

2. 常用熔断器

熔断器的种类很多,设备上常用的熔断器按其结构形式主要有以下几种:

(1) 螺旋式熔断器

螺旋式熔断器常用于配电线路及机床控制线路中,起短路保护的作用。

螺旋式熔断器由瓷底座、熔管、瓷套等组成。瓷管内装有熔体,并装满石英砂,将熔管置入底座内,旋紧瓷帽,电路就可接通。瓷帽顶部有玻璃圆孔,其内部有熔断指示器,当熔体熔断时,指示器跳出。螺旋式熔断器具有较高的分断能力,限流特性好,有明显的熔断指示,可不用工具就能安全更换熔体,在机床中被广泛采用。螺旋式熔断器结构如图 2.4.3 所示。

(2) 断相自动显示报警熔断器

断相自动显示报警熔断器是替代 RL 系列螺旋式熔断器、RC 插拔式熔断器的新一代产品,它具有在线路短路断相时自动显示报警的功能。该熔断器因具有体积小、分断电流大、更换熔体方便的特点而被广泛采用。主要用于各种机床、机械设备以及低压配电线路中,起过载和短路保护作用。

断相熔断器的外形如图 2.4.4 所示。选用熔断器的主要技术数据可查阅相关手册与产品样本。

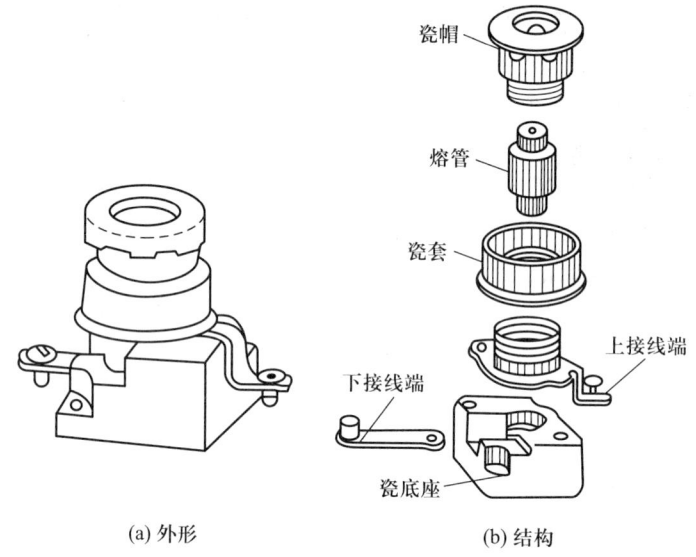

(a) 外形   (b) 结构

图 2.4.3 RL1 系列熔断器

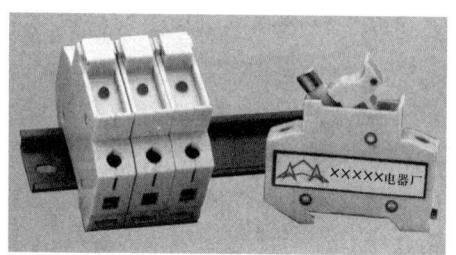

图 2.4.4 断相自动显示报警熔断器

2.4.2 控制变压器

对于控制电路中的电器比较多,控制线路比较复杂,或者控制电路电压有特定要求,需要使用控制变压器作为降压用的控制电路电源。使用控制变压器,还可以将动力电路与控制电路隔开,提高线路的安全可靠性,同时也可以提供控制电路需要的电源电压。

控制变压器的图形符号如图 2.4.5 所示,文字符号为 TC。

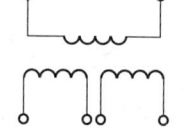

图 2.4.5 控制变压器的图形符号

选用控制变压器主要依据控制电路需要的变压器容量和变压器一、二次电压等级。控制变压器的容量计算在电气设计手册中有具体计算公式,产品手册中有具体的型号和技术指标。

习题及思考题

2-1 简述低压电器的定义和分类。

2-2 常用的低压电器有哪几类?分别用于什么场合?

2-3 叙述低压断路器的功能及工作原理;与采用刀开关和熔断器的控制、保护方式相比,分析低压断路器的优点。

2-4 控制电器有什么作用?主要包含哪些器件?

2-5 继电器和接触器有何异同?试说明各自的应用场合。

2-6 简述行程开关与接近开关的异同。

2-7 简述继电器类电器的结构组成。

2-8 中间继电器、时间继电器、速度继电器在电路中的作用是什么?

2-9 热继电器在电路中的作用是什么?简述其工作原理。

2-10 说明熔断器和热继电器保护功能的不同之处。

2-11 熟悉文字符号 KM、KA、KT、SR、SP、FU、FR 表示的电器及相应的电器图形符号。

2-12 说明控制变压器在电路中的作用。

第3章 电气控制系统基础知识

3.1 电气图绘制及绘图标准

电气控制系统是由电气设备及电气元件按照一定的接线关系连接而成,在系统设计、安装、调试、维修等过程中,需要有统一的工程语言,即采用工程图来说明设备电气控制系统的组成结构、工作原理,元器件之间接线关系等技术信息。在电气设备上使用的工程图即是电气图,常用于机械设备上的电气工程图有电路图、接线图、电气元件布置图等。电气图是根据国家电气制图标准,采用规定的图形符号、文字符号以及规定的画法绘制。

3.1.1 电气图中的图形符号和文字符号

电气图中的图形和文字符号用于表达组成电气系统的各种电气元件,国家电气图用符号标准 GB/T 4728 规定了图形符号的画法,并且规定的图形符号基本与国际电工委员会(IEC)发布的有关标准相同。

1. 电气元件图形符号

电气元件的图形符号由符号要素、限定符号、一般符号以及常用的非电操作控制的动作符号(如机械控制符号等)根据不同的电气元件的特点组合构成,如表 3.1.1 所示为限定符号或操作要素符号与基本触点符号组合构成的各种类型开关图形符号例子。国家标准除给出各类电气元件的符号要素、限定符号和一般符号以外,还给出了部分常用图形符号及组合图形符号示例。因为国家标准中给出的图形符号例子有限,实际使用中可以按照符号组合规律派生具体器件的图形符号,更多实例参阅附录。

表 3.1.1 电气元件图形符号例

	图形符号	说明		图形符号	说明
限定符号	⊲	接触器功能	限定符号	×	断路器功能
	▽	位置开关功能		—	隔离开关功能

	图形符号	说明		图形符号	说明
符号要素	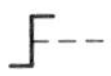 ⌐--	旋转操作	触点符号举例	 ⁄*	断路器
	 ◇--	接近效应操作		 ⁄	隔离开关
	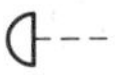 ⌐--	蘑菇头式的紧急操作		 ⌐-⁄	选择开关
触点符号举例		接触器动合触点		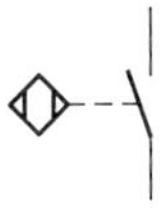 ◇--⁄	接近开关
		位置开关的动合触点		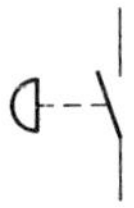 ⌐-⁄	蘑菇头式的紧急开关

2. 电气元件文字符号

电气制图中,标识电器元件和设备的文字符号是按照国家标准的规定进行标注,标注的文字符号分为基本文字符号和辅助文字符号。

基本文字符号分为单字母符号和双字母符号,单字母符号表示电气设备或电器元件的大类,例如 K 为继电器类元件这一大类,双字母符号由一个表示大类的单字母与另一表示器件某些特性的字母组成,例如 KA 表示继电器类器件中的中间继电器(或电流继电器),KM 表示继电器类元件中控制电动机的接触器。辅助文字符号用来进一步表示电气设备、装置和元器件的功能、状态和特征,需要时,辅助符号与基本符号组合使用。

电气图中的文字符号不仅表示具体的器件种类,当图形符号表达的是部件、组件、功能单元等组合电器设备时,则将组合电器设备作为一个"项目",使用称为项目代号的文字符号(特定代码)表达。

长久以来,电气制图中文字符号的标注是依据 GB 7159—1987《电气技术中的文字符号制订通则》执行,随着技术的发展,国内标准逐渐与国际标准相一致以满足现代技术的要求,国家标准 GB/T 20939—2007《技术产品及技术产品文件结构原则字母代码按项目用途和任务划分的主类和子类》以及国家标准 GB/T 5094.1～GB/T 5094.4 等已将项目代号的方式引入图纸文字符号标注①。

采用项目代号的国家标准中,项目代号由如下四个部分组成,并分别使用不同的前缀符号区别:

① 高层代号:前缀符号为"=",用于表明项目的层次。
② 位置代号:前缀符号为"+",用于表明项目所在位置。
③ 种类代号:前缀符号为"-",用于表明项目种类。
④ 端子代号:前缀符号为":",用于表明项目向外引出连接的端子标号。

标注项目代号按①②③④顺序排列,为避免图面过于拥挤,通常图形符号附近的项目代号可适当简化,例如电气元件图形符号旁标注的文字符号为项目代号中的第 3 部分种类代号,并在无识别混淆的情况下省略前缀符号"-"(交流接触器文字符号"-KM",简化为"KM")。

国家电气制图标准 GB/T 6988 还规定了电气技术用文件的编制规则,电气技术文件包含电气简图(电路图、逻辑图等)、电气接线表、电气技术文件及文件编制管理等,在绘制电气图的过程中,需要遵守这些规定。

3.1.2 电路图

电气图中的电路图用于表达设备电气控制系统的组成和器件连接关系。通过电路图,可以详细地了解设备电气控制系统的电路结构、工作原理、组成系统的电气元件以及电气元件之间的接线要求。电路图在安装、测试和故障寻找时能够提供足够的信息,同时也是编制接线图的重要依据。电路图习惯上也称为电气原理图。

电路图的绘制规则由国家标准 GB/T 6988.1—2008 给出,一般普通机械设备的电路图绘制规则可简述如下。

1. 电路图绘制基本原则

电路图采用简图方式表达电气设备和设备之间的接线关系。简图绘制要求布置合理,图面清晰,便于理解。

---

① 国家标准 GB 7159—1987《电气技术中的文字符号制订通则》于 2005 年 1 废止,目前暂无替代新标准发布,参照使用的标准为 GB/T 20939—2007《技术产品及技术产品文件结构原则字母代码按项目用途和任务划分的主类和子类》以及 GB/T5094.1～GB/T5094.4。参照使用的标准与原标准文字表达差距较大,因此在新标准规定的文字符号实施之前,本书仍采用旧标准文字符号规定,具体使用时请查阅国家标准。

在继电器控制系统的机械设备电路图绘制中,一般将电动机的驱动电路(也称主电路)和控制电路分为两部分画出。主电路在控制电路的操纵下,根据控制要求接通或者断开。控制电路由控制电器(如接触器、继电器、按钮开关、位置开关等)组合构成,各种电器的动合、动断触点通过串联和并联的接线关系构成控制逻辑,控制需要接通和断开的负载电器电路。主电路和控制电路构成电气控制系统。当采用可编程序控制器等复杂电子器件时,还需要绘制与器件有关的电路图,并标明与控制系统其他部分的连接关系。

电路图中的电路可以水平布置,也可以垂直布置。水平布置时,电源线垂直绘制,其他电路水平绘制,控制电路中的负载元件画在电路的最右端。垂直布置时,电源线水平绘制,其他电路垂直绘制,控制电路中的负载元件画在电路的最下端。电路布置示例如图3.1.1所示。

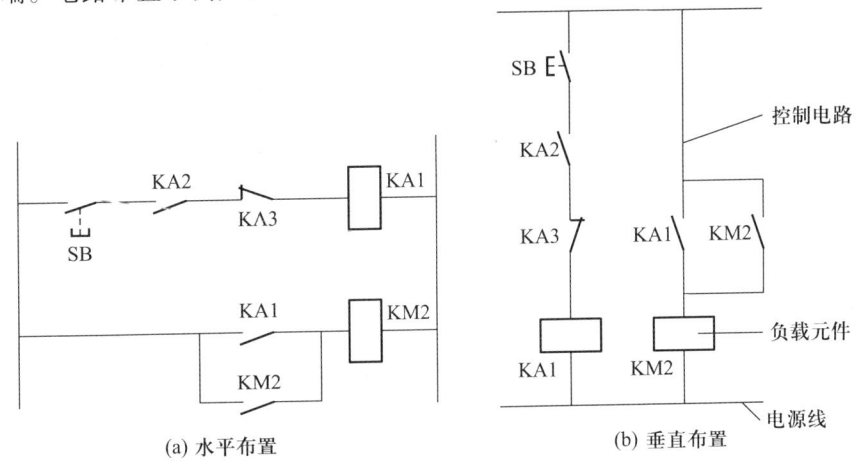

图 3.1.1 电路布置形式

2. 元器件绘制和器件状态

(1) 元器件绘制

电路图中的所有电气元件不画出实际外形图,而采用国家标准规定的图形符号和文字符号表示。电气元件可采用集中方式绘制,即通过连接线段连接同一电器的各个部件(如接触器的线圈、触点)图形,表明其关系。但大部分电路图采用分散方式绘制,同一电器的各个部件可根据需要画在不同的地方,但使用相同的文字符号标注,表明是同属一个电器。本书所有电路图采用分散方式绘制。集中方式的绘制如图3.1.2所示。

(2) 元器件状态绘制

电气控制系统中,电气元件的触点依据控制要求总是处在某种确定状态下,

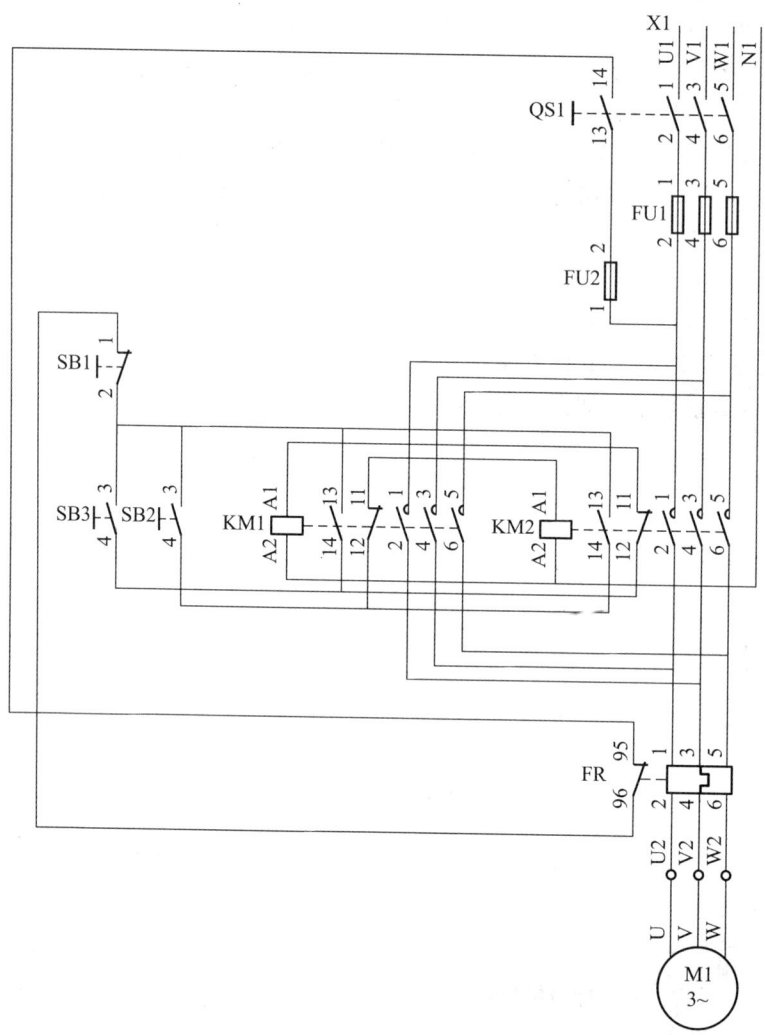

图 3.1.2 元件集中方式绘图例

为统一起见,在电路图中,对绘制电气元件的触点状态通常有如下原则,即按电器处于不工作状态或非激励状态的位置绘制,其中常见器件的触点状态绘制原则如下:

① 继电器和接触器的线圈处在非激励状态(不通电状态);
② 断路器和隔离开关在断开位置;
③ 有零位的手动控制开关画在零位状态,无零位的手动控制开关画在图中

规定的位置；

　　④ 机械操作开关和按钮在非工作状态,或不受力状态；

　　⑤ 保护类元器件处在设备正常工作状态,特别情况在图样上说明；

当图形不能清楚表达时,采用文字进一步说明。

（3）位置标注及触点位置索引

工程图样通常采用分区的方式建立坐标,以便于阅读查找构件的位置。电路图常采用的位置标注方法有图幅分区法、电路编号法和表格法。图幅分区是在图的下方沿横坐标方向划分,并用数字标明图区,如图 3.1.3a 所示,也可同时在图的上方沿横坐标方向划区,分别用数字标明图区,或写明该区电路的功能。

元器件触点的相关位置索引使用图号,页次和区号组合表示如下:

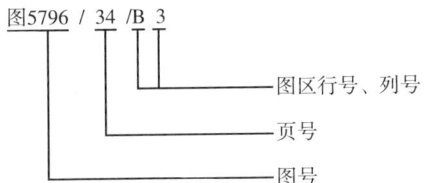

当某图号仅有一页图纸时,只写图号和图区的行、列号(无行号时,只写列号),在只有一个图号多页图纸时,则图号可省略,而元件的相关触点只出现在一张图纸上时,只需标出图区号(或列号)。

继电器和接触器的触点位置索引采用附图的方式或附表的方式表达,附图可画在电路图上其他位置,也可画在电路图中相应线圈的下方,此时,可只标出触点的位置索引。附图上的触点表示方法如图 3.1.3b 所示,其中触点图形符号可省略不画,"×"符号表示未被使用的触点。

3. 电路图中技术数据标注

电路图中元器件的数据和型号,简单电路图可用小号字体标注在电器代号的下面,如图 3.1.4 所示的热继电器动作电流和整定值的标注。电路图中导线截面积也可如图标注。复杂电路图中器件参数应当采用附表,或附件方式提供。图 3.1.4 所示为某一设备电路图绘制的具体实例。

3.1.3　电气元件布置图

电气元件布置图以简图方式绘出设备上所有电气设备和电气元件的安装位置,是设备制造、安装和维修必不可少的技术文件。布置图根据设备的复杂程度或集中绘制在一张图上,或分别绘出控制柜内、操作台、设备本体上的电气元件布置图。绘制布置图时被控设备轮廓用双点画线画出,所有可见的和需要表达清楚的电气元件及设备,用粗实线绘出其简单的外形轮廓。

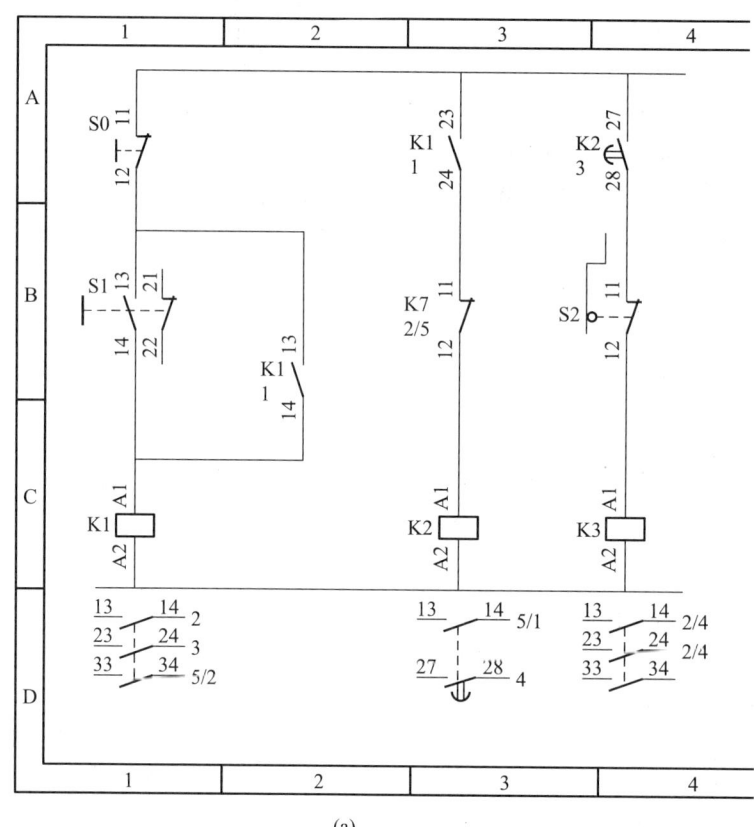

图 3.1.3 触点位置标注

3.1.4 接线图

接线图主要用于控制系统的安装接线、线路检查、线路维修和故障处理等,

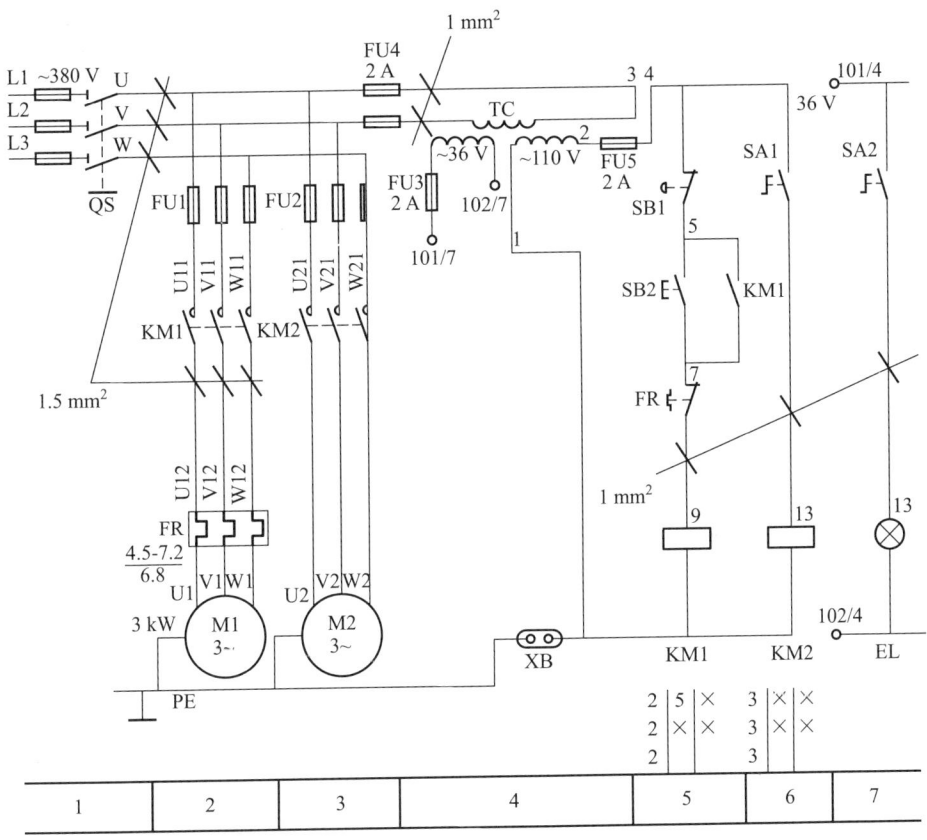

图 3.1.4 设备控制电路图

它表示了设备电气控制系统中各单元系统,各元器件之间的接线要求,并标注出所需数据,如接线端子号、连接导线参数等,实际应用中通常与电路图和电器布置图一起使用。

图 3.1.5 所示为设备接线图示例,一般在接线图中不仅标明了设备电气控制系统的电源进线、用电设备和各电气元件之间的接线关系,并用点画线分别框出电气柜、操作台等接线板上的电气元件和画出线框之间的连接关系,简单情况下还标出连接导线的根数、截面积和颜色以及导线保护外管的直径和长度。

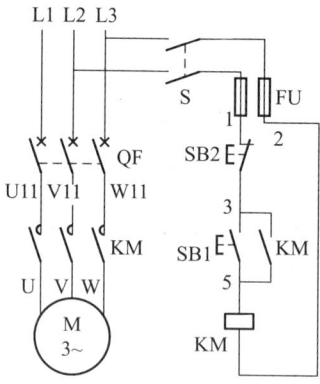

(a) 电路图

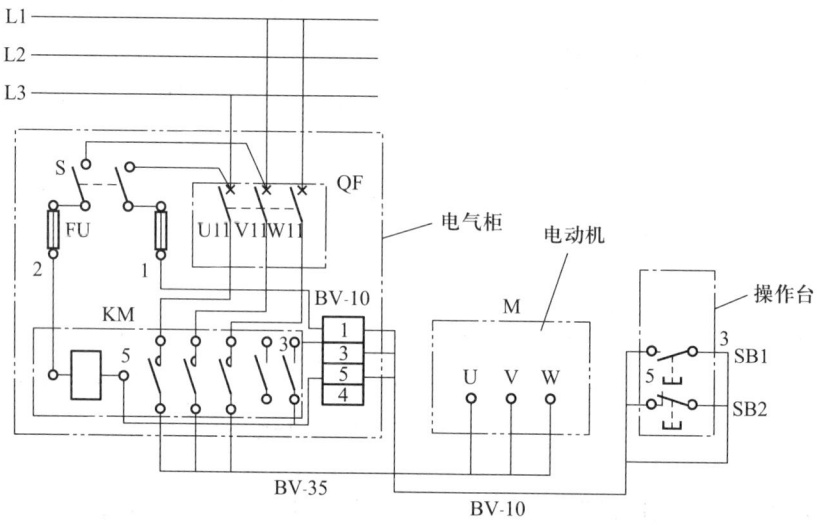

(b) 接线图

图 3.1.5 设备接线图示例

3.2 电气控制系统的逻辑代数分析方法

逻辑代数又称为布尔代数、开关代数。逻辑代数的变量只有 **1** 和 **0** 两种取值,分别代表两种对立的,非此即彼的概念或状态(例如如果 **1** 代表"真",**0** 即为"假";**1** 代表"有",**0** 即为"无";**1** 代表"高",**0** 即为"低"),可以对应设备电气控制系统中的开关触点只有"闭合"和"断开"两种截然不同的状态。电路中的执行元件,如继电器、接触器、电磁阀的线圈也只有"得电"和"失电"两种状态,数字电路中某点的电平只有"高"和"低"两种状态,所以逻辑代数也被用于描述电气系统的状态。

用来描述电气系统的逻辑函数也称为系统的控制逻辑,人们使用逻辑函数表达式描述,分析和设计电气控制系统。随着科学技术的发展,逻辑代数已成为分析电路的重要数学工具,它的基本运算法则可参考相应书籍,这里主要简述使用逻辑代数描述和分析电路的基本方法。

3.2.1 电气元件的逻辑表示

电气控制系统由开关量构成控制时,电路状态与逻辑函数式之间存在对应关系,为将电路状态用逻辑函数式的方式描述出来,通常对电器状态作出一些规定。

1. 电气元件状态描述定义

在控制逻辑式中,电器的动合触点采用电器文字符号表示,如接触器、继电器,位置开关等电器的动合触点 KM、KA、SQ 等。当 KM、KA、SQ 等字符上部加一横线时,即为取反状态,表示动断触点。

在触点动作时,触点闭合状态逻辑值为 **1**、触点分断状态逻辑值为 **0**,负载电路通电时逻辑值为 **1**,断电时逻辑值为 **0**。

2. 电气元件状态逻辑表达方式

当电气元件由不同通电部分组成时,各部分状态的逻辑表达方式按定义表达。下面为一些典型电气元件的状态逻辑表达方式举例。

(1) 线圈类器件状态

接触器、继电器线圈状态的逻辑函数表达方式如下例。

[例]

KA = **1**　继电器线圈处于通电状态

KA = **0**　继电器线圈处于断电状态

(2) 触点类状态

触点处于非激励或非工作的原始状态时的逻辑函数表达方式如下例。

[例]

KA = **0**　继电器动合触点状态

$\overline{KA}$ = **1**　继电器动断触点状态

SB = **0**　按钮动合触点状态

$\overline{SB}$ = **1**　按钮动断触点状态

触点处于激励或工作状态时的逻辑函数表达方式如下例。

[例]

KA = 1　继电器动合触点状态
$\overline{\text{KA}}$ = 0　继电器动断触点状态
SB = 1　按钮动合触点状态
$\overline{\text{SB}}$ = 0　按钮动断触点状态

3.2.2　电路状态的逻辑表达式

控制电路中,每个负载电路的接通和断开都由电气元件的触点组合来控制,电路中的触点通过并联或串联接线构成逻辑控制功能。串联触点的作用可用逻辑**与**即逻辑乘(×)的关系表达,并联触点的作用可用逻辑**或**即逻辑加(+)的关系表达,因此图 3.2.1 所示的启动控制电路中,接触器 KM 线圈的控制逻辑函数式可写成

$$f(\text{KM}) = \overline{\text{SB1}} \times (\text{SB2} + \text{KM})$$

式中,线圈 KM 的通、断电是由停止按钮 SB1、启动按钮 SB2 以及 KM 的辅助触点组成的控制逻辑所控制,SB1 为线圈 KM 的停止条件,SB2 为启动条件,接触器的辅助触点 KM 则具有保持功能。当按下启动按钮 SB2 时,KM 负载线圈的逻辑函数值为

$$f(\text{KM}) = 1 \times (1 + 0) = 1$$

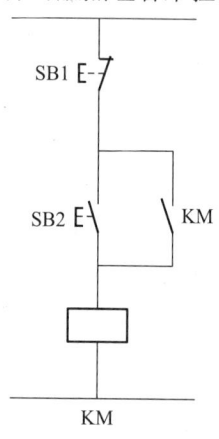

图 3.2.1　启动控制电路

此时交流接触器 KM 线圈电路的逻辑值为 **1**,线圈通电工作。

3.2.3　电路化简的逻辑方法

用逻辑函数表达的电路可用逻辑代数的基本定律和运算法则进行化简。图 3.2.2a 所示电路的逻辑表达式可写为

$$f(\text{KM}) = \text{KA1} \times \text{KA2} + \overline{\text{KA1}} \times \text{KA3} + \text{KA2} \times \text{KA3}$$

对此逻辑函数式进行化简

$$\begin{aligned}
f(\text{KM}) &= \text{KA1} \times \text{KA2} + \overline{\text{KA1}} \times \text{KA3} + \text{KA2} \times \text{KA3} \\
&= \text{KA1} \times \text{KA2} + \overline{\text{KA1}} \times \text{KA3} + \text{KA2} \times \text{KA3}(\text{KA1} + \overline{\text{KA1}}) \\
&= \text{KA1} \times \text{KA2} + \overline{\text{KA1}} \times \text{KA3} + \text{KA2} \times \text{KA3} \times \text{KA1} + \text{KA2} \times \text{KA3} \times \overline{\text{KA1}} \\
&= \text{KA1} \times \text{KA2}(1 + \text{KA3}) + \overline{\text{KA1}} \times \text{KA3}(1 + \text{KA2}) \\
&= \text{KA1} \times \text{KA2} + \overline{\text{KA1}} \times \text{KA3}
\end{aligned}$$

依据化简后的逻辑函数表达式绘出相应的电路图如图 3.2.2b 所示。图

3.2.2b 的电路与图 3.2.2a 的电路在控制功能上等效,但是减少了触点数目,提高电路的可靠性。

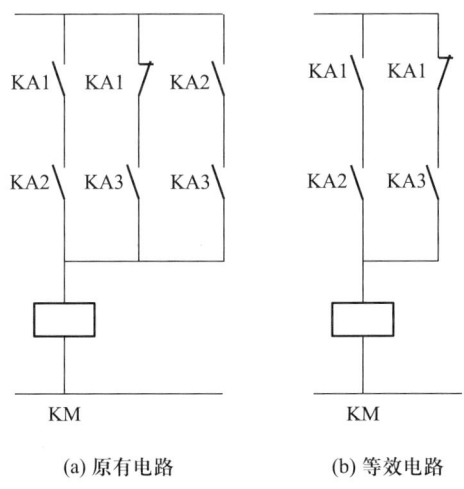

(a) 原有电路　　(b) 等效电路

图 3.2.2　两个相等的函数及其等效电路

习题及思考题

3-1　电气控制系统所用工程图(电气图)主要有哪几种,各有什么作用和特点?
3-2　简述常用低压电器在电路图中的表达方式。
3-3　简述电气图涉及的国家标准有哪些?依据国家标准,查找常用低压电器的文字符号与图形符号,并绘出图形符号。
3-4　写出下列电路的逻辑函数表达式。

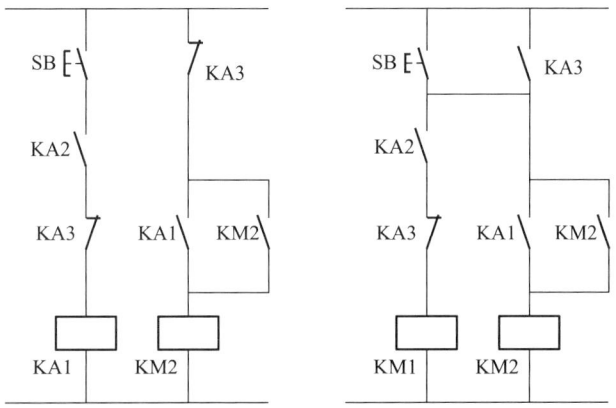

题 3-4 图

3-5 利用布尔代数(逻辑代数)简化下列电路图。

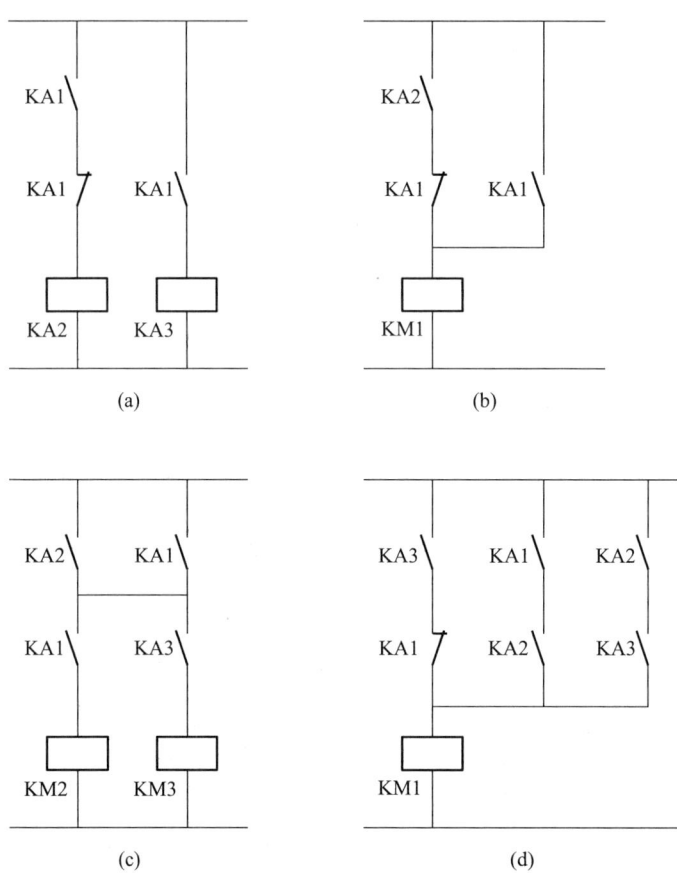

题 3-5 图

第二部分

继电器控制技术基础

第4章　电气控制系统基本控制电路

在工业、农业、交通运输等部门中,广泛使用着各种生产机械,它们大都是由电动机拖动,因此控制电动机也就间接实现了对生产机械的控制。对电动机实施控制的基本方式之一就是继电-接触器控制方式,它是将各种有触点的电气元件,如继电器、接触器、按钮、行程开关等,用导线按一定方式连接起来组成的控制系统,可实现对电力拖动系统的启动、制动、反向、调速的控制和对电力拖动系统的保护,系统也能够对生产加工自动化过程进行控制。

继电-接触器控制系统电路简单,设计、安装、调整、维护方便,价格低廉,但由于采用固定的接线方式,其通用性、灵活性较差,且采用的是有触点的开关电器,触点易发生故障,维修量较大。尽管如此,继电-接触器控制方式仍是各类机械设备最基本的电气控制形式,在工矿企业各种生产机械的电气控制领域中有着广泛的应用。

由于各种生产机械的结构组成与工作原理不同,其控制电路也千差万别,但是这些控制电路无论简单还是复杂,均是由一些具有一定控制功能的基本电路环节组成,熟练掌握电气控制系统的这些基本电路环节,对生产机械整个电气控制线路的分析、维修及设计有着重要的意义。

常见的基本电路环节一般有3种类型,分别为用于对普通通用设备电动机进行启动、正反转、制动以及变速等控制的基本电路环节;用于增加设备控制功能的电路环节,例如组合长动与点动调整的控制环节、多地点控制环节和联锁控制环节等;还有用于设备自动循环工作控制的基本电路环节,例如对电动机驱动的自动工作过程进行控制的自动循环工作控制电路环节和对液压系统、气动系统进行控制的电液控制电路环节。3种类型电路环节的分析方法各有特点,本章将对3种类型的基本电路环节进行分析,电路分析方法和控制电路功能与构成分析是本章重点。

4.1　三相笼型异步电动机基本控制电路环节

三相笼型异步电动机由于具有结构简单、运行维护方便、价格便宜、坚固耐用等优点,常作为生产设备的主要驱动源而被广泛使用。对三相异步电动机的启动、正反转、制动以及变速控制是电动机工作的基本控制要求,可以分别通过相应的基本电路环节满足这些要求。

由于三相异步电动机通过电动机驱动电路供电,并通过控制电路对驱动电路进行控制来实现各种控制要求,因此对电动机控制电路环节的分析包含两部分内容,其一为驱动电路分析,目的是确定电路中需要控制的对象以及工作控制要求,其二是控制电路分析,目的是确定控制电路如何满足驱动电路的工作控制要求。本节重点为常见电动机基本控制电路环节(启动、正反转、制动以及变速控制环节)分析。

4.1.1 三相笼型异步电动机的启动控制电路

三相笼型异步电动机的启动、停止控制电路环节是应用最广泛、也是最基本的控制电路环节。三相笼型异步电动机有全压直接启动和减压启动两种不同的启动方法。较大功率的电动机全压启动时受电动机启动电流的影响较大,因此当功率小于10 kW或经过启动校验,启动电流对电网的冲击在允许范围内的情况下,异步电动机可以采用全压直接启动,即启动时电动机的定子绕组直接接在额定电压的交流电源上,反之需要采用减压启动控制。

1. 三相笼型异步电动机直接启动控制电路

三相笼型异步电动机采用全压直接启动的控制电路有两种形式,对小型台钻、砂轮机、冷却泵等一些控制要求不高的简单机械,可采用手动开关在电动机驱动电路(也称主电路)中接通电源直接启动的电路形式,如图4.1.1所示。这种电路能够满足电动机启动控制要求,并采用了熔断器做短路保护。但是这种控制方式在操作过程中人为因素影响较大,无过载、零压等安全保护措施,不能实现远距离控制和自动控制,因此仅适用于不频繁启动的小容量电动机。

图4.1.2所示的是采用交流接触器的直接启动电路形式,这种形式的电路分为两个部分,一部分为设备电动机的主电路,在工作过程中由接触器的主触点动作来完成电路的接通和断开;另一部分为采用继电-接触器方式的控制电路,通过控制接触器线圈电路的接通与断开实现对接触器主触点动作的控制。电路工作过程分析通常分为两步,第一步为主电路分析,第二步为控制电路分析。

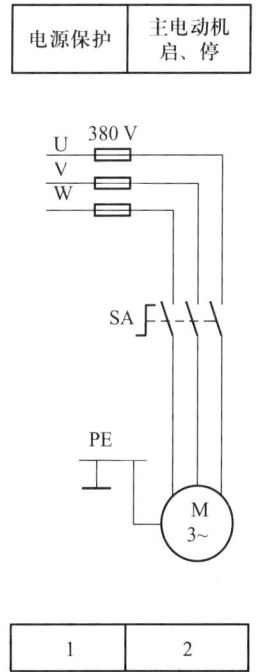

图4.1.1 开关直接启动控制电路

(1) 主电路分析

图 4.1.2 所示设备电气系统的主电路由隔离开关 QS、熔断器 FU2、接触器 KM 的主触点、热继电器 FR 的热检测元件和电动机 M 构成。当合上隔离开关，接通三相电源后，电动机的启动与停止即由交流接触器 KM 的主触点来控制。KM 主触点闭合，电动机通电工作，主触点分断，电动机断电停止工作。列出主电路分析结果为：主电路中的控制对象是交流接触器 KM，由接触器的工作原理可知，主电路工作要求电动机启动时接通 KM 线圈电路，电动机停止时要求断开 KM 线圈电路。

电源保护	电源开关	主电动机	主电动机控制

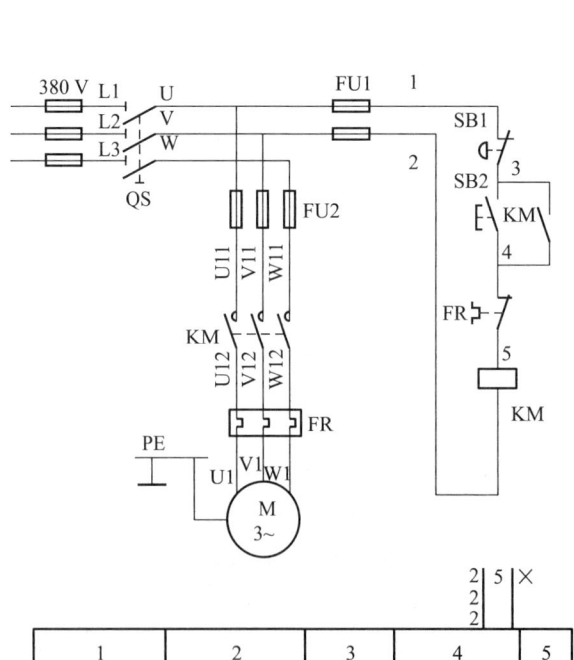

图 4.1.2　继电-接触器直接启动控制电路

(2) 控制电路分析

图 4.1.2 中设备电气系统的控制电路由启动按钮 SB2、停止按钮 SB1、接触器 KM 的线圈及其辅助触点、热继电器 FR 的动断触点和熔断器 FU1 经过导线连接构成，按照电器动作顺序关系分析，控制电路的工作过程为：

合上 QS→按下启动按钮 SB2→KM 线圈通电工作→KM 主触点闭合→电动

机接通电源全压启动开始工作。

此时 KM 的辅助动合触点闭合，使得松开启动按钮 SB2 时，KM 线圈能够保持通电，KM 的所有触点仍处于工作状态，电动机进入正常工作运行，这种依靠接触器自身的触点保持通电的方法称为自锁。

要使电动机停止运转，只要按一下停止按钮 SB1 即可，其工作过程为：

按下停止按钮 SB1→线圈 KM 断电释放→KM 的主触点断开三相电源→电动机停止工作，同时辅助触点断开解除自锁。

控制电路也可以采用逻辑函数表达式分析负载电路接通与断开控制条件，电动机启动控制电路的逻辑函数表达式为

$$f(KM) = \overline{SB1} \times (SB2+KM) \times \overline{FR}$$

式中，KM 线圈电路的接通条件启动按钮 SB2 动合触点与接触器 KM 的辅助动合触点，它们中任何一个闭合，均能接通电路，停止按钮 SB1 的动断触点与热继电器 FR 的控制触点构成切断电路的条件，任何一个动作，都能切断电路。

控制电路中的热继电器 FR 实现电动机的长期过载保护，熔断器 FU1、FU2 分别实现主电路与控制电路的短路保护。自锁电路在发生失压或欠压时起保护作用，即当意外断电或电源电压低到一定程度时，接触器 KM 就会释放，主触点把主电源断开，电动机停止运转。这时如果电源恢复，由于控制电路失去自保，电动机不会自行启动，防止发生设备和人身事故。

2. 三相笼型异步电动机减压启动控制电路

三相笼型异步电动机采用全压直接启动时，虽具有控制电路简单、维修工作量较少等优点，但当电动机处于供电容量不足够大时，就不能采用全压直接启动。因为电动机的启动电流可达其额定电流的 4~7 倍，这样大的冲击电流将导致供电变压器的二次电压大幅下降，使电动机本身的启动转矩减小，严重时电动机将无法启动，甚至引起供电系统中其他电动机因跳闸而停止运转。为了限制和减小启动电流对供电系统的冲击，对于大容量的电动机，当电动机容量超过其供电变压器的某定值时（变压器只供动力用时取 25%，变压器供动力和照明公用时取 5%），一般应采用减压启动方式，即启动时降低加在电动机定子绕组上的电压，待电动机启动后再将电压恢复到额定值，使之运行在额定电压下。减压启动可以减少启动电流，减小线路电压降，也就减小了启动时对线路的影响。常用的减压启动有星形-三角形换接、定子串电阻等启动方法。

（1）星形-三角形减压启动控制电路

对于正常运行时定子绕组接成三角形的三相笼型异步电动机，均可采用星

形-三角形减压启动的方法达到限制启动电流的目的。启动时,定子绕组先接成星形,待电动机转速上升到接近额定转速时,将定子绕组的接线由星形换接成三角形,电动机便进入全压下的正常运行状态。

1) 主电路分析

图 4.1.3 所示为电动机定子绕组接线示意图,图 4.1.4 所示为设备星形-三角形减压启动控制电路。电气系统的主电路采用交流接触器 KM1 与 KM3 的主触点将电动机三相定子绕组按星形方式连接[每相绕组首端与电源连接,三绕组尾端连接在一起,形成星形(Y形)],交流接触器 KM2 的主触点将电动机三相定子绕组按三角形方式连接[每相绕组首端与另一绕组的尾端相连,即三绕组首尾相接,形成三角形(△形)],通过控制三个接触器的线圈电路按要求接通和断开,实现星形-三角形的切换。分析主电路后列出分析结果为:主电路中的控制对象为交流接触器 KM1、KM2 与 KM3,KM1 与 KM3 的主触点闭合,电动机减压启动,KM1 与 KM2 的主触点闭合,电动机正常工作。由接触器的工作原理可知,主电路工作要求电动机启动时接通 KM1 与 KM3 的线圈电路,电动机正常工作时要求接通 KM1 与 KM2 的线圈电路。

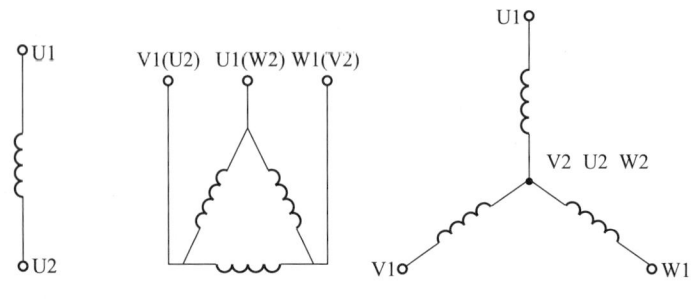

图 4.1.3 电动机定子绕组接线示意图

2) 控制电路分析

图 4.1.4 所示的星形-三角形减压启动的控制电路是根据启动过程中时间的变化,利用时间继电器来控制星形-三角形的换接。电动机启动时 KM1、KM3 线圈通电,主电路电动机定子绕组接成星形。当电动机转速上升到接近额定转速时,由时间继电器 KT 的延时触点控制,使得 KM3 断电,KM2 通电,定子绕组换接成三角形,进入稳定运行状态。

控制电路的工作过程如下:

第 4 章 电气控制系统基本控制电路

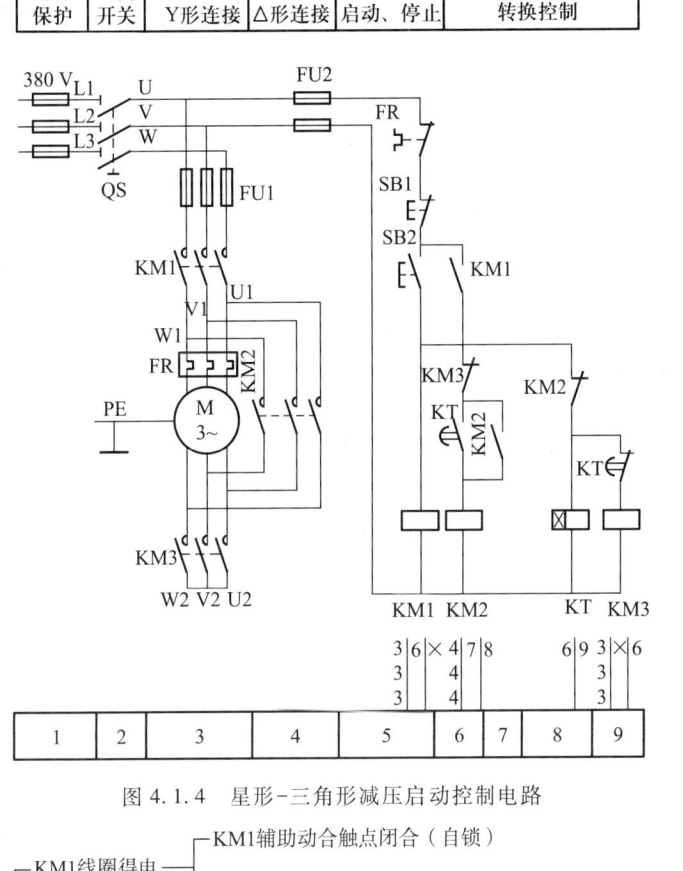

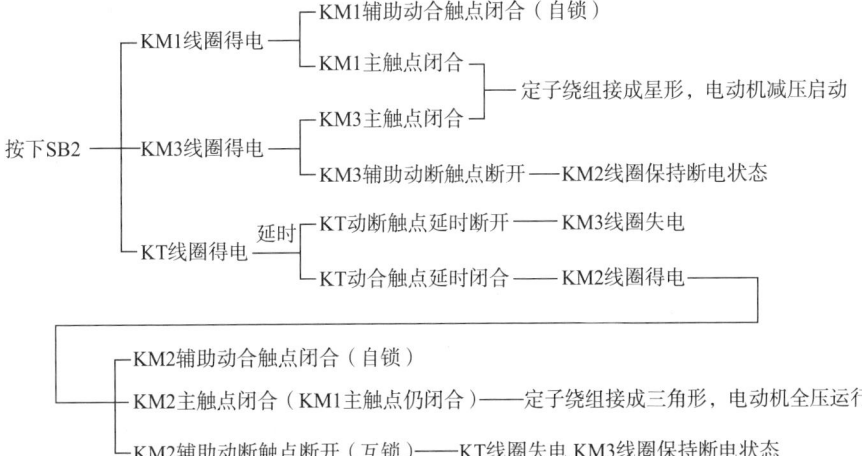

图 4.1.4 星形-三角形减压启动控制电路

应注意的是,电路中 KM2 和 KM3 主触点如果同时闭合,将造成电源短路事故,因此需要采取相应的措施,防止事故发生。通常采取的方法是在控制电路中由交流接触器的辅助动断触点 KM2 和 KM3 构成互锁控制。

电动机采用星形-三角形启动时,定子绕组星形连接状态下启动电压为三角形连接启动电压的 $\frac{1}{\sqrt{3}}$,启动转矩为三角形连接直接启动转矩的 $\frac{1}{3}$,启动电流也为三角形连接直接启动电流的 $\frac{1}{3}$。与其他减压启动相比,星形-三角形启动投资少、线路简单,但启动转矩小。故这种启动方法适用于空载或轻载状态下启动,且只能用于正常运转时定子绕组接成三角形的电动机。而在工厂现场中常采用 Y-Δ 自动启动器,简便且经济。

(2) 定子串电阻减压启动控制电路

定子串电阻减压启动是在电动机启动时把电阻串接在定子绕组与电源之间,通过电阻的降压作用来降低定子绕组上的启动电压,启动过程完成后再将电阻短接,使电动机在额定电压下正常运行。

1) 主电路分析

图 4.1.5 所示为设备定子串电阻减压启动控制电路。电气系统的主电路采用交流接触器 KM1 的主触点将电阻串接到电动机三相定子绕组与电源之间,交流接触器 KM2 的主触点将电阻短接,通过控制接触器的线圈电路按要求接通和断开,实现启动与正常工作之间的接线切换。分析主电路后列出分析结果为:主电路中的控制对象为交流接触器 KM1、KM2,KM1 的主触点闭合,电动机减压启动,KM2 的主触点闭合,电动机正常工作。主电路工作要求电动机启动时接通 KM1 的线圈电路,电动机正常工作时接通 KM2 的线圈电路。

2) 控制电路分析

图 4.1.5 所示的定子串电阻减压启动的控制电路利用时间继电器的延时作用控制接触器 KM1 和 KM2 线圈电路的切换,在适当的时候短接启动电阻,使电动机进入正常运行。

控制电路的工作过程如下:

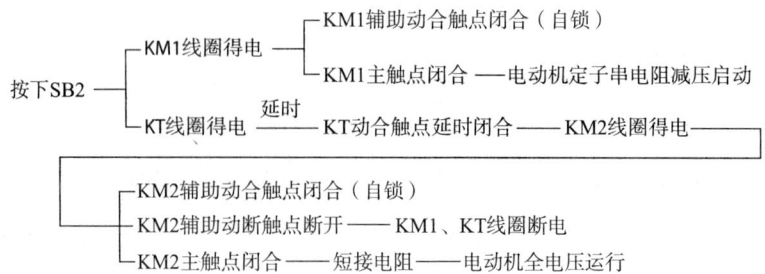

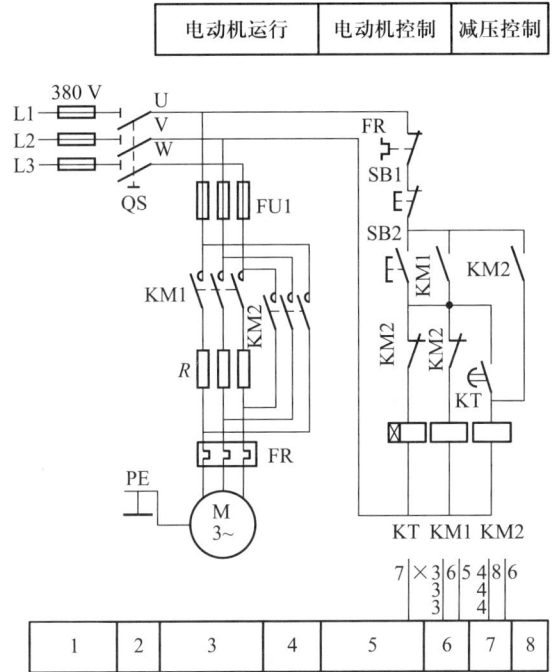

图 4.1.5　定子串电阻减压启动控制电路

定子串电阻启动方式由于不受电动机接线形式的限制,设备简单,常用于中、小型生产机械设备,另外在机械设备做点动调整时,也可采用这种限流方法以减轻频繁启动对电网的冲击。

4.1.2　三相笼型异步电动机的正反转控制电路

各种生产机械常常要求具有上、下、左、右、前、后等相反方向的运动,例如车床主轴的正向、反向运转;龙门刨床工作台的前进、后退;起重机吊钩的上升、下降;等等,这些相反方向的运动通常是靠拖动它们的电动机正反转来实现的。大家知道,对于三相交流异步电动机只要改变电动机电源的相序,其旋转方向就会相应改变。因此可借助正、反向接触器改变定子绕组相序来实现对电动机正转和反转的控制。

1. 按钮控制的电动机正反转控制电路

按钮控制的电动机正反转控制电路是通过人工手动方式控制电动机的转向,电路构成如图 4.1.6 所示。

(1) 主电路分析

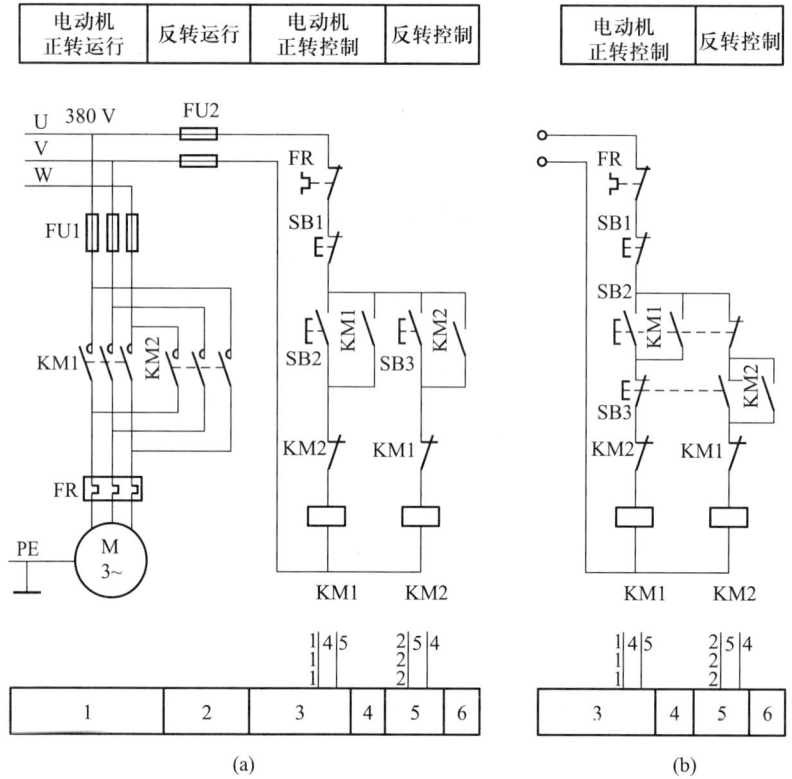

图 4.1.6 异步电动机正、反转控制电路

如图 4.1.6 所示,设备电气系统的主电路使用交流接触器 KM1 的主触点将电动机三相定子绕组与电源连接,交流接触器 KM2 的主触点将交换相序后的电动机三相定子绕组与电源连接,通过选择接通 KM1 或 KM2 的线圈电路,实现电动机的转向控制。假定 KM1 接通正转相序,KM2 接通反转相序,则主电路工作要求电动机正转时接通 KM1 的线圈电路,电动机反转时接通 KM2 的线圈电路。

(2) 控制电路分析

控制电路工作的目的是要满足主电路中电器工作的要求,图 4.1.6 所示为两种异步电动机正反转控制电路方案。从图 4.1.6a 所示的电路构成上看,实际上是将正向直接启动控制电路和反向直接启动控制电路组合在一起形成对电动机的正反转控制。需要注意的是,当 KM1 和 KM2 的主触点同时闭合时,将会造成两相电源短路故障,因此,要使电路安全可靠地工作,通常在控制电路中,将 KM1 和 KM2 的辅助动断触点分别串接在 KM2 和 KM1 的工作线圈电路里,构成互相制约关系,即当一个接触器通电时,利用其串联在对方接触器线圈电路中的动断触点的断开来锁住对方线圈电路。这种利用两个接触器的辅助动断触点互相控制的方法称为"互锁",即为"电气互锁"。

在图4.1.6a所示的控制电路中,按下正向启动按钮SB2,KM1得电并自锁,KM1动断触点断开,使KM2线圈无法通电,KM1的主触点闭合,电动机正转。需要反转时,必须按下停止按钮SB1后,令接触器KM1断电释放,KM1动断触点闭合,再按反转启动按钮SB3,电动机方可反向启动。即在正转运行时,要想反转必须先停车,否则不能反转,因此可叫作"正-停-反"控制电路。显然这种电路的缺点是操作不方便。

图4.1.6b所示的是电动机"正-反-停"控制电路,采用复合按钮SB2、SB3可直接实现电动机正转与反转之间的切换,因为复合按钮的动作特点是先断后合,当按下复合按钮SB2或SB3时,首先是动断触点断开,然后才是动合触点闭合,这样在需要改变电动机运动方向时,就不必再按停止按钮SB1,从而解决了操作不便的问题。复合按钮的这种互锁功能,也称"机械互锁"。该电路中既有"电气互锁",又有"机械互锁",保证了电路可靠地工作,为设备电气控制系统所常用。

必须指出,图4.1.6b所示的控制电路中若仅用复合按钮进行互锁,而不用接触器的互锁触点互锁,工作是不可靠的。例如,当主电路中正转接触器KM1的主触点发生熔焊(即静触点和动触点烧蚀在一起)现象,或者接触器的机构失灵,使衔铁卡住而总是处在吸合状态时,由于接触器用同一机构操作所有触点,所以KM1的触点在线圈断电时不能复位,KM1的动断触点将仍然处于断开状态,这样可防止反转接触器KM2通电使主触点闭合而造成电源短路事故,这种保护作用仅依靠复合按钮是做不到的。

2. 行程开关控制的电动机正反转控制电路

生产过程中某些设备的工作台需要进行自动往复运行,如组合机床、龙门刨床、铣床的工作台等,此时电动机转动方向的切换由设备上的位置开关(如行程开关、接近开关等),以"机动"方式控制电动机实现正反转工作。

行程开关控制电动机正反转电路中,电动机的驱动主电路与按钮控制的电路相同,仍然是按要求对KM1、KM2的线圈电路进行控制。图4.1.7所示的是机床工作台往返运动循环的控制电路,图中SB1为停止按钮,SB2和SB3为不同方向的复合启动按钮;SQ1和SQ2分别使用复式触点,用来发出"到位返回"信号,实现自动往复控制;SQ3、SQ4使用动断触点,并且安装在工作台往复运动的极限位置,起限位保护作用,防止行程开关SQ1和SQ2由于故障而失灵,使工作台继续运动不停止,越出床身轨道而导致事故。

电动机的正反转可通过SB1、SB2、SB3按钮手动控制,也可用通过安装在设

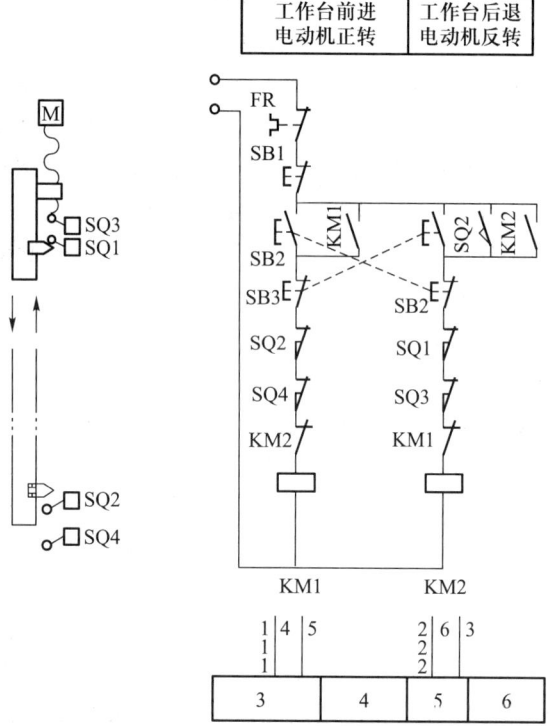

图 4.1.7 机床工作台往返循环控制电路

备上的撞块压动行程开关实现机动控制,此时,撞块代替人工按动电动机换向控制开关,机动可以通过调整撞块位置控制行程长度。

机动控制电动机正反转实现自动循环工作的过程如下:

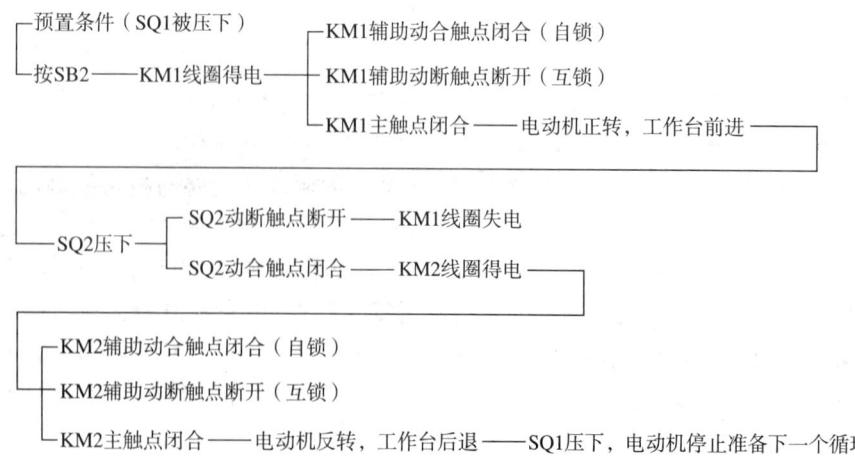

4.1.3 三相笼型异步电动机的制动控制电路

一些由电动机拖动的机械设备,如万能铣床、卧式镗床、组合机床、起重运输机械等,为了适应生产工艺、提高生产效率,或是考虑安全等方面的原因,要求能够迅速停车和准确定位。但是由于存在机械惯性作用,设备从切除电源到电动机完全停止转动,总要经过一定的时间后方能实现。因此为能达到迅速和准确停车,需要对设备进行制动,强迫其立即停车。制动方法一般分为两大类:机械式制动和电气式制动。机械制动是用机械装置来强迫设备迅速停车,常采用的方法如机械抱闸或液压装置制动;电气制动是在需要停车时,使电动机产生一个与原来旋转方向相反的制动转矩,迫使电动机转速迅速下降并停止转动。常用的电气制动方法有能耗制动和反接制动,这些制动方法各有特点,适用不同场合。

1. 异步电动机的机械制动

所谓机械制动,就是用外加的机械作用力使电动机在断电后转子迅速停止转动的一种方法。应用较多的机械制动装置是电磁制动器,它主要由电磁铁和制动器两部分组成。电磁铁包括铁心、衔铁和线圈3部分;制动器由闸轮、闸瓦、杠杆和弹簧等部分组成。使用时闸轮与电动机装在同一根转轴上,电磁制动器控制电路如图4.1.8所示。

控制电路控制电动机正常工作过程为:

合上隔离开关QS→按下启动按钮SB1→接触器KM线圈通电动作→同时电磁制动器YB线圈通电→闸瓦松开闸轮→电动机转动运行。

电动机停止制动工作过程为:

电动机正常运转→按下停止按钮SB2→接触器KM线圈断电释放→电动机电源被切断→同时制动器YB的线圈也断电→衔铁释放→在弹簧的作用下,闸瓦迅速抱住闸轮→电动机迅速停止运转。

图4.1.8所示的控制电路属于断电制动控制方式,这种控制电路在起重机械上被广泛采用,如当重物吊到一定高度时,按下停止按钮SB2,电动机转轴就会迅速被刹住而停转,重物被准确定位;另当重物被提升到一定高度时,若线路发生故障突然停电时,也可使电动机迅速制动,从而防止重物下掉发生事故。

2. 异步电动机的电气制动

在停车制动过程中,使电动机中产生与惯性旋转方向相反的电磁转矩时,设备便进入电气制动状态。电气制动有能耗制动、反接制动、反馈制动等,三相笼型异步电动机常用的电气制动方法是能耗制动和反接制动。

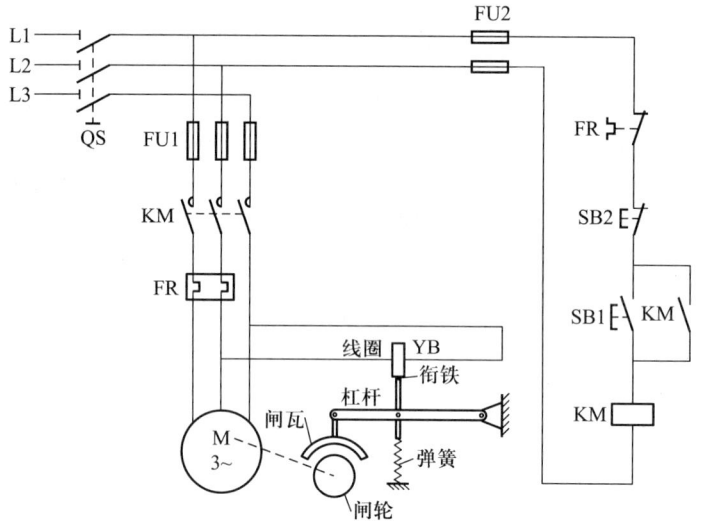

图 4.1.8 电磁制动器控制电路

(1) 能耗制动控制电路

能耗制动是在电动机脱离三相交流电源的同时,给定子绕组上加一个直流电源,利用转子感应电流与静止磁场的作用产生制动转矩,并在电动机转速为零时摘除直流电源,从而达到制动目的。这种制动方法是将在运动过程中储存在转子中的机械能转变成电能,又消耗在转子的制动上,因此称为能耗制动。

1) 主电路分析

图 4.1.9 所示为可进行能耗制动的设备电气系统图。由于制动过程中需要在电动机定子绕组电路中接入直流电源,并必须在正常工作过程中摘除,因此主电路中使用交流接触器 KM1 的主触点将电动机三相定子绕组与电源连接,交流接触器 KM2 的主触点则控制直流电源的接入与摘除。主电路在电动机正常工作时要求接通 KM1 的线圈电路,在电动机制动过程中要求接通 KM2 的线圈电路。

2) 控制电路分析

图 4.1.9 所示的能耗制动控制电路有两种方案,方案 1 采用复合按钮控制制动的实施(图 4.1.9a),方案 2 采用复合按钮组合时间继电器来实现制动功能(图 4.1.9b)。直流电源由变压器和整流装置提供。

方案 1 为手动控制制动,制动过程如下:

第 4 章 电气控制系统基本控制电路

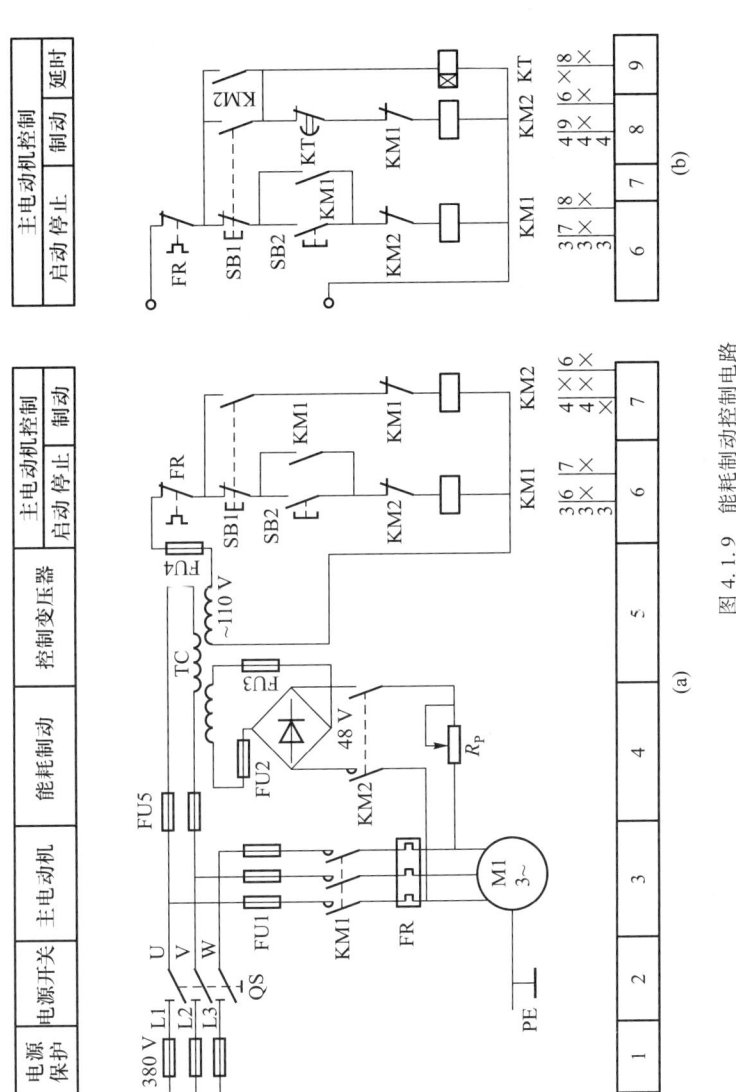

图 4.1.9 能耗制动控制电路

方案1电路虽然简单,但是制动过程中按钮SB1必须始终处于压下状态,使得操作不方便。方案2采用时间继电器实现制动过程的自动控制,从而简化操作,其工作过程如下:

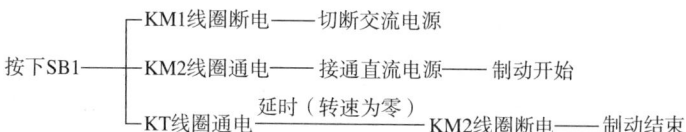

能耗制动的特点是制动作用的强弱与直流电源电流的大小和电动机转速有关,同样转速下,电流越大制动作用越强,一般直流电流数值取为电动机空载电流的3~4倍,电流过大会烧坏定子绕组。电路中设置可调电阻 R_P,用来调节制动电流的大小。而在同样制动电流情况下,电动机转速越低,制动作用越弱,因此能耗制动时的制动转矩会随电动机的惯性转速下降而减小,使得制动准确、平稳。能耗制动与反接制动相比,制动过程能量消耗小,但制动力较弱,在低速时尤为突出,并且还需要配置直流电源。故能耗制动适用于电动机容量较大,启、制动频繁,要求制动平稳、准确的场合,如磨床、龙门刨床及组合机床的主轴定位等。

(2)反接制动控制电路

反接制动实质是通过改变电动机三相电源的相序,使定子绕组产生相反方向的旋转磁场,将与惯性转动方向相反的反向启动转矩作为制动转矩,对电动机进行制动的一种方法。

采用反接制动停车时,由于是将三相电源相序切换,进入反向启动状态,对电动机产生制动作用,而当电动机转速接近零时,如果此时反接电源不及时切除,电动机又将从零速反向启动运行,因此在采用反接制动的控制电路中,需要使用速度继电器检测电动机转速为"0"的切换点,并通过速度继电器的控制触点,及时切断反相序电源,以防止反向再启动。

此外,在采用反接制动方式时,由于电源反接,转子与定子旋转磁场的相对转速将接近两倍的电动机同步转速,使得定子绕组中流过的反接制动电流相当于全压启动时启动电流的两倍,为了减小冲击电流,通常需要在笼型异步电动机定子绕组中串接限流电阻 R,以保护设备。

1) 主电路分析

图4.1.10所示为带有反接制动功能的设备电气系统图,由于电动机反接制动是采用反向启动转矩实施制动,因此图中主电路与正反转控制主电路类似,含有改变相序的接线,除此外,图中电路还包含接入与摘除限流电阻的接线。设备主电路使用交流接触器KM1的主触点将电动机三相定子绕组与电源连接,交流

接触器 KM2 的主触点将交换相序后的电动机三相定子绕组与电源连接,并在此连接电路中串接限流电阻。主电路工作要求在电动机正常工作时,接通 KM1 的线圈电路,实现电动机的正向运转;制动过程中,要求接通 KM2 的线圈电路,实现反接制动。

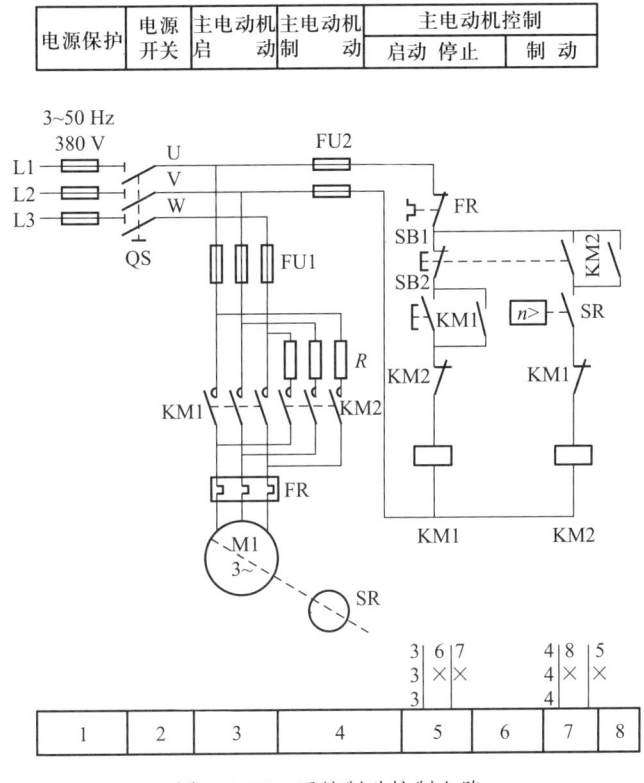

图 4.1.10 反接制动控制电路

2) 控制电路分析

电动机反接制动控制电路构成中,速度继电器的控制触点是一个关键因素。速度继电器的转子与电动机是同轴连接,电动机正常转动时,速度继电器的动合触点闭合,电动机停车制动过程中,当电动机转速接近零时,速度继电器的动合触点断开,及时切断反相序电源。

控制电路的工作过程如下:

① 设备启动工作:按下启动按钮 SB2→KM1 线圈得电并自锁→电动机正转运行→同时 SR 的动合触点闭合,为反接制动做好准备。

② 设备停车制动:按下停止按钮 SB1→其动断触点先断开→KM1 线圈断

电,电动机 M 脱离正转电源→电动机处于惯性转动状态,SR 的动合触点依然闭合→SB1 动合触点闭合→反接制动接触器 KM2 的线圈通电并自锁→KM2 主触点闭合,电动机定子绕组接入相反相序三相电源→电动机进入反接制动状态,转速迅速下降→电动机转速接近零时,SR 动合触点复位断开→KM2 线圈断电,反接制动结束。

由于反接制动是利用反向启动的原理,制动电路还可以利用正反转控制电路,简化电气系统电路。

反接制动的特点是反向启动时,旋转磁场的相对速度很大,定子电流也很大,因而制动转矩大,制动迅速,效果显著。但是制动时有冲击、不平稳,且能量消耗大,故适用于 10 kW 及以下的小容量电动机、不经常启动和制动的设备,如铣床、镗床、中型车床主轴的制动等。

4.1.4 三相笼型异步电动机的变速控制电路

用于实际生产的机械设备往往有调速的要求,例如:金属切削机床主轴的转速需要随着工件和刀具的材料、工件的直径、加工工艺的要求以及走刀量大小等参数的不同而改变,以保证零件加工质量。调速可通过机械、液压和电气等多种方式实现,以电动机作为原动机的生产机械,当设备的结构尺寸受到限制或要求速度连续可调时,常采用可变速的电动机进行电气调速,以简化机械变速机构。

由三相异步电动机的转速公式 $n=60f(1-s)/p$ 可知,三相异步电动机的电气调速可以通过改变磁极对数 p、改变转差率 s、改变电源频率 f 三种方式来实现。改变转差率 s 和改变电源频率 f 的调速方式为无级变速方式,改变磁极对数 p 的调速方式为有级变速方式。两种变速方式原理不同,三相笼型异步电动机变速控制电路用于改变变速电动机磁极对数 p 的变极调速。

变速电动机一般有双速、三速、四速之分,与普通电动机不同的是,变速电动机的定子备有一套或多套绕组,改变绕组的接线就可以改变电动机的磁极对数,进而改变转速。这里以在普通机床中有较多应用的双速电动机为例讨论变极调速的控制电路。

1. 变速电动机的变速原理

与单速电动机不同,当变速电动机的定子绕组装有两套绕组时,改变定子绕组的连接方式,会有两种不同的磁极对数现象产生,由电动机速度公式可知,不同磁极对数使变速电动机具有高、低两种不同的转速。

图 4.1.11 所示为变速电动机定子绕组的接线方式。每相定子绕组均由两个线圈组连接而成,线圈之间有导线引出,引出导线接线端分别为 U3、V3、W3。图 4.1.11a 所示为定子绕组的两种接法:三角形和单星形连接,二者均是将电动

机定子绕组的三个接线端 U1、V1、W1 与三相交流电源连接,三个引出导线接线端 U3、V3、W3 悬空,此时电动机每相绕组中的两个线圈串联,电流方向如图 4.1.11c 中的箭头所示,从而形成四极磁极对数;图 4.1.11b 中则是将电动机定子绕组的三个中间导线接线端子 U3、V3、W3 与三相交流电源连接,而将其他所有接线端子 U1、V1、W1、U2、V2、W2 连接在一起,这时三相定子绕组变成双星形连接,此时每相绕组中的两个线圈并联,电流方向如图 4.1.11d 中箭头所示,电动机的磁极对数变为二极,转速是前一种接法的二倍。

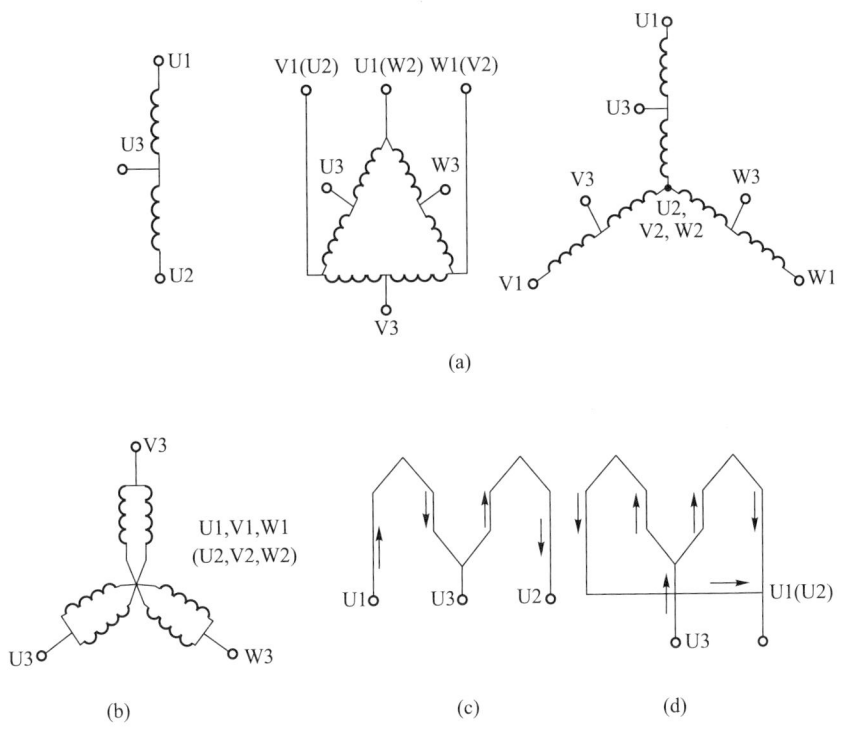

图 4.1.11 双速电动机定子绕组接线示意图

当电动机定子绕组接线由三角形(四极、低速)改为双星形(二极、高速)时,它属于恒功率调速,由单星形(四极、低速)改为双星形(二极、高速)时,它属于恒转矩调速。因此,三角形-双星形切换适用于拖动恒功率性质负载,单星形-双星形切换适用于拖动恒转矩性质负载。

2. 双速电动机的控制电路

由变速电动机的变速原理可知,控制电动机变速的电气系统需要依据转速输出要求实现电动机驱动电路接线方式的切换。与前述电动机控制系统类似,电动机变速控制同样采用交流接触器的主触点,在驱动电路中完成高速电路接线和低速电路接线,并通过控制电路,控制交流接触器的工作状态。

1)主电路分析

图 4.1.12 所示为电动机变速控制的设备电路图,设备主电路使用交流接触器 KM1 的主触点将电动机三相定子绕组连接成三角形,并与电源连接,交流接触器 KM2 和 KM3 的主触点将绕组连接成双星形。主电路工作要求为选择电动机低速运行时,接通 KM1 的线圈电路;选择电动机高速运行时,接通 KM2、KM3 的线圈电路。

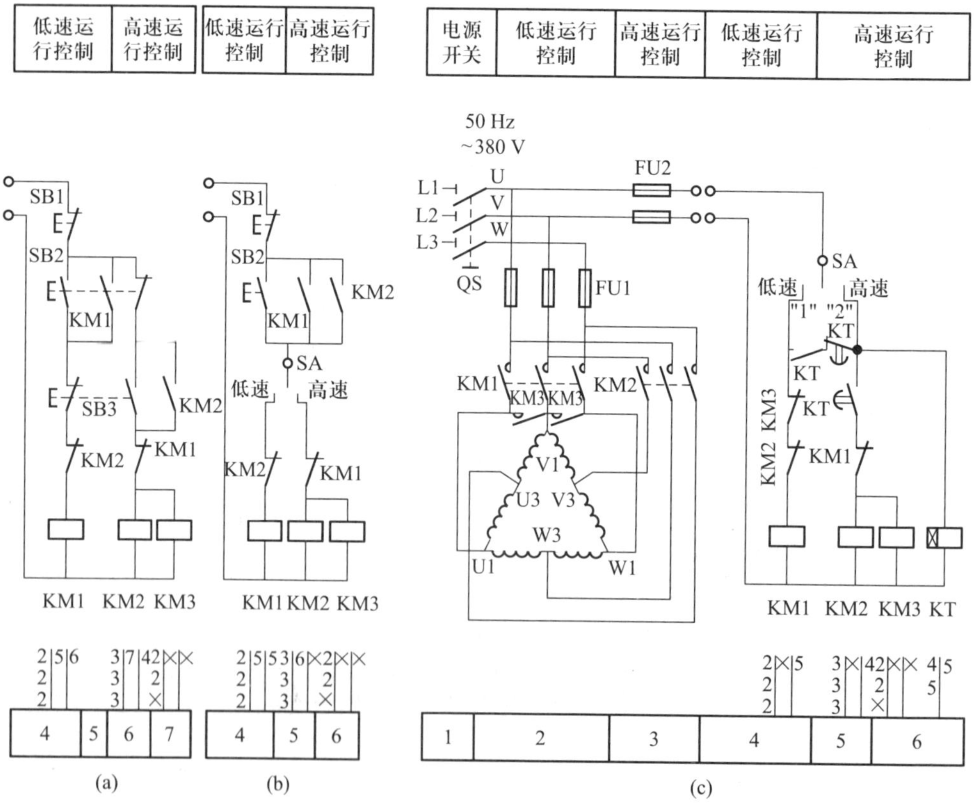

图 4.1.12　双速电动机的控制电路

2)控制电路分析

图 4.1.12 所示的设备电路图中给出了三种双速电动机高、低速控制电路方案。图 4.1.12a 所示为采用复合按钮 SB2、SB3 来实现高、低速切换的控制电

路,运行中高速与低速的选择,只需直接按动相应的控制按钮 SB2 或 SB3,就可实现电动机的高速变低速或低速变高速的运行状态切换。这种控制方式适用于小容量的双速电动机,其工作过程如下:

① 低速运行控制:

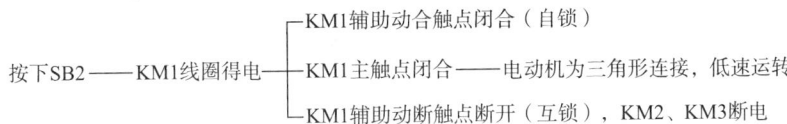

② 高速运行控制:

按下SB3 ── ┌ KM1线圈断电
　　　　　　├ KM2线圈得电 ── KM2主触点闭合ー┐
　　　　　　└ KM3线圈得电 ── KM3主触点闭合ー┴── 电动机为双星形连接,高速运转

图 4.1.12b 所示的控制方案采用选择开关 SA 实现高、低速的控制,选择接通 KM1 线圈电路或 KM2、KM3 线圈电路,即可选择低速或高速运行。转换过程中需重新按启动按钮 SB2,此控制方式同样适用于功率较小的电动机。

图 4.1.12c 所示的方案采用选择开关 SA 与时间继电器组合来进行变速控制。SA 是具有三个接点的转换开关,当 SA 位于中间位置时,电动机停转;当 SA 置于"低速"位置时,KM1 线圈电路通电,主电路中 KM1 主触点闭合,电动机定子绕组为三角形连接,处于低速运转;当 SA 置于"高速"位置时,为限制启动电流,电动机首先以低速启动,启动后在时间继电器控制下自动从低速切换到高速,因此图 4.1.12c 所示的方案适用于较大容量的电动机的变速控制。高速启动的工作过程如下:

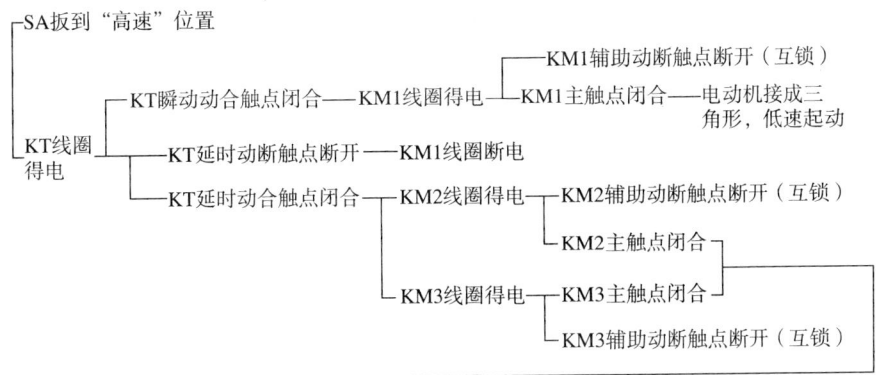

应当注意的是定子绕组极数改变后,其相序方向和原来相序方向相反。因

此在变极时,需要保证电动机高速和低速时的转向相同。

4.2 特定功能控制电路

电气控制系统不仅要完成对电动机驱动电路的控制,满足生产机械的工作要求,同时还需要具备一些特定功能,以满足在操作方便性和安全性等方面的要求。特定功能控制电路主要针对操作方便性和安全性,因此涉及的是电气系统的控制电路,常用的特定功能控制电路环节有点动控制、多地点多条件控制、顺序控制等。电路设计与分析主要针对控制电路的构成原理与功能分析。

4.2.1 点动与长动控制电路

生产实践中,机械设备的运行状态有长时间的连续运转(长动),也有短时间的间断运转(点动),对采用电动机作为驱动源的设备,点动控制过程实际上就是按下按钮时电动机转动,松开按钮时电动机则停止转动。点动控制多用于生产设备的调整,如机床刀架、横梁、立柱等快速移动以及机床对刀等场合,长动控制保证设备正常工作时的持续运转,实现长动与点动的电路如图 4.2.1a 所示,点动与长动控制的主要区别在于有无自锁触点的作用,自锁触点起作用时即为长动,无自锁触点或者自锁触点失去自锁作用时即为点动。对生产设备正常使用而言,一般需要同时具备长动与点动两种控制功能。

图 4.2.1 中给出了 3 种对电动机既能实现点动工作又能实现长动工作的组合控制电路,3 种方案工作原理分述如下。

(1) 方案一

如图 4.2.1b 所示,方案一采用复合按钮 SB3 来实现点动控制,长动控制则由 SB2 来实现。需要点动控制时,按下 SB3,其动断触点先断开自锁电路,动合触点后闭合,使 KM 线圈通电,电动机启动运转。当松开 SB3 时,KM 线圈断电,电动机停止运转。

(2) 方案二

如图 4.2.1c 所示,方案二采用选择开关 SA 来进行点动与长动的切换。需要点动控制时,只要 SA 断开,由按钮 SB2 来进行点动控制;需要正常运行时,只要把 SA 合上,将 KM 的自锁触点接入,即可实现长动控制。

(3) 方案三

如图 4.2.1d 所示,方案三利用中间继电器实现点动与长动组合控制。当按下长动按钮 SB2 时,控制正常工作的中间继电器 KA 线圈得电工作并自锁,处于长动工作状态,其动合触点并联在点动按钮 SB3 两端,使控制接通电动机驱动电路的交流接触器 KM 线圈电路持续通电,实现设备长动工作。当按下点动按钮 SB3 时,由于中间继电器 KA 线圈不能通电工作,KM 线圈电路没有保持通电功能,仅由点动按钮 SB3 动合触点闭合接通电路,松开点动按钮 SB3 即断开电路,因此不能使电路持续通电,形成点动控制。

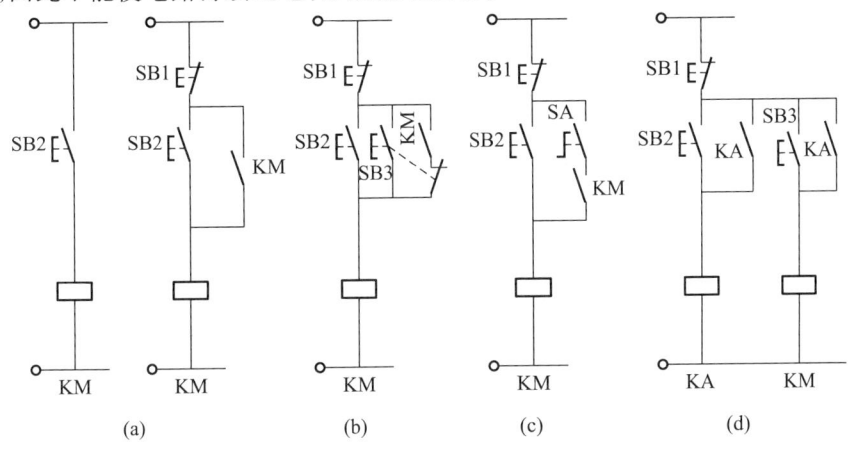

图 4.2.1 具有点动与长动功能的控制电路

4.2.2 多地点、多条件控制电路

在实际生产过程中,对于一些大中型机床、起重运输机械等生产设备,为能够方便和及时地操作设备,常需要操作人员在不同位置对设备进行操作与控制,如重型龙门刨床,操作人员可以在固定的操作台上控制设备,也可以在机床四周用悬挂按钮站控制设备,因此这样的设备需要具有多地点控制功能的电路。而在一些自动设备中,为了安全运行,常常需要满足多个许可条件后,后续工步操作才能进行,例如多动力头的组合机床,必须满足所有动力头加工完工件返回原位的条件后,工件才能被松开取出,此时设备需要多条件的控制电路。

多地点、多条件功能是利用触点串联与并联后的控制作用来实现。动合触点串联和并联与动断触点串联和并联可以形成 4 种操作控制。动合触点串联时要求所有触点均动作才可以接通电路,而并联时,任何一个触点动作都能接通电路;动断触点并联时要求所有触点均动作才可以断开电路,而串联时,任何一个触点动作都能断开电路。当按照控制作用连接触点,就可以获得具有多地点、多条件功能的控制电路。

图 4.2.2 所示为采用按钮开关触点构成多地点、多条件的控制电路。图 4.2.2a 所示的电路是一个可在两地操作设备的控制电路。电路中,启动按钮动

合触点并联,形成逻辑"或"的关系;停止按钮动断触点串联,形成逻辑"非或"、"非与"的关系,开关分组安装在两个地方,在两地点中的任何一个地方,按动按钮都可以对电动机进行启动和停止的操作控制。

图 4.2.2b 所示为由行程开关触点构成多条件的控制电路。电路中,行程开关动断触点并联,形成逻辑"或非"的关系;动合触点串联,形成逻辑"与"的关系。在工作过程中,必须所有的动合触点均动作才可以接通电路,所有的动断触点全部动作才可以断开电路。

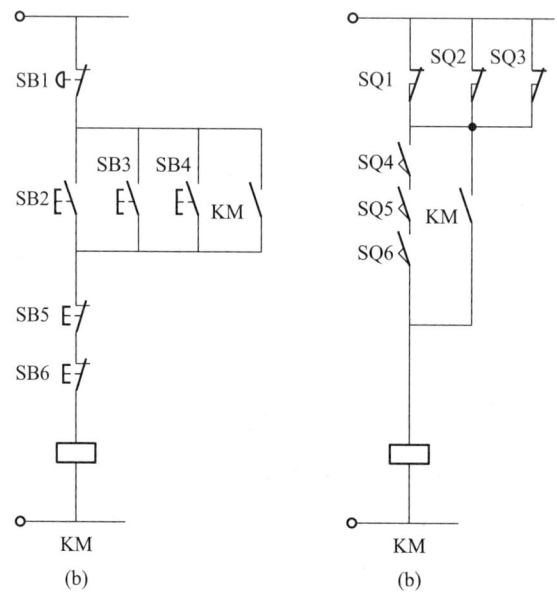

图 4.2.2 多地点、多条件控制电路

采用逻辑函数表达式分析多地点、多条件控制电路,电路接通与断开控制逻辑函数表达式分别为

$$f(\text{KM}) = \overline{\text{SB1}} \times (\text{SB2}+\text{SB3}+\text{SB4}+\text{KM}) \times \overline{\text{SB5}} \times \overline{\text{SB6}} \quad (4.2.1)$$

$$f(\text{KM}) = (\overline{\text{SQ1}}+\overline{\text{SQ2}}+\overline{\text{SQ3}}) \times (\text{SQ4} \times \text{SQ5} \times \text{SQ6}+\text{KM}) \quad (4.2.2)$$

式(4.2.1)中,KM 线圈电路的接通条件为按钮 SB2、SB3、SB4 的动合触点与接触器 KM 的辅助动合触点,它们中任何一个闭合,均能接通电路,按钮 SB1、SB5 和 SB6 的动断触点构成切断电路的条件,任何一个动作,都能切断电路。

式(4.2.2)中,KM 线圈电路的接通条件为行程开关 SQ4、SQ5、SQ6 的串联动合触点与接触器 KM 的辅助动合触点,行程开关必须全部闭合,方能接通电路,行程开关 SQ1、SQ2、SQ3 的动断触点构成切断电路的条件,触点必须全部动作才能切断电路。

4.2.3 联锁控制电路

实际生产中,从设备安全工作的角度考虑,对设备上的某些部件之间的运动要求具有互相制约的功能,或者需要存在互相配合的关系,采用联锁控制电路可以满足这样的工作要求。常见的联锁控制包括顺序控制、互为禁止控制、机械电气联锁控制等。

1. 顺序控制

由多台电动机驱动的设备,由于各台电动机驱动的部件不同,为保证设备的安全运行,常常会对电动机的启停顺序有一定的要求。如磨床要求润滑油泵电动机先启动,当润滑系统工作后,才允许主轴电动机启动,以防止主轴在无润滑状态下工作。实现顺序控制要求的电路称为顺序控制电路,一般有顺序启动、同时停止;顺序启动、顺序停止;顺序启动、逆序停止等多种控制形式。

图 4.2.3 所示为顺序启动控制电路,M1 是油泵电动机、M2 是主轴电动机,分别由交流接触器 KM1、KM2 控制两台电动机的启动和停止。在工作时要求油泵电动机 M1 启动后,M2 主轴电动机才能开始工作。顺序控制电路的结构有两种形式,一种为后启动电动机的控制电路串接在先启动电动机控制电路之后,如图 4.2.3a 所示的电路。由于 KM2 线圈电路由 KM1 线圈电路启停控制环节之后接出,使得 M1 若不先启动的话,M2 是无法启动的,以此来满足顺序工作要求。另一种形式是将控制先启动电动机的触点串联在后启动电动机的控制电路中,如图 4.2.3b 所示的电路。图中 KM1 线圈控制电路和 KM2 线圈控制电路单独构成,而接触器 KM1 的辅助动合触点作为一个控制条件串接在接触器 KM2 的线圈电路中,只有当接触器 KM1 线圈通电,辅助动合触点闭合,才能满足 KM2 线圈通电工作的条件,从而保证了电动机 M1 先启动后电动机 M2 才能启动。

2. 互为禁止控制电路

互为禁止控制电路常用于以下两种情况,一种情况是有两台或两台以上的设备,为保证设备安全、可靠运行,禁止这些设备同时工作,需要设置互锁控制;另一种情况是具有两种电源接线的单台电动机的控制电路,需要利用互锁控制来保证电动机驱动电路中两种电源接线不能同时出现,如电动机正反转控制电路中设置互锁控制,以防止电源短路。

图 4.2.4 所示是典型的多台设备工作互为禁止的控制电路,图中接触器 KM1 和 KM2 分别控制电动机 M1 和 M2,当 KM1 线圈电路通电后,它的动断触

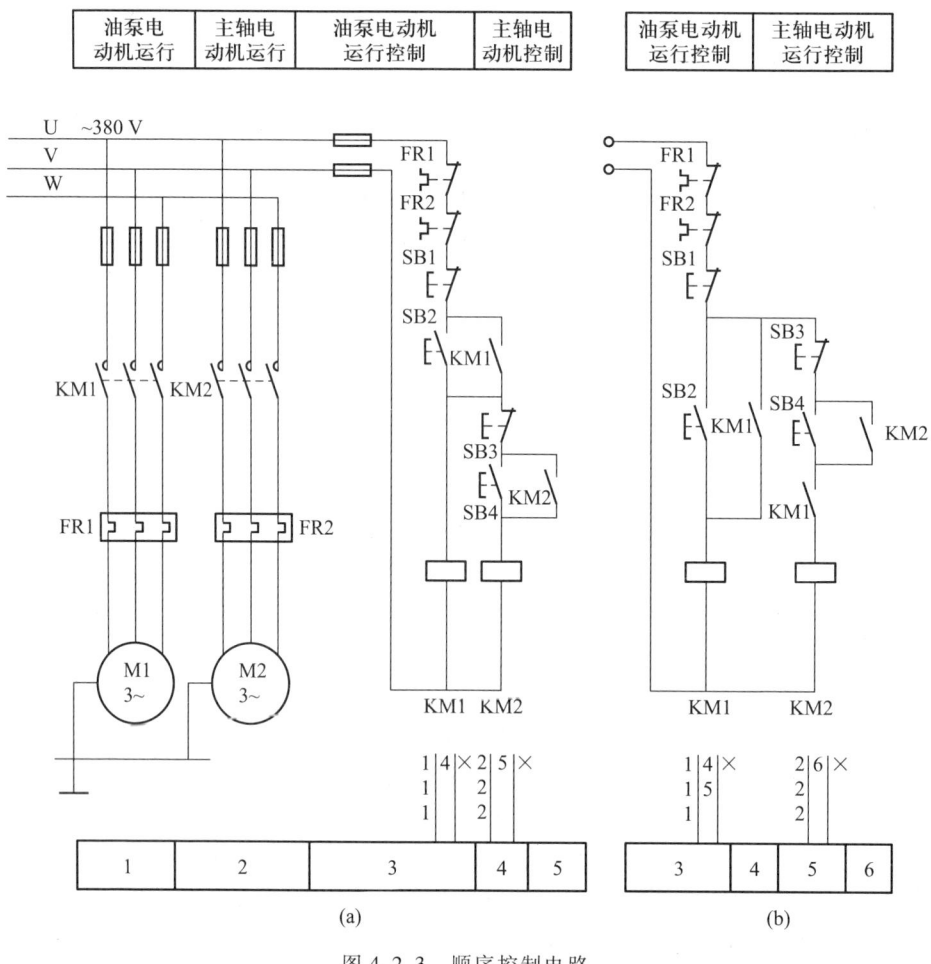

图 4.2.3 顺序控制电路

点使接触器 KM2 的线圈电路断开,这样就抑制了 KM2 再动作,反之也一样。利用 KM1 和 KM2 的动断触点串接到对方电器的线圈电路中形成互锁关系,即构成互为禁止控制电路,这样的动断触点也称为"互锁"触点。

3. 机械电气联锁控制电路

在运动比较复杂的机床上,为防止不同运动之间的干涉,常采用操作手柄和行程开关组合形成安全联锁控制,如 X62W 型铣床工作台的进给运动控制电路中就应用了这种机械电气组合的联锁控制方式。

联锁控制电路的原理是利用行程开关动断触点,串接在需要进行联锁控制运动的电路中,当出现运动干涉的误操作时,能够切断电路,使设备停止运动,防止发生事故。

图 4.2.5 所示的是一工作台进给运动的联锁控制电路。工作台由一台电动机拖动,通过机械传动链传动,可进行纵向(左、右)或横向(前、后)进给运动。工作时,工作台只允许存在一个方向的工作进给,否则将会出现运动干涉,因此工作台各方向的进给运动之间必须设置安全联锁控制。

工作台纵向运动选择由纵向进给手柄和行程开关 SQ1、SQ2 操纵,横向运动选择由横向进给手柄和行程开关 SQ3、SQ4 操纵。工作中两个操纵进给的手柄分别只能扳向一种操作位置,即接通一种方向的进给,因此在纵向(左、右)运动或横向(前、后)运动具有联锁功能。但是,如果两个操作手柄同时扳在工作位置,就会出现纵向和横向之间运动的干涉,损坏设备,对此需要采用机械电气联锁控制电路进行联锁控制,防止发生运动干涉。

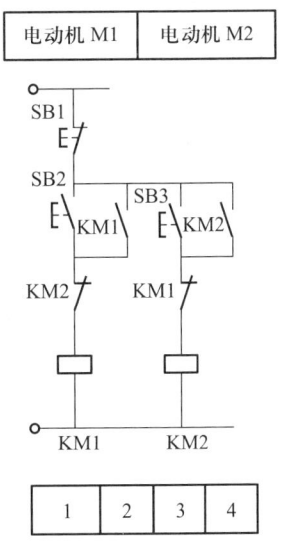

图 4.2.4 两台电动机互为禁止控制电路

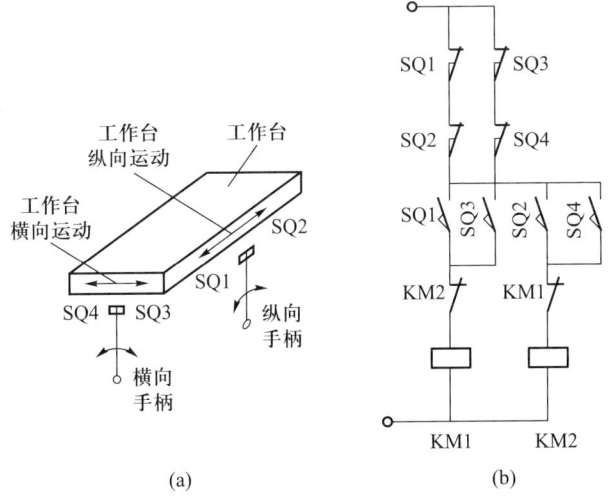

图 4.2.5 工作台进给运动示意图联锁控制电路

图 4.2.5 所示控制电路中,驱动工作台工作的进给电动机由交流接触器

KM1 和 KM2 控制正转和反转。纵向(左、右)进给方向选择行程开关 SQ1 和 SQ2 的动断触点串联,横向(前、后)进给方向选择行程开关 SQ3 和 SQ4 的动断触点串联,两串联行程开关的支电路并联构成联锁控制电路。联锁电路工作过程分析如下:

假设纵向进给手柄已经扳在工作位,并将行程开关 SQ1 压下,此时联锁电路中由纵向手柄控制的支路被断开,但另一由横向手柄控制的支路仍接通,压下的 SQ1 动合触点闭合,接触器 KM1 线圈得电,电动机转动,工作台在选定方向进给移动。此时若因误操作等意外事故扳动了横向进给手柄,将出现同时选择纵向和横向两个方向运动的失误,但是由于横向手柄处在工作位置将会压下行程开关 SQ3 或 SQ4,在纵向手柄控制的支路被切断的情况下,横向手柄控制的支路也被切断,KM1 线圈因而断电,进给电动机停转,工作台进给运动即自动停止,避免发生工作台运动干涉而损坏设备的事故出现。

由此可见,使纵向控制行程开关 SQ1、SQ2 动断触点串联构成的支路与横向控制行程开关 SQ3、SQ4 动断触点串联构成的支路并联起来可以构成联锁控制电路,而联锁电路具有防止工作台多个进给运动之间产生干涉的保护功能。

4.3 自动循环工作控制电路

随着现代技术的发展,在现代化工业生产中,出现越来越多的自动化设备,这些设备的工作过程包含若干工作状态(也称工步),例如组合机床在对零件进行加工的过程中需要顺序完成定位、夹紧、快进、工进、快退等工步操作。对这些要求自动按一定的顺序、逐步完成多工步操作,或者要求不断重复进行同一工作过程的设备进行控制的电路称为自动循环工作控制电路。自动循环工作控制电路依据设备驱动方式的不同分为两类,一类为对电动机驱动的自动化设备进行控制(机械设备自动循环控制),另一类为对液压系统驱动的自动化设备进行控制(电液控制)。自动循环工作控制电路的分析方法与前两类电路分析方法不同,对设备所有工作状态(或称工步)分析和触发工作状态转换信号分析是这类电路分析的基础。

4.3.1 机械设备自动循环工作控制电路

对设备由电动机驱动工作的自动循环过程控制,实质上是控制电路按照工作循环图的工作顺序要求,对电动机进行有序地启动、停止以及正反转控制。这种类型设备电气控制系统分析分为三个步骤,第一步是对设备循环工作状态进行分析,确定每个工作状态转换的触发信号,并采用工作循环图的方式表达分析结果。第二步进行主电路分析,确定每一个工作状态电动机驱动电路的工作要求,和需要接通的交流接触器线圈。第三步分析控制电路如何在每个工步状态下接通或断开相应的电气元件负载电路。

1. 单机自动循环控制电路

如 4.1 节所述,由行程开关控制电动机正反转的电路就属于单机自动循环控制电路。在转换主令 SQ1、SQ2(工作状态转换触发信号)的作用下,电路按要求自动切换电动机的转向,实现工作台前进与返回的工作循环控制。单机自动循环工作的特点是设备只有一个工作循环。

图 4.3.1 所示为自动间歇供油润滑系统控制电路。电路按间歇供油要求控制润滑油泵电动机自动反复启停,重复同样的工作过程,因此也属于单机自动循环控制电路。这里通过对自动间歇供油润滑系统控制电路分析来说明单机自动循环控制电路的构成、工作原理与分析方法。

(1) 设备工作状态及电动机主电路分析

图 4.3.1 所示的 KM 为控制润滑油泵电动机启停的交流接触器,设备有两个工作状态,分别为油泵电动机工作供油状态和不工作停止供油状态。供油时要求 KM 电磁线圈得电,供油工作时间由时间继电器 KT1 控制;停止供油时,KM 电磁线圈失电,时间继电器 KT2 控制停机及供油间断的时间。时间继电器触点信号为工作状态转换的触发信号。选择开关 SA 闭合选择自动间歇供油工作方式,SA 断开,结束自动循环工作,进入手动供油工作方式,设备工作循环图如图 4.3.1a 所示,"KM(+)"表示 KM 线圈通电工作,"KM(-)"表示 KM 线圈断电。

(2) 设备控制电路分析

图 4.3.1b 所示为控制油泵电动机间歇供油循环工作的控制电路,控制电路工作过程如下所示,此时选择开关 SA 闭合:

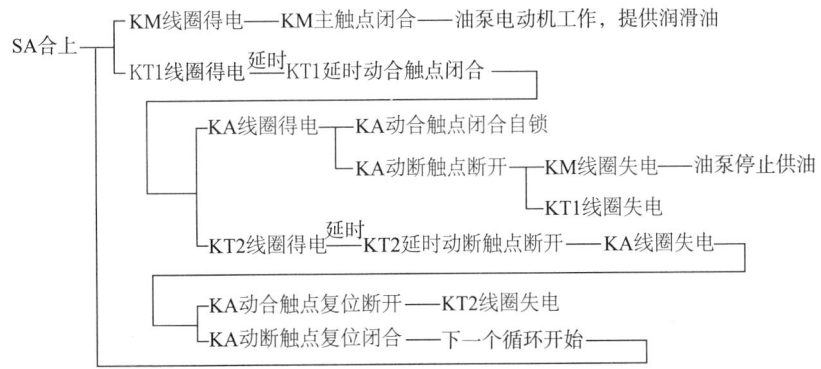

选择开关 SA 打开时,按下点动按钮 SB,手动控制供油,此时时间继电器 KT1 与 KT2 不起作用。

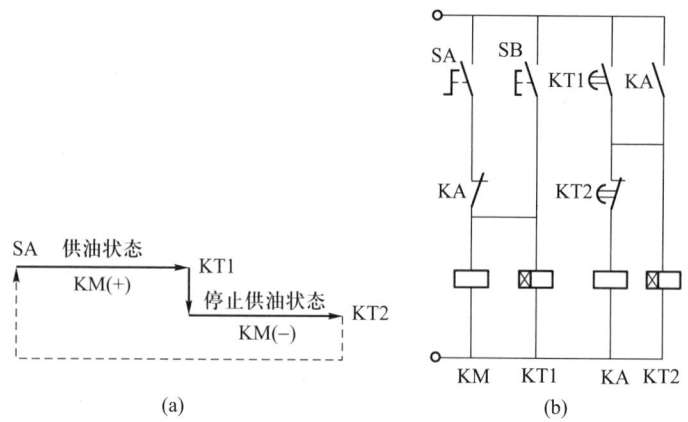

图 4.3.1 自动间歇供油润滑系统

2. 多机自动循环控制电路

与只有一个工作循环的设备不同,生产实践中有些设备是由多个动力部件构成,各动力部件不仅具有部件本身的自动循环工作过程,同时还需要依据设备整机工作的顺序要求将动力部件的单个循环进行组合,以构成设备整机循环工作过程。按照整机工作循环的要求来控制多个电动机进行有序地启动、停止以及正反转的控制电路即是多机自动循环控制电路。多机自动循环控制电路的构成与工作原理分析如下。

(1) 设备工作状态及电动机主电路分析

图 4.3.2 所示为有两个动力部件的组合机床自动循环工作的控制电路。机床的两个动力部件为机械动力滑台Ⅰ和机械动力滑台Ⅱ,分别由电动机 M1、M2 通过传动装置驱动,行程开关 SQ1、SQ2 分别是滑台Ⅰ的原位和终点行程开关;SQ3、SQ4 是滑台Ⅱ的原位和终点行程开关。

两个滑台单机循环工作过程相同,即电动机正转使滑台向前移动,到达行程终点后,由终点行程开关作为触发工作状态转换的主令信号控制切换电动机转向,电动机反转使滑台向后移动,返回到起点位置后压下原位行程开关,完成一次循环过程。当两个滑台组合构成组合机床后,机床整机工作循环要求的自动工作过程如下:按下启动按钮 SB2→动力滑台Ⅰ前进→到达终点位置后,压下行程开关 SQ2→动力滑台Ⅰ停止,动力滑台Ⅱ前进→到达终点位置后,压下行程开关 SQ4→动力滑台Ⅰ和动力滑台Ⅱ同时后退→返回到达原位后分别压下行程开关 SQ1 和 SQ3→两个动力滑台停止在原位。设备自动循环工作的运动简图以及工作循环图如图 4.3.2a 所示。

驱动组合机床滑台的电动机驱动电路如图 4.3.2b 图所示,电动机 M1 的正反转由交流接触器 KM1、KM3 控制,电动机 M2 的正反转由 KM2、KM4 控制。对应于工作循环图中三个工作状态,在动力滑台Ⅰ前进工步,主电路要求接通 KM1 线圈电路;滑台Ⅰ停止、滑台Ⅱ前进工步要求断开 KM1 线圈电路,接通 KM2 线圈电路;滑台Ⅰ与滑台Ⅱ返回工步要求断开 KM2 线圈电路,接通 KM3、KM4 线圈电路。

(2) 设备控制电路分析

如图 4.3.2b 所示,控制电路按照工作循环图的工步要求,逐步顺序接通和断开每个工步的控制电器。控制电路的工作过程按照电器动作的顺序描述如下:

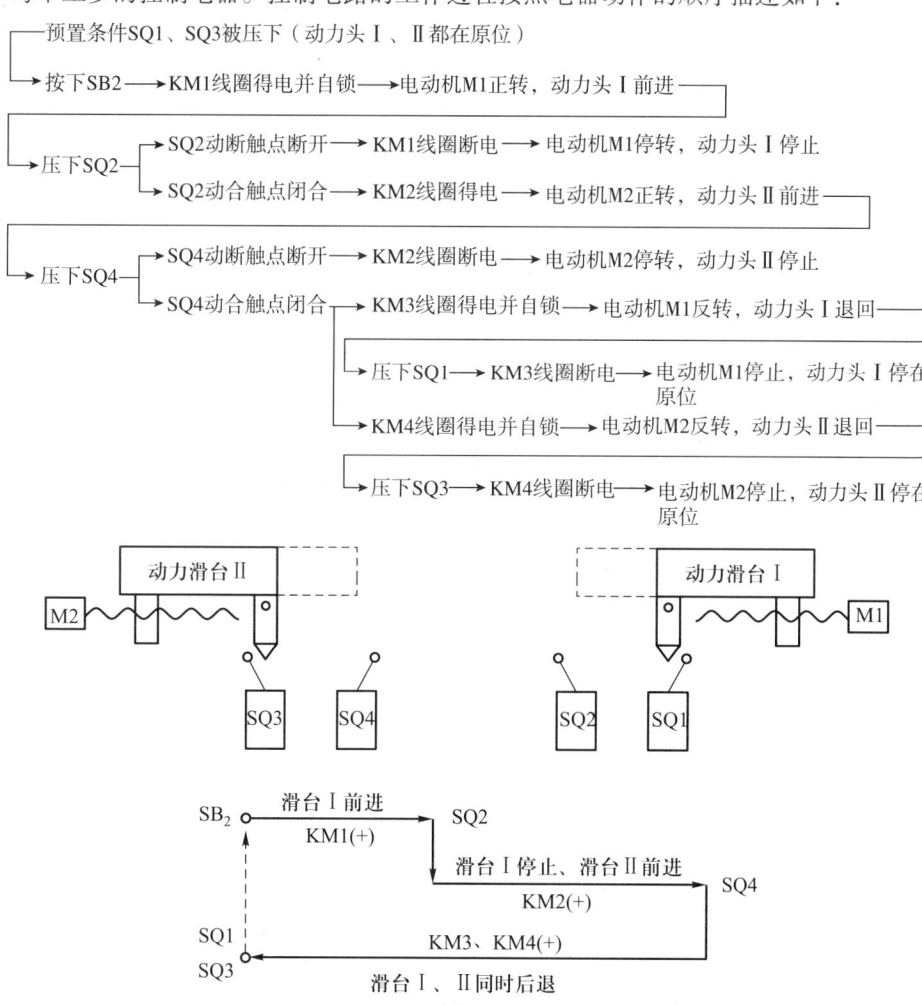

(a)

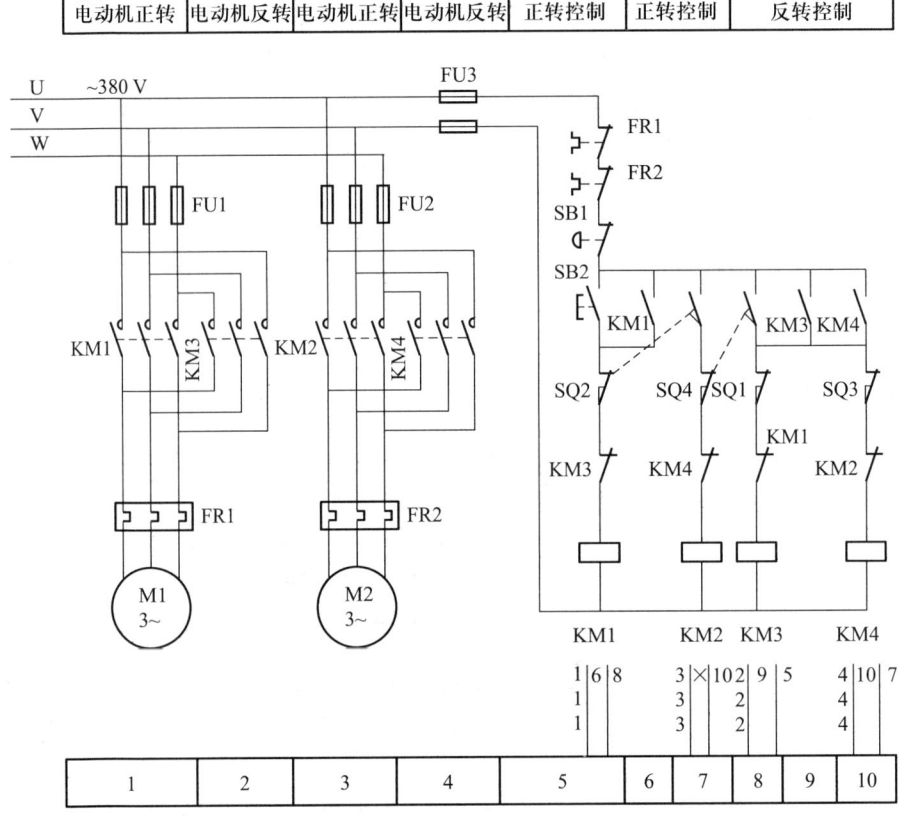

图 4.3.2　组合机床自动循环工作过程控制

电路中,控制电动机反转的接触器 KM3、KM4 的辅助动合触点分别与 SQ4 动合触点并联,为各自线圈提供自锁作用,以保证动力头 I 和 II 都能够回到原位。如果只有一个接触器的触点(KM3 或 KM4)自锁,那么可能出现另一个动力头还没退回原位,接触器线圈就已经断电的现象。

上述控制电路实现的是单周期自动循环控制,即按下启动按钮后,完成一个工作循环后自动停下,要开始下一次循环需重新按下启动按钮。对上述控制电路稍做改动,即可实现连续自动循环控制,即按下启动按钮后,动力部件开始反复连续工作,直至按下停止按钮,动力部件才停止。

4.3.2 电液控制电路

对由液压系统作为驱动源的设备进行自动循环工作控制的电路称为电液控制电路。液压传动系统由于其特有的优点,如易获得较大力矩、运动传递平稳均匀、调节控制方便等,在机械制造、工程、建筑、矿山等领域具有广泛的应用。当液压传动系统与电气控制系统相结合组成自动工作系统时,通常系统之间的组合方式为使用电气系统控制液压传动系统,再由液压传动系统驱动设备运动部件完成规定动作。这样的组合方式能够很方便地实现由多种工作过程组合的自动循环工作要求,因此广泛应用于组合机床、自动化机床、机械加工自动线、数控机床等设备上,电液控制电路则是组成这类设备电气控制系统的基本功能电路环节。

1. 电液控制电路控制对象分析

液压传动系统主要由动力元件、执行元件、控制元件和辅助元件4个部分组成,各部件的相互关系如图4.3.3所示,各部分在系统中作用简述如下。

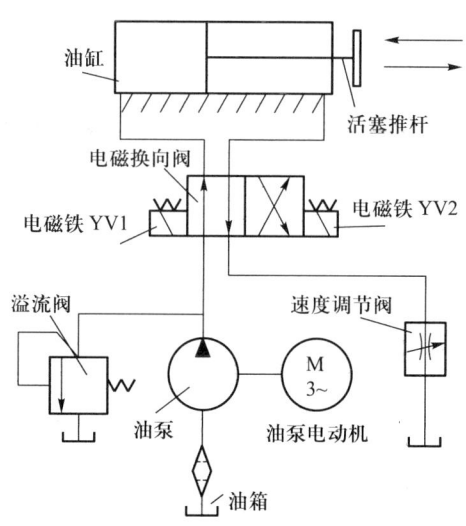

图 4.3.3 液压系统简图

(1) 动力元件(液压泵)

动力元件的功能是将原动机输出的机械能转换成液压系统中液体的压力能,为系统提供动力。

(2) 执行元件(液压缸或液压马达)

执行元件的功能是将液压系统中液体的压力能转换成机械能,以带动负载进行直线运动或旋转运动。

(3) 控制元件(压力控制阀、流量控制阀、方向控制阀)

控制元件的作用是控制和调节液压系统中液体的压力、流量和流动方向,以保证执行元件达到所要求的力(或力矩)、运动速度和运动方向。

(4) 辅助元件(管道、油箱、过滤器等)

辅助元件组合连接液压系统各组成部分,并提供保证系统正常地工作的其他功能。

在液压系统中,控制类元件是使液压系统能够按照设备工作要求提供动力的关键元件。由液压传动系统的工作原理可知,当液压系统工作时,控制类元件中的控制系统工作压力的压力控制阀与控制执行元件工作速度的流量控制阀的工作状态是预先调定好的,只有方向控制阀需要根据工作循环要求控制液压系统工作状态的转换,满足各工步执行元件不同运动输出要求。

方向控制阀中的换向阀种类很多,如按操纵方式可分为:手动换向阀、液动换向阀、电磁换向阀、机动换向阀、电液换向阀等;按阀的工作位置数目的多少,可分为二位、三位和多位;按阀的油路通道数目的多少,可分为二通、三通、四通、五通等。

对由电气系统控制的液压系统而言,电气系统的主要控制对象是油泵电动机和控制液压系统工作状态转换的电磁换向阀。

电磁换向阀的结构示意如图4.3.4a所示,当换向阀电磁铁通电时,电磁铁推动阀内推杆并使阀芯移动,移动的阀芯改变换向阀内的油路,从而能够控制压力油进入指定的油缸油腔,使活塞推杆能够按要求的方向移动,电磁铁断电时,阀芯在弹簧作用下复位,因此控制换向阀电磁铁,即可控制液压系统的工作状态。电磁换向阀的简图符号如图4.3.4b所示,其中二位四通电磁换向阀为带有锁紧装置的换向阀,电磁铁断电后能够保持已有状态,直到另一电磁铁通电切换。

电气系统对液压系统驱动的设备进行自动循环工作控制时,是通过控制电磁换向阀的电磁铁按工作要求通电和断电来实现,因此在电液控制电路中,控制电路按照工作循环工步要求控制需要接通和断开的电磁铁线圈电路。

2. 电液控制电路分析

电液控制电路分析与由机械滑台自动循环控制电路分析过程类似,设备电气控制系统分析分为3个步骤,第一步同样是对设备循环工作状态进行分析,确定每个工作状态转换的触发信号,并采用工作循环图的方式表达分析结果;第二

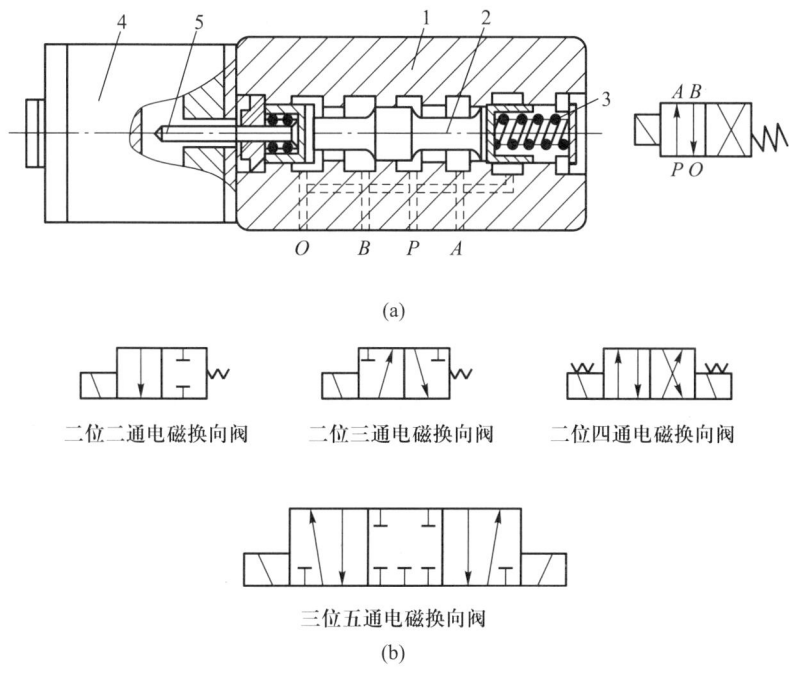

图 4.3.4 电磁换向阀
1—阀体；2—阀芯；3—弹簧；4—电磁铁；5—推杆

步进行液压系统工作过程分析,确定在每一个工作状态下电磁换向阀工作状态组合要求,即确定阀电磁铁线圈电路接通和断开的组合要求;第三步分析控制电路如何在每个工作状态下接通相应电气元件负载电路的工作过程。下面通过典型设备的控制电路来说明电液控制电路的组成、工作原理和分析过程。

（1）液压动力滑台运动分析

液压动力滑台是典型的电液组合自动装置,它是组合机床上实现进给运动的一种通用部件,配上不同的主轴箱可以对工件完成钻、扩、铰、镗、刮端面、倒角、铣削以及攻螺纹等加工工序。动力滑台被液压缸驱动完成工作循环,工作循环过程由滑台快速前进、滑台工作进给和滑台快速返回原位三个工作状态（工步）组成,启动按钮 SB1,位置行程开关 SQ1、SQ2 和 SQ3 为转换主令,控制工作状态的切换。其液压传动系统原理图以及在电气和机械装置配合下可实现的工作循环图如图 4.3.5a 所示。

（2）液压系统工作状态分析

液压系统为满足滑台工作循环要求以及实现工作状态转换,在系统中采用

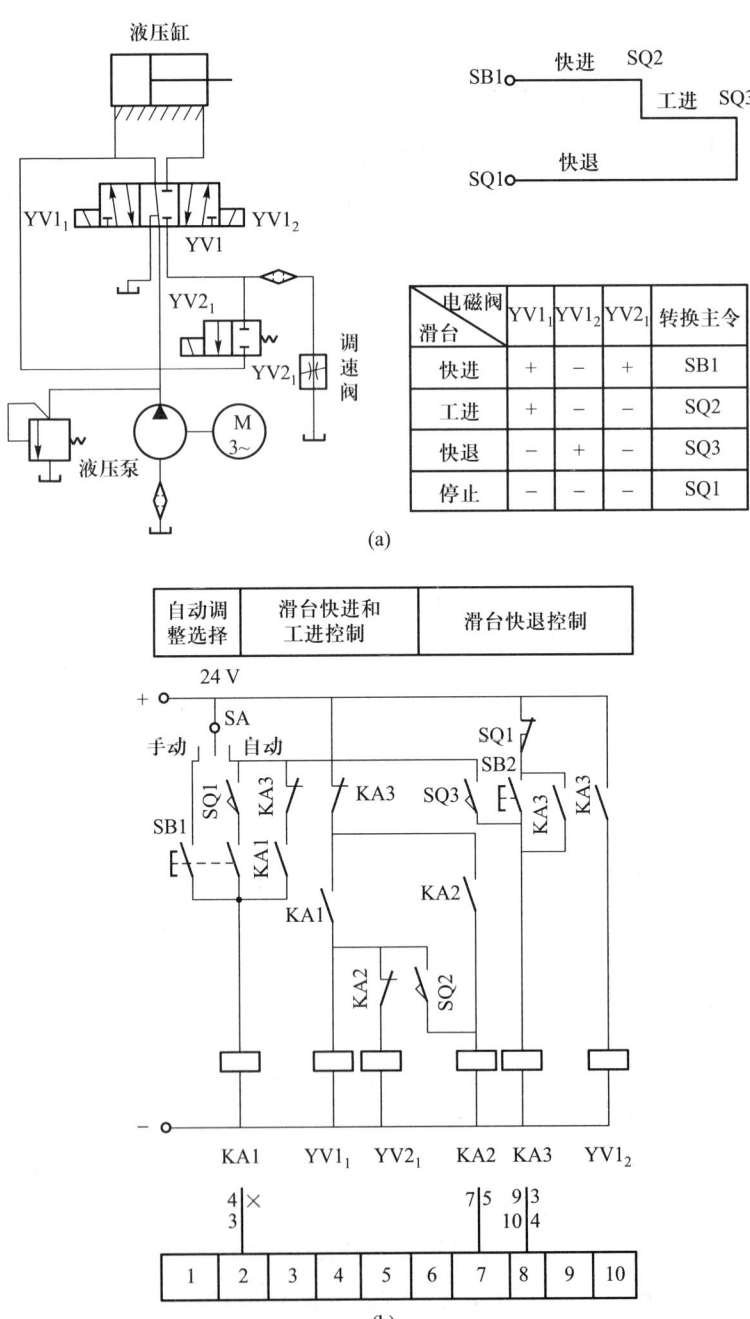

图 4.3.5 液压动力滑台电液控制系统

第 4 章 电气控制系统基本控制电路

两个电磁换向阀组合成符合滑台循环工作的 3 种状态,三位五通换向阀 YV1 控制活塞的移动方向,二位二通换向阀 YV2 控制节流调速回路,液压系统工作状态分析如下:

1) 滑台快进状态

滑台快进状态时,液压系统中的三位五通换向阀 YV1 和二位二通换向阀 YV2 均处于左位,系统中油液的流动情况为:

进油路:液压泵→YV1(左位)→液压缸无杆腔

回油路:液压缸有杆腔→YV1(左位)→YV2(左位)→液压缸无杆腔

由于形成了差动连接,所以活塞杆快速右移,带动动力滑台快速前进。

2) 滑台工进状态

滑台工进状态时要求活塞杆与快进同方向,但慢速移动,此时电磁阀 YV1 状态不变,YV2 处于常态位右位,液压系统中油液的流动情况为:

进油路:液压泵→YV1(左位)→液压缸无杆腔

回油路:液压缸有杆腔→YV1(左位)→滤油器→调速阀→油箱

由于回油路中接了调速阀,形成出口节流调速回路,使滑台处于慢速移动的工进状态。

3) 滑台快退状态

由于滑台移动方向改变,控制活塞移动方向的电磁换向阀 YV1 改变状态处于右位,YV2 处于常态位右位,此时液压系统中油液的流动情况为:

进油路:液压泵→YV1(右位)→液压缸有杆腔

回油路:液压缸无杆腔→YV1(右位)→油箱

由于电磁阀工作位置的改变,油路换向使得液压缸活塞左移,带动滑台快速退回。

4) 液压系统换向阀电磁铁控制要求

依据液压系统中各工作状态对换向阀工作位置要求,就可以确定控制电路在每个状态的控制目标,液压系统分析结果给出阀电磁铁在各工作状态下的通电与断电组合为:

滑台快进:电磁铁 $YV1_1$ 通电、电磁铁 $YV2_1$ 通电;

滑台工进:电磁铁 $YV1_1$ 通电、电磁铁 $YV2_1$ 断电;

滑台快退:电磁铁 $YV1_2$ 通电、电磁铁 $YV2_1$ 断电,电磁铁 $YV1_1$ 断电。

结合液压系统分析结果和工作循环图中给出的条件列出电磁铁动作组合表,如图 4.3.5a 所示,一般情况下,当设备机械设计部分完成后,组合表作为基础设计数据资料提供给电气设计人员。

(3) 电液控制电路分析

液压动力滑台的控制电路如图 4.3.5b 所示,因为电磁阀没有触点,对短信号无自锁能力,因此需要使用中间继电器转换,在滑台工作循环控制中,使用中间继电器 KA1 控制快进状态,KA2 控制工进状态,KA3 控制快退状态。

对自动工作设备而言,系统不仅能够满足自动工作要求,还需要对设备进行调整,因此控制系统必须设置手动和自动两种工作方式。

1) 液压滑台自动工作控制

当把选择开关 SA 扳到"自动"位置时,并且满足所有自动循环工作起始条件(此例中,滑台处于原位,原位行程开关 SQ1 被压下,它的动合触点闭合),按下滑台运行启动按钮 SB1,液压动力滑台即按快进、工进、快退、原位停止的顺序进行自动循环工作。采用按照电器顺序动作过程描述电路工作原理的方法,分析控制电路滑台自动循环工作过程如下:

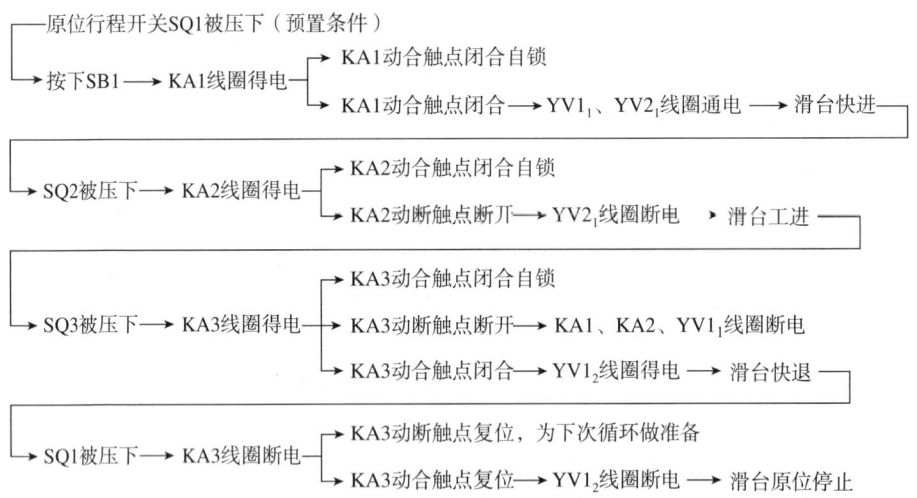

① 动力滑台快进 动力滑台快进的起始条件是动力滑台原位停止,滑台上的撞块压下原位行程开关 SQ1,此时按下启动按钮 SB1,中间继电器 KA1 得电并自锁,其动合触点闭合使电磁阀线圈 $YV1_1$、$YV2_1$ 通电,液压系统处于快进工作状态。

② 动力滑台工进 在动力滑台快进过程结束时,滑台上的撞块压下行程开关 SQ2,开关动合触点闭合,使中间继电器 KA2 得电动作,KA2 的动断触点断开,$YV2_1$ 断电,KA2 动合触点闭合,接通自锁电路,此时电磁阀线圈 $YV1_1$ 得电,$YV2_1$ 失电,液压系统处于工进工作状态。

③ 动力滑台快退　当动力滑台工作进给到终点时,撞块压下行程开关 SQ3,其动合触点闭合,使中间继电器 KA3 得电动作并自锁,KA3 的动断触点断开,$YV1_1$ 断电,$YV2_1$ 保持断电状态;KA3 的动合触点闭合,$YV1_2$ 得电,液压系统转入快退工作状态。

④ 动力滑台原位停止　当动力滑台退回原位后,原位行程开关 SQ1 被压下,其动断触点断开,使中间继电器 KA3 线圈断电,KA3 的所有触点恢复原态,因此电磁阀线圈 $YV1_2$ 断电,动力滑台原位停止。此时,因为 SQ1 动合触点闭合,KA3 动断触点复位,电路为下一次循环做好准备,而液压系统中,电磁阀 YV1 处于中位,YV2 处于常态位,液压泵输出的油液经电磁阀 YV1 的中位流回油箱,实现卸荷。

2) 液压动力滑台手动调整控制

液压滑台手动调整控制功能用于滑台手控慢速前移和快速返回原位的操作。

当把选择开关 SA 扳到"手动"位置时,按下启动按钮 SB1 也可接通 KA1,其动合触点闭合使电磁阀 $YV1_1$、$YV2_1$ 线圈通电,动力滑台快速前进。但由于 KA1 不能实现自锁,因此放开 SB1 后,$YV1_1$、$YV2_1$ 断电,动力滑台立即停止,从而可以实现前进方向的点动调整控制。

SB2 是快速复位按钮,在设备实际使用中,当调整过程中使滑台前移离开原位,或者在工作过程中突然停电,使动力滑台不在原位,在这种情况下,若要开始自动循环工作,则由于循环工作的起始条件不满足而无法进行,此时通过按下 SB2,可以手动使 KA3 得电动作,KA3 的动合触点接通 $YV1_2$ 线圈电路,液压系统处于快退状态,动力滑台即快速退回,直至 SQ1 被压下,KA3 断电,动力滑台原位停止,实现滑台快速复位操作。

3) 具有工进终点停留功能的控制电路

图 4.3.6 所示为液压动力滑台另一种电液控制电路,同前一种电路相比,它增加了进给终点停留功能,其工作循环如图 4.3.6a 所示。

控制系统中,终点停留采用时间继电器 KT 控制,当动力滑台工进到终点时,压下终点行程开关 SQ3,与前一种电路 SQ3 的动合触点接通中间继电器 KA3 不同,此时接通时间继电器 KT 电路,使 KT 得电,KT 瞬时动断触点使 $YV1_1$ 线圈断电,液压系统中电磁阀 YV1 切换到中位,使得动力滑台在终点位置停留。经过一定时间的延时后,KT 的延时动合触点闭合,接通中间继电器 KA 的线圈电路,进入动力滑台快退工步的控制,滑台快速退回并停止在原位,其他工步的分析与无终点停留功能的系统相同。

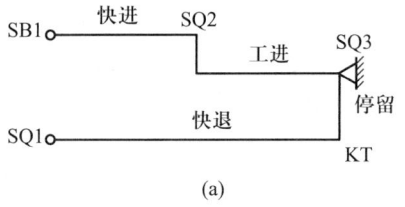

(a)

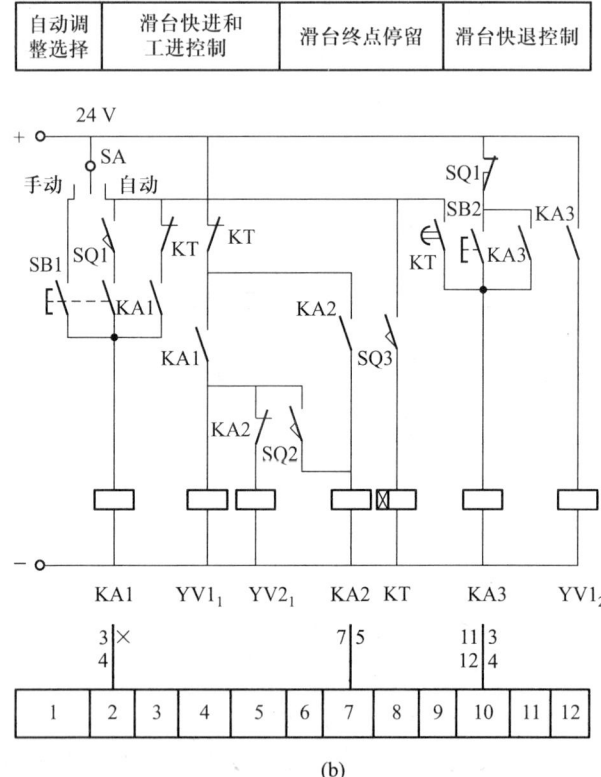

(b)

图 4.3.6 具有终点停留功能的液压动力滑台控制电路

习题及思考题

4-1 三相笼型异步电动机启动方式有几种？各有什么特点？适用于什么场合？

4-2 三相笼型异步电动机为什么要减压启动？常用的减压启动方式有哪几种？

4-3 什么是能耗制动？什么是反接制动？各有什么特点？适用场合是什么？

4-4　什么是"自锁"？什么是"互锁"？举例说明各自的作用。

4-5　动合触点串联或并联，在电路中起什么控制作用？动断触点串联或并联，在电路中起什么控制作用？

4-6　设计某机床主电动机控制电路，要求：(1)可正反转；(2)可正向点动、两处启停；(3)可反接制动；(4)有短路和过载保护。

4-7　设计一个控制电路，要求第一台电动机启动 10 s 后，第二台电动机自动启动，运行 5 s 后，第一台电动机停止转动，同时第三台电动机启动，再运行 15 s 后，电动机全部停止。

4-8　设计一个工作台前进→退回控制电路，工作台由电动机 M 带动，行程开关 SQ1、SQ2 分别装在工作台的原位和终点，要求：

(1) 前进→后退停止在原位；

(2) 工作台到达终点后停一下再后退；

(3) 工作台在前进中能立即后退到原位；

(4) 有终端限位保护。

4-9　要实现工作台的连续往复运动，如何改变题 4-8 的控制电路？

4-10　采用电器动作顺序表的方式写出图 4.3.6 所示控制电路的工作过程。

第5章 典型设备电气控制系统分析与电路图设计

实际生产所用的各种设备,虽然它们的拖动控制方式和电气控制电路各不相同,但很多设备的电气系统都是建立在前面所讲的常用低压电器和继电-接触器基本控制电路基础之上的。本章通过对典型机械设备电气控制系统的实例分析,一方面进一步学习和掌握电气控制电路的组成以及各种基本控制电路在具体电气控制系统的应用,同时使读者掌握分析电气控制系统的方法,培养阅读电气控制图的能力;另一方面通过对几种具有代表性的机械设备电气控制系统及其工作原理的分析,加深读者对机械设备中机械、液压与电气控制紧密配合的理解,为实际工作中对设备电气控制系统进行分析打下基础。

5.1 设备电气控制系统分析概述

对设备电气控制系统进行分析时,首先需要对设备整体系统有所了解,在此基础上,才能有效地针对设备系统工作要求,分析电气控制系统的组成与功能。设备整体系统分析有如下三个方面:

(1) 机械设备概况分析

机械设备概况分析的目的是通过阅读生产机械设备的有关技术资料,了解设备的基本结构及工作原理、设备的传动系统类型及驱动方式、主要技术性能和规格、运动要求等。不同的设备条件,对设备电气系统的控制功能需求不同,从而电气系统组成结构也不同。

(2) 电气设备及电气元件选用状况分析

电气设备与电气元件是构成电气控制系统的基础器件,控制系统的功能需要通过组合各种具有特定功能的电气设备和电气元件来实现,因此对各种电器的工作原理、控制作用及功能的了解是分析电气控制系统的基础。在设备控制系统的分析中,需要明确电动机作用、型号规格以及控制要求;需要了解控制类电气元件的使用情况,如按钮、转换开关、行程开关等主令信号发出元件,接触器、时间继电器等各种继电器类的控制元件;还需要了解各种电气执行元件的使用情况,如电磁换向阀、电磁离合器等;对于变压器、熔断器等保证系统正常工作的其他电气元件均需要给予足够的关注。

(3) 机械设备与电气设备和电气元件的连接关系分析

在了解被控设备和采用的电气设备、电气元件的基础上,还应确定两者之间的连接关系,即信息采集传递和运动输出的形式和方法。信息采集传递过程是通过设备上的各种操作手柄、撞块、挡铁以及各种现场信息检测机构作用到主令信号发出元件上,并将信号采集传递到电气控制系统中,因此其对应关系必须明确;运动输出关系是明确电气控制系统中的执行元件将驱动力送到机械设备上的相应点,并实现设备要求的各种动作。

(4) 电气控制系统分析

掌握了设备及电气控制系统的基本条件后,即可对设备电气控制系统进行具体的分析。通常在分析电气控制系统时,首先将控制电路进行划分,整体控制电路经"化整为零"划分后形成简单明了、控制功能单一或由少数简单控制功能组合的局部电路,这样给分析电路带来了很大的方便。进行电路划分时,可依据驱动形式,将电路初步划分为电动机控制电路部分和液压传动控制电路部分;根据被控电动机的台数,将电动机控制电路部分再加以划分,使每台电动机的控制电路成为一个局部电路部分;对控制要求复杂的电路部分,也可以进一步细分,使每一个基本控制电路或若干个基本控制电路成为一个局部分析电路单元。经过"化整为零",逐步分析了每一个局部电路的工作原理以及各部分之间的控制关系之后,还必须用"集零为整"的方法,统观整个电路的保护环节以及电气原理图中其他辅助电路(如检测、信号指示、照明等电路)。检查整个控制线路,看是否有遗漏,特别要从整体角度去进一步检查和理解各控制环节之间的联系,理解电路中每个元件所起的作用。

由前所述,机械设备电气控制系统的分析步骤归纳如下:

1) 设备运动分析

设备运动分析包括设备结构特点分析,工作要求分析等。

2) 驱动系统分析(主电路分析、液压传动系统分析)

驱动系统分析需要确定动力电路中用电设备的数目、接线状况及控制要求,控制执行件的设置及动作要求,如交流接触器主触点的位置,各组主触点分、合的动作要求,限流电阻的接入和短接等,液压系统中电磁阀的数目与控制要求等。

3) 控制电路分析

通过采用电器顺序动作描述方法,或者使用逻辑函数表达式的分析方法分析控制电路组成、工作原理以及各种控制功能实现过程。

金属切削机床是进行机械加工的主要设备,它用切削的方法将金属毛坯加工成有一定形状、尺寸和表面质量的机械零件。常见的普通通用机床电气控制系统是采用继电-接触器控制方式的典型实例,例如车床、铣床、部分组合机床等。本章以此3种机床为例,进一步阐述电气控制系统的分析方法。

金属切削机床的工作运动可分为3类:对金属工件进行切削的运动称为主运动(一般为机床主轴的旋转运动);持续地把金属工件的被切削层投入切削的运动称为进给运动(即加工工具与加工工件之间的相对运动);而其他的运动(如机床部件的位置调整运动)统称为辅助运动。

5.2 普通车床电气控制系统分析

在金属切削机床中,卧式车床是机械加工中应用最广泛的一种机床,它的工艺范围很广,能完成多种多样的加工工序,其工艺特征为对各种回转表面类零件进行加工,例如各种轴类、套筒类和盘类零件,可以车削出内外圆柱面、圆锥面、环槽及成形回转面、各种常用螺纹及端面等,因此卧式车床的运动特征为主轴带动工件旋转,形成切削主运动,刀架移动形成进给运动。不同型号的卧式车床加工零件的尺寸范围不同,拖动电动机的工作要求不同,因而控制电路亦不尽相同。总体上看,由于卧式车床运动形式简单,采用机械调速的方法,因此相应的控制电路也不算复杂。本节以某一中型卧式车床电气控制系统为例,阐述普通车床的电气系统组成结构与工作原理以及进行设备电气系统分析的过程和方法。

5.2.1 车床的主要结构和工作要求分析

卧式车床结构原理示意图如图5.2.1所示,它主要由床身、主轴、主轴变速箱、尾座、进给箱、丝杠、光杠、溜板箱、拖板和刀架等组成。普通车床车削加工的

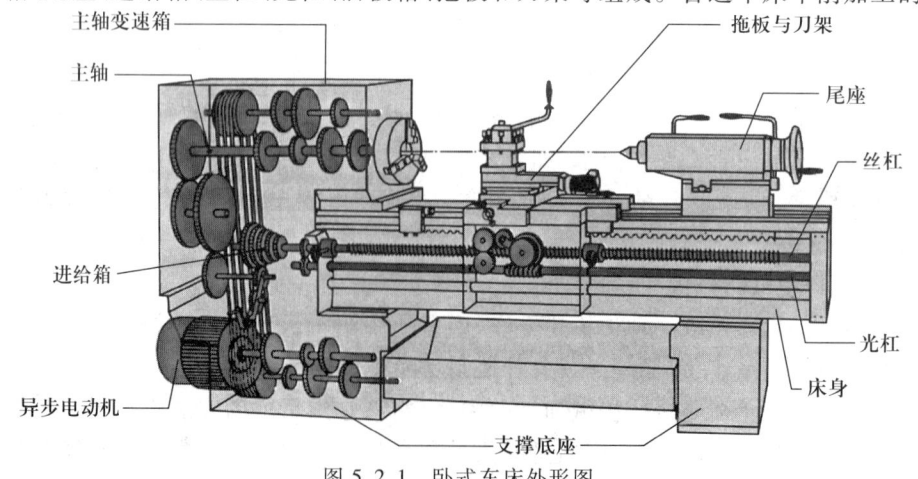

图 5.2.1 卧式车床外形图

主运动是主轴通过卡盘带动工件的旋转运动,进给运动是由溜板箱带动拖板和刀架作纵、横两个方向的运动,主运动与进给运动均由主电动机拖动,主电动机的动力经主轴箱、进给箱,以及通过光杠或丝杠传到溜板箱等机械传动机构分别传送到主轴和拖板及刀架。

卧式车床属于中型车床,可加工的最大工件回转直径为 1 020 mm,最大工件长度为 3 000 mm。由于加工的工件尺寸较大,加工时其转动惯量也比较大,为提高工作效率,需要具备停车制动功能。在加工时,为防止刀具和工件温度过高,机床配备有冷却泵及冷却泵电动机。为减轻工人的劳动强度以及减少辅助工时,要求溜板箱带动刀架能够快速移动。

5.2.2 电力拖动及控制要求分析

卧式车床上配置 3 台三相笼型异步电动机,分别为提供工作运动动力的主电动机 M1,驱动冷却泵供液的电动机 M2 和驱动刀架快速移动的调整电动机 M3。电动机的控制要求分述如下。

(1) 主电动机控制要求

卧式车床的主电动机 M1 完成主轴运动和进给运动的拖动。主轴与刀架运动要求电动机能够直接启动,同时还要求能够正、反两个方向旋转,并可对正、反两个旋转方向进行电气停车制动,为加工、调整方便,还需要具有点动功能。

(2) 冷却泵电动机控制要求

冷却泵电动机 M2 在加工时带动冷却泵工作提供冷却液,采用直接启动,并且为连续工作状态。

(3) 快速移动电动机控制要求

快速移动电动机 M3 用于拖动溜板箱带动刀架快速移动,在工作过程中起调整作用,需要根据使用情况随时手动控制启停。

5.2.3 车床电气控制系统分析

卧式车床的电气控制系统电路图如图 5.2.2 所示,图中所用的电气元件符号与功能说明见表 5.2.1。

下面就根据"化整为零"的原则对卧式车床的主电路以及控制电路进行具体的分析。

1. 主电路分析

车床的电源采用三相 380 V 交流电源,由隔离开关 QS 引入,主电路中包含 3 台电动机的驱动电路。主电动机 M1 电路接线分为三部分,第一部分为交流接触器 KM1、KM2 的主触点分别控制主电动机 M1 的正转和反转;第二部分为交流

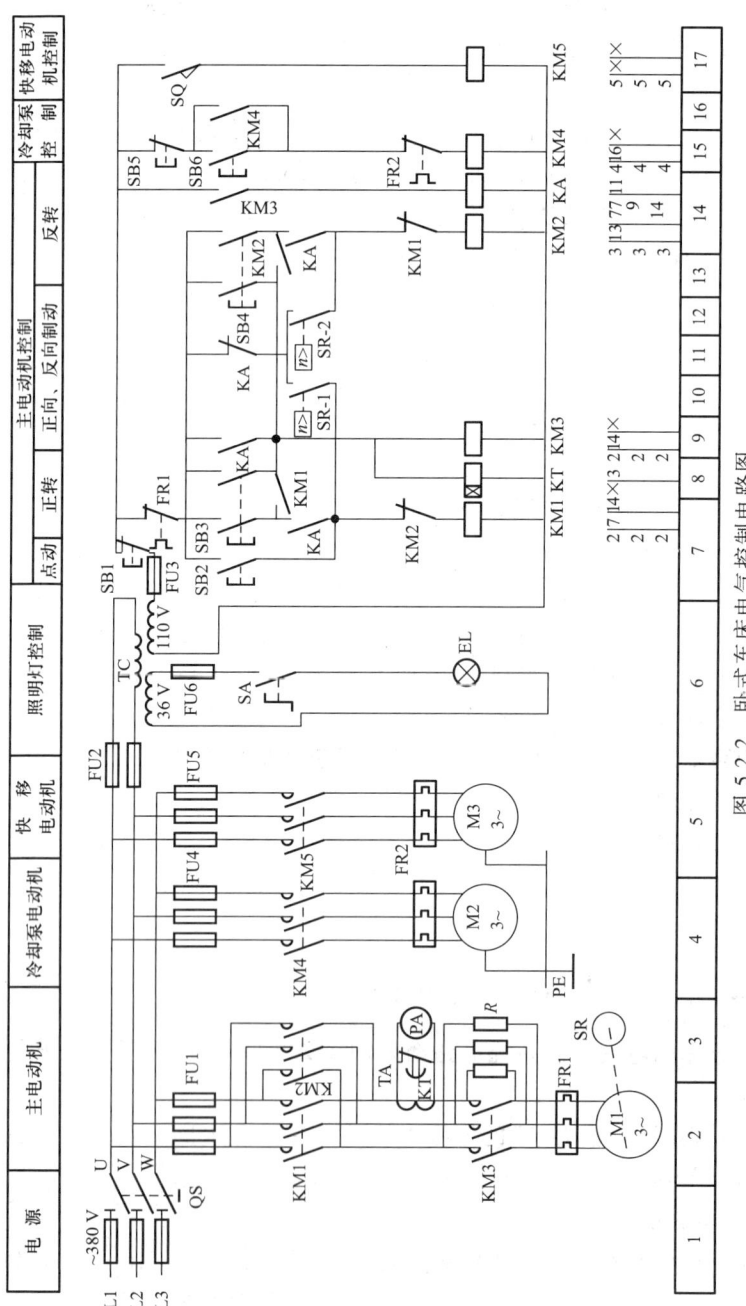

图 5.2.2 卧式车床电气控制电路图

接触器 KM3 的主触点控制限流电阻 R 的接入与切除,在主轴点动调整时,R 的串入可限制启动电流;第三部分为用来监视主电动机 M1 绕组电流的电流表 PA,由于 M1 功率较大,所以电流表 PA 处接入电流互感器 TA 回路。机床工作时,可调整切削用量,使电流表 PA 的电流接近主电动机 M1 额定电流的对应值(经 TA 后减小了的电流值),以便提高生产效率和充分利用电动机的潜力。为防止电流表在主电动机启动时大电流对它造成冲击损坏,在电路中设置了时间继电器 KT 进行保护,当主电动机正向或反向启动时,KT 线圈通电,当延时时间未到时,电流表 PA 被 KT 延时动断触点短接,延时结束才会有电流通过。速度继电器 SR 的速度检测部分与主电动机的输出轴相连,在反接制动时依靠它及时切断反相序电源。

表 5.2.1 电气元件符号及功能说明表

符号	名称及用途	符号	名称及用途
M1	主电动机	SB1	总停按钮
M2	冷却泵电动机	SB2	主电动机正向点动按钮
M3	快速移动电动机	SB3	主电动机正转按钮
KM1	主电动机正转接触器	SB4	主电动机反转按钮
KM2	主电动机反转接触器	SB5	冷却泵电动机停止按钮
KM3	短接限流电阻接触器	SB6	冷却泵电动机启动按钮
KM4	冷却泵电动机启动接触器	TC	控制变压器
KM5	快速移动电动机启动接触器	FU1~FU6	熔断器
KA	中间继电器	FR1	主电动机过载保护热继电器
KT	通电延时时间继电器	FR2	冷却泵电动机过载保护热继电器
SQ	快速移动电动机点动行程开关	R	限流电阻
SA	转换开关	EL	照明灯
SR	速度继电器	TA	电流互感器
PA	电流表	QS	隔离开关

冷却泵电动机 M2 的启动与停止由接触器 KM4 的主触点控制,快速移动电动机 M3 由接触器 KM5 控制。

为保证主电路的正常运行,分别由熔断器 FU1、FU4、FU5 对电动机 M1、M2、M3 实现短路保护,由热继电器 FR1、FR2 对 M1 和 M2 进行过载保护,快速移动电动机 M3 由于是短时工作制,所以不需要过载保护。

2. 控制电路分析

对图 5.2.2 所示的控制电路部分进行分析可知,由于控制电路电气元件较多,因此采用控制变压器 TC 与三相电网进行电隔离,以提高操作和维修时的安全性,其所需的 110 V 交流电源由控制变压器 TC 提供,采用 FU3 做短路保护。依据"化整为零"的原则,控制电路可划分为主电动机 M1、冷却泵电动机 M2 以及快移电动机 M3 的 3 个局部控制电路。主电动机 M1 控制电路较复杂,因而进一步划分为点动调整控制和启动与正反转控制,反接制动控制两部分,如图 5.2.3 所示,下面对各局部控制电路逐一进行分析。

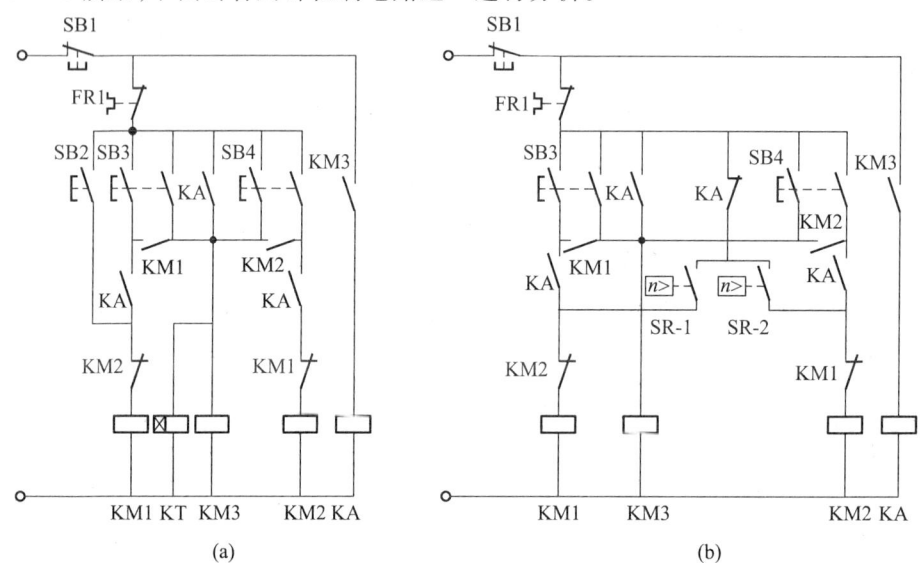

图 5.2.3 主电动机 M1 的基本控制电路环节

(1) 主电动机的点动调整控制

由图 5.2.3a 可知,当按下点动按钮 SB2 时,接触器 KM1 线圈通电,其主触点闭合,由于 KM3 线圈并没接通,因此电源必须经限流电阻 R 进入主电动机,从而减少了启动电流,此时电动机 M1 正向直接启动。KM3 线圈未得电,其辅助动合触点不闭合,中间继电器 KA 不工作,所以虽然 KM1 的辅助动合触点已闭合,但不自锁。因而松开 SB2 后,KM1 线圈立即断电,主电动机 M1 停转。这样就实现了主电动机的点动控制。

(2) 主电动机的启动与正反转控制

车床主轴的正反转是通过主电动机的正反转来实现的,主电动机 M1 的额定功率为 30 kW,但只是车削加工时消耗功率较大,而启动时负载很小,因此启动电流并不很大,在非频繁点动的一般工作时,仍可采用全压直接启动。

分析图 5.2.3a 所示的控制电路,当按下正向启动按钮 SB3 时,交流接触器 KM3 线圈和通电延时时间继电器 KT 线圈同时得电。KT 通电,其位于 M1 主电路中的延时动断触点短接电流表 PA,延时断开后,电流表接入电路正常工作,从而使其免受启动电流的冲击;KM3 通电,其主触点闭合,短接限流电阻 R,辅助动合触点闭合,使得 KA 线圈得电。KA 动断触点断开,分断反接制动电路;动合触点闭合,一方面使得 KM3 在 SB3 松开后仍保持通电,进而 KA 也保持通电,另一方面使得 KM1 线圈通电并形成自锁,KM1 主触点闭合,此时主电动机 M1 正向直接启动。

SB4 为反向启动按钮,反向直接启动过程同正向类似,不再赘述。

(3) 主电动机的反接制动控制

图 5.2.3b 所示为主电动机反接制动的局部控制电路。车床停车时采用反接制动方式,用速度继电器 SR 进行检测和控制,下面以正转状态下的反接制动为例说明电路的工作过程。

当主电动机 M1 正转运行时,由速度继电器工作原理可知,此时 SR 的动合触点 SR-2 闭合。当按下总停按钮 SB1 后,原来通电的 KM1、KM3、KT 和 KA 线圈全部断电,它们的所有触点均被释放而复位。当松开 SB1 后,由于主电动机的惯性转速仍很大,SR 的动合触点 SR-2 继续保持闭合状态,KA 动断触点复位闭合使反转接触器 KM2 线圈立即通电,其电流通路是:SB1→FR1→KA 动断触点→SR-2→KM1 动断触点→KM2 线圈。这样主电动机 M1 开始反接制动,反向电磁转矩将平衡正向惯性转动转矩,电动机正向转速很快降下来,当转速接近于零时,SR-2 动合触点复位断开,从而切断了 KM2 线圈通路,至此正向反接制动结束。反转时的反接制动过程与上述过程类似,只是在此过程中起作用的为速度继电器的 SR-1 动合触点。

反接制动过程中由于 KM3 线圈未得电,因此限流电阻 R 被接入主电动机主电路,以限制反接制动电流。

通过对主电动机控制电路的分析,可看到中间继电器 KA 在电路中起着扩展接触器 KM3 触点的作用,并在制动控制电路中起着电子开关的作用。

(4) 冷却泵电动机的控制

冷却泵电动机 M2 的控制为典型的直接启动控制电路环节,电路中起停按钮分别为 SB6 和 SB5,由它们控制接触器 KM4 线圈的得电与断电,从而实现对冷却泵电动机 M2 的长动控制。

(5) 刀架的快速移动

刀架快速移动是通过操作控制手柄压动行程开关 SQ,使其动合触点闭合,控制接触器 KM5 线圈通电,KM5 主触点闭合,快速移动电动机 M3 启动运转,其输出动力经传动系统最终驱动溜板箱带动刀架作快速移动。当控制手柄复位时，KM5 断电，M3 立即停转，控制电路为典型的无自锁结构的点动控制。

此外由图 5.2.2 所示的车床电气控制电路图可知，控制变压器 TC 的二次侧还有一路电压为 36 V（安全电压），提供给车床照明电路。当开关 SA 闭合时，照明灯 EL 点亮；开关 SA 断开时，EL 就熄灭。

5.3 卧式铣床电气控制系统分析

在机械加工工艺中，铣削是一种高效率的加工方式。铣床的种类很多，有卧铣、立铣、龙门铣、仿形铣以及各种专用铣床等，现以应用广泛的卧式万能升降台铣床为例分析中、小型铣床的控制电路。

卧式万能升降台铣床可用来加工平面、斜面和沟槽等，装上分度头后还可以铣切直齿齿轮和螺旋面，装上圆工作台还可以铣切凸轮和弧形槽等，是一种常用的通用机床。

5.3.1 铣床的主要结构和运动形式分析

卧式万能铣床具有主轴转速高、调速范围宽、操作方便和加工范围广等特点，机床结构主要由床身、立柱、主轴、悬梁、刀杆支架、工作台、底座等部分组成，其结构简图如图 5.3.1a 所示。

铣床床身内装有主轴的传动机构和变速操纵机构，刀杆支架用来支撑铣刀轴的一端，铣刀轴另一端则固定在主轴上，由主轴带动铣刀旋转形成切削主运动，铣刀两个方向的转动构成顺铣和逆铣两种加工方式。

铣床床身的前侧面装有垂直导轨，升降台可沿导轨上下移动。在升降台上面安装有水平工作台，可以在平行于主轴轴线方向移动（横向移动即前后移动）和作垂直于轴线方向的移动（纵向移动，即左右移动），并可随升降台上下移动，因此水平工作台具有上下、左右及前后 3 坐标 6 个方向上的进给运动或位置调整。水平工作台上还可安装圆工作台，圆工作台旋转进给使铣床可进行圆弧铣削加工。

由于铣床切削主运动同工作台的进给运动之间无速度比例协调的要求，因此铣床主运动由主电动机 M1 提供动力，进给运动由进给电动机 M2 提供动力。进给电动机经机械传动链传动，通过机械离合器在选定的进给方向上驱动工作台移动进给，进给运动的传递示意图如图 5.3.1b 所示。

第 5 章 典型设备电气控制系统分析与电路图设计

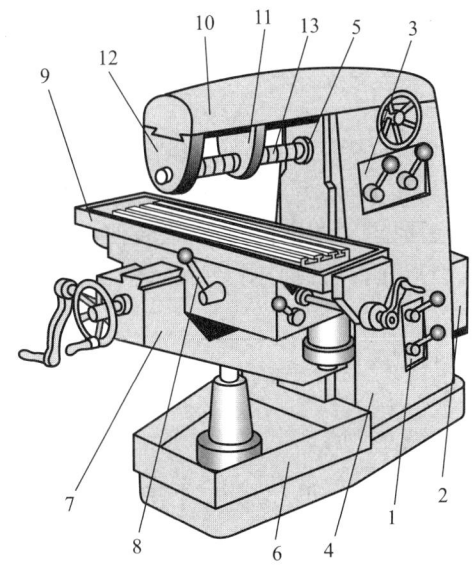

(a) 铣床结构简图

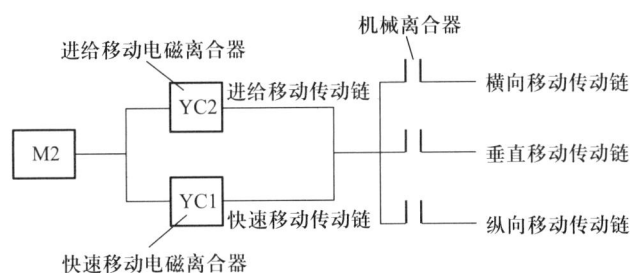

(b) 运动传递简图

图 5.3.1 铣床结构及运动简图

1—立柱;2—主电动机;3—主传动;4—进给传动;5—铣刀主轴;6—底槽;7—升降台;
8—操作手柄;9—水平工作台;10—悬梁;11—中间支撑;12—前支撑;13—刀杆

5.3.2 电力拖动及控制要求分析

上述卧式万能升降台铣床上配置 3 台三相笼型异步电动机,分别为驱动主轴旋转的主电动机 M1,驱动工作台移动的进给电动机 M2 和驱动冷却泵供液的电动机 M3。电动机的控制要求分述如下。

(1) 主电动机控制要求

主电动机 M1 空载时直接启动;为完成顺铣和逆铣,需要带动铣刀的主轴正转和反转;为提高工作效率,要求有停车制动控制;同时从安全和操作方便考虑,换刀时主轴必须处于制动状态;主电动机可在两处进行启停控制;为保证变速时齿轮易于啮合,要求变速时主电动机有瞬时点动控制。

(2) 进给电动机控制要求

工作台进给电动机 M2 直接启动;为满足纵向、横向、垂直方向的往返运动,要求进给电动机能够正转和反转;为提高生产率,空行程时可以手动控制快速移动;进给变速时,也需要瞬时点动调整控制;从设备使用安全考虑,为防止各进给运动之间的运动干涉,必须具有联锁控制,并由手柄操作机械离合器选择进给运动的方向。

(3) 冷却泵电动机控制要求

电动机 M3 拖动冷却泵,在铣削加工时提供切削液,仅需要启动后持续工作。

(4) 主轴电动机与进给电动机启、停顺序要求

铣床在加工零件时,为保证设备安全,要求主轴电动机启动以后,进给电动机方能启动工作。

5.3.3 铣床电气控制系统分析

图 5.3.2 所示的是卧式万能升降台铣床电气控制系统原理图,电路图中所用电气元件及功能说明见表 5.3.1,其中选择开关 SA1、SA2 的触点功能定义见表 5.3.2。

表 5.3.1 电气元件符号及功能说明表

符号	名称及用途	符号	名称及用途
M1	主电动机	SA4	照明灯开关
M2	进给电动机	SA5	主轴换向开关
M3	冷却泵电动机	QS	电源隔离开关
KM1	主电动机启动接触器	SB1、SB2	主轴停止按钮
KM2	进给电动机正转接触器	SB3、SB4	主轴启动按钮
KM3	进给电动机反转接触器	SB5、SB6	工作台快速移动按钮
KM4	快速移动接触器	FR1	主电动机热继电器
SQ1	工作台向右进给行程开关	FR2	进给电动机热继电器
SQ2	工作台向左进给行程开关	FR3	冷却泵热继电器
SQ3	工作台向前、向下进给行程开关	FU1~FU8	熔断器
SQ4	工作台向后、向上进给行程开关	TC	变压器
SQ6	进给变速瞬时点动开关	VC	整流器
SQ7	主轴变速瞬时点动开关	YB	主轴制动电磁制动器
SA1	工作台转换开关	YC1	电磁离合器(快移传动链)
SA2	主轴换刀制动开关	YC2	电磁离合器(进给传动链)
SA3	冷却泵开关		

第 5 章 典型设备电气控制系统分析与电路图设计

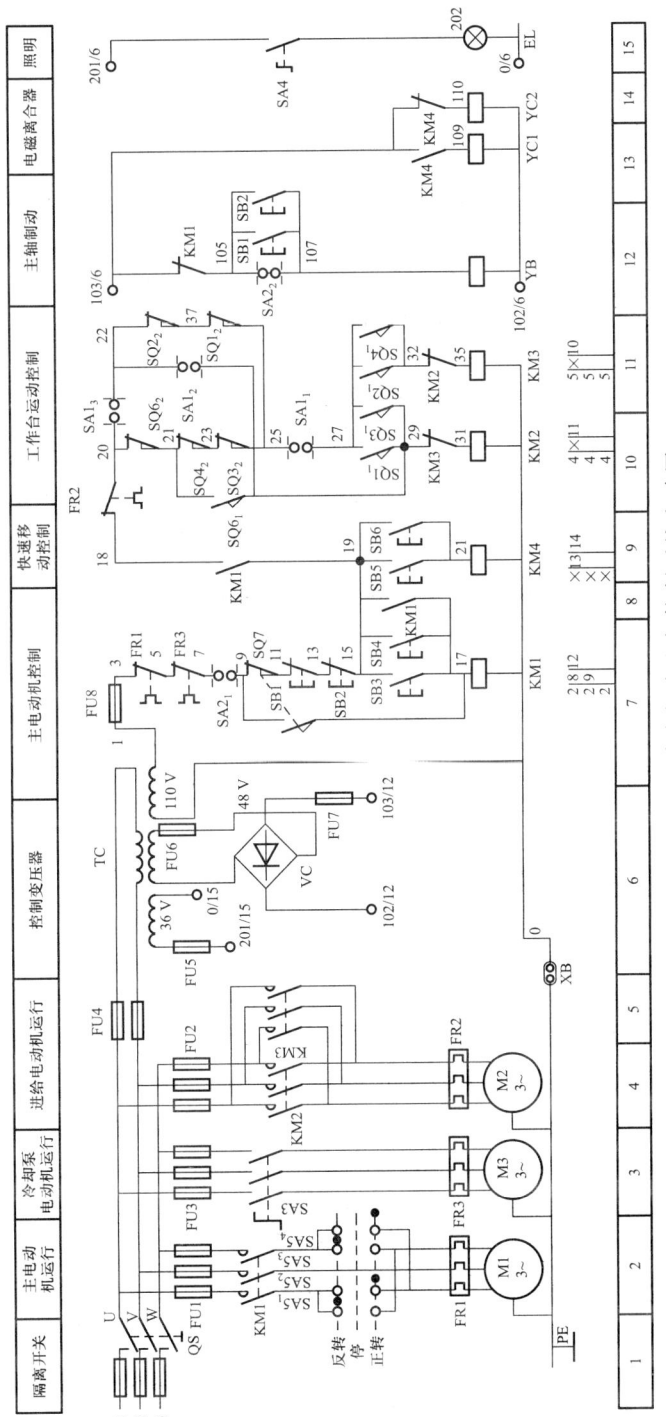

图 5.3.2 卧式万能升降台铣床电气控制系统电路图

由图 5.3.2 可知,该铣床控制线路可分为主电路、控制电路和照明电路 3 部分,下面依据"化整为零"思路,对电气控制系统进行具体分析。

1. 主电路分析

图 5.3.2 所示主电路中共有 3 台电动机,M1 为主电动机,其正反转通过转换开关 SA5 手动切换,转换开关 SA5 的触点定义见表 5.3.3。交流接触器 KM1 的主触点只控制电源的接入与切除。由于大多数情况下一批或多批工件只用一种铣削方式,并不需要经常改变电动机转向,即铣床是以逆铣方式加工还是顺铣方式加工,开始工作前已选定,在加工过程中是不改变的,因此可用电源相序转换开关实现主电动机的正反转控制,简化了控制电路。

表 5.3.2 选择开关 SA1,SA2 触点功能定义

工作台转换开关 SA1				主轴制动选择开关 SA2		
触点	$SA1_1$	$SA1_2$	$SA1_3$	触点	$SA2_1$	$SA2_2$
水平工作台工作	+		+	主轴电机正常工作	+	
圆工作台工作		+		主轴电机换刀制动		+

表 5.3.3 转换开关 SA5 触点定义

SA5 触点	正转状态	停	反转状态
$SA5_1$	−		+
$SA5_2$	+	−	
$SA5_3$	+	−	−
$SA5_4$			+

M2 为进给电动机,由于它在工作过程中需要频繁变换转动方向,因而仍用正反转接触器 KM2、KM3 主触点构成正转与反转接线。

M3 为冷却泵电动机,铣削加工时,根据不同的工件材料,也为了延长刀具的使用寿命和提高加工质量,需要切削液对工件和刀具进行冷却润滑。因此主电路中采用转换开关 SA3 直接控制冷却泵电动机的启动和停止,无失压保护功能,不影响安全操作。

同样为保证主电路的正常运行,分别由熔断器 FU1、FU2、FU3 对电动机 M1、M2、M3 实现短路保护,由热继电器 FR1、FR2、FR3 对 M1、M2 和 M3 进行过载保护。

2. 控制电路分析

控制电路所需交、直流电源分别由控制变压器 TC 二次绕组提供,短路保护分别由 FU8、FU6、FU7 来实现。主要包括主电动机 M1 和进给电动机 M2 两部分控制电路,由于 M1 和 M2 的控制电路均较复杂,因此还需进一步划分,下面对各

局部控制电路逐一进行分析。

(1) 主电动机 M1 的控制

1) 主电动机启动控制

主电动机启动前,需要根据所用铣削方式由组合开关 SA5 选定电动机的转向,控制电路中选择开关 SA2 扳到主电动机正常工作的位置,此时 $SA2_1$ 触点闭合,$SA2_2$ 触点断开。为方便操作,机床采用了两处启停控制。因此当按下启动按钮 SB3 或 SB4 时,即可接通主电动机启动控制接触器 KM1 的线圈电路,其主触点闭合,主电动机按给定方向启动旋转。按下停止复合按钮 SB1 或 SB2 时,主电动机停转,同时起到制动功能。

2) 主电动机停车制动及换刀制动

为减小负载波动对铣刀转速的影响,主轴上装有飞轮使得转动惯量很大。因此为了提高工作效率,要求主电动机停车时须有制动控制,该控制电路采用电磁制动器 YB 对主轴进行停车制动。停车时,按下复合按钮 SB1 或 SB2,其动断触点断开使接触器 KM1 线圈失电,KM1 主触点断开,切断电动机定子绕组电源;同时 SB1 或 SB2 动合触点闭合,接通电磁制动器 YB 的线圈电路,使得制动器中的闸瓦迅速抱住闸轮,主轴电动机立即停止运转。在主轴停车后,方可松开按钮 SB1 或 SB2。

当进行换刀和上刀操作时,为了防止主轴转动造成意外事故,也为了上刀方便,主轴也需处在断电停车和制动的状态。此时可将选择开关 SA2 由工作状态位置扳到上刀制动状态位置,即 $SA2_1$ 触点断开,切断接触器 KM1 的线圈电路,使主电动机不能启动;$SA2_2$ 触点闭合,同样可接通电磁制动器 YB 的线圈电路,使主轴处于制动状态不能转动,保证上刀、换刀工作的顺利进行以及保证人身安全。

3) 主轴变速时的瞬时点动

铣床主轴的变速由机械系统完成,在变速过程中,当选定啮合的齿轮没能进入正常啮合时,要求电动机能点动至合适的位置,保证齿轮正常啮合。具体控制过程如下:

主轴变速时先将变速手柄拉出,啮合好的齿轮脱离,然后转动变速手轮选择转速,转速选定后将变速手柄推回原位,使改变传动比的齿轮重新啮合。由于两啮合齿轮的齿与齿之间的位置不能刚好对上,因而造成啮合困难。当齿轮没有进入正常啮合状态时,则需要主轴有瞬时点动的功能,以调整两个啮合齿轮的相对位置,使齿轮进入正常啮合。实现瞬时点动是由复位手柄与行程开关 SQ7 共同控制的。当变速手柄复位时,在推进的过程中会压动瞬时点动行程开关 SQ7,SQ7 的动断触点先断开,切断 KM1 线圈电路的自锁,使电路随时可被切换;SQ7 的动合触点闭合,使接触器 KM1 线圈得电,主电动机 M1 转动。变速手柄复位后,行程开关 SQ7 被释放,因此主电动机 M1 断电。此时并未采取制动措施,仅依靠主电动机 M1 产生一个冲动齿轮系统的力,使齿轮系统微动,保证了齿轮的顺利啮合。

在变速操作时需要注意的是手柄复位要求迅速、连续,一次不到位应立即拉出,以免行程开关 SQ7 没能及时松开,使主电动机转速上升,在齿轮未啮合好的情况下打坏齿轮。一次瞬时点动不能实现齿轮良好的啮合时,应立即拉出复位手柄,重新进行复位瞬时点动的操作,直至完全复位,齿轮正常啮合工作。

(2)进给电动机 M2 的控制

1)顺序控制

为防止刀具和机床的损坏,机床开机要求只有主轴旋转后,才允许有进给运动。从图 5.3.2 中可知,控制主电动机的交流接触器 KM1 辅助动合触点被串入工作台运动控制电路中,这样就可保证只有主轴旋转后工作台才能进给的联锁要求。

2)水平工作台运动控制

水平工作台移动方向由各自的操作手柄来选择,如图 5.3.3 所示。一般卧式万能升降台铣床工作台有两个操作手柄,一个为纵向(左右)操作手柄,有右、中、左 3 个位置;另一个为横向(前后)和垂直(上下)十字复合操作手柄,该手柄有 5 个位置,即上、下、前、后和中间位置。图 5.3.2 所示的 SA1 为工作台转换开关,它是一种二位式选择开关。当使用水平工作台时,触点 $SA1_1$ 与 $SA1_3$ 闭合,触点 $SA1_2$ 打开;当使用圆工作台时,触点 $SA1_2$ 闭合,触点 $SA1_1$ 与 $SA1_3$ 打开。

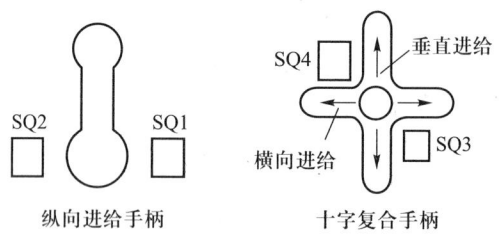

图 5.3.3 水平工作台的操作手柄示意图

① 水平工作台纵向进给运动的控制。

水平工作台局部控制电路如图 5.3.4a 所示。由于此时工作台转换开关 SA1 置于水平工作台位置,因此 $SA1_1$ 与 $SA1_3$ 触点闭合,$SA1_2$ 触点断开。

水平工作台纵向进给运动由纵向操作手柄与行程开关 SQ1、SQ2 联合控制。主电动机启动后,若要工作台向右进给,需将纵向手柄扳向右,通过其联动机构将纵向进给离合器合上,接通纵向进给运动的机械传动链,同时压动行程开关 SQ1。使 SQ1 动合触点 $SQ1_1$ 闭合,动断触点 $SQ1_2$ 断开,接通进给电动机 M2 正转接触器 KM2 线圈电路,其主触点闭合,M2 正转,驱动工作台向右移动进给。

第 5 章 典型设备电气控制系统分析与电路图设计

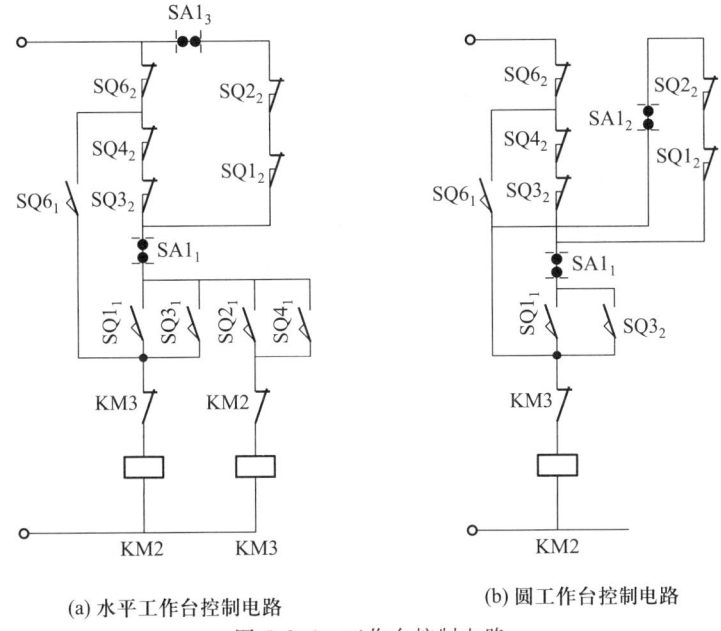

(a) 水平工作台控制电路 (b) 圆工作台控制电路

图 5.3.4　工作台控制电路

KM2 线圈通电的电流通路从 KM1 辅助动合触点开始,电流经 $SQ6_2 \to SQ4_2 \to SQ3_2 \to SA1_1 \to SQ1_1 \to$ KM3 辅助动断触点到 KM2 线圈。从此电流通路中不难看到,如果操作者误将十字复合手柄扳向工作位置时,则 $SQ4_2$ 和 $SQ3_2$ 中必有一个断开,使 KM2 线圈无法通电。这样就可实现工作台左、右移动同前、后及上、下移动之间的联锁控制。水平工作台向左移动时电路的工作原理与向右时相似,不再赘述。

如将纵向手柄扳到中间位时,纵向机械离合器脱开,行程开关 SQ1 与 SQ2 不受压,因此进给电动机 M2 不转动,工作台停止移动。工作台的左右终端安装有限位撞块,当工作台运行到达终点位时,左右操作手柄就会被撞块撞到中间停车位置,用机械方法使 SQ1 或 SQ2 复位,从而将 KM2 或 KM3 断电,实现了限位保护。

② 水平工作台横向和垂直进给运动控制。

水平工作台横向和垂直进给运动的选择和联锁通过十字复合手柄和行程开关 SQ3、SQ4 联合控制,该十字复合手柄有上、下、前、后 4 个工作位置和一个中间不工作位置。当操作手柄向下或向前扳动时,通过联动机构将控制垂直或横向运动方向的机械离合器合上,即可接通该运动方向的机械传动链。同时压动行程开关 SQ3,使 SQ3 动合触点 $SQ3_1$ 闭合,动断触点 $SQ3_2$ 断开,于是接通进给电动机 M2 正转接触器 KM2 线圈电路,其主触点闭合,M2 正转,驱动工作台向下或向前移动进给。KM2 线圈通电的电流通路仍从 KM1 辅助动合触点开始,电流经 $SA1_3 \rightarrow SQ2_2 \rightarrow SQ1_2 \rightarrow SA1_1 \rightarrow SQ3_1 \rightarrow KM3$ 辅助动断触点到 KM2 线圈。上述电流通路中的动断触点 $SQ2_2$ 和 $SQ1_2$ 用于工作台前、后及上、下移动同左、右移动之间的联锁控制。

当十字复合操作手柄向上或向后扳动时,将压动行程开关 SQ4,使得控制进给电动机 M2 反转的接触器 KM3 线圈得电,M2 反转,驱动工作台向上或向后移动进给。其联锁控制原理与向下或向前移动控制类似。

十字复合操作手柄扳在中间位置时,横向或垂直方向的机械离合器分离,行程开关 SQ3 与 SQ4 均不受压,因此进给电动机停转,工作台停止移动。在床身上同样也设置了上、下和前、后限位保护用的终端撞块,当工作台移动到极限位置时,撞块撞击十字手柄,使其回到中间位置,切断电路,使工作台在进给终点停车。

③ 水平工作台进给运动的联锁控制。

在同一时间内,工作台只允许向一个方向移动,为防止机床运动干涉造成设备事故,各运动方向之间必须进行联锁。而操作手柄在工作时,只存在一种运动选择,因此铣床进给运动之间的联锁由两操作手柄之间的联锁来实现。

联锁控制电路由两条电路并联组成,纵向操作手柄控制的行程开关 SQ1、SQ2 的动断触点串联在一条支路上,十字复合操作手柄控制的行程开关 SQ3、SQ4 的动断触点串联在另一条支路上。进行某 方向的进给运动时,需扳动一个操作手柄,这样只能切断其中一条支路,另一条支路仍能正常通电,使接触器 KM2 或 KM3 的线圈得电;若进给运动时由于误操作扳动另一个操作手柄,则两条支路均被切断,接触器 KM2 或 KM3 立即断电,使工作台停止移动,从而对设备进行了保护。

④ 水平工作台的快速移动。

在进行对刀时,为了缩短对刀时间,要求水平工作台不做铣削加工时应能快速移动。由图 5.3.1b 所示的运动传递简图可知,水平工作台在进给方向选定后是快速移动还是进给运动,取决于电磁离合器 YC1、YC2 线圈的得电与断电。快速移动为手动控制,在主电动机启动以后,按下启动按钮 SB5 或 SB6,接触器 KM4 便以"点动方式"通电。其辅助动断触点断开,进给电磁离合器 YC2 线圈失电,断开工作进给传动链;KM4 辅助动合触点闭合,使快移电磁离合器 YC1 线圈得电,接通快速移动传动链,水平工作台沿给定的进给方向快速移动。当进入铣削区时,松开按钮 SB5 或 SB6,KM4 线圈失电,其辅助动断触点复位,接通进给传动链,水平工作台就以原方向继续工作进给状态移动。

⑤ 水平工作台变速时的瞬时点动。

与主轴变速类似,水平工作台变速同样由机械系统完成,为了使变速时齿轮易于啮合,进给电动机 M2 控制电路中也设置了瞬时点动控制环节。变速应在工作台停止移动时进行,具体的操作过程是:在主电动机 M1 启动以后,拉出变速手柄,同时转动至所需要的进给速度,再将手柄推回原位。变速手柄在复位的过程中压动瞬时点动行程开关 SQ6,使得 $SQ6_2$ 断开,$SQ6_1$ 闭合,短时接通 KM2 的线圈电路,使进给电动机 M2 转动。KM2 线圈通电的电流通路为从 KM1 辅助动合触点开始,电流经 $SA1_3 \rightarrow SQ2_2 \rightarrow SQ1_2 \rightarrow SQ3_2 \rightarrow SQ4_2 \rightarrow SQ6_1 \rightarrow$ KM3 辅助动断触点到 KM2 线圈。可见,若左、右操作手柄和十字手柄中有一个不在中间停止位置,此电流通路便被切断。变速手柄复位后,松开行程开关 SQ6。与主轴瞬时点动操作相同,也要求手柄复位时迅速、连续,一次不到位,应立即拉出变速手柄,再重复瞬时点动的操作,直到齿轮处于良好啮合状态,保证工作正常进行。

3) 圆工作台控制

为了扩大铣床的加工能力,还可在水平工作台上安装圆工作台,以实现圆弧、凸轮的铣削加工。圆工作台工作时,要求水平工作台进给系统停止工作,即水平工作台的两个操作手柄均扳在中间停止位置,只允许圆工作台绕轴心转动。

当工件在圆工作台上安装好以后,用快速移动方法将工件和铣刀之间的位置调整好,扳动工作台转换开关 SA1,使其置于圆工作台"接通"位置。此时触点 $SA1_2$ 闭合,触点 $SA1_1$ 与 $SA1_3$ 断开。圆工作台局部控制电路如图 5.3.4b 所示。在主电动机 M1 启动以后,工作台转换开关 SA1 的触点 $SA1_2$ 闭合,接通接触器 KM2 的线圈电路,其主触点闭合,进给电动机 M2 正转,拖动圆工作台转动,该铣床中圆工作台只能单方向旋转。控制电路由主轴电动机控制接触器 KM1 的辅助动合触点开始,工作电流经 $SQ6_2 \rightarrow SQ4_2 \rightarrow SQ3_2 \rightarrow SQ1_2 \rightarrow SQ2_2 \rightarrow SA1_2 \rightarrow$ KM3 辅助动断触点 $\rightarrow$ KM2 线圈。由上述电流通路可见,圆工作台的控制电路中串联了水平工作台的 4 个工作行程开关 SQ1~SQ4 的动断触点,因此水平工作台任一操作手柄只要扳到工作位置,都会压动行程开关,从而切断圆工作台的控制电路,使其立即停止转动,以此实现水平工作台进给运动和圆工作台转动之间的联锁保护控制。

该卧式铣床的局部照明由控制变压器 TC 供给 36 V 安全电压,灯开关为 SA4,FU5 实现照明电路的短路保护。

5.4 组合机床电气控制系统分析

组合机床是根据特定工件规定的加工工艺要求而设计制造的一种高效率自动化专用加工设备。常采用多刀(多轴)、多面、多工位同时进行钻、扩、铰、镗、铣等加工工作,并且具有自动工作循环的功能,在机械制造业的成批和大量产品的生产中得到了广泛的应用。

组合机床通常由具有一定功能的通用部件(如动力部件、支撑部件、输送部件等)和加工专用部件(如夹具、多轴箱等)组成,其中动力部件是组合机床通用部件中最主要的一类部件。常见的动力部件有动力头和动力滑台,在动力头上只安装多轴箱,而滑台上还可安装由各种切削头组成的动力头,因此动力滑台比动力头通用性更强。动力部件常采用电动机驱动或液压系统驱动,由电气控制系统实现工作自动循环的控制,是典型的机电或机电液一体化的自动化加工设备。

各标准通用动力部件的控制电路是独立完整的,当一台组合机床由多个动力部件组合构成时,该机床的控制电路即由各动力部件各自的控制电路通过一定的连接电路组合而成。对于此类由多动力部件构成的组合机床,其控制通常有三方面的工作要求:

① 动力部件的点动及复位控制。
② 动力部件的单机自动循环控制(也称半自动循环控制)。
③ 整机全自动工作循环控制。

下面以双面粗铣组合机床为例,分析这类机床的控制电路。

5.4.1 组合机床的结构及运动分析

双面粗铣组合机床是在工件两相对表面上进行铣削的一种高效自动化专用加工设备,可用于对铸件、钢件及有色金属件的大平面铣削,一般用于柴油机、拖拉机等机械箱体类零件加工,组合机床结构示意图如图 5.4.1 所示。两个动力滑台对面布置并安装在底座上,左、右铣削动力头固定在滑台上,中间的铣削工作台是用以完成铣削的通用进给动力部件,与铣削头配套,再配以各种夹具,选

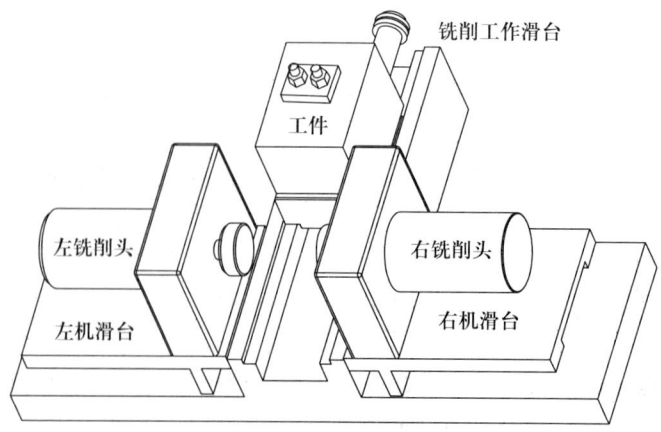

图 5.4.1 双面粗铣组合机床结构示意图

择合理的刀具和切削参数即可进行大走刀强力平面铣削。

双面粗铣组合机床的控制过程是典型的顺序控制,铣削工作滑台及左、右动力滑台的液压系统示意图和工作循环图如图5.4.2所示。工作时先将工件装入夹具定位,夹紧后,按下启动按钮SB6,机床工作的自动循环过程开始。首先两面动力滑台同时快进,此时刀具电动机也启动工作,滑台至行程终端停下;接着铣削工作台快进、工进;铣削完毕后,左右动力滑台快速退回原位,到达原位后刀具电动机停止转动;铣削工作台快速退回原位;最后即可松开夹具并取出工件,一次加工循环结束。

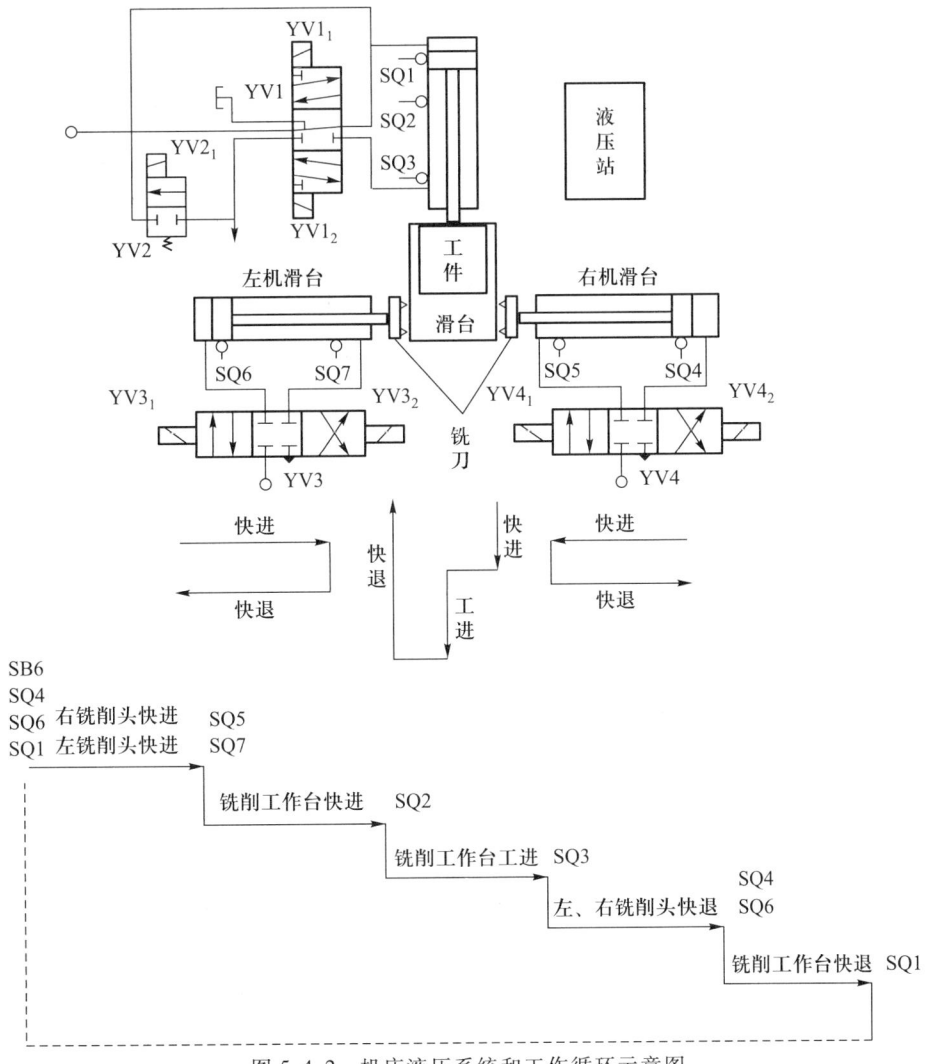

图 5.4.2 机床液压系统和工作循环示意图

5.4.2　组合机床的拖动及控制要求

双面粗铣组合机床采用电动机和液压系统相结合的驱动方式,驱动系统控制要求分别分析如下。

1. 液压驱动系统分析

机床的左右动力滑台和铣削工作滑台均由液压系统驱动。由图 5.4.2 可知,左右动力滑台的快进、快退动作分别由两个液压缸来完成,并由两个三位四通电磁换向阀分别对其两个方向的运动进行切换,其中电磁阀线圈 $YV3_1$ 与 $YV3_2$ 控制左缸换向,电磁阀线圈 $YV4_1$ 与 $YV4_2$ 控制右缸换向,以完成快进和快退;铣削工作滑台快进、工进和快退的控制原理在前一章已分析过,该液压缸由电磁阀线圈 $YV1_1$ 与 $YV2$ 控制快进和工进,电磁阀线圈 $YV1_2$ 控制快退。各工步电磁阀线圈通电状态见表 5.4.1。

表 5.4.1　电器动作表

工步	电磁换向阀线圈通电状态							电动机运行		转换主令
	$YV1_1$	$YV1_2$	$YV2_1$	$YV3_1$	$YV3_2$	$YV4_1$	$YV4_2$	M2	M3	
左、右滑台快进				+		+		+	+	SB6
铣削工作台快进	+		+					+	+	SQ5、SQ7
铣削工作台工进	+							+	+	SQ2
左、右滑台快退					+		+	+	+	SQ3
铣削工作台快退		+								SQ4、SQ6
停止										SQ1
备注	铣削工作台			左机滑台		右机滑台		刀具电动机		

2. 电动机驱动分析

双面粗铣组合机床配置有三台三相交流异步电动机,其中 M1 为液压泵电动机,要求首先直接启动,当液压系统供油正常后,其他控制电路才能通电工作;M2、M3 分别为左机和右机的刀具电动机,刀具电动机在滑台进给循环开始后启动,滑台退回原位时停机。

图 5.4.3 所示的主电路中 M1、M2、M3 三台电动机均为直接启动、单向旋转,分别由交流接触器 KM1、KM2、KM3 的主触点控制它们定子绕组的通电与断电。FR1~FR3 分别对三台电动机进行过载保护,FU1~FU3 分别对三台电动机进行短路保护。

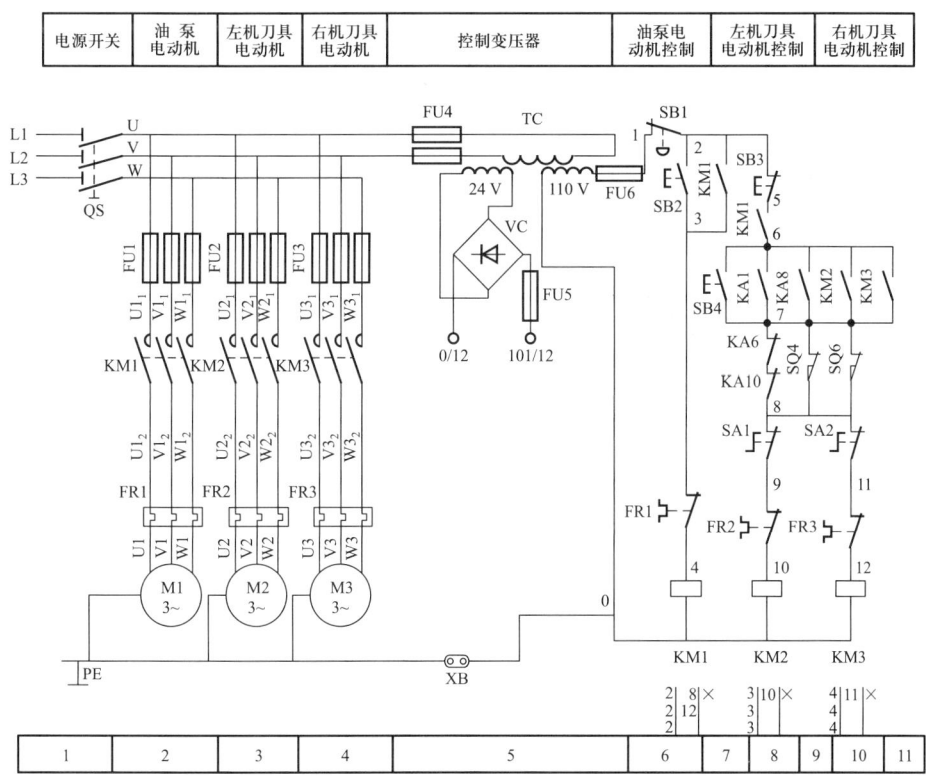

图 5.4.3 双面粗铣组合机床交流控制局部电路图

5.4.3 组合机床控制电路分析

双面粗铣组合机床的电气控制原理图如图 5.4.3、图 5.4.4 所示,电路图中所用电气元件及功能说明见表 5.4.2。

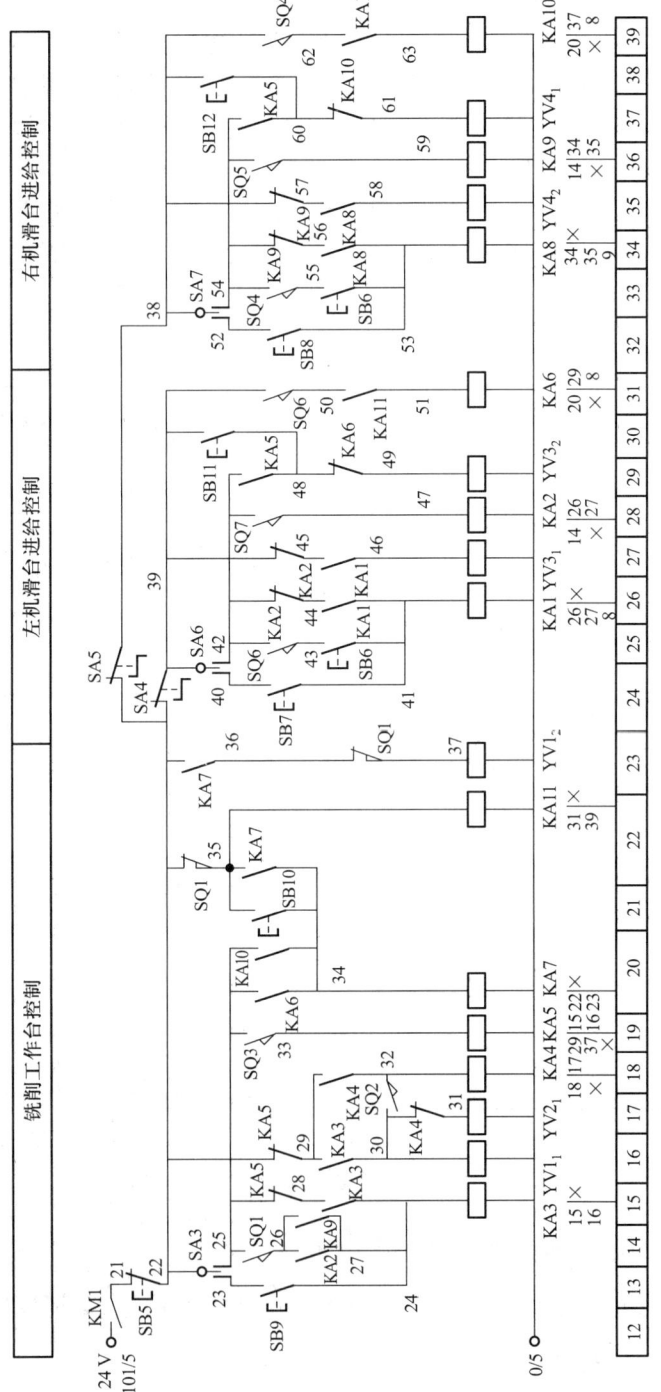

图 5.4.4 双面粗铣组合机床直流控制局部电路图

表 5.4.2 电气元件符号及功能说明表

符号	名称及用途	符号	名称及用途
M1	油泵电动机	SA6	左机滑台工作方式选择开关
M2	左机刀具电动机	SA7	右机滑台工作方式选择开关
M3	右机刀具电动机	QS	电源隔离开关
KM1	油泵电动机启动接触器	SB1	总停按钮
KM2	左机刀具电动机启动接触器	SB2	油泵电动机启动按钮
KM3	右机刀具电动机启动接触器	SB3、SB4	刀具电动机启、停按钮
KA1~KA10	中间继电器	SB5、SB6	液压系统循环工作起、停按钮
SQ1、SQ2、SQ3	铣削工作台行程开关	SB7、SB11	左机滑台点动向前和复位按钮
SQ4、SQ5	右机滑台行程开关	SB8、SB12	右机滑台点动向前和复位按钮
SQ6、SQ7	左机滑台行程开关	SB9、SB10	铣削工作台点动向前和复位按钮
SA1~SA2	电动机摘除选择开关	FR1~FR3	电动机热继电器
SA3	铣削工作台工作方式选择开关	FU1~FU6	熔断器
SA4	左机滑台摘除选择开关	TC	控制变压器
SA5	右机滑台摘除选择开关	VC	整流器

控制电路所需交、直流电源分别由控制变压器 TC 二次绕组提供,短路保护分别由 FU5、FU6 来实现。控制电路包含交流电路部分和直流电路部分,交流电路部分用于对 3 台电动机进行控制,直流电路部分用于对液压系统进行控制。

1. 交流控制电路

交流控制局部电路如图 5.4.3 所示,其中 SB1 为总停按钮,SB2 为油泵电动机启动按钮。当按下 SB2 时,油泵电动机的控制接触器 KM1 得电,其主触点闭合,M1 启动;辅助动合触点闭合,接通刀具电动机和液压系统的控制电路,满足机床进入加工工作循环的条件。左机刀具电动机 M2 和右机刀具电动机 M3 在加工自动循环过程中,由中间继电器及行程开关控制启停;在调整时,由按钮 SB3、SB4 手动控制启停;选择开关 SA1、SA2 将刀具电动机 M2、M3 从工作循环中摘除,这样便于运动部件分别调整。

2. 直流控制电路

直流控制局部电路如图 5.4.4 所示,主要用于控制液压系统,实现运动的自动循环。直流局部电路包括铣削工作台控制、左机滑台控制及右机滑台控制 3 部分,可实现整机自动循环、单机半自动循环和点动调整与复位控制。

图 5.4.5 所示为组合机床自动循环工作控制流程图。开始全自动工作循环时,要求接触器 KM1 的辅助动合触点闭合;左、右机滑台在原位并分别压下原位行程开关 SQ6、SQ4;铣削工作台在原位并压下行程开关 SQ1。以上条件满足时,按下启动循环的按钮 SB6,即可开始自动加工工作循环过程,按钮 SB5 可终止循环,自动工作循环的全过程如下所示。

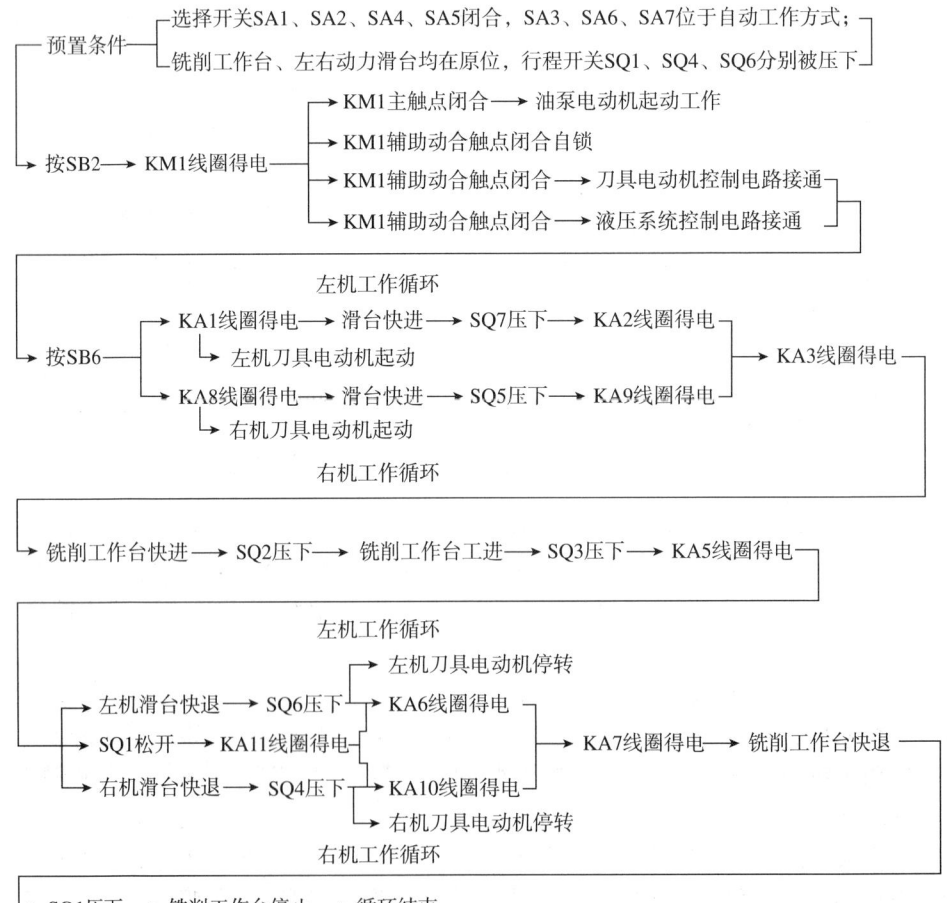

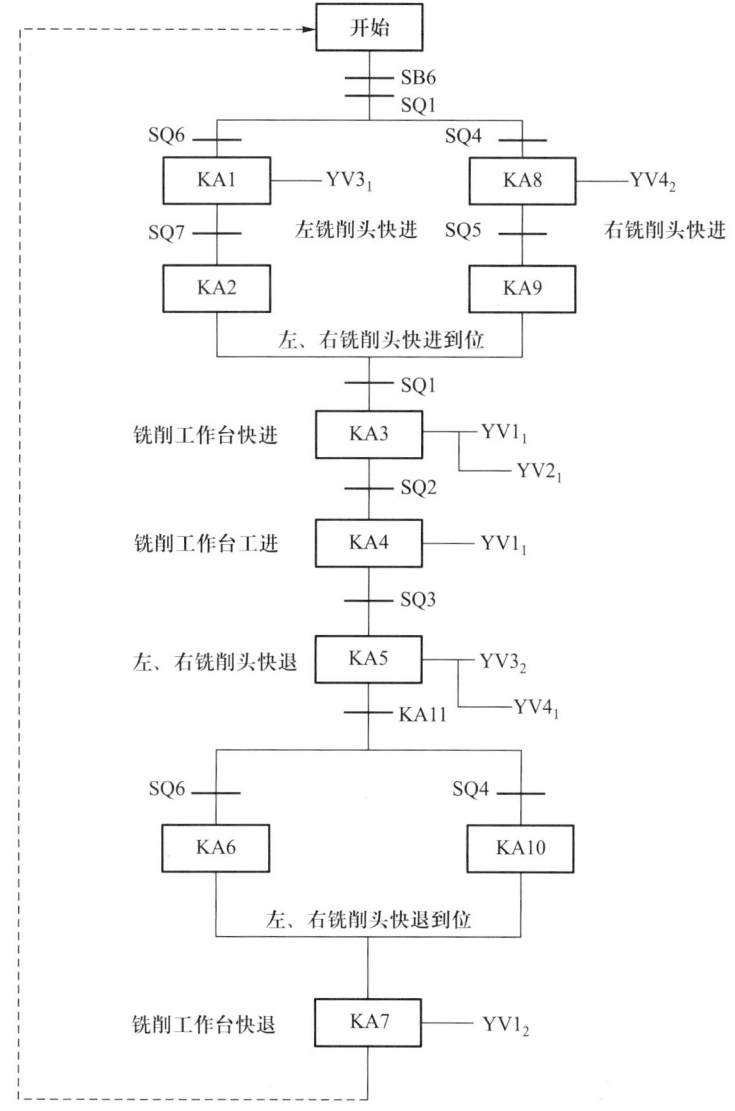

图 5.4.5 组合机床自动循环工作控制流程图

转换开关 SA4 与 SA5 可以将左机滑台或右机滑台从整机循环中摘除,从而实现单机半自动循环。当 SA4 触点闭合,SA5 触点断开时,右机滑台从整机循环中摘除。此时按下启动循环按钮 SB6,左机滑台单独循环工作;当 SA5 触点闭合,SA4 触点断开时,左机滑台从整机循环中摘除。此时按下启动循环按钮 SB6,右机滑台单独循环工作。

选择开关 SA3、SA6 与 SA7 分别用来选择铣削工作台、左机与右机滑台的工作方式,扳到手动位置时,可通过点动按钮 SB9、SB7、SB8 分别控制铣削工作台、左机与右机滑台向前点动;扳到自动位置时,可通过复位按钮 SB10、SB11、SB12 分别使它们快速退回原位。

由上述分析可见,双面粗铣组合机床的控制过程是典型的顺序控制,输入/输出均为开关量。实际生产中已用 PLC 控制系统取代原来的继电器控制系统,使其可适应不同的控制要求,方便、高效又可靠。

5.5 电气控制系统电路图设计基础

设备的电气控制系统设计是整机设计的重要组成部分,它涉及的内容很广泛,本节着重介绍继电器控制电路设计的一般规律。

5.5.1 控制电路设计的基本原则

采用继电-接触器控制方式的中小型生产设备电气控制系统,设计的重点之一就是电气控制原理图设计。当生产设备的拖动方案及控制方式确定后,可根据电动机或液压、气动系统的控制任务不同,逐一分别设计局部电路,然后再根据各部分的相互关系综合而成完整的控制电路。

在电气原理图设计过程中,通常应遵循以下几个原则:
① 最大限度满足机床和工艺对电气控制电路的要求;
② 在满足生产要求的前提下,设计方案力求简单、经济和实用,尽量选用经过实际考验过的电路;
③ 确保使用安全、可靠,应具有必要的保护和联锁环节,防止误操作时发生重大事故;
④ 从工艺要求、制造成本、机械电气设备结构的复杂性和使用维护等方面综合考虑,处理好机械与电气控制电路的关系。

5.5.2 控制电路设计的基本方法

电气控制电路设计的基本方法有经验设计法和逻辑设计法两种。

1. 经验设计法

当控制系统比较简单时,可采用经验设计法,即利用前面章节所介绍的典型环节控制电路,从满足生产工艺要求出发,按照主电路→控制电路→辅助电路→联锁与保护→总体检查的步骤进行,反复修改与完善,逐步实现其全部控制功能。

该设计方法比较简单,要求设计人员应熟练掌握各种典型的基本控制电路。

在具体设计时,由于靠的是经验,因而设计灵活性较大,对于设计出的控制电路是否是最佳方案,要加以比较分析,反复修改简化,甚至要通过实验加以验证。

2. 逻辑设计法

继电—接触器控制电路属于开关电路,即电路中的电气元件只有两种状态:线圈通电与断电;触点闭合与断开。因此可使用逻辑代数来描述这些电气元件在电路中所处的状态和连接关系。如在设计电液联合控制系统的控制电路时,可参照控制要求中机械液压系统设计人员给出的执行元件及主令电器工作状态表,找出执行元件线圈同主令电器触点间的关系,将主令电器的触点作为逻辑自变量,执行元件线圈作为逻辑应变量,写出有关逻辑代数式;当无法写出全部逻辑式时,可逐个增设中间继电器,并将它们的触点也当作逻辑自变量,直到写出全部逻辑式为止;同时,还要写出中间继电器自身的逻辑式;最后根据逻辑代数式即可做出对应的控制电路。

这种设计方法能够确定实现一个开关量自动控制线路的逻辑功能所必需的、最少的中间继电器的数目,设计的电路结构较合理、利用的元件数量较少,可得到最佳的设计方案。但当系统复杂时,此方法工作量大,且易出错。目前对于较复杂的开关量控制系统均采用可编程序控制器控制。

5.5.3 电路图的控制逻辑设计

继电器控制系统不管是简单还是复杂,要完成运动机构的动作要求,必须通过控制电路中各种电器触点的通、断组合,构成一定的控制逻辑,才能实现对电动机或其他电气设备的控制。在设计电路时,触点之间的组合关系有以下 4 个类型:

(1) 动合(常开)触点串联

动合触点串联,形成"逻辑与"的关系,当要求几个条件同时具备,线圈才能得电工作时,可用几个动合触点串联的方法来实现。如前面所介绍的多条件启动控制。

(2) 动合触点并联

动合触点并联,形成"逻辑或"的关系,当在几个条件中,只需具备其中任一条件时,所控制的线圈就可得电工作,此时可由几个动合触点并联来实现。如前面所介绍的多地点启动控制。

(3) 动断(常闭)触点串联

动断触点串联,形成"逻辑与"的关系,当几个条件中具备任一个时,电器线圈都将断电,此时可用几个动断触点串联的方法来实现。如前面所介绍的多地点停止控制。

（4）动断触点并联

动断触点并联，形成"逻辑或"的关系，当要求几个条件都具备，电器线圈才能断电时，可用几个动断触点并联的方法来实现。如前面所介绍的多条件停止控制。

正确合理的使用触点组合以及组合形成的控制逻辑，是实现电路控制功能的重要基础。

在设计保护环节控制逻辑时，所选用的保护电器既要能保证控制电路长期正常运行，又要能在线路出现故障时，使触点从"通"转为"断"，及时起到保护电动机以及其他电气设备的作用。通常保护电器的控制触点为动断状态，串联在控制电路中，当检测部分出现非正常状态时，触点打开，切断电路。

5.5.4　电路图设计中的注意事项

实际设计控制系统的过程中，设计出来的实际线路会出现不正确、不合理、不经济等现象，因此在具体设计时应注意以下几个方面的问题。

（1）尽量避免许多电器依次动作才能接通另一个电器的现象

如图5.5.1a所示，KA3的接通要KA1、KA2动作后才能实现，而图5.5.1b所示KA3的动作只需KA1接通后即可实现，工作可靠。

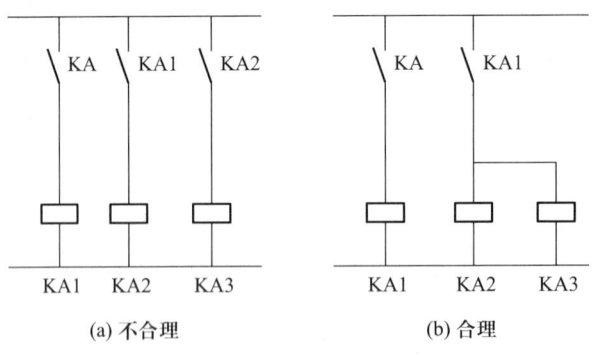

图5.5.1　触点的合理使用

（2）要合理安排电气元件触点位置，正确连接电器线圈

在图5.5.2b所示的电路中，如触点KA发生电弧或碰线时，将造成电源断路故障，应按图5.5.2a所示的形式连接；图5.5.3b所示的KM1与KA1两个线圈串联使用是错误的，会使电器线圈达不到所需的动作电压，应将KM1与KA1两个线圈并联使用，如图5.5.3a所示。

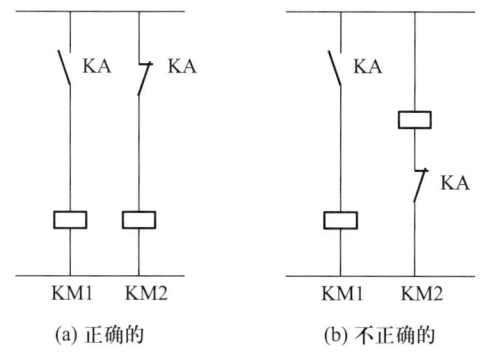

图 5.5.2 触点的位置

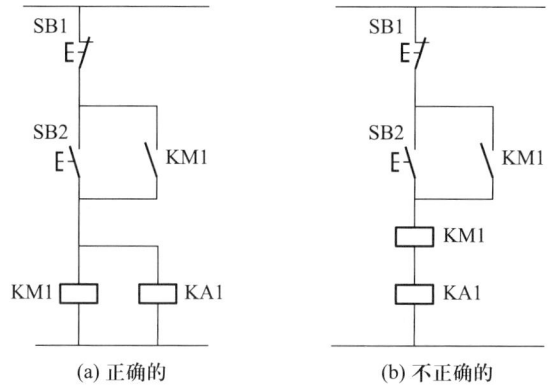

图 5.5.3 线圈的连接

(3) 控制电路中尽量减少电气元件触点数量,以提高线路的可靠性

在简化、合并触点的过程中,注意同类性质触点的合并,一个触点能完成的动作,不用两个触点。同时还要注意触点的额定电流是否允许以及对其他回路的影响。图 5.5.4 所示为 4 种简化触点的例子。

(4) 注意实际施工问题

尽量减少实际连接导线的长度和数量,特别要注意电气柜、操作台和行程开关之间的连接线。因为按钮在操作台上,电器在电气柜内,这样就需要由电气柜二次引出连接线到操作台的按钮上,如图 5.5.5a 所示,启动按钮和停止按钮直接连接,可以减少一次引出线,而图 5.5.5b 由于连接的不合理,则多用了连接导线。

(5) 安全环节设计

在设计控制电路时应考虑各种联锁环节以及应具有的各种电气保护措施,

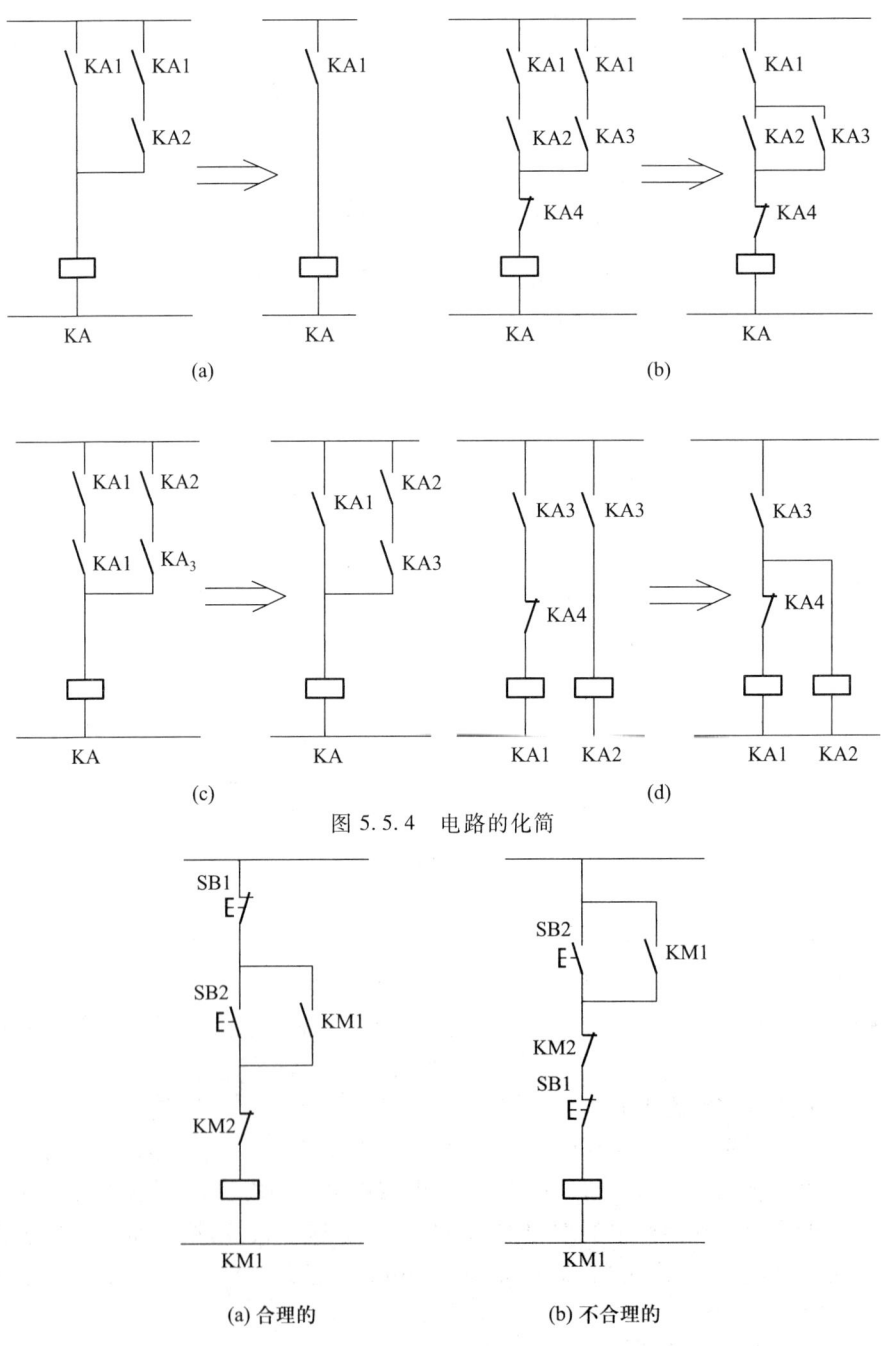

图 5.5.4 电路的化简

(a) 合理的　　(b) 不合理的

图 5.5.5 电气元件的连接

如过载、短路、过电流、过电压、失电压、限位等保护环节，避免因误操作而发生事故。

（6）防止错误动作出现

在控制线路中应避免出现寄生电路，即在电器动作过程中由于意外接通的电路，从而保证控制要求的正确实现。

（7）合理使用各种电源

由于控制电路中所使用的电气元件较多，如各种照明灯、指示灯、接触器线圈以及电磁阀等执行元件，它们的供电电压有多种，因此控制电路的电源需要由控制变压器降压提供。使用控制变压器还可实现高低压电路的隔离，使得控制电路中的按钮、行程开关、接触器及继电器线圈等电气元件同电网电压不直接相接，可提高安全性。同时也要尽量减少电气线路的电源种类，电源有交流和直流两大类，接触器和继电器等也有交、直流两大类，要尽量采用同一类电源，电压等级应符合标准等级。

5.5.5 电路图设计举例

下面我们以 CW6163 型卧式车床为例来说明电路图设计的一般过程。

CW6163 型卧式车床是应用广泛的普通小型车床，其车削工件最大直径为 630 mm，最大长度为 1 500 mm。

1. 机床电气传动的特点及控制要求分析

通过车床的结构特点和控制要求分析，对 CW6163 型卧式车床的控制提出如下要求。

① 主轴运动和进给运动由一台主电动机集中拖动。

② 主轴运动的正反转依靠两组机械式摩擦片离合器完成。

③ 主轴的制动要求采用液压制动器。

④ 为了操作方便，主轴的启、停要求两地控制。

⑤ 由于加工工件的最大长度较长，为了减少辅助工时，要求配备一台刀架快速移动电动机。

⑥ 车削时会产生高温，要求配备一台冷却泵电动机。

⑦ 进给运动的纵向（左右）运动、横向（前后）运动以及快速移动由一个操作手柄控制。

⑧ 需要一套局部照明装置以及一定的工作状态指示灯。

2. 电动机配置

根据前面所述电气控制要求，该机床需配备 3 台电动机：主电动机 M1、冷却泵电动机 M2、快速移动电动机 M3。电动机选择由机械设计时选定。

3. 机床控制电路图设计

(1) 主电路设计

依据机床所配置的电动机需要,设计电动机的驱动电路,以确定控制电动机启动与停止的交流接触器使用与接线关系。电路所需的 380 V 三相交流电源由隔离开关 QS 引入。

1) 主电动机 M1 部分

虽然 M1 功率较大,但车削是在启动以后进行,且主轴的正反转是通过机械方式实现的,所以可采用直接启动控制方式,由接触器 KM1 进行控制;考虑到过载保护,主电路中应串入热继电器 FR1 的热元件;为了及时了解机床的工作电流,主电路中还应串联电流表 PA。由此可设计出主电动机 M1 部分的主电路,如图 5.5.6 所示。从图中可看到 M1 未设置短路保护,它的短路保护由机床前一级配电箱中的熔断器来实现。

2) 冷却泵电动机 M2 和快速移动电动机 M3 部分

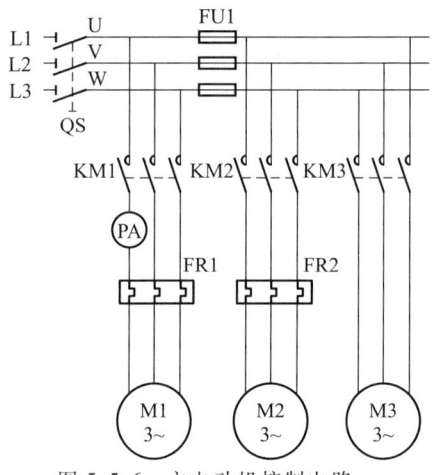

图 5.5.6 主电动机控制电路

M2 和 M3 功率较小,分别由接触器 KM2 和 KM3 进行控制;由 FR2 实现冷却泵电动机 M2 的过载保护,由于快移电动机 M3 短时工作,故它不需设过载保护;熔断器 FU1 用来对电动机 M2 和 M3 共同进行短路保护。

绘制电动机驱动主电路如图 5.5.6 所示。

(2) 控制电路设计

控制电路设计过程中,首先针对控制对象设计局部控制电路,然后依据局部电路之间的相互关系,将局部电路连接为完整电路。由设备控制要求分析,控制电路可分为主电动机控制、冷却泵电动机与快速移动电动机控制和信号照明 3 个局部电路部分。

控制电路的电源由控制变压器 TC 提供,以保证安全可靠和满足照明及指示灯的要求,它所转换的二次侧电压分别为 127 V(提供给控制电路)、36 V(提供给局部照明电路)和 6.3 V(提供给指示灯电路)。

1) 主电动机 M1 控制

由于机床较大,为操作方便,主电动机 M1 可在主轴箱操作板上和刀架拖板上分别设置启动和停止按钮 SB3、SB1 以及 SB4、SB2 对接触器 KM1 线圈的通断电进行两地控制,主电动机控制电路如图 5.5.7 所示。

2) 冷却泵电动机 M2 和快速移动电动机 M3 控制

冷却泵电动机 M2 采用接触器控制的直接启动控制方式,由按钮 SB5、SB6 进行启停操作,装在主轴箱板上;快速移动电动机 M3 采用点动控制方式,由按钮 SB7 和接触器 KM3 来实现,冷却泵电动机与快移电动机的局部控制电路如图 5.5.8 和图 5.5.9 所示。

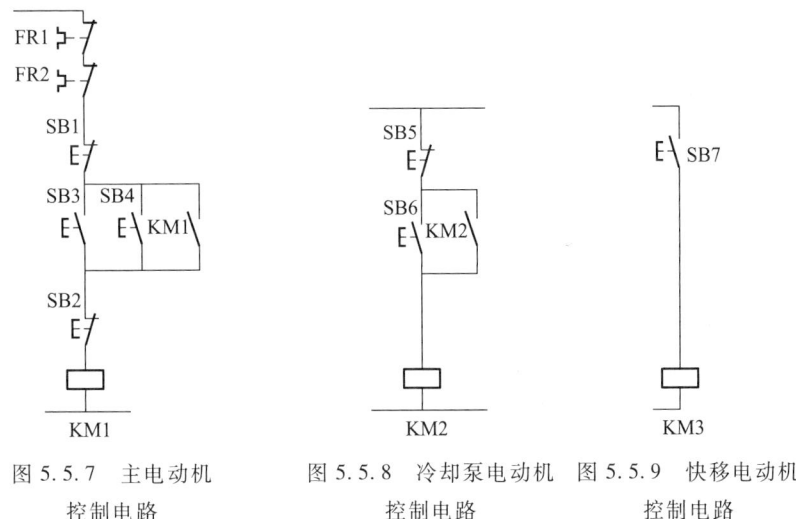

图 5.5.7 主电动机　　图 5.5.8 冷却泵电动机　　图 5.5.9 快移电动机
　　控制电路　　　　　　控制电路　　　　　　　控制电路

3) 信号指示与照明电路的设计

如图 5.5.10 所示,该机床设置两个指示灯:三相电源接通指示灯 HL2(绿色),在电源开关 QS 接通以后立即发光显示,说明机床电气线路已处于供电状态;表示主轴电动机是否运行的指示灯 HL1(红色)。两个指示灯 HL1 和 HL2 可分别由接触器 KM1 的辅助动合和动断触点进行切换通电显示。

操作板上设有交流电流表 PA,它被串接在主轴电动机 M1 的主电路中,以指示机床的工作电流。这样可根据电动机工作情况及时调整切削量使 M1 尽量满载运行,以提高生产效率和电动机的功率因数。

另外还设置了照明电路,由照明灯 EL、灯

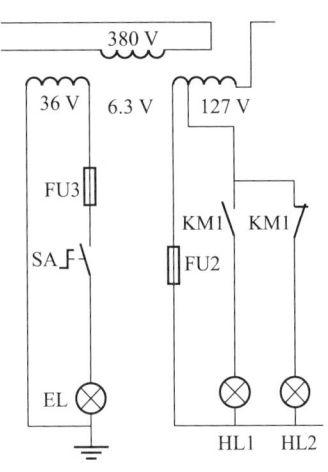

图 5.5.10 信号指示与照明电路

开关 SA 和熔断器 FU3 组成。完成设计的信号指示与照明电路如图 5.5.10 所示。

最后，根据各局部线路之间的相互关系以及相应的电气保护线路，由于各电动机控制部分之间无制约关系，因此直接连接各局部电路，绘制出的 CW6163 型卧式车床的电气控制电路图如图 5.5.11 所示。

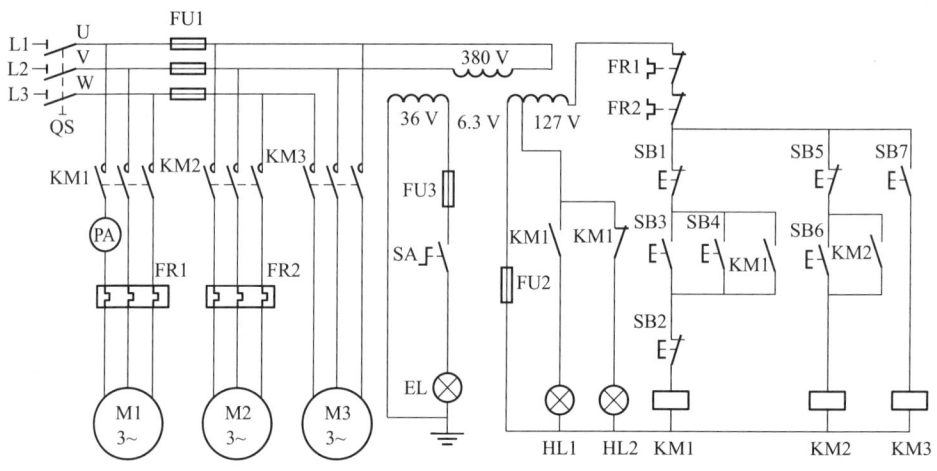

图 5.5.11　CW6163 型卧式车床控制电路图

习题及思考题

5-1　试述车床主轴正反转控制与铣床主轴正反转控制有何不同。

5-2　试述本章卧式车床主电动机的制动过程。

5-3　在本章卧式车床电气控制线路中，可以用 KM3 的辅助触点替代 KA 的触点吗？为什么？

5-4　万能铣床电气控制线路中设置主轴及进给瞬时点动控制环节的作用是什么？请简述主轴变速时瞬时点动控制的工作原理。

5-5　万能铣床是如何实现水平工作台各方向进给联锁控制的？

5-6　简述万能铣床控制电路中圆工作台工作过程及联锁保护原理。

5-7　组合机床常用在什么场合？通常由哪些部件组成？其控制线路有什么特点？

5-8　试述双面钻孔组合机床单机半自动循环的工作过程。

第三部分

可编程序控制器(PLC)应用技术

第6章 可编程序控制器(PLC)应用基础

在前面章节中,我们讨论了设备电气控制系统中采用继电-接触器控制方式的基本构成原理和电路分析方法,并且主要是针对开关量的控制。随着技术的进步和发展,现代生产设备和生产方式也在不断地变化,例如采用自动生产线成批量加工产品,构建无人自动化生产车间以及对设备实施远程监控管理等,这些类型的生产方式使得设备自动工作的复杂程度不断增加,虽然采用继电-接触器控制系统,能够实现设备自动工作过程的控制,但是在复杂工作要求的控制中,由于继电-接触器控制系统本身的特点,使得这种控制系统已不能满足现代设备运行要求。随着计算机技术的发展以及各种电气元件和控制技术的出现,特别是可编程序控制器(Programmable Controller —PC,为与普通计算机 PC 区别,简称 PLC)的出现与使用,使电气传动控制技术出现了巨大的变化,PLC 也成为控制系统中普遍使用的设备。本章将对可编程序控制器应用的基础知识和基本使用方法进行讨论。

6.1 概述

6.1.1 问题的提出与解决途径

如前面所述,采用继电-接触器控制系统,能够完成设备的自动工作过程控制,但是在复杂控制系统中,由于继电-接触器控制系统本身的特点却使设备运行达不到预期的控制目标。继电器控制系统存在问题之一是继电器控制系统由分立元件组成,尽管单个元件的工作可靠性很高,但是复杂控制系统采用众多的元件,使得控制系统仍然有较高的故障率,并且故障查找也十分困难,极大地影响设备运行效率。问题二则是继电器控制系统采用固定接线方式构成控制逻辑,变更控制逻辑困难。问题三是不能满足自动化生产系统的数据交换、保存、系统联机与联网要求。这些问题存在使得设备控制系统的规模受到限制,控制功能具有局限性,不能满足现代生产设备的工作需求。

由前面章节内容可知,继电-接触器控制系统的控制逻辑可由逻辑函数表达式描述(硬件逻辑),该逻辑函数表达式描述的控制逻辑也可用计算机软件程序来实现。采用计算机技术的控制器件——可编程序控制器(简称 PLC),即能够通过运行软件程序,完成与继电器控制系统硬件控制逻辑相同的控制功能,也因此,可编程序控制器很快被用于构建设备的电气控制系统。现代计算机技术的发展,使得 PLC 产品在结构、功能、产品性能和使用性能方面不断地改进与提高,目前 PLC 已成为构建普通电气控制系统的主要设备。

采用可编程序控制器(PLC)构建的电气控制系统,可以通过对 PLC 进行编程来改变控制逻辑,实现可变逻辑的柔性控制。同时由于 PLC 是由大规模集成电路元件构成,并且具有工业专用计算机的结构特点,这使得使用 PLC 构建的控制系统不仅具有很高的工作可靠性,还能够实现如联网通信,数据、文件保存处理,与上位计算机组合实现远程实时控制等多种管理功能。PLC 的使用极大地满足了现代设备多功能控制和大规模自动化系统控制的需求。

因为 PLC 实际上是工业专用控制计算机,也有称之为工控机,所以它具有了如下一些特点:

① 具有很高的工作可靠性和抗干扰能力。
② 控制程序可变,且编程简单,控制功能丰富。
③ 设备体积小巧,扩展方便,功能元件组合灵活,可构成各类控制系统。
④ 能够与计算机通信,完成数据、文件的管理,便于数据和文件的保存、调用和打印。
⑤ 运行数据可传送到上位计算机,实现设备联网运行和监控。

这些特点使得采用 PLC 构建的电气控制系统不仅解决了继电-接触器系统存在的一些问题,同时其功能还在不断的扩展,使 PLC 的应用领域更加广泛。

6.1.2 可编程序控制器使用特点

可编程序控制器由于其器件的特点,被广泛地用于设备的控制系统中,但是在使用的过程中,正确有效地掌握其使用方法,是构建设备控制系统的基础。

1. 设备电气控制系统构成分析

一般设备的电气控制系统组成如图 6.1.1 所示,由 3 个基本部分组成。输入设备为各种现场控制指令和信号的接受装置,输出设备为被控制设备上的各种电器和设备,控制系统处理输入指令和信号,并且按照工作要求输出驱动被控设备的各种信号。

(1) 输入信号采集及装置

输入装置是电气控制系统进行信号采集的界面设备,完成人与机之间的信号采集和机与机之间的信号采集。操作人员通过按钮、各类手动开关发出主令信号,并送入控制系统,现场自动运行的控制信号通过行程开关等现场检测设备送入控制系统。

(2) 控制信号输出及装置

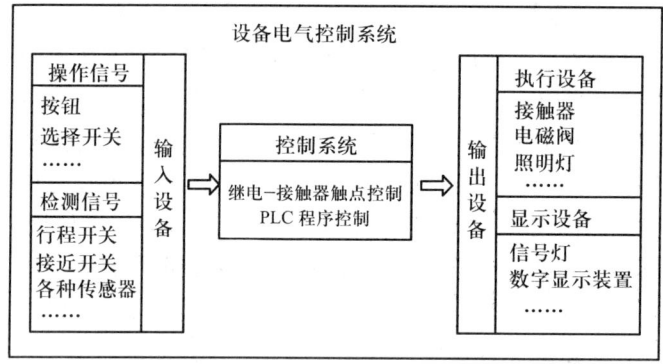

图 6.1.1 设备电气控制系统关系图

输出装置用于将控制系统发出的控制信号输出,并驱动执行机构,实现要求的运动输出,以及通过信息显示装置显示设备的运行状态。被驱动的执行机构有中间继电器、交流接触器、液压系统的电磁换向阀电磁铁、信号显示灯等。

(3) 逻辑控制部分

控制系统根据给定的控制逻辑对输入装置送来的主令控制信号,现场检测信号以及输出执行件的状态信号进行计算处理,并将计算结果转换为设备的控制信号经输出装置输出,控制设备运行。

(4) 继电-接触器控制方式系统组成特点

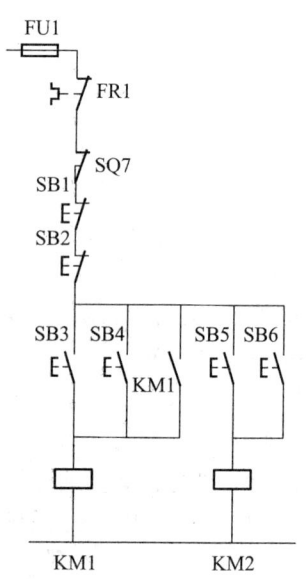

设备控制系统中,继电-接触器控制系统是通过输入/输出电气元件的电路接线,实现输入信号采集和控制信号输出,并通过所有电气元件的触点接线关系,构成逻辑控制功能部分。系统利用输入/输出电气元件接线关系,实现 3 个基本结构功能的组合,并且是 3 个功能部分混合构成一个整体。电路系统构成如图 6.1.2 所示,行程开关 SQ7 与按钮 SB1~SB5 等为指令与信号输入设备元件,交流接触器 KM1~KM2 为输出设备元件,它们的触点通过接线组成控制接触器线圈通电与断电的控制逻辑。

(5) PLC 控制方式系统组成特点

前面讨论的继电-接触器控制系统,其控制逻辑由各种电气元件组装接线构成,可编程序控制器构成的控制系统,其控制逻辑由软件程序构成。 图 6.1.2 继电-接触器控制系统采用 PLC 构建的电气控制系统中,3 个基本功能部分自成体系,从开关量控制的角度上讲,PLC 是完成逻辑控制部分功能的设备。PLC 通过连接界面与输入/输出电气元件接线,构成电气控制系统,实现对运行设备的控制。如图 6.1.3 所示,PLC 从输入设备处读入现场的指令和控制信号,经过 PLC 主机程序运行、计算后,输出控制信号控制输出设备工作。

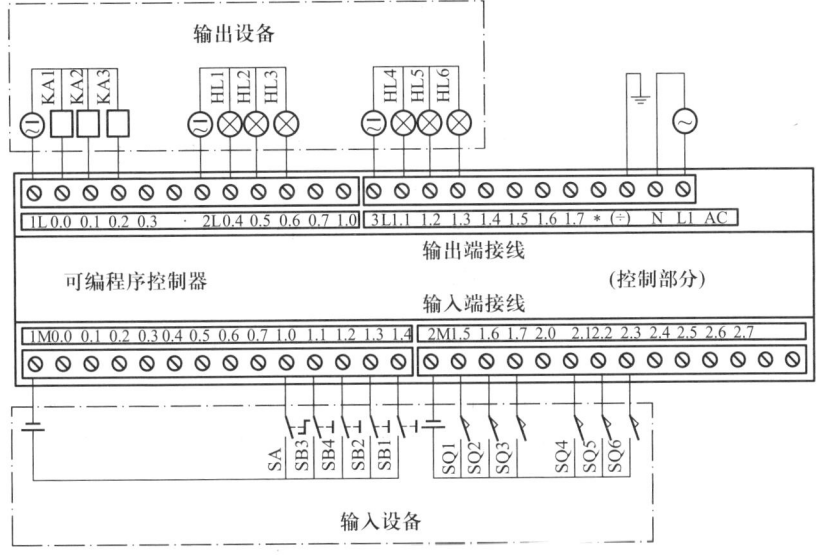

图 6.1.3　PLC 控制系统

由于 PLC 本身结构与使用特点,使得采用 PLC 构建的电气控制系统,不仅简化了输入/输出电气元件和它们的接线,同时逻辑控制关系采用计算机编程方法,可以实现功能结构化编程,提高程序设计效率。

2. 可编程序控制器分类

可编程序控制器可以根据不同的指标分类,在使用中,视具体设备要求选用。

（1）依据可编程序控制器规模分类

此种分类方法是按控制规模分类,根据 PLC 输入/输出端口的数目(即可处理的信号数,也称为点数)和编制程序的长度进行分类。通常分类如下：

① 端口点数小于 64 点,程序长度小于 1K 的机型,作为小型机。

② 端口点数小于 512 点,程序长度在 1K~4K 的机型,作为中型机。

③ 端口点数大于 1024 点,程序长度大于 8K 的机型,作为大型机。

小型机常用于单机设备的控制,中型机多用于自动生产线的控制,大型机在过程控制系统中使用比较多,随着控制规模变大,其控制功能也在增加。

(2) 依据可编程序控制器结构分类

按器件结构分类是根据 PLC 的机体结构形式进行划分，PLC 从结构上分有超小型集中式和模块组合式。

超小型集中式可编程序控制器所有基本组件集中装入一个机壳内，构成可编程序控制器的基本单元，为便于系统的扩展，该类机型配有扩展单元，当系统控制点数略多于基本单元时，可用扩展单元进行扩充。其结构形式如图 6.1.4 所示。

超小型集中式可编程序控制器具有结构紧凑、体积小、重量轻的特点，并具有很强的抗干扰能力和带负载能力，可直接安装在设备的电气控制柜中，但其控制点数少，多为小型机，常用于单机控制。

模块组合式可编程序控制器的所有基本组件和各功能器件均设计成独立模块，通过机架插接，组成各种控制规模和控制功能的控制系统。模块组合式可编程序控制器的模块一般分为基本模块和各种功能模块，基本模块包括主机模块、电源模块、信号输入/输出模块。随着系统规模的变化，增减输入/输出模块的数量，可构成一定范围内需要点数的控制系统，功能模块则用于扩展可编程序控制器的控制功能，常用的功能模块有通信模块、温控模块、插补运算模块、D/A 或 A/D 转换模块等。其结构形式如图 6.1.5 所示。

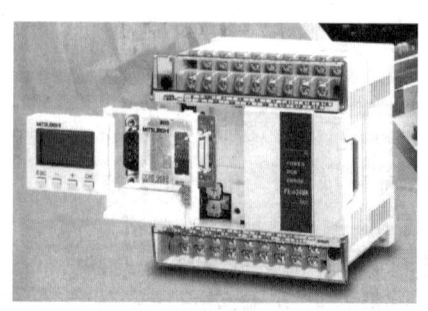

图 6.1.4　集中型 PLC

图 6.1.5　模块型 PLC

模块组合式可编程序控制器具有点数扩充简单方便（点数可根据需要灵活

组合)、体积小(扩充模块体积小)、控制容量大(机型多为中、大型机)、功能多而强(功能模块种类多、具有一般计算机功能)等特点,多用于中、大型控制系统,在机械制造行业中,常用于自动生产线控制。

(3) 依据可编程序控制器安装形式分类

可编程序控制器以安装形式可分为内置式与外置式,内置式可编程序控制器常与其他系统,例如与数控系统组合在一起,共用机架和外壳,外置式可编程序控制器具有单独的机壳。

3. 可编程序控制器应用形式

可编程序控制器在机械设备控制中的应用形式如图 6.1.6 所示。人们在普通计算机中使用 PLC 专用编程软件编制设备控制程序,程序通过通信连接电缆传送到 PLC 主机,使 PLC 能够控制机床设备工作。

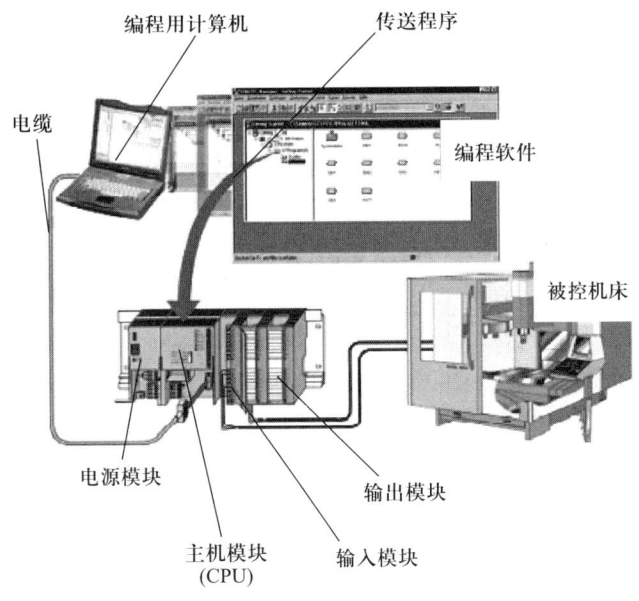

图 6.1.6 单机可编程序控制器控制系统

在实际应用中,PLC 不仅在机械制造行业中应用,在冶金、轻工、交通、化工、能源等多种行业的控制系统中也广泛使用。采用可编程序控制器构成的控制系统,小到单机控制,大到与计算机一起形成车间级以上的自动化控制系统,因此存在各种可编程序控制器应用方式和系统构成。在机械行业中,一般情况下有 3 种应用方式和系统构成,即单台可编程序控制器构成控制系统,多台可编程序控制器构成的多级控制系统,以及多台可编程序控制器与计算机组合构成的网络控制系统。

(1) 单机控制系统

在中小型制造企业中,多采用小型的生产制造单元,如组合机床单机设备、中小型自动线设备等,在这样的控制系统中,通常由一台可编程序控制器,根据控制需要采用小型机或用模块式组合型机构成,必要时可通过扩展机架和通信模块来扩大系统规模,但系统中只有一台可编程序控制器主机。其系统构成如图 6.1.6 所示。

(2) 多机控制系统

在大型自动加工系统控制中,有多种设备组合一起工作,单机方式控制不能满足多设备、多任务的组合控制要求,同时通过简单地扩大单机规模也不是理想的方法。随着数据传送技术的发展,人们在设备控制中采用网络方式实现较大规模和多样化的控制。多可编程序控制器控制系统通过主工作站/局部工作站/遥控站的形式形成多级控制系统,有的系统最多可达几十台可编程序控制器系统规模。多机控制系统构成的简单示意图如图 6.1.7 所示。

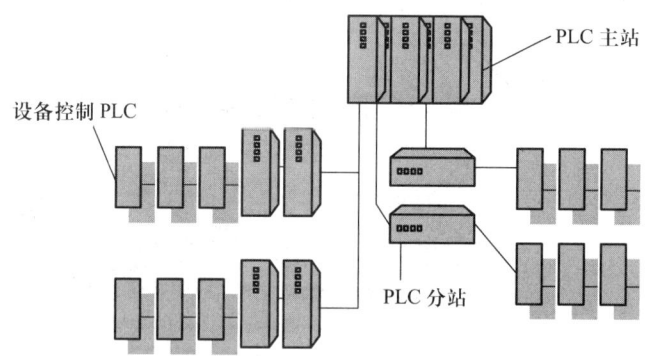

图 6.1.7 多机可编程序控制器控制系统

(3) 网络控制系统

在现代工厂自动化生产中,柔性制造系统以及计算机集成制造系统的控制已不是单纯的设备控制,而是整个生产过程的控制,其控制方法通常分为 3 级:最高级是采用主计算机的管理级;中间级是分支控制级的计算机及可编程序控制器主站系统;最低级是设备级的可编程序控制器及数控系统,用于实现设备的顺序控制、逻辑控制和数字控制。级与级之间和同级之间的数据交换与管理信息交换通过通信接口进行,通信接口采用 RS232C 口或者 RS485 口,一般情况下,计算机上使用 RS232 口,可编程序控制器上使用 RS485 口。网络控制系统构成的简单示意图如图 6.1.8 所示。

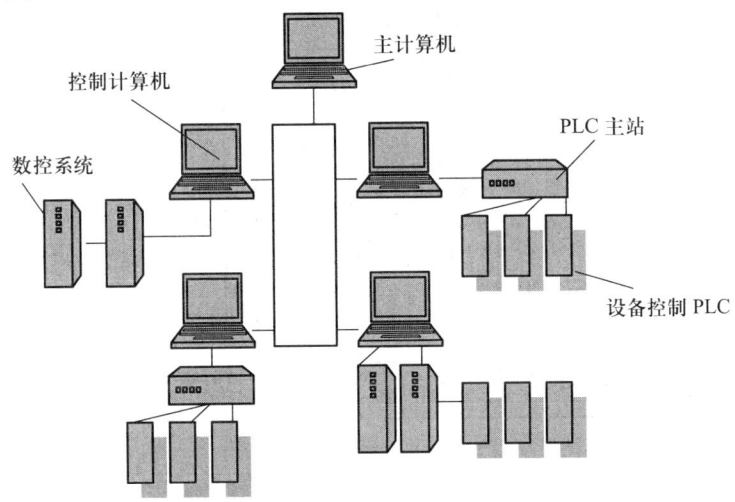

图 6.1.8　网络控制系统构成示意图

6.2　可编程序控制器硬件构成及工作原理

与继电-接触器控制系统以及普通计算机相比,可编程序控制器作为工业专用计算机,具有特定的工作方式和使用特点,了解可编程序控制器的硬件构成,将使我们对这种器件的工作特点有所认识,以便能够正确有效的使用。

6.2.1　可编程序控制器硬件构成

可编程序控制器的生产厂很多,产品型号也很多,但是其主要的基本组成结构是相同的。小型集中式可编程序控制器的基本组件有电源组件、微处理器(CPU)及存储器组件、输入/输出组件,基本组件集中安装在机壳内,构成可编程序控制器基本单元。模块式可编程序控制器的基本组件分别做成不同的模块,有电源模块、主机模块(含 CPU 及存储器组件)、输入模块、输出模块,模块式可编程序控制器还可以根据不同的控制功能要求配置各种功能模块。可编程序控制器系统构成如图 6.2.1 所示。

1. 电源组件

电源组件用于提供可编程序控制器运行所需电源,可将外部电源转换成供可编程序控制器内部器件使用的电源,电源组件中的备用电源采用锂电池,当外部供电中断时(关机时),使得可编程序控制器内部信息不被丢失。

2. CPU 及存储器组件

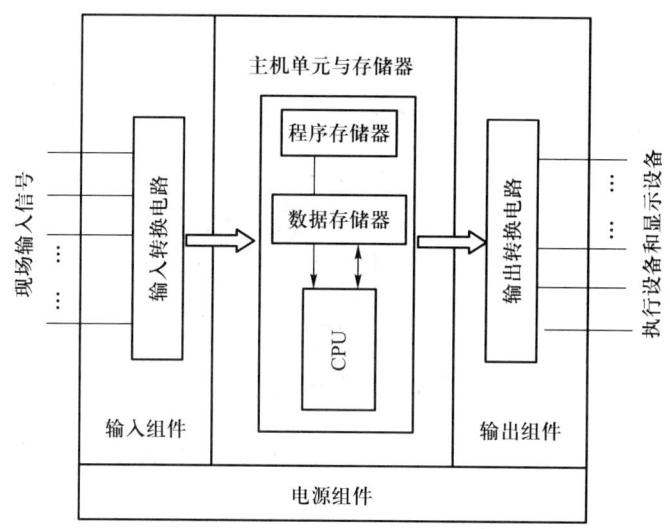

图 6.2.1 可编程序控制器硬件构成示意图

CPU 是可编程序控制器的核心器件,不同生产厂使用不同的 CPU 芯片,有采用市场销售的标准计算机芯片,也有采用可编程序控制器专用芯片,生产厂使用 CPU 部件的指令系统编写本厂产品的系统程序,系统程序固化在存储器组件的 ROM 中,CPU 按系统程序所赋予的功能,接受用户应用控制程序和数据,存放在存储器组件的 RAM 中,并在设备运行时,执行用户程序,实现对设备的控制。

可编程序控制器的存储器组件使用 ROM 和 RAM 两种类型的存储器。

ROM 为只读存储器,用于固化存放生产厂家编写的系统程序,系统程序只能读出,不能修改,当切断可编程序控制器外电源时,系统程序不变。

RAM 为随机读写存储器,用于存放用户应用程序和各种数据,存储器的内容可修改,新信息覆盖旧信息,当切断可编程序控制器外部电源时,机内备用锂电池对 RAM 电路供电,使存储器内的信息不被丢失。RAM 存储器内还为不同类型的数据划分了专用存储区域。

3. 输入/输出组件

输入/输出组件是可编程序控制器与工业生产现场交换数据的界面,与普通计算机不同,可编程序控制器的工作环境较差,需要较强的抗干扰能力,输入/输出组件即是为此目的的设计。输入/输出组件结构组成示意图如图 6.2.2 所示。

(1) 输入组件

输入组件用于采集输入控制信号,给 PLC 主机提供控制计算数据。由于工业现场的各种控制信号(如按钮信号、行程开关信号及其他传感器信号等)类型

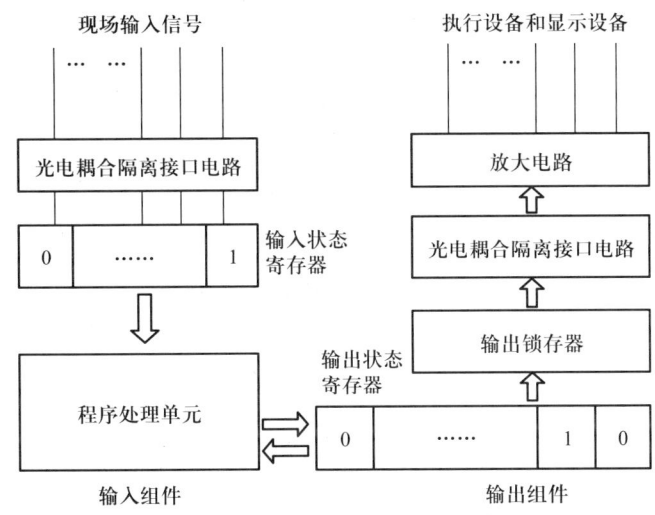

图 6.2.2 输入/输出组件结构组成示意图

多、干扰大,不能直接作为 CPU 计算时使用的数据信号,需要经过输入组件的处理,去除干扰,统一信号,并将处理后的信号数据存放在指定的存储器区域。

输入组件由光电耦合隔离输入接口电路和输入状态寄存器两部分构成,光电耦合隔离输入接口电路将现场输入信号经光电耦合转换为统一电信号,实现干扰隔离。每一个输入信号端口有一个转换电路单元,各转换单元可为独立电路(独立输入方式),也可按 8、16、32 等数目分组,构成组合电路(汇点输入方式)。输入接口电路有处理交流信号的电路,也有处理直流信号的电路。经过光电耦合隔离接口电路的输入信号作为控制数据,存放在输入状态寄存器。每个输入信号占用寄存器字节中的一位,信号状态"0"和"1",分别对应现场控制触点信号开和关的状态。光电耦合隔离输入接口电路如图 6.2.3 所示。

应当注意的是,当程序运行过程中,需要使用输入数据时,系统将从输入状态寄存器读取数据,但不能修改数据,理论上数据可以无限次读取,所以输入控制信号的状态在用户程序中可多次使用。换句话说,与继电-接触器控制系统中,电器只有有限个数触点可以使用不同,PLC 中,对应电器触点输入信号的数据可以任意多次使用,等同于该触点有无限个,这样也简化了输入元件的结构,输入元件只需提供一个触点状态信号,即可满足 PLC 的数据多次使用需求。

(2) 输出组件

输出组件用于向外部输出设备提供 PLC 控制信号。CPU 计算处理后送出的控制信号较微弱,不能驱动外部负载,需要经过输出组件处理。输出组件由输出状态寄存器、输出锁存器、光电耦合隔离输出接口电路、功率放大器 4 部分组

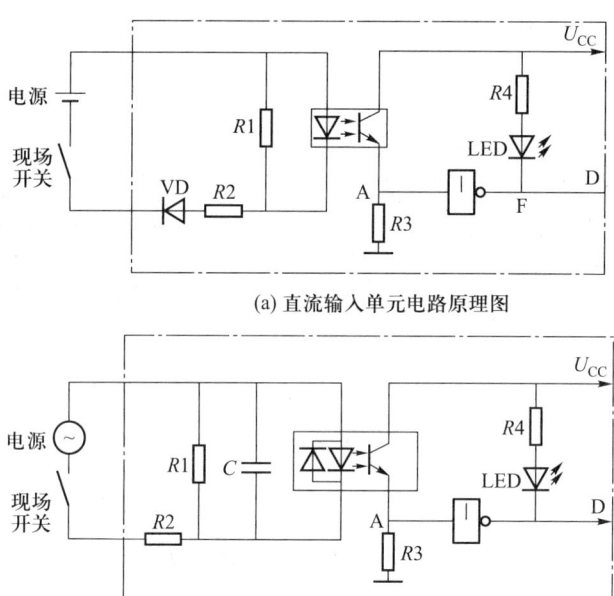

(a) 直流输入单元电路原理图

(b) 交流输入单元电路原理图

图 6.2.3 输入接口电路

成,CPU 计算处理后的结果数据分别送入存储器的各数据存储区,输出信号送到输出状态寄存器,输出状态寄存器内的信号状态一方面作为数据,被程序调用,参与计算,另一方面可送到输出锁存器,准备输出。光电耦合隔离输出接口电路将输出锁存器的输出信号转换为不同功率放大电路的驱动信号,输出信号经放大以后,驱动外接负载。根据输出放大电路的器件类型,可编程序控制器有以下 3 种输出方式的产品供选用:

① 晶体管输出方式:用于直流输出电路。
② 晶闸管输出方式:用于交流输出电路。
③ 继电器输出方式:用于交/直流输出电路。

3 种输出方式的原理电路如图 6.2.4 所示。

4. 可编程序控制器的外部接线

可编程序控制器通过输入/输出端子与现场输入/输出电气元件连接,其接线方式有独立式和汇点式,独立式每个端子构成单元电路,汇点式由多个端子构成单元电路。汇点式接线采用分组形式,以适应同机使用不同的电源,各组端子数可为 2 点、4 点、8 点、16 点等,也有其他分组数目。PLC 端子接线一般如图 6.2.5 所示,图中 PLC 产品,输入端有 2 组端子,输出端有 3 组端子,具体接线应参照产品使用说明书操作。

第 6 章 可编程序控制器(PLC)应用基础 143

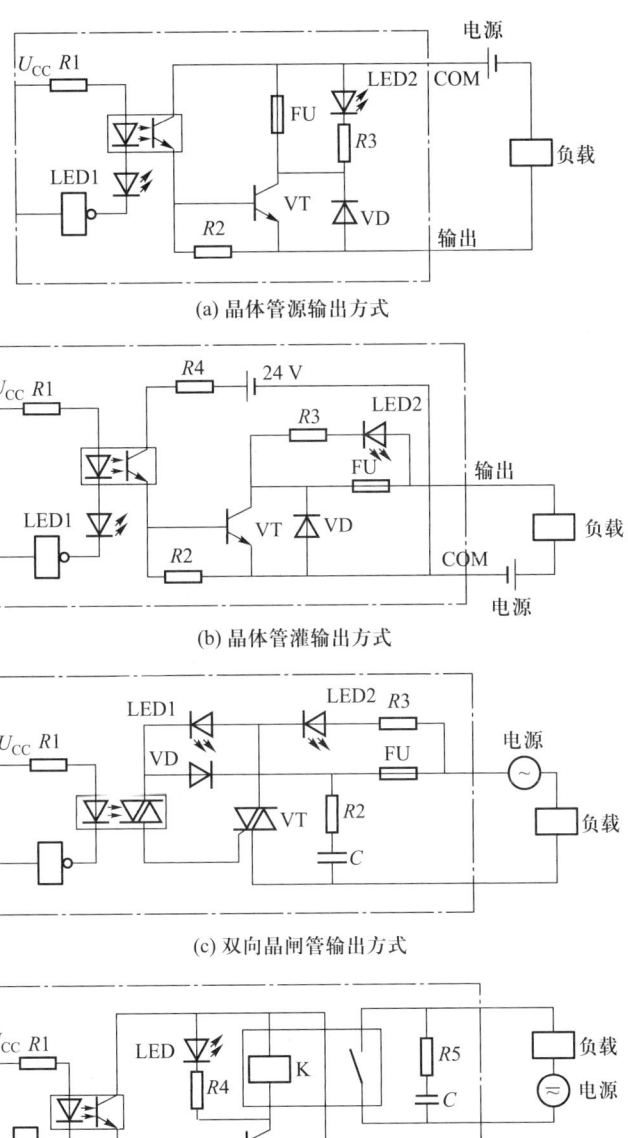

图 6.2.4 输出方式原理电路图

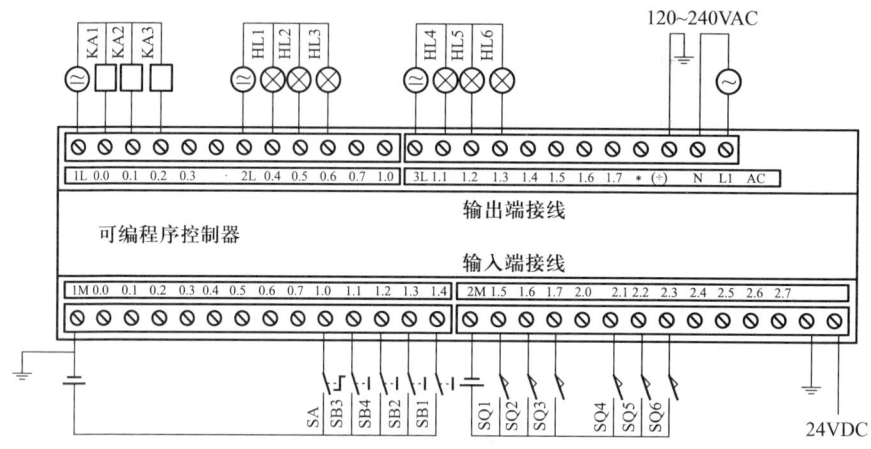

图 6.2.5 可编程序控制器外部接线图

6.2.2 可编程序控制器用户程序输入设备

可编程序控制器使用时,其输入/输出端与现场设备相连,完成现场信号输入、控制信息处理和驱动控制信号输出,用户控制程序则通过用户程序编制及传送设备,编制并传送用户程序到可编程序控制器的存储器中,即通过程序输入设备,对可编程序控制器编程。

程序输入设备有采用指令输入程序方式的袖珍编程器,采用图形输入方式的图形编程器和指令、图形并用输入方式的计算机编程软件。

袖珍编程器编程简单、携带方便,常用于小型可编程序控制器编程和现场调试;图形编程器直接输入控制逻辑图,编程方便;随着计算机技术发展,利用计算机软件编制可编程序控制器用户程序,成为一种很方便的编程方式,计算机的通信、文件编辑、存储、打印等功能,特别是丰富的编程辅助功能使用户编制控制程序时更加实用快捷。编程软件可以使用指令方式、图形方式和逻辑图方式等编制程序,同时各种方式编制的程序之间可通过软件自动转换。可编程序控制器在网络控制中使用时,管理计算机也可编制和传送可编程序控制器的用户程序,监控可编程序控制器的运行状态,目前 PLC 编程广泛使用计算机软件编程方式。

6.2.3 可编程序控制器工作原理

可编程序控制器是在系统程序的管理下,按固定顺序执行给定任务,并在极短的时间内完成这个过程,然后周而复始地重复这个过程,形成周期性方式工作,其工作原理分析如下。

1. 可编程序控制器工作阶段

可编程序控制器采用周期性方式工作，在每个循环周期内有若干工作阶段，各工作阶段关系如图 6.2.6 所示。

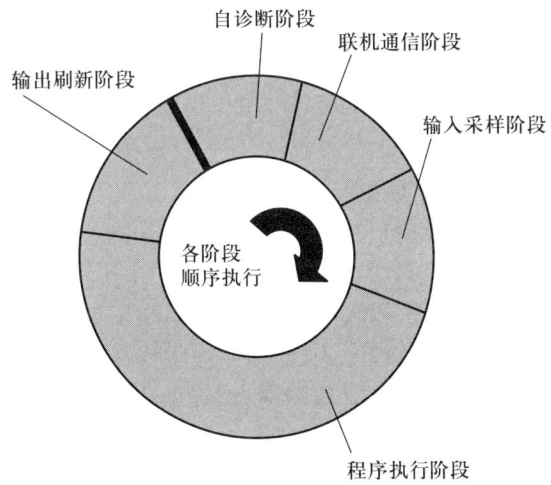

图 6.2.6　可编程序控制器工作周期示意图

（1）自诊断阶段

在自诊断阶段，可编程序控制器检查当前工作状态，当状态正常时，进入下一工作阶段，否则待机。

（2）联机通信阶段

当可编程序控制器与上位计算机，或其他可编程序控制器联网工作时，在此阶段进行联机通信，向外传送本机状态信息和接收上位计算机指令以及获取其他可编程序控制器信息。

（3）输入采样阶段

在输入采样阶段，可编程序控制器对输入端口的现场信号状态（ON 或 OFF，即"0"和"1"）进行扫描，并将信号状态存放于输入状态寄存器，也称输入刷新。可编程序控制器工作在其他阶段时，即使输入信号状态发生变化，输入状态寄存器内的内容也不会发生变化，输入信号状态变化只能在下一个工作周期的输入采样阶段才能被读入。

（4）程序执行阶段

PLC 工作到达程序执行阶段时，可编程序控制器从程序第一条指令开始按顺序执行，执行过程中所需要的计算数据，如输入信号状态和其他数据状态，分别由输入/输出状态寄存器和其他数据存储区中读出，程序执行的结果分别写入相应的寄存器和数据存储区。输出状态寄存器中的内容会随着程序执行的进程而变化。

(5) 输出刷新阶段

程序执行结束后,进入输出刷新阶段,输出状态寄存器中的内容送入输出锁存器,产生设备驱动信号,驱动外部负载设备,完成实际的输出。

可编程序控制器依次完成每个工作阶段,如此往复循环,完成一个周期工作的时间即是一个工作周期(或扫描周期),工作周期的长度与用户程序的长度对应,也与 PLC 的性能和计算速度有关,其周期循环过程如图 6.2.6 所示。

2. 可编程序控制器的中断处理过程

可编程序控制器采用周期扫描方式工作,所以其输入/输出过程是定时进行的,一般情况下,可编程序控制器在输入采样阶段进行输入刷新,输出刷新阶段完成输出刷新。但是对于要求输入/输出响应时间小于扫描周期的控制系统,有的可编程序控制器采用中断处理方式,例如在程序执行阶段,中断正执行的相关程序,转而执行中断处理程序,以立即响应输入/输出信号的变化。此外还有其他的输入/输出刷新方式,例如,除了在输入采样阶段进行输入刷新外,在程序执行阶段每隔 2 ms 还要刷新一次。输出刷新除了在输出刷新阶段刷新输出外,在程序执行阶段,遇有立即输出指令时,即进行输出刷新,对输入信号也可做同样处理。这样的刷新方式加快了可编程序控制器对现场信号的响应和处理。

3. 可编程序控制器的工作原理

可编程序控制器的工作过程如上所述,其工作原理即是通过输入扫描阶段将现场各种控制信号的状态读入到控制器中,并由 CPU 按控制程序要求,对各种数据进行计算和处理,最终将计算出的控制逻辑结果输出,实现对设备的运行控制。

可编程序控制器按周期扫描方式工作,工作时控制器始终处在周而复始的周期循环工作过程中,并在这个过程里等待外部控制信号(输入信号)变化,此时,因为在工作周期里输入数据没有改变,所以 CPU 计算结果不变,输出也保持不变。直到当有新的控制信号发出时,可编程序控制器立即在下一个循环周期的输入扫描阶段内读入这个变化,随之 CPU 计算结果出现变化,输出跟着也改变,从而使所控制设备工作状态改变。内部定时器时间信号,也会改变程序计算结果,在相应的循环周期里,改变输出状态。

由于 PLC 工作周期长度为毫秒(ms)级,当控制现场设备工作的信号状态发生变化,PLC 将立即读取改变的信号,并经过程序运算处理,几乎能够同步控制设备工作状态改变,实现对设备的运行控制。

6.3 用户控制程序编程概述

使用可编程序控制器,需要编写控制设备的 PLC 用户程序,通过运行 PLC 的用户程序,方能够控制设备完成预定的工作,因此掌握编程的基本概念和主要编程方法是使用 PLC 产品的基础。尽管市场上有很多不同厂家生产的各种系列 PLC 产品,但是其编程方法是相似的,本书以日本三菱公司小型 FX 系列可编程序控制器为例,讨论可编程序控制器的基本编程方法。其他 PLC 产品以及其用户程序编写,可以在此基本编程方法的基础上,依据其产品使用手册说明,完成程序编写工作。

6.3.1 可编程序控制器的编程方式

与普通计算机编程语言不同,可编程序控制器提供了适应工业环境中使用的编程语言。不同的编程思路和方式,使用不同的编程语言,常用的编程语言及编程方式分述如下。

1. 梯形图编程(ladder programming)

梯形图编程采用图形方式进行编程,梯形图形式上类似继电器控制系统电路图,通过触点状态组合表达系统的控制逻辑。梯形图设计使用电气技术人员所熟悉的继电器控制系统电路图方法,能够直观方便地表达控制程序的组成和控制功能,因此是应用较多的一种编程语言。梯形图例如图 6.3.1 所示。

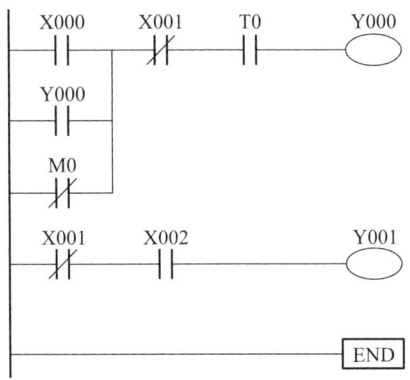

图 6.3.1 梯形图

图示梯形图在图形结构和逻辑控制功能方面与继电器控制电路图是相同的,但是元件符号表达与电路图不同,各种类型数据的图形符号采用统一形式,具体数据使用地址编号表达。与电路图不同,梯形图是以图形方式表达逻辑函数关系,因此两者之间还有如下一些不同之处需要注意。

① 梯形图中每一个输出元素与其控制逻辑构成一个逻辑单元,按从左向右,从上向下的顺序排列,逻辑单元始于左端竖线(也称左母线或主母线),止于输出元素(也称继电器输出线圈),右端终止竖线可以不画;

② 继电器控制系统电路图表示的是实际物理电路,工作时,回路中有电流流过。梯形图是逻辑关系的一种图形表达形式(虚拟物理电路),工作时,可编程序控制器按图形表达的用户控制程序逐步执行;

③ 可编程序控制器在运行过程中,对梯形图是按从左到右,从上到下的顺序执行程序,与继电器控制系统电路图表达的并行工作过程不同,不存在几条回路同时工作的情况,因此在设计梯形图控制逻辑时,必须注意根据其运行特点,合理设置控制逻辑。

2. 指令编程(instructions programming)

指令编程也称为语句表编程,其编程语句类似于计算机汇编语言,是一种以语句形式表达的用户控制程序。采用指令编制的程序,也称指令表,能够用于可编程序控制器所有功能的程序编制。指令编程与梯形图编程一样是经常使用的编程方式。在采用计算机软件编制用户控制程序时,通过功能键,指令方式编制的程序可自动转换为梯形图方式编制的程序。

指令编程实例如图 6.3.2 所示。

0	LD	X000
1	OR	Y000
2	ORI	M0
3	ANI	X001
4	AND	T0
5	OUT	Y000
6	LDI	X001
7	AND	X002
8	OUT	Y001
9	END	

图 6.3.2　指令表

可编程序控制器的指令编程语句格式示例如下:

编程格式:　助记符(指令)　　数据类型及存放地址
应用实例:　OUT　　　　　　Y001
内容说明:　输出操作　　　　输出数据至寄存器 Y001 地址

上例指令要求输出操作,输出状态寄存器 Y001 位的数据状态置"1",输出刷新时,输出端口 Y001 置"1",驱动外接负载。

可编程序控制器全部编程指令的集合称为该机的指令系统。

3. 功能图编程(function chart programming)

功能图编程是一种较新的编程方法,它的作用是用功能图表达一个顺序控制过程,功能图由按照工作顺序排列的工作状态组成,并依据状态转移要求设置控制条件(转换控制信号),控制逐步转换工作状态(也称为工步转换),完成全部顺序工作过程。通常转移控制条件也称为步进条件,工作状态称为程序步。图 6.3.3 所示的是功能图编程的例子,状态器 S0、S20 为功能图中的程序步控制,地址 X000 等处输入信号数据为程序步的控制条件,Y001 地址处存放程序步中的输出数据,即被控对象也在图上标出。

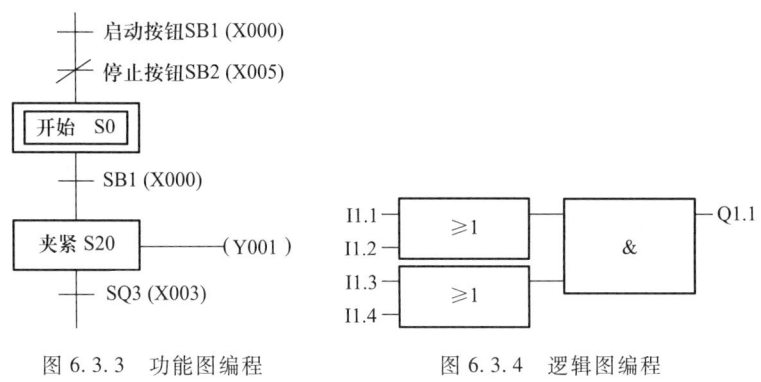

图 6.3.3　功能图编程　　　　图 6.3.4　逻辑图编程

4. 逻辑图编程(logic chart programming)

可编程序控制器也可采用逻辑图的方式编程,与梯形图编程方法类似,逻辑图方法也是以图形方式表达控制逻辑关系,即用标准的逻辑器件符号表达控制逻辑关系,逻辑图编程方法如图 6.3.4 所示,图中 I1.1、I1.2 等为输入数据类型及地址,Q1.1 为输出数据地址。

6.3.2　可编程序控制器编程元素

可编程序控制器的编程元素是指用于编程的数据类型。目前可编程序控制器产品种类和型号很多,但是其编程原理和数据类型基本相同,只有数据类型代号、数据存放地址编号和指令符号略有不同,使用 PLC 产品时,可以依据编程手册确定的数据类型代号、数据存放地址编号和指令符号等规则进行编程。本书以 FX_{0S} 型可编程序控制器为例,讨论编程元素。

如前所述,由于继电器控制系统的电路图与梯形图在结构形式、元件符号以及逻辑控制功能等方面的相似性,因此可以将一些继电器控制系统电路图的概念用于梯形图设计,习惯上依据数据类型,赋予继电器和触点的概念。可编程序控制器数据类型的名称,存放地址编号、功能和使用方法,分述如下。

1. 输入继电器 X(输入信号数据)

输入继电器对应 PLC 的输入端口。外部现场信号经输入端口,将信号状态存放输入状态寄存器,其作用相当于外部输入信号使该端口的输入继电器线圈通电,继电器触点改变状态,按照输入继电器动断与动合触点的概念,在梯形图中使用这些触点构建控制逻辑。输入继电器的编号即是输入端口的编号,也是输入状态寄存器对应位的地址代号和梯形图中相应触点的代号。三菱公司 FX 系列小型 PLC 的基本单元及扩展单元输入继电器点数采用八进制编号,编号规则和表示方法示例如下:

    X000 ~ X007;   X100 ~ X107;
    X010 ~ X017;   X110 ~ X117;
    ……   ……
    X070 ~ X077;   X170 ~ X177;

2. 输出继电器 Y(输出信号数据)

输出继电器对应可编程序控制器的输出端口,其作用相当于 CPU 输出的控制信号触发该端口的输出继电器,输出继电器的动合触点闭合接通 PLC 外负载电路,形成 PLC 的实际输出。输出继电器的编号即是输出端口的编号,也是输出状态寄存器对应位的地址代号和梯形图中相应触点和线圈的代号。三菱公司 FX 系列小型可编程序控制器基本单元及扩展单元输出继电器,也采用八进制编号,编号规则和表示方法示例如下:

    Y000 ~ Y007;   Y100 ~ Y107;
    Y010 ~ Y017;   Y110 ~ Y117;
    ……   ……
    Y070 ~ Y077;   Y170 ~ Y177;

3. 辅助继电器 M(中间信号数据)

可编程序控制器中的辅助继电器与继电器控制电路中的中间继电器作用与使用方法相同,辅助继电器不能对外输出并驱动外部负载,只能作为中间状态的控制信号,存放在存储器中。

可编程序控制器中的辅助继电器有两种类型,一类为无掉电保护的辅助继电器(也称通用辅助继电器),当断开 PLC 外部电源时,辅助继电器的状态信息即消失;另一类为具有掉电保护的辅助继电器,断开 PLC 外部电源时,辅助继电器的状态信息可在备用电源的支持下保存,具有记忆功能。例如三菱公司 FX_{0S} 系列小型 PLC 的辅助继电器采用十进制编号,通用辅助继电器编号为 M000 ~

M495,计 496 点,掉电保护辅助继电器编号为 M496~M511,计 16 点。

4. 特殊辅助继电器 M(中间信号数据)

特殊辅助继电器是可编程序控制器中的专用辅助继电器,具有特定的功能。例如 FX_{0S} 型 PLC 由生产商定义使用的计 57 点,其编号为 M8000~M8254。特殊辅助继电器可分成两大类,一类为触点使用型特殊辅助继电器,另一类为驱动线圈输出型特殊辅助继电器。

(1) 触点使用型特殊辅助继电器

此类特殊辅助继电器的线圈由 PLC 自行驱动,编程时只能使用其触点。例如:

1) 特殊辅助继电器 M8000

M8000 由 PLC 的运行状态控制其触点的状态处于 ON 或者 OFF,PLC 运行与 M8000 触点状态时序关系为:

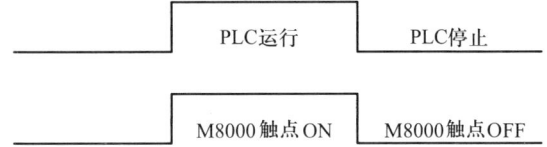

2) 特殊辅助继电器 M8002

M8002 可以产生开机初始化脉冲,当 PLC 开机时,M8002 触点接通一个循环周期即断开。M8002 的触点常用于计数器、移位寄存器、状态器等的初始化。PLC 运行与 M8002 触点状态时序关系为:

3) 特殊辅助继电器 M8011、M8012

M8011、M8012 为脉冲发生器,M8011 的脉冲周期为 10 ms,M8012 的脉冲周期为 100 ms,可用计数器来计数 M8011 和 M8012 的脉冲数,从而构成 0.1~99.9 s 和 0.01~9.99 s 的定时器。

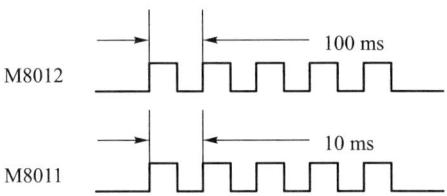

(2) 驱动线圈输出型特殊辅助继电器

当用户驱动此类特殊辅助继电器线圈后,PLC 完成特定功能。例如:

1) M8028 时间转换标记

当 M8028 线圈接通时,一部分 100 ms 的定时器变换成 10 ms 的定时器。

2) M8034 禁止对外输出辅助继电器

当接通 M8034 线圈时,程序继续执行,但所有输出继电器 Y(输出端口)均不对外输出。

5. 定时器 T

可编程序控制器中的定时器使用与继电器控制系统中的时间继电器相似,经触发后开始计时,到达设定值时,定时器触点状态改变。定时器采用时钟脉冲累积计时计算时间长度,定时器编号采用十进制。例如 FX_{0S} 型可编程序控制器定时器编号和时间设定范围如下:

① 定时精度为 100 ms 的定时器:编号 T0~T55,计 56 点,设定时间值范围为 0.1~3276.7 s。

② 定时精度为 10 ms 的定时器:编号 T32~T55,计 24 点,设定时间值范围 0.01~327.67 s(此时特殊辅助继电器 M8028 状态为 ON)。

6. 计数器 C

可编程序控制器具有计数器功能,可以通过计数值对设备进行控制。带有记忆功能的掉电保护计数器,当外部电源摘除时,其中的计数数据也不会被丢失。计数器的设定值可由常数 K(十进制常数)设定,也可通过数据寄存器的地址设定,例如 FX_{0S} 型可编程序控制器的计数器编号采用十进制,其编号和计数值设定范围如下:

① 通用加计数器 C0~C13,计 14 点,计数范围在 1~32 767 之间。

② 掉电保护加计数器 C14、C15,计 2 点,计数范围在 1~32 767 之间。

7. 状态器 S

可编程序控制器中的状态器是在编制步进顺序控制时使用的编程元素,FX_{0S} 型可编程序控制器状态器按十进制编号如下:

① 初始状态器 S0~S9(10 点)。

② 通用状态器 S10~S63(54 点)。

应用步进控制时,由初始状态器 S0~S9 进入步进控制;通用状态器 S10~S63 用于设备工作步进控制,需在初始状态器控制的状态内或者在其他通用状态器控制的状态内置位。

8. 指针 P

指针 P 用于当 PLC 程序中出现跳转指令时,指定跳转目标程序语句。FX_{0S}

型 PLC 的指针编号为 P0~P63(64 点),编程时,编号不能重复使用。

9. 数据寄存器 D

可编程序控制器的数据寄存器存放和处理数值数据,一个数据寄存器有 16 位,连续两个寄存器可存放 32 位的数据。在 FX_{0S} 型可编程序控制器中,其编号为:

① 通用数据寄存器(D0~D29,30 点)。

通用数据寄存器使用中,新数据覆盖旧数据,停机断电时,数据消失。

② 保持数据寄存器(D30、D31,2 点)。

保持数据寄存器使用中,除非改写数据,否则数据不会丢失。

对不同 PLC 产品的数据类型及地址范围,功能定义会存在差异,例如西门子 PLC 产品的输入数据地址编号形式为"I0.0、I0.1、…、I0.7、I1.0、…",输出数据地址编号形式为"Q0.0、Q0.1、…、Q0.7、Q1.0、…"。同时同一种 PLC 产品系列随着技术发展与使用需求发展,其功能在不断地加强,产品也在不断地更新,而本书仅以其中一种型号的机型为例,讨论 PLC 应用中涉及的基础知识,因此具体使用 PLC 产品时,需要按照产品使用手册规定执行。

6.4 PLC 控制程序编程基础

可编程序控制器使用中的主要工作是编制用户控制程序,用户程序可以采用梯形图方式编制,也可以使用指令系统,以指令方式编制。各种可编程序控制器产品的指令系统内容基本相同,梯形图和编程语言的表达形式也大同小异,在掌握一种机型应用的基础上,借助相应产品的使用手册,即可完成用户控制程序的编制工作。本书以日本三菱公司 FX_{0S} 小型可编程序控制器的指令系统为例,说明指令系统的编程指令、指令使用方法、相应梯形图画法和规则。FX_{0S} 型可编程序控制器指令系统中,基本指令 20 条,步进指令 2 条,功能指令 35 种 50 条。本小节讨论基本指令和基本编程规则。

6.4.1 基本指令

指令系统中的基本指令可用于一般的逻辑控制计算操作,基本指令可用语句表达,也可用梯形图表达,常用基本指令如表 6.4.1 所示,指令含义分述如下。

1. LD 与 LDI 指令

LD 与 LDI 指令的操作对象在梯形图上是与左母线相连的起始触点,或者是一个程序块的起始触点。LD 用于动合触点(寄存器相应位状态),LDI 用于动断触点(寄存器相应位状态取反),LD 与 LDI 指令作用数据类型为 X、Y、M、T、C、S

(数据类型代号)①。

表 6.4.1 常用的基本指令

序号	指令	指令应用	梯形图应用
1	LD	LD X00	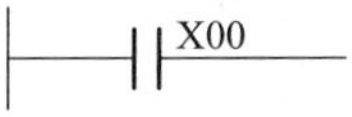 ─┤├── X00
2	LDI	LDI X01	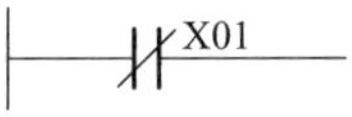 ─┤/├── X01
3	OUT	OUT Y00	 ─┤├──(Y00)
4	AND	AND M0	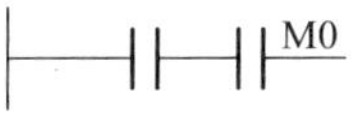 ─┤├─┤├── M0
5	ANI	ANI M2	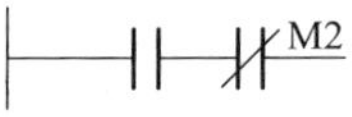 ─┤├─┤/├── M2
6	OR	OR Y01	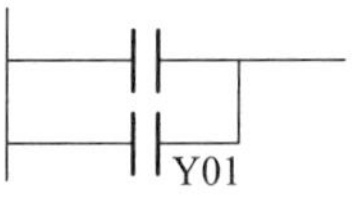 ─┤├─┬── ─┤├─┘ Y01
7	ORI	ORI M3	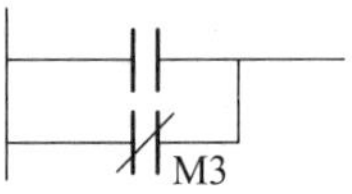 ─┤├─┬── ─┤/├─┘ M3
8	END	END	 ──────[END]

2. OUT 指令

OUT 指令用于单元电路的输出,在梯形图上表达为输出线圈。可作为输出线圈操作的数据类型是 Y,M,T,C,S,F。F 为功能指令的代号,后面将进一步说明。

3. AND 与 ANI、OR 与 ORI 指令

AND 与 ANI 指令用于操作存在串联关系的触点,OR 与 ORI 指令用于操作并联关系的触点,4 条指令操作数据类型均为 X,Y,M,T,C,S。

---

① 寄存器相应位状态是指设备开始工作前数据状态,可能为"0"状态,也可能是"1"的状态。

4. END 指令

END 为程序结束指令。可编程序控制器工作周期中,是由 END 指令终止程序执行阶段,循环转入输出刷新阶段,若无结束指令,程序执行阶段将扫描整个指令存储空间,使工作周期延长。由于上述特点,程序结束指令还可用于分段调试检查程序,调试程序时采用逐段插入 END 指令方法,缩小检查程序范围,当检查确定有限指令的程序段运行正常后,再删去 END 指令。

图 6.4.1 所示为控制梯形图及指令程序表给出上述 8 条指令的用法。

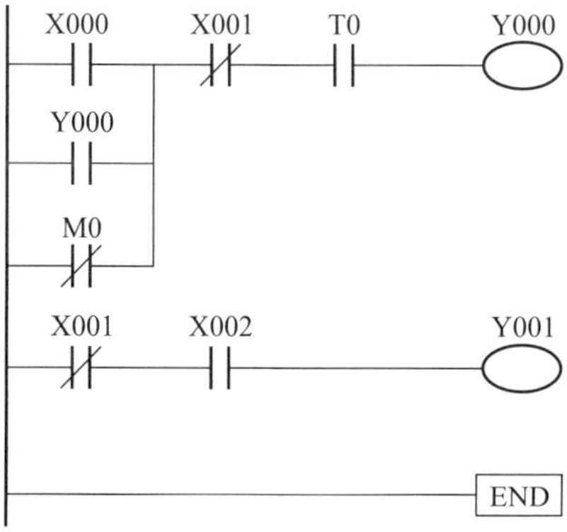

0	LD	X000
1	OR	Y000
2	ORI	M0
3	ANI	X001
4	AND	T0
5	OUT	Y000
6	LDI	X001
7	AND	X002
8	OUT	Y001
9	END	

图 6.4.1　控制梯形图及指令程序(常用基本指令应用)

5. ORB 与 ANB 指令

当梯形图中出现若干个触点串联的支路,并且多个这样的支路再并联的情况,或者出现若干个触点并联的支路,并且多个这样的支路再串联的情况,如图 6.4.2 所示,使用上述指令是无法表达的,必须采用块指令,即 ORB 和 ANB 指令。此时,每个串联支路或并联支路构成独立的程序块,程序块的起始触点使用 LD 或 LDI 指令,然后通过块指令将多个块程序连接,块指令的用法如图 6.4.2 所示。使用块指令时应注意,当有多个程序块出现时,应每两程序块后加入块指令。

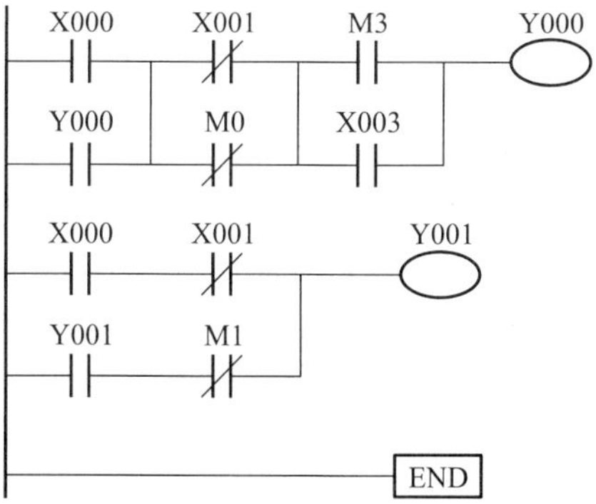

0	LD	X000	8	OUT	Y000
1	OR	Y000	9	LD	X000
2	LDI	X001	10	ANI	X001
3	ORI	M0	11	LD	Y001
4	ANB		12	ANI	M1
5	LD	M3	13	ORB	
6	OR	X003	14	OUT	Y001
7	ANB		15	END	

图 6.4.2　块指令应用

6. PLS 指令

PLS 为脉冲输出指令,又称微分输出指令,是利用脉宽较大的输入信号上升沿,触发 PLS 指令,产生一个窄的脉冲信号。指令操作辅助继电器,令其接通时间为一个循环周期,形成脉宽为一个工作周期的脉冲输出,信号时序状态关系为:

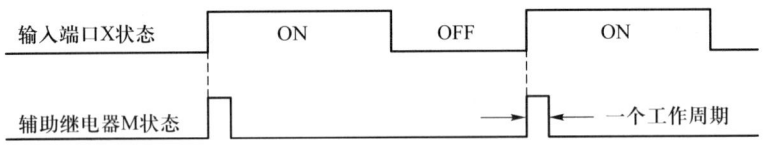

7. SET/RST 指令

SET/RST(Set/Reset)为强制置位和强制复位指令,这对指令用于操作输出继电器、状态器和辅助继电器,对其进行强制置 1,保持接通状态,或强制复位为 0,保持断开的状态。两指令同时作用时,复位指令优先有效。两指令之间可插入其他程序语句。SET/RST 指令和 PLS 指令应用如图 6.4.3 所示。

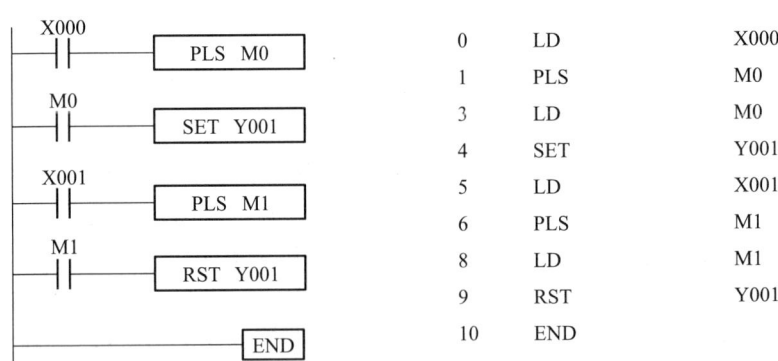

图 6.4.3 PLS 指令和 SET/RST 指令应用

8. MC/MCR 指令

MC/MCR 为主控及主控复位指令,这一对指令利用辅助继电器,对如图 6.4.4 所示并联输出支路上有控制触点时的控制逻辑编程。在支路起始点,通过 MC 主控指令建立新母线,新母线后支路上触点编程,与前面的编程方法相同。与新母线相连的触点使用 LD(或 LDI)指令,支路编程结束,利用 MCR 主控复位指令返回原来的母线。这是因为 CPU 中的计算器从与左母线相连的触点开始,向右顺序计算,直到回路结束,计算过程中,累加器内数据不断地被新计算结果数据更新,最后计算结束,存放单元回路输出数据,当开始计算并联第二支路时,由于计算不是由左母线而是由分支处开始,累加器因更新已将此处数据丢失,导致并联第二支路的最终计算结果出现错误,采用主控指令,暂存此处中间数据,(即在分支处建一新母线),并以此为起点计算输出支路结果,避免错误,主控复位指令取消暂存中间数据,返回原母线。主控指令必须成对使用,指令应用方法如图 6.4.5 所示。N 为嵌套层标注,数字"0"标明嵌套位置,此处为 N0 层。

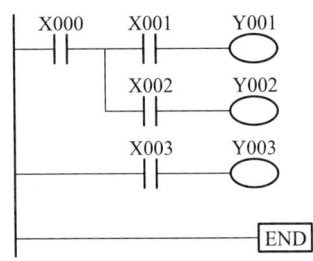

图 6.4.4　MC/MCR 指令应用

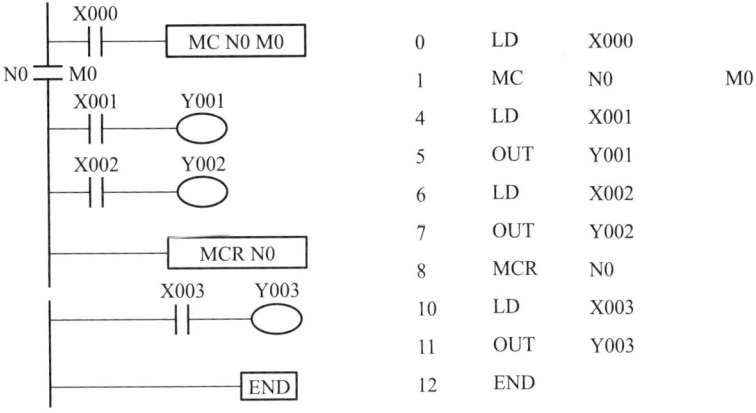

图 6.4.5　主控指令应用

9. MPS/MRD/MPP 指令

MPS/MRD/MPP 指令为栈指令,用于编制多重输出电路的控制逻辑。使用 MPS(Push)指令完成节点数据推入堆栈,MRD(Read)指令读取栈内数据,MPP(Pop)指令用于栈内数据出栈。图 6.4.6 所示为多重输出电路编程。

10. OUT/RST 指令

OUT/RST 指令用于操作计数器 C 和定时器 T,OUT 指令用于触发输出线圈(即触发定时器或计数器开始工作),开始计时或计数,并依设定的时间值 K 或计数值 K 控制触点接通或者断开。RST 指令用于操作计数器 C 复位,准备下一次计数。指令使用规则如图 6.4.7 所示的定时器指令应用和图 6.4.8 所示的

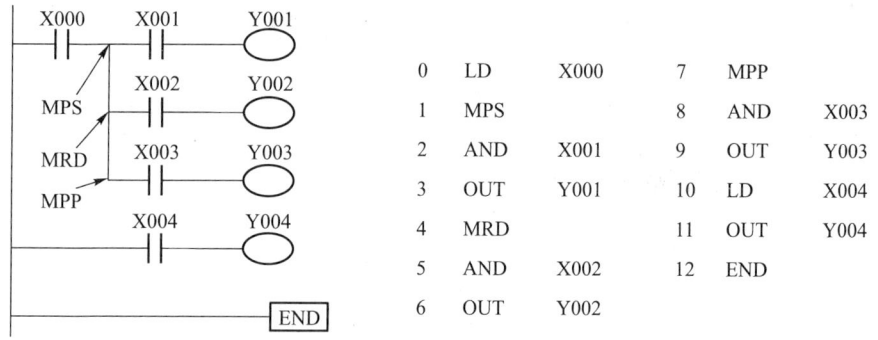

图 6.4.6　多重输出电路编程指令应用

计数器指令应用。图 6.4.7 中,当 X003 触点闭合,定时器 T0 开始计时,延时 1 s 后,定时器 T0 触点闭合,接通输出 Y004。图 6.4.8 中,当 X002 触点闭合断开一次,计数器 C0 计数加 1,计数值为 5 后,计数器 C0 触点闭合,接通输出 Y004。当 X003 触点闭合,计数器 C0 复位清零,开始重新的计数。

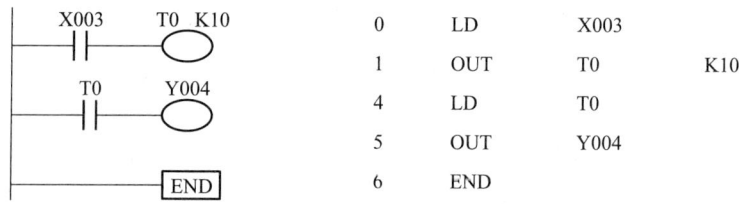

图 6.4.7　定时器指令应用

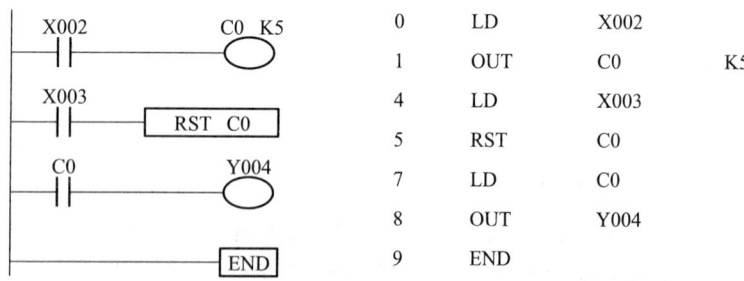

图 6.4.8　计数器指令应用

11. CJ 指令

CJ 为条件转移指令(该指令属于功能指令),与指针 P0~P63 组合,实现如图 6.4.9 所示程序的选择控制。指针 P 标明转移目标点程序,当触点 X000 闭合,满足控制转移条件时,系统不再按原顺序执行后续程序,而是跳转到指针 P 标记处执行程序,从而实现控制功能选择。

第6章 可编程序控制器(PLC)应用基础

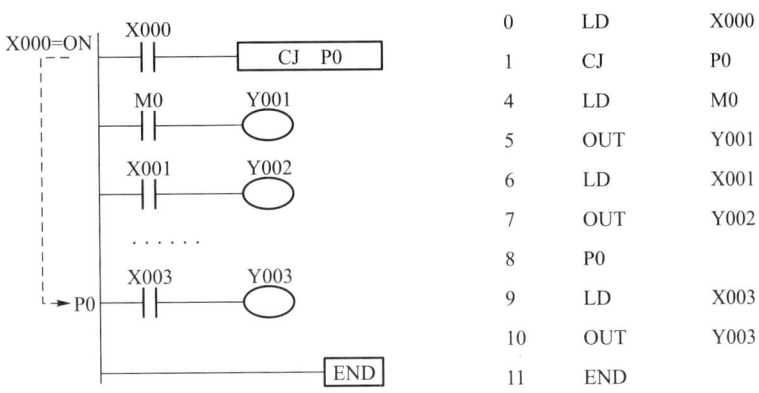

图 6.4.9　条件跳转指令应用

6.4.2　可编程序控制器程序编制规则

在了解可编程序控制器的编程语言、数据类型、数据编号以及指令系统的基础上,我们就可以在可编程序控制器上编制用户控制程序。

用户控制程序设计方法依据的基础知识有两方面,一方面是本书前面章节讲述的继电器控制系统的设计方法,在此基础上,多采用梯形图方式编程;另一方面是微机原理课程讲述的设计方法,常采用指令语句方式编程。但是,无论采用那种方式编制用户程序,在计算机编程软件中,都可以实现用户程序在两种编程形式之间的转换,因此读者可以按照自己熟悉的方法编制用户程序。

但是采用梯形图方式编程时应当注意,由于可编程序控制器工作过程中执行的是机器语言,与继电器控制系统的电路图不同,可编程序控制器对输入的梯形图需要进行编译处理。当出现无法编译的梯形图结构时,控制程序将不能传送进入 PLC 主机,因此在梯形图设计过程中,必须注意下面的一些规则,以保证梯形图能够被正确地编译处理。这些规则有:

① 梯形图上的垂直线上不能画有触点,如图 6.4.10a 所示。

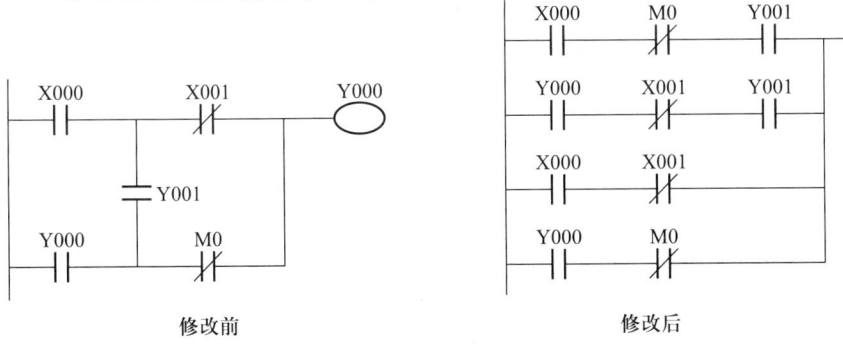

(a)

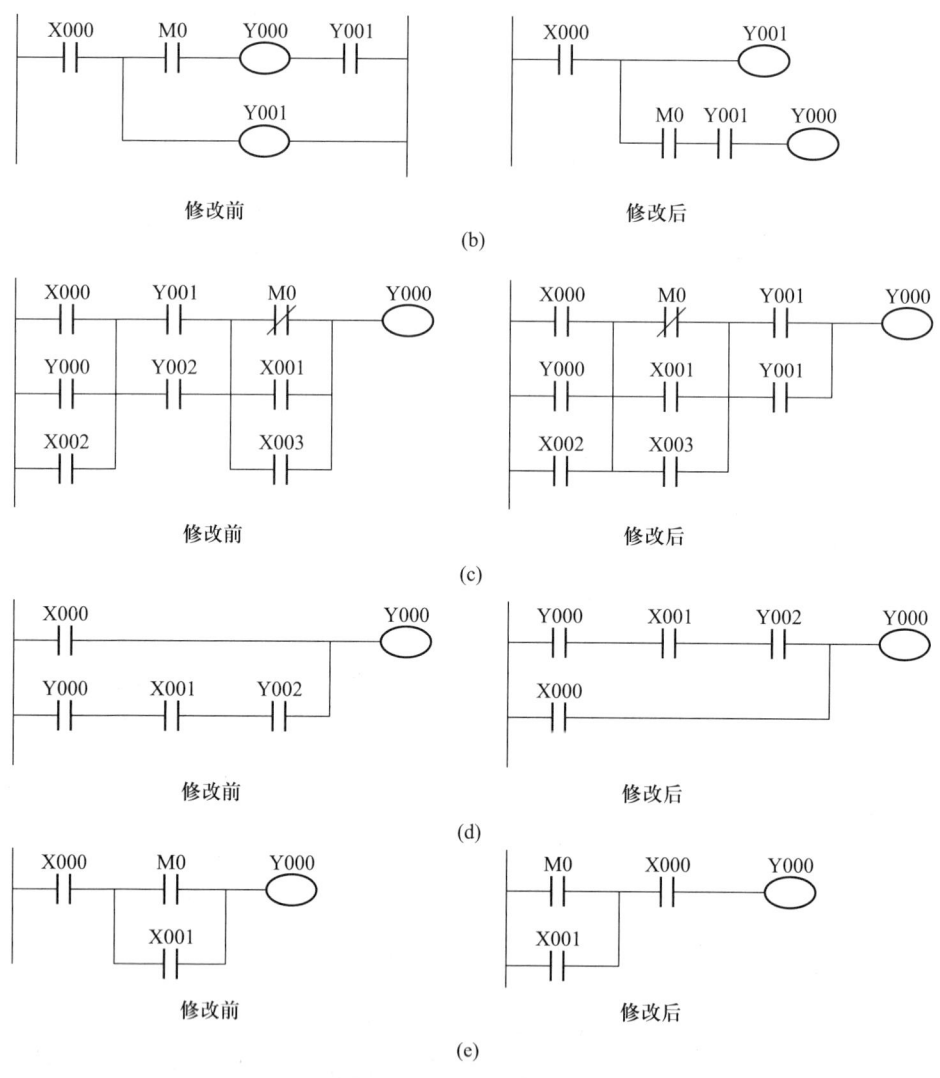

图 6.4.10 梯形图画法

② 输出线圈画在逻辑单元电路的最右边,如图 6.4.10b 所示。

③ 逻辑单元中有多个并联和串联分支电路时,串联触点多的支路在上方,串联触点少的支路在下方,并联触点多的回路画在左边,并联触点少的回路画在右边,如图 6.4.10c、d、e 所示。

④ 不可编程电路应重新安排成可编程回路。

6.4.3 可编程序控制器编程应用

编制 PLC 的用户程序过程,实际上也是在进行设备控制系统设计。PLC 控制系统主要用于需要自动循环工作类型的设备控制,与继电器控制系统中自动循环控制电路和电液控制电路分析与设计类似,需要对设备的运动要求、驱动系统工作状态及控制要求进行分析,并通过程序,实现需要的控制。程序编制与设计过程包含有 4 个工作步骤,分别如下:

① 对控制对象的工作要求进行分析。

② 确定现场输入控制信号和输出驱动信号,并给所有信号分配 PLC 端口地址(确定信号进出 PLC 的通道地址)。

③ 对控制对象的复杂工作过程设计和绘制设备工作控制流程图。

在此工作阶段确定工作过程中各个工作状态之间的关系,确定每个工作状态所需要的控制条件与输出需求。

④ 编制和向 PLC 主机输入用户控制程序。

编制和输入用户程序可以采用梯形图方式,指令表方式或其他编程语言方式。

下面通过实例分析各阶段的具体工作内容。

[例 6.4.1] 机械手设备取放工件工作过程控制

1. 控制对象工作分析

取放零件的机械手设备示意图如图 6.4.11a 所示,设备的手臂动作采用液压系统驱动,其工作要求为将工作台 A 上的零件运送到工作台 B 上,启动后自动完成整个工作过程。分析时,通过工作循环图 6.4.11b 说明设备工作状态要求,配置的工作状态(工步)转换控制信号(转换主令),以及各循环工步中驱动的电气设备。分析过程与前面章节里继电器控制系统设计分析方法相同,表 6.4.2 机械手工作状态给出控制要求分析结果。

表 6.4.2 机械手工作状态

通电状态 工步	电磁换向阀电磁铁状态				工步转换主令
	夹紧 $YV1_1$	放松 $YV1_2$	正转 $YV2_1$	反转 $YV2_2$	
夹紧工件	+	−	−	−	SB1
手臂正转	+	−	+	−	SQ3
松开工件	−	+	−	−	SQ2
手臂反转	−	−	−	+	SQ4
原位	−	−	−	−	SQ1

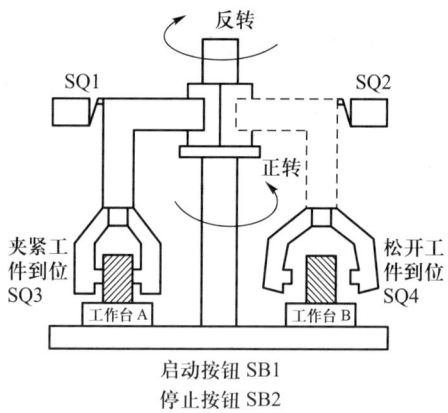

(a) 机械手设备结构示意图

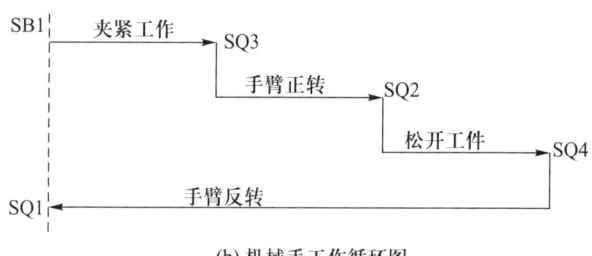

(b) 机械手工作循环图

图 6.4.11　设备工作分析

2. 控制目标分析

控制目标分析的目的是要确定现场的输入控制信号和需要驱动设备工作的输出控制信号。在设备分析过程中,通过工作循环图,确定工步以及工步转换主令;通过液压驱动系统分析,确定电磁换向阀电磁铁通断电组合(每个工步中通电与断电的电磁铁)。对上例设备工作状态进行分析,可以确定现场输入信号有设备上行程开关的位置信号 SQ1～SQ4,操作台上的主令按钮开关信号 SB1、SB2;输出控制信号驱动的电磁换向阀电磁铁 $YV1_1$、$YV1_2$、$YV2_1$ 和 $YV2_2$,所有信号关系如工作状态表所示。

3. PLC 端口地址分配

PLC 工作时,需要由输入端口获取现场控制信号,并按控制要求,由输出端口送出设备驱动信号。由上述设备信号的分析结果,可以确定设备控制需要的输入端口数目和输出端口数目。选用 PLC 产品的输入/输出端口数目必须满足处理信号数量的要求,并在此基础上增加一些备用端口,以满足设计变化和修改时的需求。

所有与PLC连接的设备信号需要分配端口地址,可以将信号端口地址和接线关系用端子图的形式绘制出来,也可以采用赋值表的形式分配,提供编程使用。

本例采用赋值表的形式分配地址,例如选用三菱公司FX系列小型可编程序控制器,其赋值表见表6.4.3。

表 6.4.3　PLC 端口地址分配表

	输入				输出		
	现场信号	端口地址	说明		现场信号	端口地址	说明
1	SB1	X000	启动按钮信号	1	$YV1_1$	Y001	驱动夹紧电磁铁
2	SB2	X005	停止按钮信号	2	$YV1_2$	Y002	驱动放松电磁铁
3	SQ1	X001	手臂原位行程开关信号	3	$YV2_1$	Y003	驱动正转电磁铁
4	SQ2	X002	手臂终点行程开关信号	4	$YV2_2$	Y004	驱动反转电磁铁
5	SQ3	X003	工件夹紧到位行程开关信号				
6	SQ4	X004	工件放松到位行程开关信号				

4. 控制流程图设计

控制流程图设计是编制用户控制程序的一个重要工作阶段,用户控制程序的结构框架是通过控制流程图来表达的,控制流程图可以简洁明了的反映设备自动工作过程和各个工作状态之间的相互关系,用户控制程序依据控制流程图设定的控制关系编制。

组成控制流程图的基本要素有3个,即工步(工作状态)、工步开始与停止控制条件(控制信号)、工步内的输出(设备驱动信号),3要素关系如图6.4.12所示。

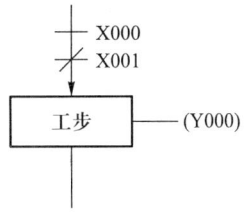

图 6.4.12　流程图基本要素

流程图设计过程,即是按照设备工作要求,安排工步之间的顺序关系,配置各个工步的控制条件信号,设置各个工步的输出信号,以驱动相应的电气设备。

机械手取放设备自动循环工作部分的控制流程图如图6.4.13a所示。M0~M4为辅助继电器,用于工步状态控制,以保证在行程开关信号的触发下,可靠进行工步转换。

控制流程图的绘制形式没有统一要求,只需能够完整表达控制关系,可以依据设计者熟悉的方法绘制。

5. 编制 PLC 用户程序

编制用户控制程序,可以用指令表形式,也可用梯形图形式,这里采用梯形图形式。依据流程图的控制结构,绘制自动循环工作部分的梯形图如图 6.4.13b 所示。

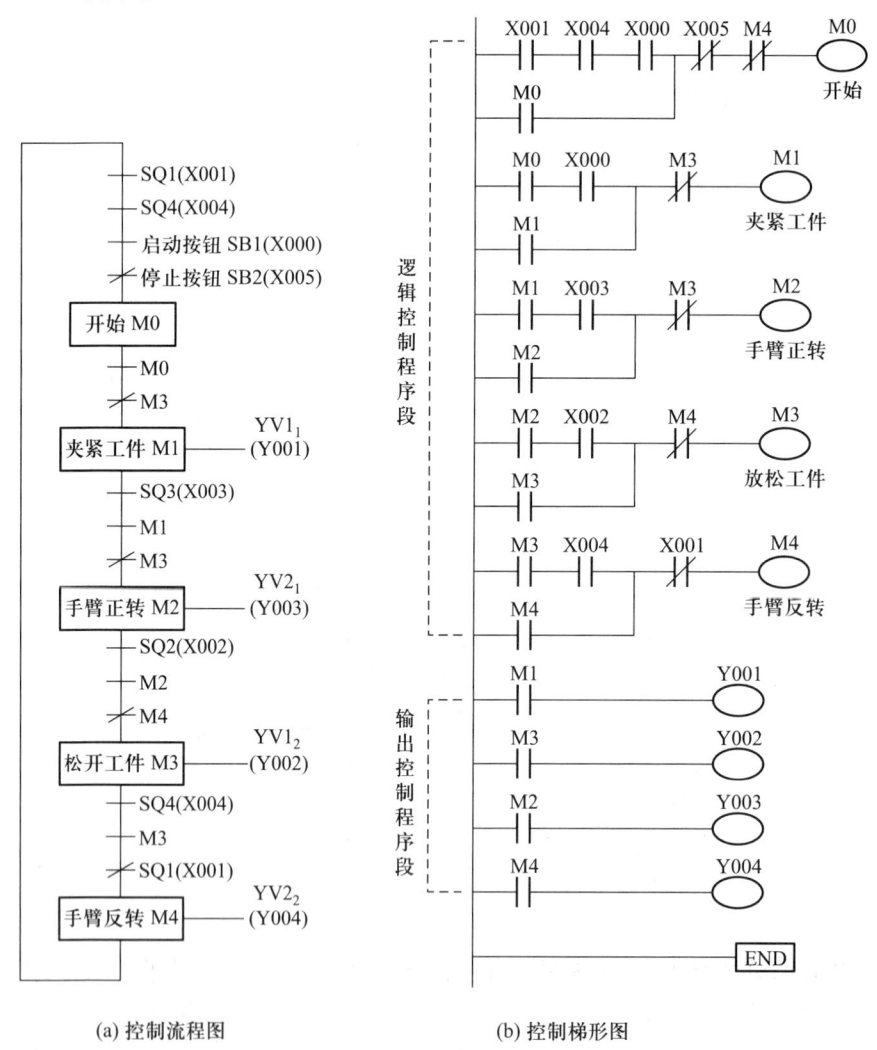

(a) 控制流程图　　　　　　(b) 控制梯形图

图 6.4.13　机械手控制程序

分析梯形图控制构成,可以发现在编制程序的过程中,还应依据编程规则合理布置触点。如机械手例中,由于采用辅助继电器进行各工步控制,因此在梯形图中形成逻辑控制程序段和输出控制段两个部分,逻辑控制段完成动作顺序的控制,设计思路与继电器控制系统设计思路相同,利用触点串联、并联关系控制输出电器的接通与断开,持续工作时加入自锁功能,以及设置其他控制功能的连接关系等,输出程序段为逻辑控制结果输出,通过辅助继电器的触点接通或者断开输出电器回路。为便于梯形图控制功能分析,常在图中添加文字注释。

编制 PLC 用户控制程序,通常使用 PLC 编程软件编程,由梯形图方式编制的程序通过软件可以自动转换成指令表形式的程序。

6.5 可编程序控制器编程软件

在电气控制系统中使用可编程序控制器(PLC),需要为 PLC 编制用户控制程序,随着计算机技术的发展,程序编制设备也在不断地变化。早期可编程序控制器使用编程专用设备,如袖珍编程器,图形编程器等,目前可编程序控制器的用户程序基本采用计算机软件编制,不同生产厂家和其产品系列,分别有相应的编程软件。但是尽管编程软件产品较多,软件的基本功能还是相似的。此处仍以日本三菱公司可编程序控制器编程软件为例,说明编程软件的基本使用方法。

6.5.1 编程软件概述

使用编程软件需要两个方面的技术保证,即一方面能够实现计算机编程软件与 PLC 主机之间的数据传送,另一方面编程软件能够满足 PLC 使用中各种功能的编程要求,下面将分别从这两方面讲述软件应用。

1. 普通计算机与 PLC 主机连接

PLC 的编程软件是在普通计算机 Windows 操作系统下运行的产品,人们在普通计算机上使用编程软件编制 PLC 用户控制程序,并进行文件管理等操作。计算机与 PLC 主机之间通过 RS232 串行通信口(COM1 或 COM2)和专用通信电缆建立连接,也有通过 USB 接口实现连接,其连接方式如图 6.5.1 所示。当连接完成后,就可以将用软件编制的用户程序装载到 PLC 主机中,或者从 PLC 主机中将用户程序读到计算机中。处于断开连接状态使用软件为离线状态(off-line),处于连接状态传送程序或修改程序,监控程序运行为在线状态(on-line)。

2. 编程软件功能

不同生产厂家的 PLC 产品有不同的编程软件,但是这些软件,除去界面形式有差别,其基本功能是相似的,都含有文件管理、程序编辑、程序传送、运行监控和文件打印等基本功能,界面形式与一般 Word 文字处理软件界面类似,主窗口中有程序输入编辑区域、状态提示区域、功能菜单、快捷工具条等辅助工具。编程软件主要功能简述如下,后面将通过实例讲述软件使用方法。

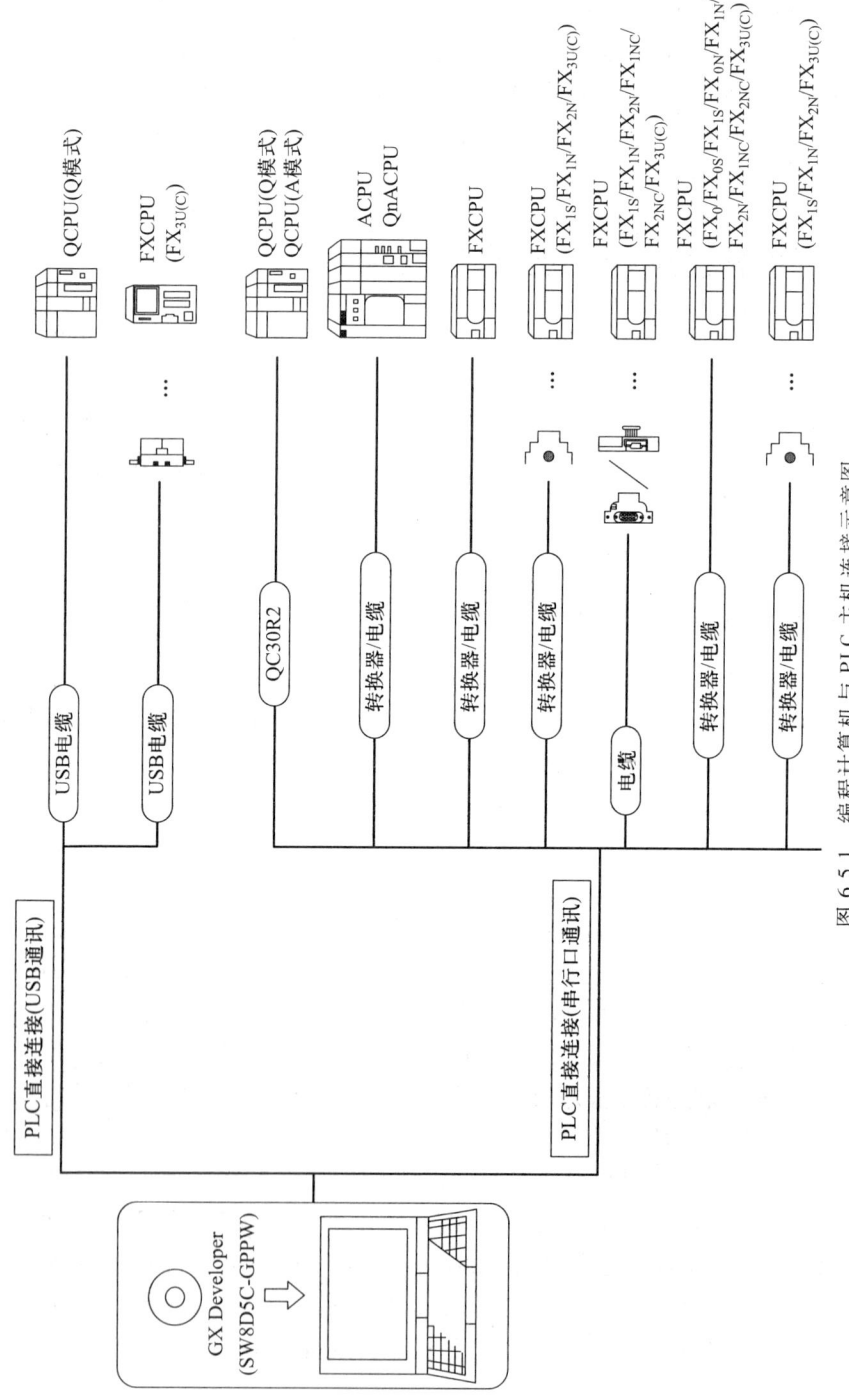

图 6.5.1 编程计算机与 PLC 主机连接示意图

(1) 文件管理(菜单中的文件项)

在文件管理工作状态下,与一般软件功能相同,可以完成编程文件的新建、打开、关闭、保存和打印等操作。通过文件管理功能,不仅能够新建并保存各种控制程序以及依据需要随时调用这些程序,同时可以将用户程序打印输出,作为技术资料保存。

(2) 程序编辑(菜单中的编辑项)

在程序编辑工作状态下,编程人员能够输入和编辑自己的 PLC 控制程序,可以采用指令方式编写程序,也可以采用梯形图方式编写程序。利用程序的插入、删除等编辑功能,可以快速方便地输入和编辑程序,并可为程序添加注释、标题、标注等,还可随时查阅联机提供的帮助信息。

通常人们是在离线状态下编制 PLC 控制程序,在计算机上编写完成后保存,并传送到 PLC 主机。在在线状态下编程时,人们可直接通过计算机向 PLC 主机内写入程序语句。

(3) 程序传送(菜单中的 PLC 项)

在离线状态下编制完成的控制程序需要传送到 PLC 主机,当 PLC 主机与计算机之间通过连接线连接(在线状态),就可以使用菜单中的下载命令,将离线状态下编好的程序传送给 PLC 主机。控制程序的传送是双向的,也可以通过读入命令,将 PLC 主机内的程序读入到计算机,进行检查或修改。程序传送必须在在线状态下进行。

(4) 运行监控(菜单中的监控/测试项)

在控制程序的调试和运行的过程中,需要知道输入/输出信号状态是否正确,编程软件提供有运行监控功能。运行监控功能是在在线状态下进行的,可以通过监控图观看控制触点和输出线圈的状态(ON/OFF),实时进行问题与故障判别。

(5) 仿真运行

软件仿真的功能是将编写好的程序在电脑中虚拟运行。例如,三菱公司编程软件 GX Developer 安装完后,可以再安装 GX 系列软件中的 GX Simulator 软件,该软件安装好之后,将作为 GX Developer 的一个插件,反映在"工具"菜单中"梯形图逻辑测试启动"命令,以实现用户编制的控制程序进行软件仿真运行。

(6) 其他功能

在编程软件中,还有一些 PLC 使用中的其他特定功能,一般在软件使用手册上均会给出详细说明。

6.5.2 编程软件应用实例

编程软件的作用是将设计好的用户程序快捷、正确无误地输入计算机并传送到 PLC 主机,同时满足用户对程序文件的各种处理要求,常用普通编程软件;可以在相应公司网站下载。这里通过[例 6.5.1]实例的程序输入,说明软件的基本使用方法,实例使用日本三菱公司编程软件。编程软件安装后,计算机桌面上出现如图 6.5.2 中指出的图标,双击图标打开工作界面,就可以进行编程操作,编程软件主窗口如图 6.5.2 所示。

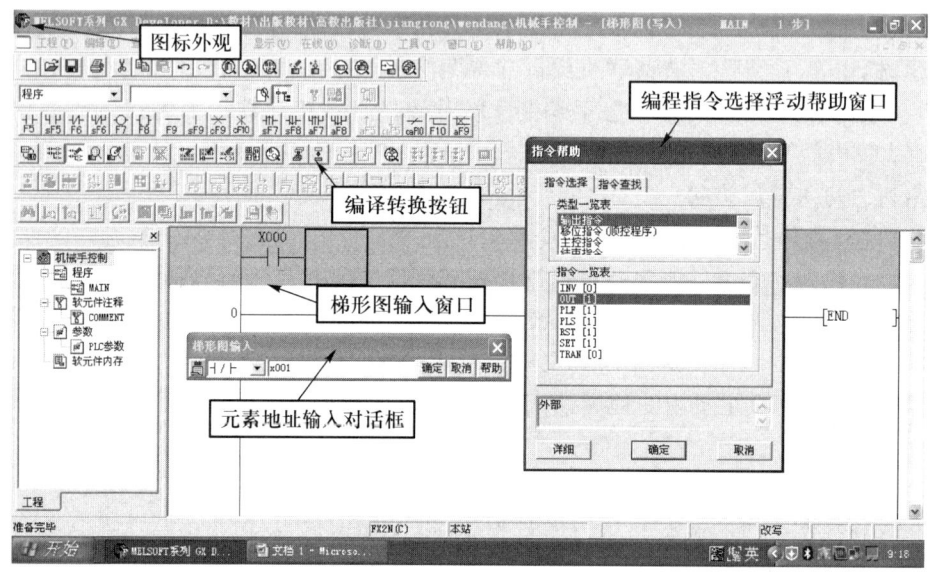

图 6.5.2 编程软件主窗口

编程软件主窗口中含有菜单命令条、快捷操作工具条、文件目录树窗口、用户程序输入编辑窗口、工具条打开的输入元素对话框,以及按动鼠标右键选择的各种辅助功能浮动窗口。

在用户程序输入的过程中,菜单命令和工具条是常用的基本工具,主窗口中的工具条命令依据功能分组对应菜单命令,基本分组如图 6.5.3 所示,组 1 为常规的文件管理类,组 2 为编辑类,组 3 为编程元素快速选用类。在线数据传送用于计算机软件与 PLC 主机传送程序和数据,编译转换按钮启动对输入用户程序的编译,未编译的程序为灰色底色,编译后转为白色底色;编程方式转换用于梯形图输入方式与指令表输入方式的切换;模式选择用于连线工作模式的选择。更多的使用细节可参考软件使用说明书。

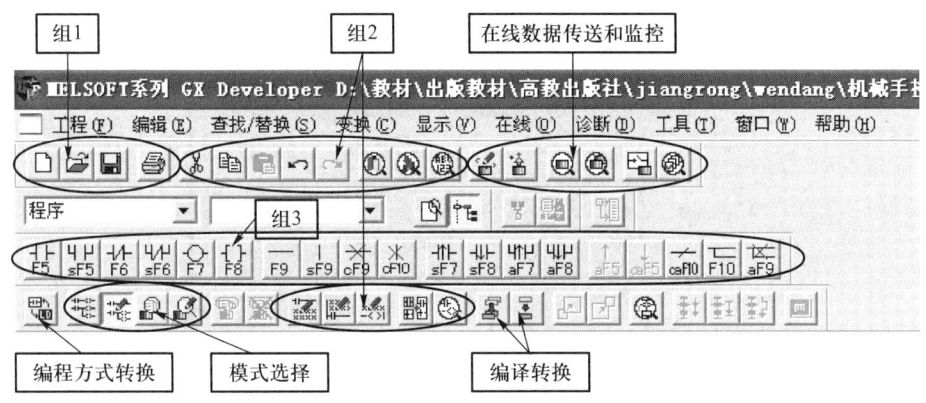

图 6.5.3　菜单命令行与工具条

[例 6.5.1]　机械手控制程序输入

在[例 6.4.1]机械手设备取放工件工作过程控制的设计例题中,已完成 PLC 程序设计,但是要对设备实施控制,需要将设计的程序经程序输入设备,输入到 PLC 主机,这里通过使用编程软件输入[例 6.4.1]程序过程,说明编程软件的使用方法。在实际工作中,用户程序输入的工作流程如图 6.5.4 所示。

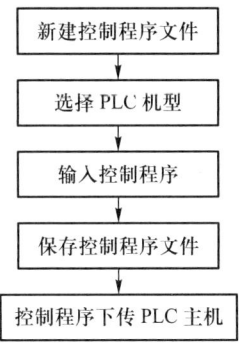

图 6.5.4　程序输入流程

1. 新建文件与选择 PLC 机型

进入编程软件,在打开的编程软件主窗口中,首先选择新建文件的菜单项,弹出创建新用户控制程序对话框,如图 6.5.5 所示。

不同系列及同系列不同型号的 PLC 产品,其端口数、指令种类和数目均不同,软件在程序输入的过程中自动按照选择的机型检查程序是否存在错误。当机型选定并填入该新建程序的名称及存放路径(此处选择 FX_{2N})后,还须选定采用的程序输入类型(此处选择梯形图),选定确认后,即进入图 6.5.2 所示的编程软件主窗口。

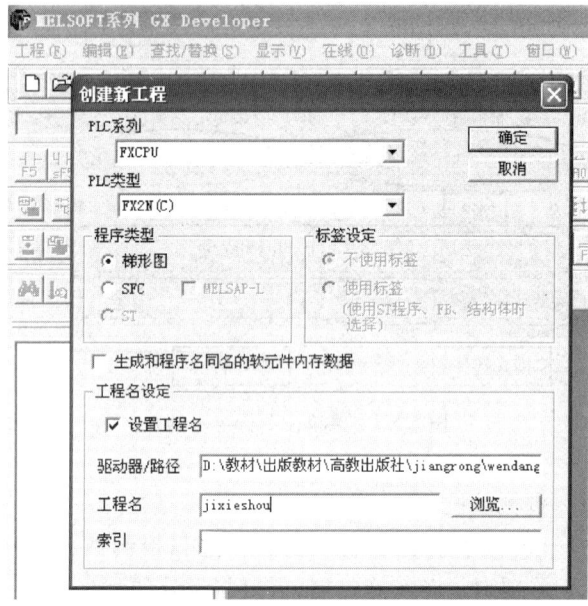

图 6.5.5　新建文件

2. 输入控制程序

输入控制程序的工作界面如图 6.5.2 所示,有梯形图输入编辑窗口以及方便输入操作的各种工具条。在梯形图输入窗口中,蓝色光标给定输入元素的位置,浮动工具条选择输入编程元素,并打开输入元件对话框。如例 6.4.1 控制程序输入时,使用常开、常闭触点按钮输入,如输入继电器、输出继电器、辅助继电器等编程元素的控制触点,使用圆括号按钮输入编程元素的线圈,使用方括号按钮输入功能指令。当输入元件地址并确认后,输入梯形图区域出现相应的梯形图,区域颜色转为灰色。使用转换按钮,计算机即编译输入的梯形图程序,输入正确,梯形图灰色区域转变成白色,出现编程语法错误时,则不能完成编译和转变成白色,需要对程序进行修改。

控制程序输入,可以在梯形图窗口输入,也可以在指令表窗口输入,通过程序输入类型转换按钮,可以在两种方式之间切换。指令表窗口输入的指令经确认后,梯形图窗口内程序将出现相应的变化,即用户程序的表达方式可以在软件里互相转换。

3. 存取控制程序

当建立新用户程序文件时,已确定文件的存放路径和工程名,开始输入控制程序时,即可保存该文件。调出文件时,只需在工作界面选择打开工程菜单命令,并在相应路径下找到文件,就可以调出,其操作界面如图 6.5.6 所示,图中为[例 6.4.1] 程序文件,保存在 D 盘目录下,对话框中输入文件名与路径后即可调出打开文件。

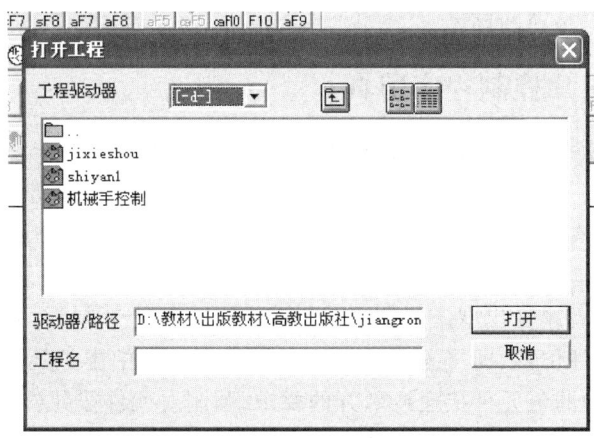

图 6.5.6 用户控制程序调出对话框

4. 控制程序传送 PLC 主机

当控制程序输入完成,并经过编译转换后,该程序即可向 PLC 主机传送。计算机编程软件和 PLC 主机之间的数据传送是双向的,既可由计算机向 PLC 主机传送控制程序,也可以从 PLC 主机中将控制程序读到计算机里。进行程序传送时,PLC 处在在线状态,通过选择菜单命令开始程序传送,操作界面菜单命令如图 6.5.7 所示。

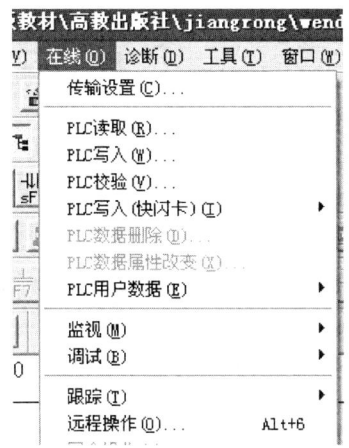

图 6.5.7 用户程序写入 PLC 主机的菜单命令

PLC 编程软件基本操作与很多 office 软件的组件类似,另外一些与 PLC 有关的辅助功能使用户控制程序的编制和输入时的操作变得方便和迅速,一些 PLC 专用功能满足了 PLC 使用的要求,这些方面的使用将在本书后面的内容中进一步涉及。受本书篇幅的限制,更多功能的应用可以查阅相关产品使用手册,或登录相应产品公司的网站。

6.5.3 用户控制程序仿真

在设备控制系统正式运行前,检查用户程序是否满足设备运行控制的要求是非常重要的安全措施。通常用户程序检查采用仿真的形式进行,可以是硬件仿真,即通过仿真板上设置能反映设备输入输出信号的元件,并且仿真板元件与 PLC 主机连接,运行 PLC 主机时,依据设备工作流程图中的各元件接通或断开的要求操作,并观测输出状态是否符合运行要求,以此来判断用户程序是否正确;也可以是软件仿真,即将编写好的用户程序在电脑中虚拟运行,同时按照设备工作流程图中的各元件接通或断开的要求,强制对元件按元件通断置位,通过监控执行功能检查设计的程序是否满足设备运行控制的要求。

目前 PLC 编程软件产品都具有仿真的功能,本小节将使用三菱公司 GX 系列软件,通过对例 6.4.1 机械手用户程序的仿真讲述软件仿真的应用。

为实现用户程序软件仿真,计算机中不仅要安装 GX Developer 编程软件,还需安装 GX 系列软件中的 GX Simulator 软件,以实现控制程序的软件仿真。当安装好 GX Simulator 软件,原有编程软件 GX Developer 的"工具"菜单中即添加了"梯形图逻辑测试启动"命令,该条命令用于启动和停止用户控制程序仿真运行。

对用户程序进行软件仿真的工作过程如下。

1. 控制程序仿真运行流程

使用 GX Developer 软件进行用户程序仿真过程需完成如图 6.5.8 所示流程。

2. 设备控制要求元件状态表

设备控制要求元件状态表如表 6.5.1 所示,该表依据设备工作的每个流程步列出输入信号的通断组合状态和输出信号状态,在用户程序运行

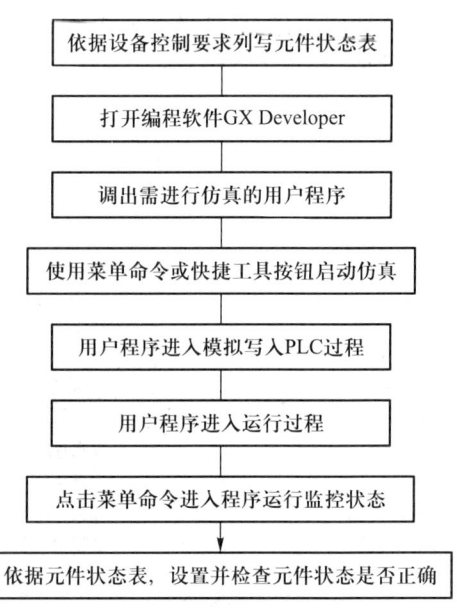

图 6.5.8 软件仿真流程

过程中,可以依据状态表对元件进行置位和复位操作,并依此检查输出信号是否正确。

表 6.5.1 设备控制要求元件状态表

	输入信号						输出信号			
	SB1 X000	SB2 X005	SQ1 X001	SQ2 X002	SQ3 X003	SQ4 X004	$YV1_1$ Y001	$YV1_2$ Y002	$YV2_1$ Y003	$YV2_2$ Y004
夹紧工件	+	−	+	−	−	+	+	−	−	−
手臂正转	−	−	−	−	+	−	+	−	+	−
松开工件	−	−	−	+	−	−	−	+	−	−
手臂反转	−	−	−	−	−	+	−	−	−	+
原位	−	−	+	−	−	+	−	−	−	−

注:触点闭合状态 ON 使用"+"表示,触点断开状态 OFF 使用"−"表示。

3. 启动仿真

(1) 调出需要仿真的用户程序

打开编程软件 GX Developer,进入如图 6.5.2 所示主窗口界面,打开工程"机械手控制程序",如图 6.5.9 所示。

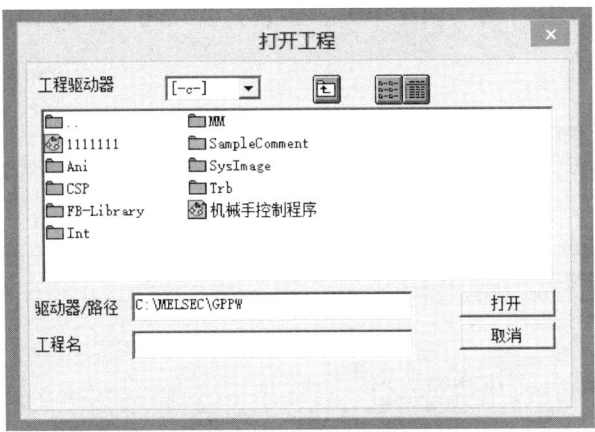

图 6.5.9 打开工程界面

(2) 使用菜单"工具栏"中"梯形图逻辑测试启动"命令启动仿真,过程如图 6.5.10a 所示。

也可以通过工具条中"快捷键"启动仿真,过程如图 6.5.10b 所示。

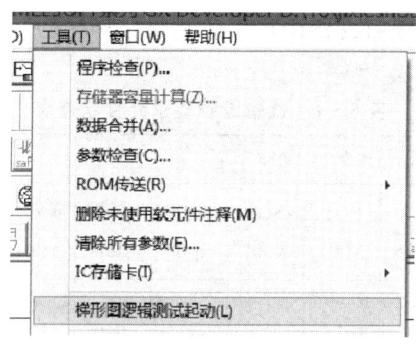

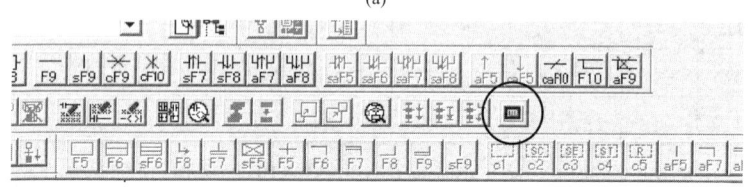

图 6.5.10 启动仿真

仿真启动后,打开"仿真窗口",显示运行状态,如果出错会有中文说明,仿真窗口如图 6.5.11 所示。

(3) 仿真启动后,计算机上开始模拟用户程序写入 PLC 的过程,写入过程如图 6.5.12 所示。

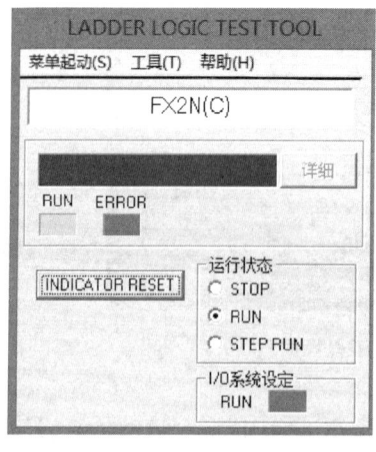
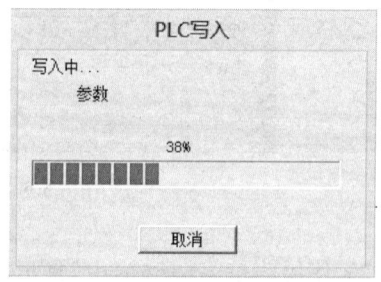

图 6.5.11 仿真窗口　　　　图 6.5.12 用户程序写入 PLC 界面

(4) 写入完成后,用户程序开始仿真运行,处于运行状态的用户程序梯形图如图 6.5.13 所示,蓝色的软元件触点处状态为"ON",处于接通状态,其他为"OFF",处于未接通状态。

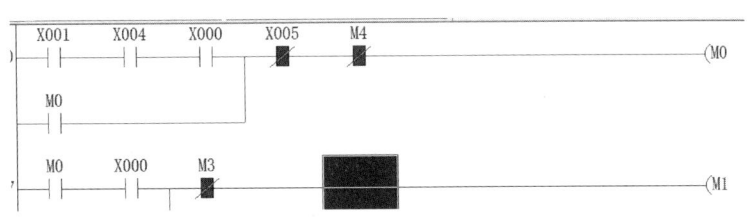

图 6.5.13　程序仿真运行界面

4. 用户程序检查与调试

用户程序检查与调试是在监控用户程序运行状态下进行,工作过程分为两步,一是对监控的元件进行设置,二是依据程序运行结果通过监控界面进行检查。

(1) 元件设置

点击菜单"在线(O)"命令栏,弹出下拉菜单,选择"调试(B)"→"软元件测试(D)"命令,过程如图 6.5.14a 所示;或者直接点击工具条中"软元件测试"快捷键,两种方法均可弹出"软元件测试"对话框,如图 6.5.14 b 所示。在该对话框,"位软元件"栏中依据元件状态表 6.5.1 的要求,输入要强制置位和复位的位元件,如 X000,需要将该元件置位 ON,则点击"强制 ON"按钮,如需要把该元件复位置 OFF,就点击"强制 OFF"按钮,同时在"执行结果"栏中显示被强制的元件状态。

(2) 检查与调试

启动仿真后进入的梯形图状态监视界面,接通的触点和线圈都用蓝色表示,随着每一工步元件状态的设定,输出元件状态在用户程序执行过程中随之改变,同时可以看到字元件的数据在变化,变化的监控梯形图如图 6.5.15 所示。

检查与调试过程可以依据设备控制要求的元件状态表 6.5.1 中每个工步输入元件通断组合逐工步进行元件设置,同时在经过程序运行后的梯形图监控界面检查输出元件状态是否符合控制要求逐工步完成程序测试。

(3) 位元件的监控和时序图监控。

监控用户程序运行状态,可以在梯形图的监控界面,也可以在位元件监控界面或时序图界面进行,这些监控界面操作分述如下。

① 位元件监控

位元件监控通过选择如图 6.5.11 所示仿真窗口中的"菜单启动(S)"选项,

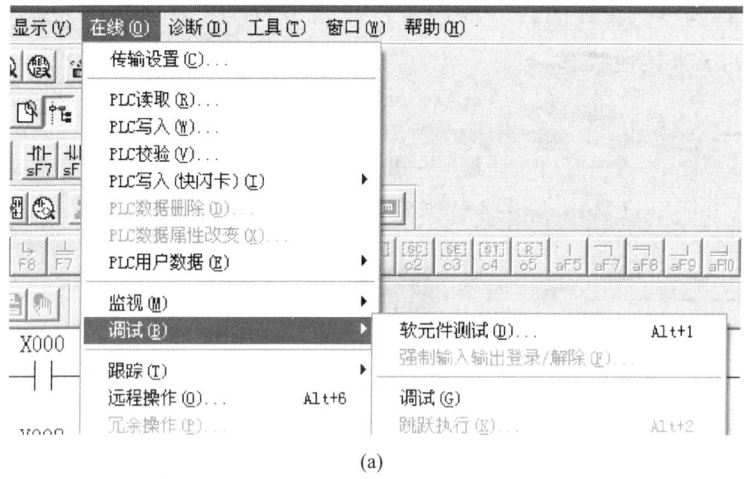

(a)

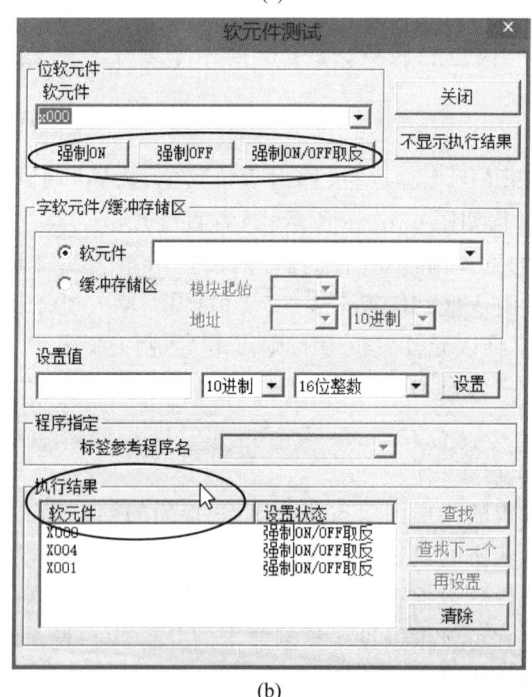

(b)

图 6.5.14 监控调试元件设置界面

然后选择"继电器内存监视(D)"即可弹出监控窗口,继续选择"软元件(D)"→"位元件窗口(B)"→"Y",进入如图 6.5.16 所示界面的位元件监控界面。

图 6.5.16 所示的位元件监控界面可监视到所有输出 Y 的状态,置 ON 的为

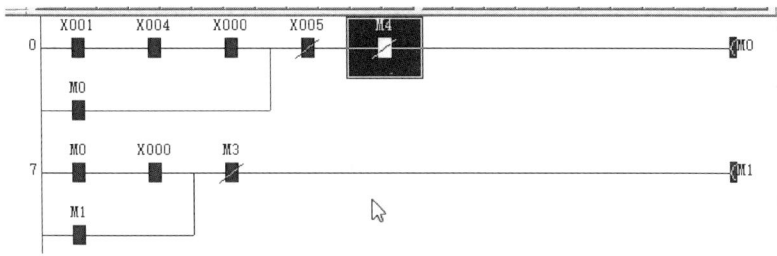

图 6.5.15 监控程序的运行状态检查

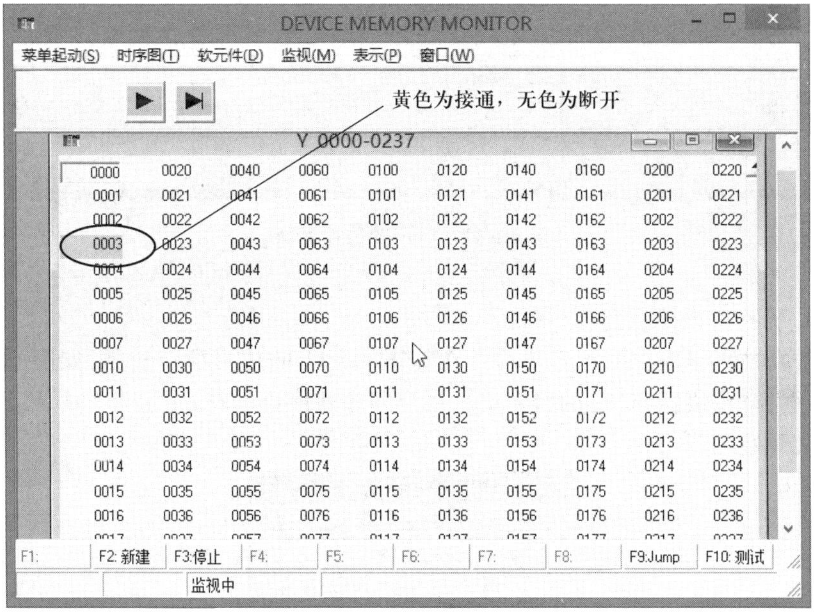

图 6.5.16 位元件监控界面

黄色,处于 OFF 状态的不变色。用同样的方法,可以监视到 PLC 内所有元件的状态,对于位元件,用鼠标双击,可以强制置 ON,再双击,可以强制置 OFF,对于数据寄存器(D),可以直接置数。对于 T、C 也可以修改当前值,因此调试程序非常方便。

② 时序图监控

选择时序图监控仍然从图 6.5.11 所示的仿真窗口进入,选择"菜单启动(S)"选项后,点击"时序图(T)"→"启动(R)",即出现"时序图监控"界面如图 6.5.17 所示,在时序图监控界面可以看到程序中各元件的变化时序图。

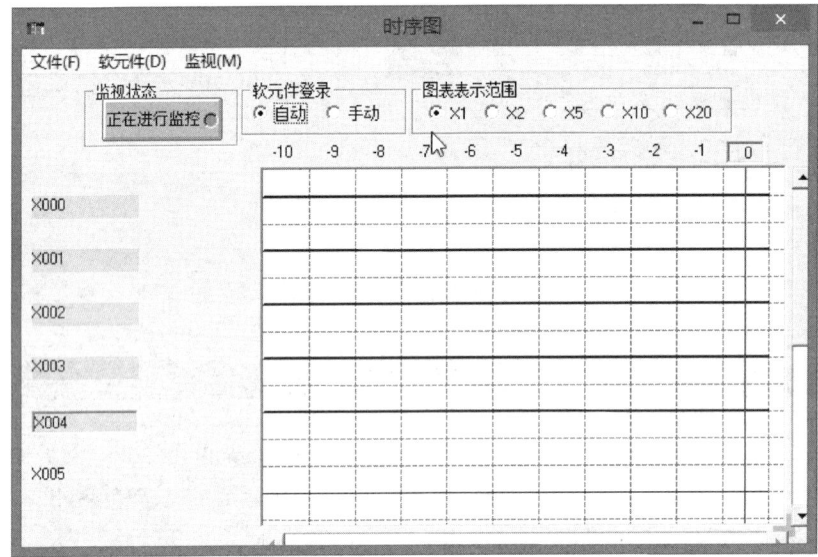

图 6.5.17　时序图监控界面

5. 仿真过程停止与再运行

仿真过程的停止与再启动均可在如图 6.5.11 的仿真窗口控制，如图 6.5.18 所示，选择"仿真窗口"中的"STOP"，用户程序就停止运行，再选择"RUN"，用户程序又开始运行。

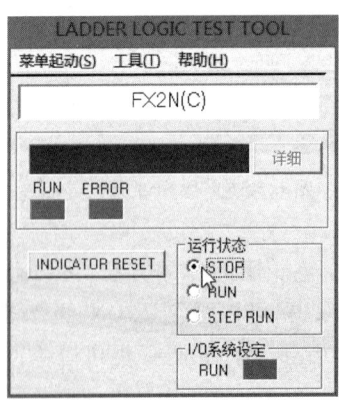

图 6.5.18　用户程序停止运行界面

6. 软件仿真过程结束

在对用户程序仿真测试时，发现问题后通常需要对程序进行修改，用户程序修改需要在程序编辑界面,即在主窗口中进行,此时需要退出用户程序仿真运行,返回主窗口,重新对程序进行编辑修改。

仿真过程退出方法是在仿真窗口中选择"STOP",然后点击菜单项"工具"栏中的"梯形图逻辑测试结束"。点击"确定"后即可退出仿真运行,但此时梯形图界面的光标还是蓝色,程序仍然处于监控状态,不能对程序进行编辑,所以需要点击工具条中状态选择的快捷键,选择"写入状态"快捷键点击,光标变成方框,进入用户程序编辑状态,结束过程如图 6.5.19 所示。

图 6.5.19　用户程序退出仿真运行

习题及思考题

6-1　什么是 PLC？它与接触器—继电器控制、微机控制相比主要优点是什么？

6-2　PLC 的硬件由哪几部分组成？各有什么作用？PLC 主要有哪些外部设备？各有什么作用？

6-3　PLC 有哪几种输出方式？各适用于什么类型的负载？

6-4　PLC 采用什么样的工作方式？有何特点？

6-5　什么是 PLC 的扫描周期？其扫描过程分为哪几个阶段,各阶段完成什么任务？

6-6　PLC 的基本编程元素(数据类型)有哪几个？

6-7　常用的 PLC 编程语言有哪几种？

6-8　进行 PLC 程序设计时,所设计的流程图应标明哪三项内容？

6-9　写出图示梯形图的指令程序。

6-10　采用 PLC,设计电动机正、反转自动切换电气控制系统。控制要求:正转 3 s,停 2 s,反转 3 s,停 2 s,循环 3 次。试设计其梯形图并写出相应指

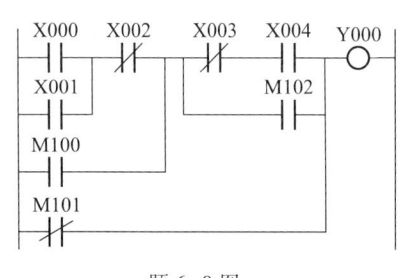

题 6-9 图

令程序。

6-11 采用 PLC,设计第 4 章中图 4.3.5 所示液压动力滑台电气控制系统,绘制 PLC 端子图、控制流程图、梯形图和编制指令程序。

6-12 使用编程软件,输入题 6-11 的 PLC 控制程序。

第 7 章 可编程序控制器扩展应用

在了解可编程序控制器(PLC)应用的基础知识与基本使用方法之后,我们已能够使用 PLC 构成设备电气控制系统,完成与继电器控制系统同样的逻辑控制功能。但是,由前面内容,我们还看到,PLC 实际上是一类工业控制用计算机,它还具备了一些继电器控制系统所没有的功能。因此在本章,将进一步了解 PLC 更多的功能应用。

7.1 步进控制

采用继电器控制系统设计思路,设计使用 PLC 的控制程序已能够满足基本逻辑控制要求,但是在现场设备控制中,如果设备为顺序工作过程,并且顺序工步和分支关系比较多时,电气系统的控制逻辑就变得相当复杂,采用前面讲述的设计方法工作效率比较低,编制的用户程序也相对庞大。针对目前有大量处于顺序工作状态下的生产设备,一些 PLC 生产商设计了步进控制功能以及按照控制流程图进行编程的图形编程语言[顺序功能图 SFC(sequential function chart,简称功能图)],通过 SFC、步进梯形图以及步进指令编制用户控制程序,从而极大地简化了控制程序的设计与编制过程。

简称功能图的 SFC 图是以设备操作流程图形式表达的控制流程图。

在功能图中,将设备的工作过程按工作状态(工步)变化关系和顺序排列,并给每个工步赋予工作状态控制器 S 以及控制设备工作状态转换的转换主令。由功能图形成的 PLC 控制程序使用步进指令,按控制要求切换这些工作状态(步进指令驱动状态器 S,实现工步转换的步进控制功能)实现设备的顺序控制。由于功能图实际表现的是所有工作状态的集合和变化关系,因此有时也称功能图为状态转移图。依据功能图绘制的梯形图称为步进梯形图,在对应的指令表程序中,使用步进指令。

对于需要复杂顺序工作的设备,在构建控制系统时采用功能图方式编制 PLC 程序具有独特的优点,由于 SFC 方法编制的程序是按照设备工作的动作顺序来编写的,因此在程序中可以直观地看到设备的工作过程,并且程序的规律性较强,容易读懂,具有一定的可视性,在设备发生故障时也能很容易地找出故障所在位置,同时控制系统不需要复杂的互锁电路,更容易设计和维护系统。

当使用步进功能设计顺序控制程序时,与前面章节叙述的设备控制程序设计过程相同。首先也需要针对设备工作过程进行分析,然后将工作顺序要求和控制系统框架以功能图的形式绘制出来,并在此基础上编制 SFC 图、步进梯形图程序,或者步进指令表程序。为体现 PLC 的不同功能与程序设计特点,下面仍然使用前一章节机械手取放物品的例子说明步进指令功能的使用方法。

7.1.1　顺序功能图 SFC

功能图 SFC 是在分析设备工作要求的基础上,按照设备运行的控制流程设计与绘制的,因此在功能图绘制的过程中,需要依据功能图的组成要素配置数据,依据设备控制的要求设计系统控制结构。

1. 功能图组成要素及数据配置

设备的工作状态转移是通过控制信号结束当前工作状态,并触发下一工作状态启动,同时在每个工作状态内按控制要求,驱动特定电器工作而实现的。为满足这样的控制要求,在功能图的设计中就需要标注工作状态(流程工步)、工步转移控制条件和该工步驱动的设备三个方面的内容,这三项内容即是功能图的组成要素。在控制程序设计过程中,功能图设计过程与控制流程图设计过程完成的工作性质相同,均体现了用户控制程序的结构框架,所以组成元素类似,仅仅是在流程工步切换条件上不同,两者之间的差别如表 7.1.1 所示。

在前面章节涉及控制流程图的绘制中,工步之间使用辅助继电器 M 与启动工步条件、结束工步条件相组合,实现工步的控制、转换与隔离,设计过程中需要综合考虑这 3 个方面的控制因素。在工步转换的过程中,不仅要设置完成下一工步的触发信号,同时还需要可靠终止已完成的工步。由于涉及控制因素较多,信号之间制约关系复杂,所以设计工作量很大,程序也较复杂。

采用步进功能控制后,利用步进控制特有的状态器 S 实现工步隔离,一旦当前工步状态转移到下一工步状态,当前工步就自动结束,程序设计中只需要考虑触发工步状态转移的控制因素即可。所以工步转移只需要配置下一工步的开始条件,不需要考虑当前工步的结束条件和前后工步的约束关系,从而使控制程序的设计过程得以简化,设备控制程序变得简单,可靠性得到提高。

表 7.1.1 控制流程图与功能图的差别

	组成元素	编程数据地址	图例
控制流程图	流程工步		—∣— M1 —/— M3
	工步开始条件	X,Y,M,T,C	
	工步结束条件	X,Y,M,T,C	正转M2 —(Y003) —∣— M2 —/— M4
	工步驱动设备	Y,M,T,C	
功能图 (状态转移图)	流程工步		—∣— SB1 (X000)
	工步开始条件 (触发工步转移)	X,Y,M,T,C	夹紧S20 —(Y001) —∣— SQ3 (X003)
	工步驱动设备	Y,M,T,C,S	正转S21 —(Y003)

2. 功能图设计

步进功能中的功能图设计过程也与控制流程图设计类似,是在分析设备工作循环的基础上确定所有工作状态(工步),配置工作状态转换的控制条件信号以及在相应工作状态中确定需要驱动的电器与设备,设备工作过程中的工作状态(工步)由状态器 S 控制。例如机械手取放工件设备的功能图如图 7.1.1 所示,双线框表示初始状态器,由步进状态外的开关逻辑触发,单线框表示普通状态器(也称通用状态器),由步进状态内的开关逻辑触发。信号标注使用 PLC 数据地址(数据类型,也称软元件),也可同时标注电器代号,方便阅读。

在例 6.4.1 机械手取放工件设备的控制功能图中,原位条件(原位行程开关压下)和启动条件(启动循环按钮压下)接通初始状态器(S0),开始进入步进循环。初始状态器(S0)控制进入夹紧工作状态(S20),右端输出为夹紧驱动元件(YV1$_1$),当夹紧到位,夹紧行程开关信号(SQ3)

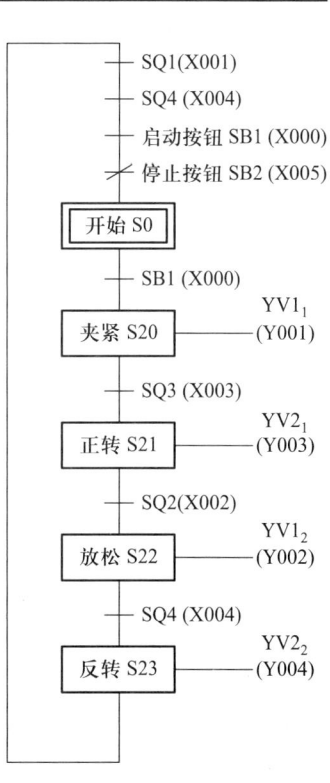

图 7.1.1 步进控制功能图

触发状态转移,循环进入正转工作状态(S21)。后续步进状态绘制依次类推。由于在正转状态时,仍需要夹紧工件,因此采用带有锁紧机构的电磁换向阀,使得 $YV1_1$ 断电时仍能保持夹紧状态不变,直到 $YV1_2$ 通电时,方使电磁阀改变工作状态,放松工件。

7.1.2 步进梯形图与步进指令

采用梯形图或指令语句输入程序时,须将功能图改写为步进梯形图或使用步进指令的指令表,当使用有功能图输入功能的编程软件时,也可直接输入功能图。

1. 步进梯形图与步进指令

PLC 程序的步进指令使用如图 7.1.2 所示。用于步进功能的状态器有初始状态器(S0~S9)和通用状态器(编号 S10 及以后),程序通过初始状态器进入步进控制,通过通用状态器完成设备步进工作控制,而步进指令有三个,即 SET、STL 和 RET,指令功能及使用方法分述如下。

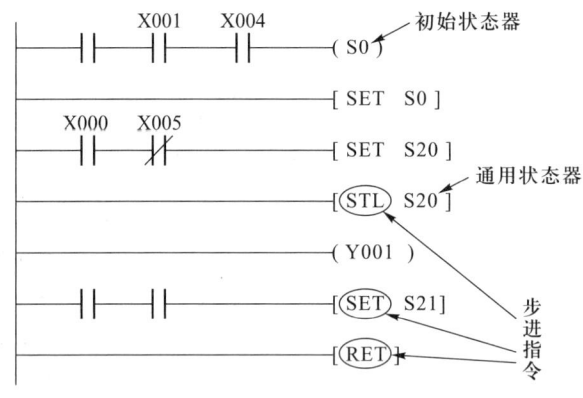

图 7.1.2 步进指令

(1) 触发状态器指令(SET 指令)

SET 指令用于实现状态器置位,初始状态器 S0~S9 由步进循环之外的控制条件置位,通用状态器 S10~S63 需在步进控制状态之内的控制单元内置位。

(2) 进入状态控制指令(STL 指令)

STL 指令用于进入状态器 S 的控制状态。梯形图中,带有 STL 指令的状态器 S 与左母线(主母线)相连,并由此进入该状态编程,其以下程序段为该状态里的控制。状态内的控制程序按照前面章节讲述的方法编程。

(3) 步进循环结束指令(RET 指令)

RET 指令用于控制退出步进循环,返回控制主程序。

步进指令 STL 和 RET 是成对使用的指令,共同完成进入和退出步进循环控制程序部分的控制,在一系列 STL 指令后,必须用 RET 指令结束步进控制,返回主程序控制。

机械手设备步进控制梯形图如图 7.1.5 所示,到达步进结束工作状态时,通过选择开关 SA(X006)的控制触点选择是否退出步进工作。当触点闭合时,S0 置位,程序返回步进工作起始端,继续下一次步进循环工作;当触点断开时,程序退出当前步进循环控制,再次进入该步进工作状态需等待启动该步进工作状态的控制信号。

2. 步进指令程序输入

步进指令属于功能指令范畴。在梯形图编程中输入步进指令时,使用的是工具条中用方括号表示的功能指令按钮,可以如同输入梯形图软元件一样,使用元素快捷按钮,在梯形图输入对话框中直接输入指令,也可以利用编程软件的指令帮助功能,选择指令和编程元素,输入过程如图 7.1.3 所示。利用指令帮助功能选择指令后,还可以使用图 7.1.3 中所示的"详细"按钮进入如图 7.1.4 中所示软元件选择对话框,选择编程元素后确认,完成步进指令输入,机械手控制的步进梯形图和步进指令语句如图 7.1.5 所示。

图 7.1.3 步进指令输入

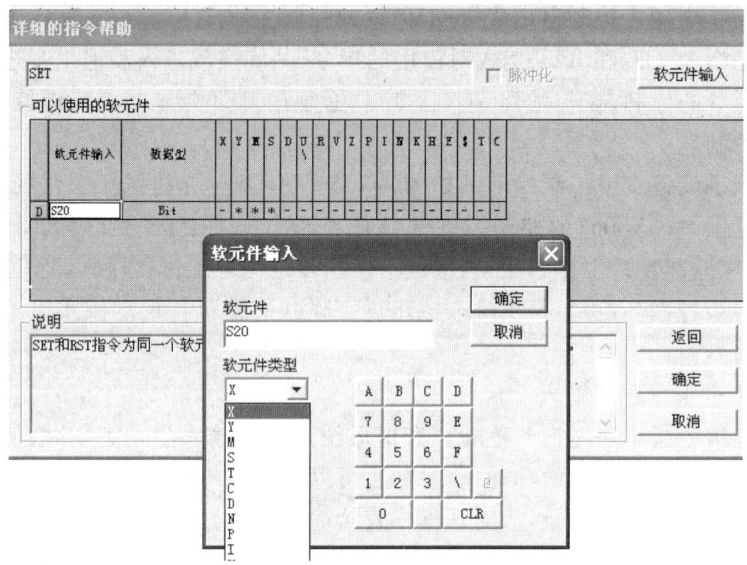

图 7.1.4　软元件选择帮助

7.1.3　步进功能的 SFC 方法程序输入

由于三菱公司的编程软件 GX Developer 具有用于步进功能的 SFC 编程(功能图编程)方法,所以人们也可以采用 SFC 方法输入编辑步进控制程序,这里仍然以机械手控制程序为例讲述该方法使用过程。

采用 SFC 方法进行编程,首先打开编程软件,然后开始建立新工程,进入如图 6.5.5 所示新建文件中,设置新工程参数的对话框,在程序类型选项中选择 SFC 选项,即可打开 SFC 编程(功能图编程)主界面,如图 7.1.6 所示。与梯形图编程窗口不同,编程输入区域为块列表窗口,步进控制的流程工步(工作状态)是以控制块的形式出现的,编程输入是针对控制块进行的。双击表中控制块,可以打开如图 7.1.7 所示块信息设置对话框,在对话框中对块类型进行选择,选项 SFC 用于通用状态控制块,选项梯形图用于初始状态控制块。

当采用 SFC 方法编程时,需要依据流程工步分配状态控制块,确定转换条件控制块,依据前文所述,机械手步进控制的流程工步共有 5 个,其中初始状态器 S0 定为初始状态控制块,用于流程工步的状态器 S20～S23 定为通用状态控制块,控制状态转移的转移条件定为转换条件控制块。编程分为两个阶段,第一阶段完成功能图的输入编辑,第二阶段完成控制块控制逻辑的输入编辑,各阶段工作分述如下。

第 7 章 可编程序控制器扩展应用　　　　　　　　　　　　　　　　187

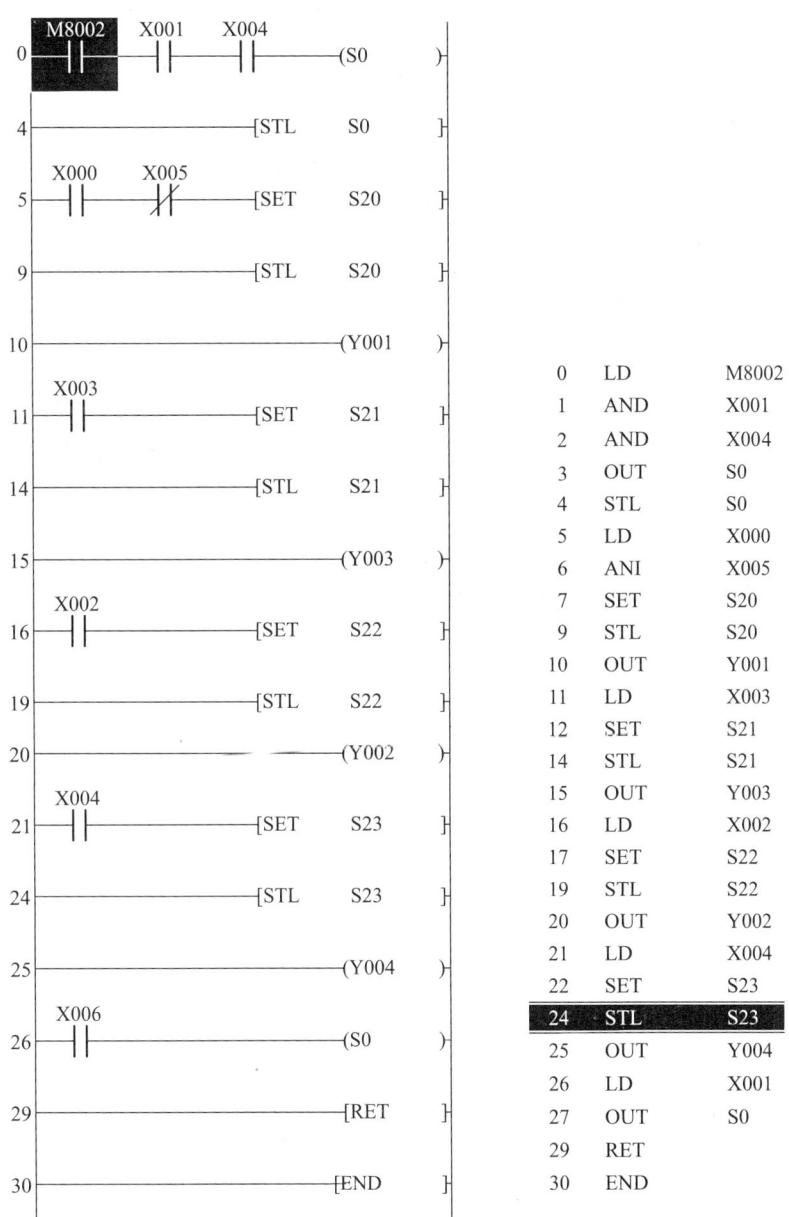

图 7.1.5　机械手控制的步进梯形图及步进指令语句

图 7.1.6 块列表窗口

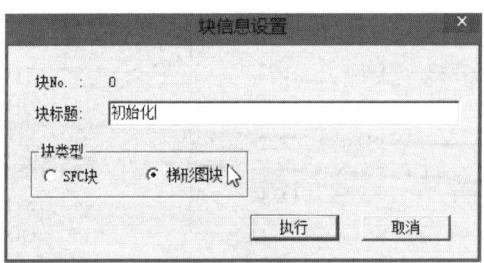

图 7.1.7 块 0 信息窗口

1. 功能图编制

编制功能图是依据设备控制流程要求,输入编辑设备顺序工作功能图,打开编程软件 GX Developer,进入图 7.1.6 所示块列表窗口后,创建块号为 0 的初始状态块,以及按块序号排列的工步状态块列表,双击初始状态块进入图 7.1.7 信息窗口,初始块选择块类型为梯形图块,点击执行后进入 SFC 编辑窗口,如图 7.1.8 所示,如果双击文件目录中"程序"下的 MAIN 标题则返回块列表窗口。

步进控制程序由初始状态、通用状态(顺序工作控制状态)、返回状态三部分构成,程序结构如图 7.1.8 所示,其中包括初始状态块(双线框块)、通用状态块(单线框块)和转换条件块三个编程对象,并且三者程序输入编写方式不同,需要分别输入编辑控制程序。

当进入如图 7.1.9 所示的 SFC 编辑窗口,出现初始状态块和第一个转换条

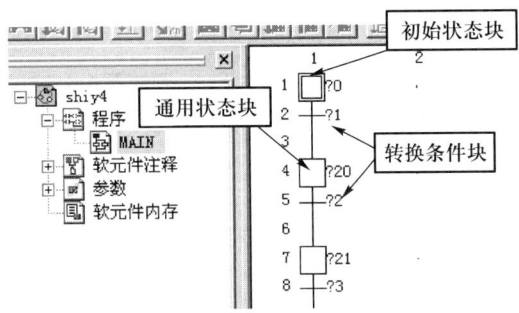

图 7.1.8　SFC 功能图编辑窗口及编程对象

件图形,将光标放置在转换条件处,双击,即出现 SFC 符号输入对话框,在此定义转换条件块的标号和序号,标号有多种选择,TR 选项为转换,其他为分支,汇合选项,确认后,光标跳转下一步如图 7.1.10 所示建工步块位置。

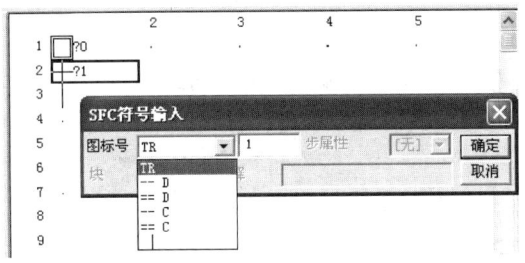

图 7.1.9　转移条件块定义

双击位于建工步块位置的光标,可打开工步块定义对话框,如图 7.1.10 所示,与定义转换条件块不同,针对工步块的图标号选项 STEP 为顺序转换,JUMP 为跳转转换,输入块序号以后确认,光标继续下转,直至下一个转换条件处,如此绘制完成机械手控制功能图如图 7.1.11 所示。

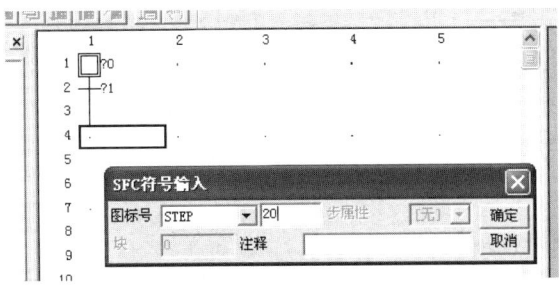

图 7.1.10　工步控制块定义

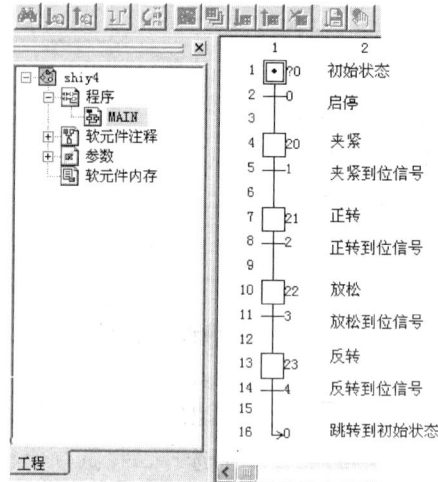

图 7.1.11 机械手控制功能图

完成由各种控制块构成的机械手控制功能图之后,还需要对每个控制块进行具体控制功能的设定,即输入编辑实现控制功能的数据类型及数据地址(软元件)。

2. 初始状态控制块程序编制

SFC 程序初始状态部分是给进入步进控制设置合适的启动条件,由步进控制之外的控制逻辑组成,采用梯形图表达,通过双击主窗口块列表中编号为 0 的块,可以打开如图 7.1.7 所示块信息设置窗口,输入块名称,在块类型选项中选择梯形图块,点击执行按钮,即进入如图 7.1.12 所示初始状态块梯形图编辑窗口,输入梯形图,完成后点击转换按钮,编辑区由灰色转为白色,结束初始块编辑。

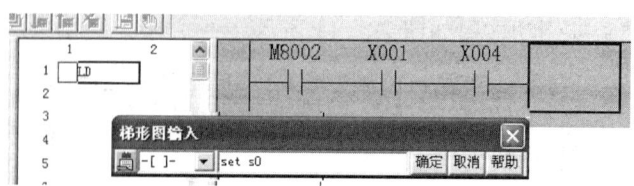

图 7.1.12 初始状态块梯形图编辑窗口

3. 转换控制条件编制

控制状态转换条件的输入编辑如图 7.1.13 所示。完成初始状态块输入编辑以后,光标跳转到下方转换条件位置处,此时双击光标处,即打开 SFC 符号输入对话框,图标号选择 TR,实现状态转移控制,同时设定顺序号。此处以第 4 个控制转换信号为例,该信号控制状态器 S22 转换到状态器 S23,即机械手放松到位,压动行程开关 SQ4 产生控制信号,控制机械手进入反转工作状态。其他序号的输入编辑方法相同。

当选择第 4 个控制转换信号后,双击进入转换信号编辑,首先出现如图 7.1.13 所示 SFC 符号输入定义窗口,选择转换符号 TR,序号为 4,完成以后确认,进入如图 7.1.14 所示控制条件输入编辑窗口,在此窗口输入控制转换条件的控制逻辑,标号 4 的转换控制逻辑为行程开关信号 SQ4(X004),输出端则通过双击光标,直接打开梯形图输入对话框,输入大写字母 TRAN,即单词 transfer 转移的缩写,编辑完成后点击转换按钮进行编译转换,右端灰色梯形图编辑窗口转为白色,完成转换条件控制输入编辑后的结果如图 7.1.15 所示。状态转换的控制逻辑输入与前述梯形图输入相同,即选择相应的触点输入控制逻辑。

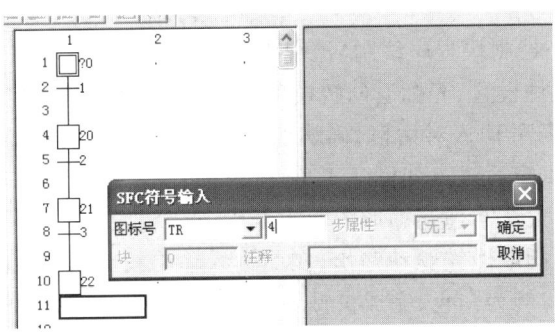

图 7.1.13 SFC 符号输入定义窗口

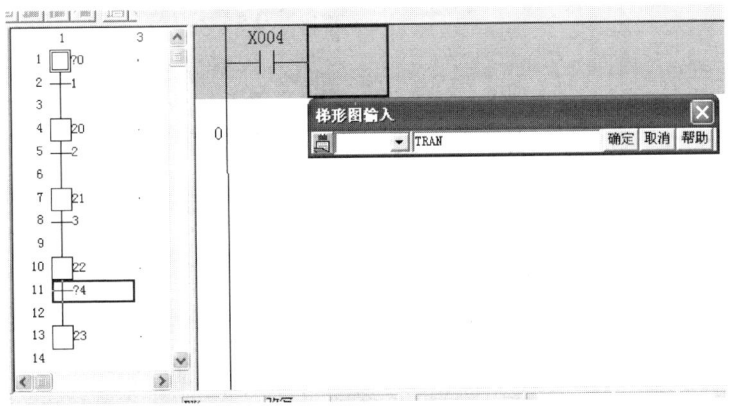

图 7.1.14 状态转换条件输入窗口

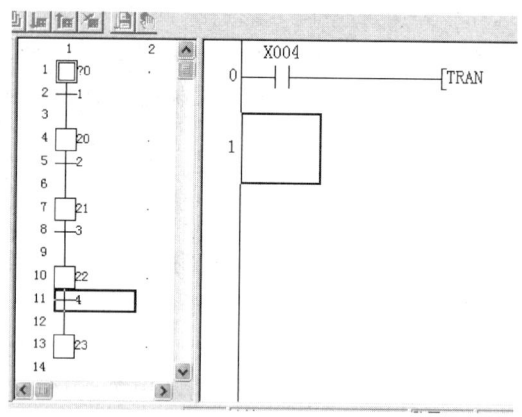

图 7.1.15　完成转换控制条件输入界面

4. 通用状态控制块程序编制(流程工步内控制)

完成控制条件设置,光标返回转换条件下方,在步进状态控制块序号处双击光标,打开 SFC 符号输入对话框,确认如图 7.1.16 所示顺序步进 STEP 以及状态器 S23 序号,确定后进入如图 7.1.17 所示的程序块编辑窗口,块内控制逻辑和输出线圈编辑方法与前述梯形图输入编辑方法相同,状态器 S23 控制的工步中只有电磁换向阀电磁铁驱动输出,在此输入输出线圈符号 Y004,点击转换按钮,灰色编辑窗口转为白色,完成机械手反转工步控制程序块的输入。其他工步控制程序块输入方法与此相同。

图 7.1.16　机械手反转工步通用状态控制块定义窗口

5. 步进循环与分支跳转控制程序编制

步进控制通常都用于自动顺序循环工作的控制,在循环工作和多分支工作

第 7 章 可编程序控制器扩展应用   193

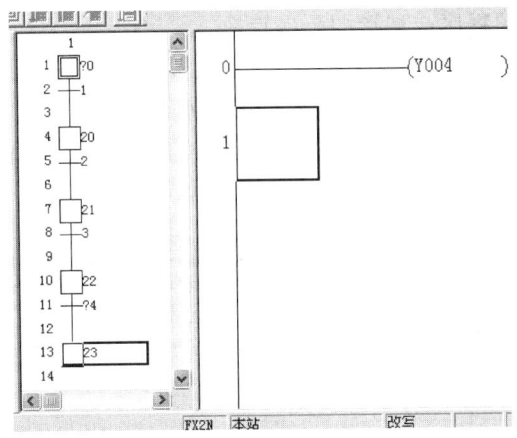

图 7.1.17　机械手反转工步通用状态控制块程序输入窗口

的控制系统中,必然会有返回起始点以便开始再次顺序工作和跳转到指定工步状态的控制需求,这种需求通过对通用状态控制块的 SFC 符号输入对话框来定义,当光标放置在需要返回或需要跳转的通用状态控制块的位置,双击打开如图 7.1.18 所示 SFC 符号输入对话框时,选择图标号为 JUMP,序号框输入跳转目标的序号,即完成跳转定义(返回也是一种回原点的跳转)。图中状态块序号前的"?"符号表示该状态块尚未编程,完成编程后该符号消失。

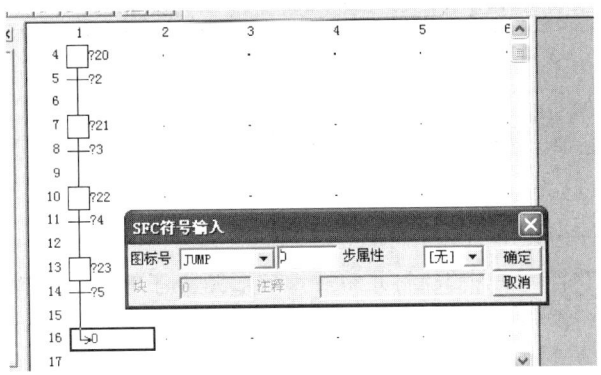

图 7.1.18　返回原点的跳转输入

6. SFC 程序编译转换

使用 SFC 功能图方法输入的程序还需要进行编译转换,此时点击转换按钮即可完成转换,转换过程中弹出的块信息设置对话框可以点击执行按钮跳过,编译转换后的程序即可进行仿真,或写入 PLC 主机。

7. SFC 功能图程序与梯形图程序转换

采用 SFC 功能图方法编制的程序可以转换成梯形图形式的程序,通过编程软件菜单条,如图 7.1.19 所示,选择工程/编辑数据/改变程序类型菜单项,即弹出程序类型选择对话框如图 7.1.20 所示,选择需要类型确认,编程软件将自动完成转换。

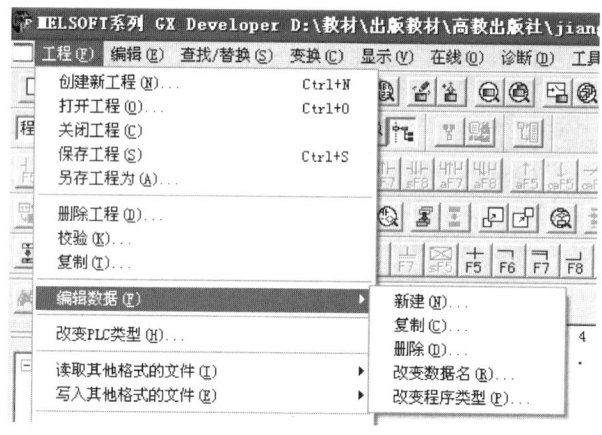

图 7.1.19 程序类型转换命令选择

图 7.1.20 程序类型选择对话框

采用 SFC 功能图方法编制,并转换为梯形图程序的机械手控制梯形图以及相应的步进指令语句表如图 7.1.5 所示。

7.1.4 功能图主要类型

设备顺序工作的基本形式是单流程状态转移控制,如例 6.4.1 机械手设备取放工件工作过程控制的流程图。但是在很多情况下,设备工作是由多个顺序组合起来的复杂形式,需要有相应的流程状态转移控制。采用不同类型的功能图以及相应的组合形式,可以满足这样的工作要求。各种类型功能图形式如图 7.1.21 所示。

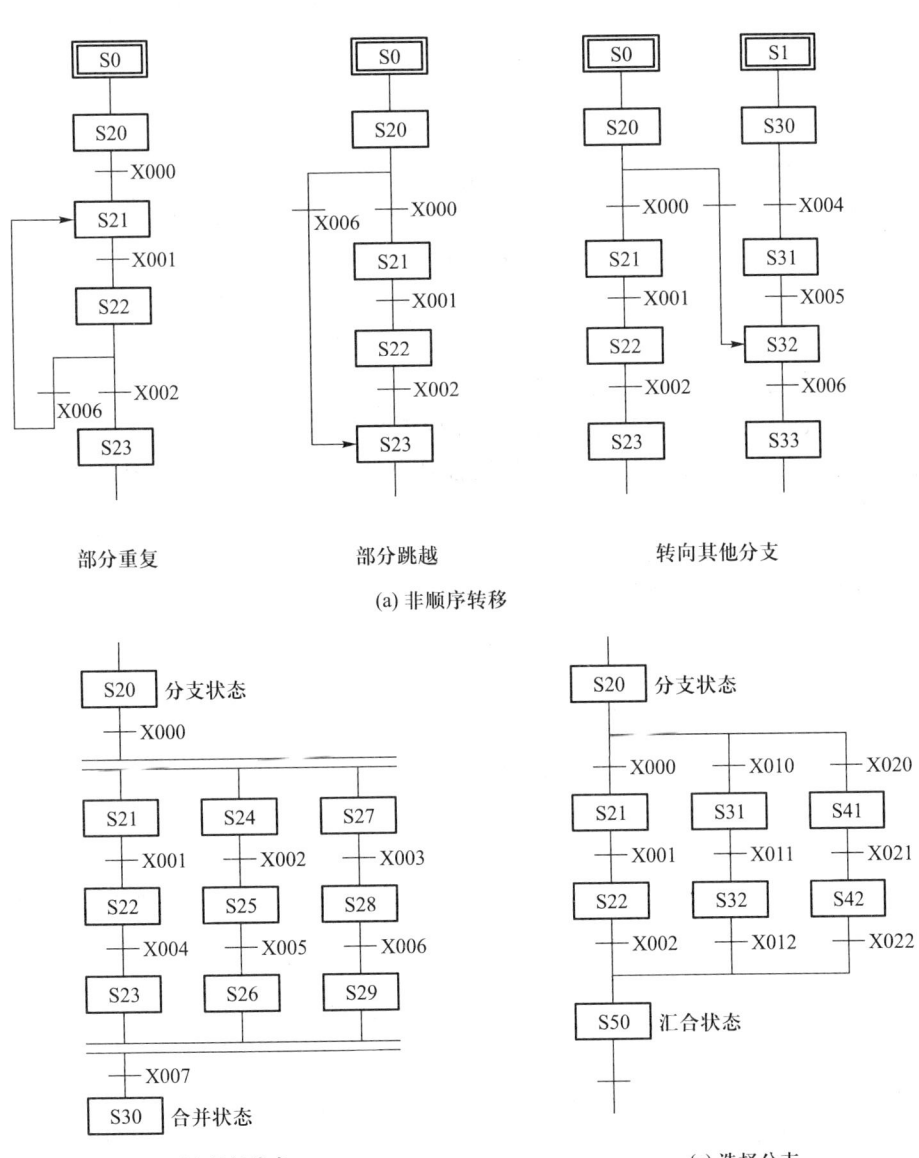

图 7.1.21 功能图主要类型

1. 简单流程功能图

简单流程功能图实现单流程顺序工作控制,只有一条路径,功能图中的编号可不按次序排列。简单流程功能图形式如图 7.1.1 所示。

2. 跳转与循环流程功能图

跳转与循环流程功能图中含有部分重复和跳越过的状态器。流程中,转向目标状态器位置时使用 OUT 指令,此处,OUT 指令与 SET 指令等效,使相应目标状态器置位。状态跳转可以在本流程进行,也可以跳转到其他流程,主程序流程中也使用 OUT 指令实现向分支流程状态转移,完成对目标状态器的置位。其功能图形式如图 7.1.21a 所示。注意在编程中也可以使用 SET 指令实现转移。

3. 并行分支与汇合流程功能图

并行分支与汇合流程功能图有多个(少于 8 个)分支路径,并且是同时处理程序流程,全部流程结束后,方可向汇合处状态器转移。其功能图形式如图 7.1.21b 所示。

4. 选择分支与汇合流程功能图

选择分支与汇合流程功能图也有多个分支路径,但是分支路径由控制开关选择,同一时刻,只有一条支路选通,汇合时,任一支路均可向会合处状态器转移。选择分支与汇合流程功能图形式如图 7.1.21c 所示。

5. 功能图类型组合使用

图 7.1.22 所示为选择分支与并行分支流程功能图组合使用的例子,对应图 7.1.22a 所示的功能图,图 7.1.22b 所示为控制程序指令表。

功能图首行 LAD 0 表示梯形图的主母线,开机脉冲使状态器 S0 置位,实现此处功能的指令为指令表中①处的指令;初始状态中对普通状态器 S20 置位,对应指令表中②处指令;状态 S20 向普通状态器 S21 和 S22 转移为选择转移,由选择开关 X001 选通,对应指令表中③处指令;指令表中④和⑤处指令分别为状态器 S21 和 S22 状态内控制指令,⑥处指令分别为 S21 和 S22 状态对 S23 状态器置位的指令;状态 S23 向 S24 和 S26 转移为并行转移流程,开关 X005 条件同时使 S24 和 S26 状态器置位,此处功能对应指令表中⑦处指令,⑧和⑨处指令分别为状态器 S24 和 S26 状态内控制指令,⑩处为并行状态结束,返回初始状态器 S0 指令;到此步进状态结束,通过 RET 指令返回梯形图 LAD 1 主母线。

第 7 章 可编程序控制器扩展应用

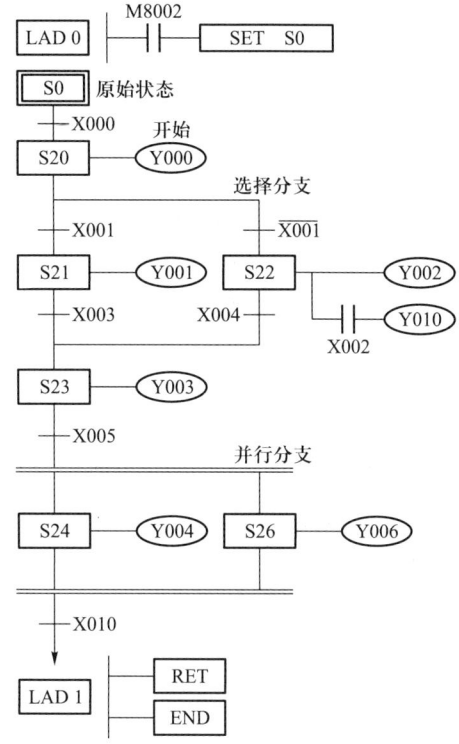

(a) 组合功能图

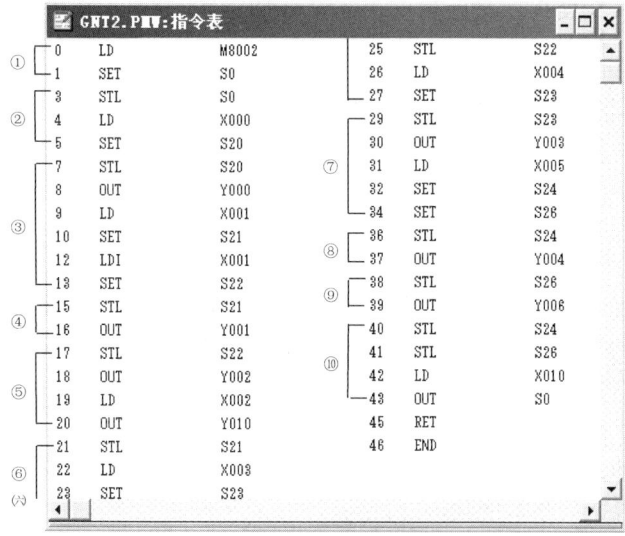

(b) 指令表

图 7.1.22 应用功能图及指令表

7.2 功能指令应用

人们最早使用可编程序控制器(PLC)主要是为了解决继电器控制系统存在的问题和不能完成的控制要求,因此初期使用 PLC 时仅将其作为高度集成继电器、定时器和计数器的多功能产品,把 PLC 的作用局限在等同于继电器集成控制系统。实际上,PLC 是计算机产品,具有计算机系统的一些功能。随着计算机技术发展和控制系统工作要求的增加,PLC 具有了不同于继电器系统的更多功能,这些功能的使用是通过 PLC 应用中的功能指令来实现。

早期的 PLC 小型机功能比较简单,只有大型机具有较全的计算机系统功能。20 世纪 80 年代开始,PLC 设备在普通中、小型设备上应用越来越多,为满足 PLC 设备用户各种控制需求,PLC 制造商在小型机上加入一些功能指令,随着小型机机型改进,功能指令范围不断扩大,从而使得小型机的控制功能得到增强,使用也更趋灵活方便。

PLC 的控制功能是通过执行程序来完成的,而功能指令实际上就相当于具有一定功能的子程序,在主程序中通过功能指令调用这些子程序。PLC 产品不同,功能指令的种类和数量也不同,例如,FX_{0S} 型 PLC 有 9 类 68 条功能指令,可完成如程序流控制、数据传送和比较、四则运算和逻辑运算、循环位移与移位、高速处理、模拟量处理及外接设备处理等功能。FX_{2N} 型产品有 17 类,上百条指令。一般 PLC 产品在使用手册中列出产品全部功能指令的功能、用法等详细说明,这里通过分析 FX 系列小型机常用的几种功能指令,了解功能指令的构成和使用方法,在具体应用过程中,需要依据可编程序控制器产品使用手册规定的格式编程。

7.2.1 功能指令构成

调用功能指令实际上是在调用具有特定功能的子程序,子程序在执行过程中,往往需要运行参数,在调用子程序的同时需要传送相应的数据。不同 PLC 产品赋值的方式不同,有的采取数据程序段的形式,有的采用标准赋值格式形式,使用中需要遵循 PLC 产品设定的方式编程。尽管不同的产品功能指令调用形式上存在差异,但是在调用方法上,原理是相同的,这里仍然以 FX 系列小型机 PLC 讨论功能指令的结构与使用方法。

1. 功能指令的基本格式

在 FX 系列小型机中,PLC 中功能指令有两种命名方式,一种是依据功能设定的助记符形式,另一种是按功能序号编排的功能号(FNC00~FNC99),例如数据传送功能指令,其编号为 FNC12,指令的助记符为 MOV。在编程软件中,采用梯形图方式编程时,常使用助记符调用功能指令,采用指令表编程时,可以使用功能号调用功能指令,当输入功能号时,软件会自动将其转换为助记符。

PLC 中的功能指令有两种,一种是调用功能指令即可,不需要操作数,即不带参数的功能指令。另一种在程序中调用的功能指令,需要带有参数。调用带参数的功能指令,不仅需要指定功能指令,同时还要按照功能指令的要求,给出 1~4 个操作数(参数),不同指令,需要操作数的数目也不同。FX 系列小型机 PLC 功能指令调用格式见图 7.2.1 所示,图中所示为调用 FNC12 功能指令,是数据传送(MOV)功能指令。从梯形图用助记符调用的表达方式上可以看到,该指令需要 2 个操作数。[S]处操作数称为源数据,执行指令后,此处数据不变;[D]处操作数为目标数据,功能指令执行后,此处数据会有相应的改变,图示例子中源数据[S]为一常数 K100,字母 K 表示数据为十进制常数;目标数据[D]的操作数为数据寄存器地址 D10,执行该功能指令的结果是将源地址的数据 K100 传送到目标地址 D10 中。

LD　X002
MOV　K100　D10

图 7.2.1　功能指令调用格式

当功能指令出现多个源数据或目标数据要求时,则在字母后加序号表达,例如[S1]、[S2]、[D1]和[D2]等,并赋予相应的操作数。FNC12 功能指令需要一个[S]源操作数和一个目标数据[D]。

2. 功能指令编程输入

功能指令数目比较多,对操作数的要求也不同,这就给编程带来一定的难度。目前控制程序通常采用编程软件编制,而编程软件提供了丰富的辅助功能,其中以选择方式输入功能指令,给编程带来极大的方便。当输入功能指令时,点击指令输入对话框的帮助按钮可以打开如图 7.1.3 所示的指令选择对话框,从列出的各种功能指令中选择需要的指令,并可在对话框中点击详细按钮选项,打开参数输入对话框,在软件的提示下,正确输入必要的操作数,如图 7.2.2 所示,以传送指令为例,传送指令 MOV 需要 2 个操作数,详细指令帮助对话框中给出了操作数的类型和范围,以帮助选择。

3. 常用功能指令

目前 PLC 产品中,功能指令使用得很广泛,在前面分析功能指令结构的基础上,通过下面一些常用功能指令的讨论进一步认识这种指令使用的方法。

(1) 条件跳转指令 FNC00(CJ)

在 6.4 节关于指令系统的内容中,已涉及条件跳转指令。条件跳转指令也属于功能指令,当跳转条件满足时,实现跳转,达到选择执行程序段的目的。跳

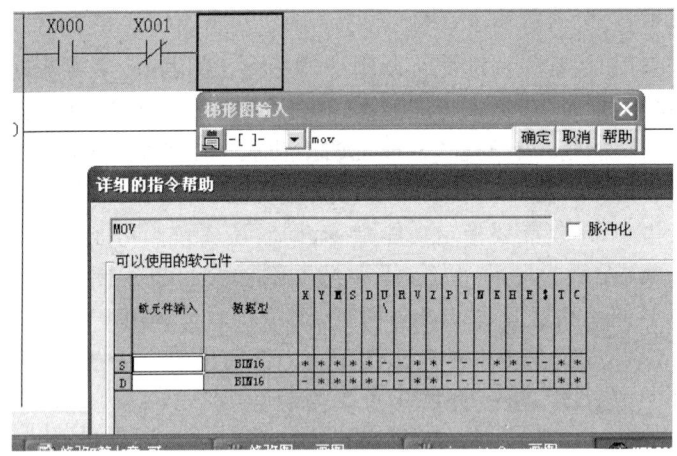

图 7.2.2 功能指令操作数选择界面

转指令需要一个操作数,指明跳转到达的程序语句,该操作数为指针地址 P0~P63,用于指定跳转目标程序段。当控制跳转条件满足(控制触点为 ON、处于闭合状态)时,触发跳转,跳过程序部分的指令不执行。跳转条件不满足(控制触点为 OFF)时,跳转不执行,程序按原顺序向下执行。应用条件跳转指令时的梯形图及语句编程如图 6.4.9 所示。

(2) 比较指令 FNC10(CMP)

比较指令 FNC10(CMP)用于根据数据比较结果形成的选择条件,完成转移控制。比较指令 FNC10(CMP)需要 3 个操作数,即源数据[S1]、[S2]和目标地址[D],该指令执行过程有两个部分,一是对[S1]和[S2]两个数据进行比较,二是将比较结果送目标地址[D]中,后续程序利用目标地址中的数据状态,选择进入不同的控制语句,比较指令格式如图 7.2.3 所示。

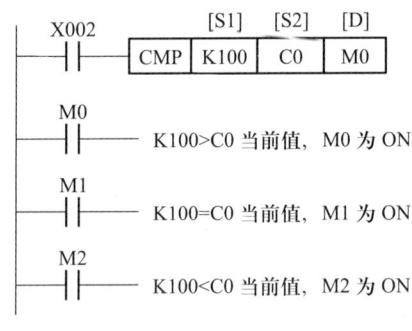

图 7.2.3 比较指令格式

图 7.2.3 中梯形图显示,当 X002 闭合时,触发比较指令,此时程序将[S1]的常数 K100 与[S2]计数器 C0 的计数数据进行比较,根据比较结果,对 M0、M1 或 M2 置位,从而达到选择控制的目的。

(3) 右移位指令 FNC34(FSTR)与左移位指令 FNC35(FSTL)

脉冲型右移位指令 FNC34 与左移位指令 FNC35 用于在脉冲信号作用下将位状态向右或向左移动。移位指令需要 4 个操作数,分别为源数据[S]内的置位数据、目标地址[D]内的移位数据、n1 标明移位数据的位数，n2 标明移位数据的移动位数，左移位指令格式和移位过程如图 7.2.4 所示。

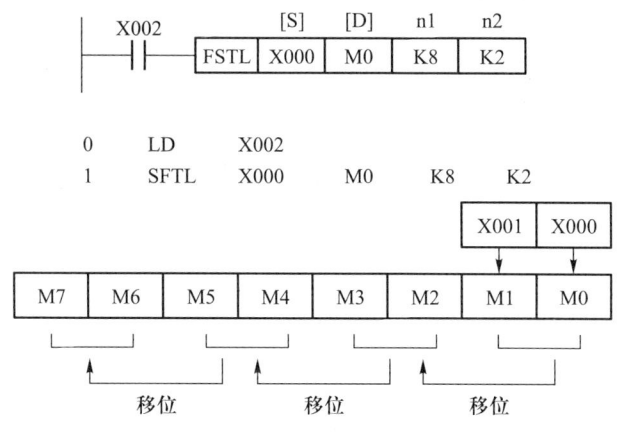

图 7.2.4　移位指令格式和移位过程示意图

图 7.2.4 所示梯形图上[S]为输入置位信号 X000，当移动位数大于一位时，X000 为首地址，[D]为用 M0 表明的移位元件，由辅助继电器组成，并且 M0 是这组辅助继电器的首地址，n1 指定了从 M0 开始组成移位元件的辅助继电器个数，n2 指定每次移动的位数，使用 X002 脉冲上升沿触发移位，例如当 X002 闭合时，则执行一次移位，移位指令格式和移位过程如图 7.2.4 所示。

(4) 全部复位指令 FNC40(ZRST)

全部复位指令 ZRST 用于对指定区域内的元件进行整体复位操作。指令需要 2 个操作数指明复位区域，操作数[D1]指明起始数据地址，[D2]指明结束地址，指令格式如图 7.2.5 所示。图示为完成对状态器 S0~S30 和计数器 C0~C5 的整体复位操作。

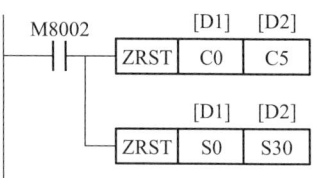

图 7.2.5　整体复位操作

(5) 状态初始化指令 FNC60(IST)

状态初始化指令用于对指定元件进行状态初始化，同时对一些特殊辅助继电器进行自动切换控制，当触发执行状态初始化指令后，这些指定元件按给定状态置位，特殊辅助继电器自动切换。该指令使用过程中往往与步进指令 STL 组合使用，自动设置具有多种工作方式控制系统的初始状态和相关特殊辅助继电器的状态，极大地简化多种工作方式控制程序编制过程。IST 指令的格式如图 7.2.6 所示，指令需要 3 个操作数，分别为 S、D1 和 D2，[S]用于多种工作方式选择开关输入的起始地址，可用的编程元素有 X、Y 和 M，[D1]是自动程序中

SFC 功能图中使用的状态器 S 最小地址编号，[D2]是最大地址编号（D1<D2）。IST 指令实际是一个应用指令宏，规定了一组给定控制功能的元件，图示操作数 S 定义了 X20 起始，顺序 8 个可用于输入信号存放地址。D1 定义步进程序使用的起始地址 S20，D2 定义结束地址 S27，共 8 个通用状态器用于步进控制。状态器与特殊辅助继电器使用规定如表 7.2.1 所示。

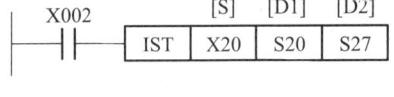

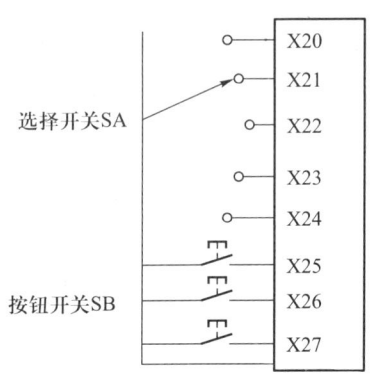

图 7.2.6　初始化指令格式与源数据定义示意图

表 7.2.1　IST 指令作用元件

输入元件		状态元件		特殊辅助继电器			
编号	功能	编号	功能	编号	功能	编号	功能
X20	手动操作	X24	连续运行	S0	手动操作初始状态	M8040	状态转移禁止
X21	回原点	X25	回原点启动	S1	回原点初始状态	M8041	状态转移开始
X22	单步	X26	自动运行启动	S2	自动运行初始状态	M8042	启动脉冲
X23	单循环	X27	停止	S3~S9	其他应用初始状态	M8047	STL 监控有效

7.2.2　功能指令应用实例

功能指令的应用增加了控制功能的多样性，方便实现各种控制目的。下面通过应用实例，进一步了解功能指令的使用。

7.2.2.1　产品装箱状态显示控制

[例 7.2.1]　产品装箱状态显示控制

生产线上产品装箱时,要求每箱装100只产品,当箱子装满后,移出满箱,换入空箱继续装箱。为监视工作状态,控制程序中含有工作状态显示功能,产品装箱控制中装箱状态显示控制采用比较功能指令,可以使控制简洁方便,其控制梯形图如图7.2.7所示。

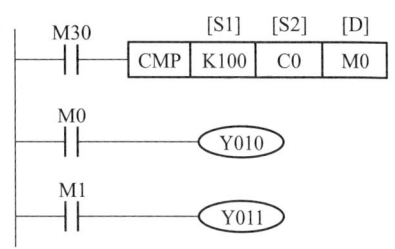

图7.2.7 装箱状态显示控制

图示控制程序中,使用计数器C0对装箱产品进行计数,使用显示灯标明装箱工作状态。当设备开机工作开始装箱,计数器对装入箱内的产品计数,同时M30触点闭合,执行比较指令,此时指令操作将常数K100与计数器C0的计数值进行比较,并根据比较结果对M0、M1或M2进行置位,当比较结果为K100=C0当前值时,M1置位为ON状态,触点闭合。当比较结果为K100>C0当前值时,M0置位ON,触点闭合。因此通过辅助继电器M0、M1的触点分别控制装箱状态显示灯。当计数器计数值小于100时,触点M0闭合,输出端口Y010驱动装箱工作状态显示灯亮,当计数器计数值等于100时,触点M1闭合,输出端口Y011驱动换箱工作状态显示灯亮。由于此处状态显示只涉及[S1]=[S2]和[S1]>[S2]两种比较结果,因此使用M0和M1即可满足工作要求。

7.2.2.2 机械手运行控制

机械设备在生产中需要具备多种工作方式,例如设备调试过程中所需要的点动控制、单步动作控制、单循环工作控制,正常生产时需要全自动工作控制。满足设备同时具有多种工作方式控制要求的电气控制系统需要考虑的因素较多,控制系统的设计过程也很复杂。当采用初始化指令,并组合特殊辅助继电器M,利用步进控制的特点时,可使得在设计过程中不需考虑多种工作方式初始化激活,以及各个工作方式之间的切换,只需考虑各工作方式需完成的控制即可,从而使设计工作得到简化。下例仍将借助机械手设备控制设计编程,讲述采用初始化指令编程的使用方法。

[例7.2.2] 多工作方式控制(机械手设备控制)

在前面章节讨论机械手控制实例中,涉及的仅是自动工作控制一种工作方式,实际机械手控制还要求具备手动控制功能和回原点的控制功能,在自动工作中还要求有单周期循环工作和连续循环工作,所以机械手控制是典型的具有多种工作方式要求的控制系统,其控制系统程序设计过程如下。

1. PLC编程元素定义

分析机械手控制系统的控制要求、设备使用的电器元件后,可得到PLC端口地址分配以及使用的编程元素等分配说明,如表7.2.2所列。

表 7.2.2 机械手控制用 PLC 地址分配表

元件	地址	说明	元件	地址	说明
SQ1	X001	手原位行程开关	YV1$_1$	Y001	驱动夹紧电磁铁
SQ2	X002	夹紧到位行程开关	YV1$_2$	Y002	驱动放松电磁铁
SQ3	X003	手正转到位行程开关	YV2$_1$	Y003	驱动正转电磁铁
SQ4	X004	手反转到位行程开关	YV2$_2$	Y004	驱动反转电磁铁
SB4	X010	夹紧手动按钮			
SB5	X011	松开手动按钮	状态器 S	S0	手动操作初始状态
SB6	X012	正转手动按钮		S1	回原点初始状态
SB7	X013	反转手动按钮		S2	自动工作初始状态
SA1	X020	手动操作选择开关		S10	返回原点动作
SA2	X021	回原点选择开关		S11	返回原点动作结束
SA3	X022	单步选择开关		S20	自动工作夹紧
SA4	X023	循环运行一次(单周期)选择开关		S21	自动工作正转
SA5	X024	连续运行(自动)选择开关		S22	自动工作放松
SB1	X025	回原点启动按钮开关		S23	自动工作反转
SB2	X026	自动运行启动按钮开关		M8040	ON 状态,禁止所有状态转移
SB3	X027	停止按钮开关		M8041	自动方式时 ON,状态开始转移
				M8043	返回原点结束
				M8044	原点条件
指令	IST	指令使 S0、S1、S2 ,M8040、M8041、M8042、M8047 自动受控;指令指定 X020～X027 操作方式,X020～X024 只允许一个接通,不能同时接通			

2. 机械手控制程序设计

(1) 主程序 MAIN 设计

由于采用初始化指令 IST,因此可以将控制要求手动操作、回原点复位和自动工作三种工作方式分别通过初始状态器 S0、S1、S2 进行控制,初始状态器 S0 控制手动操作,S1 控制回原点复位,S2 控制自动工作,选择开关 SA 选择需要的工作方式。开关使用示意图如图 7.2.8 所示,开关定义如表 7.2.2 所示,控制程序结构如图 7.2.9 所示,程序由 4 个控制块构成,即初始化块、手动块、回原点块和自动块,如图 7.2.10 所示。

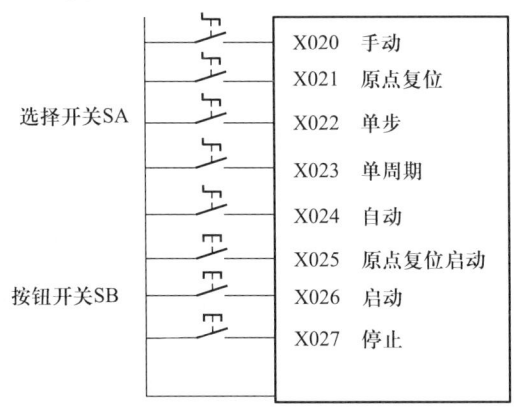

图 7.2.8 开关使用示意图

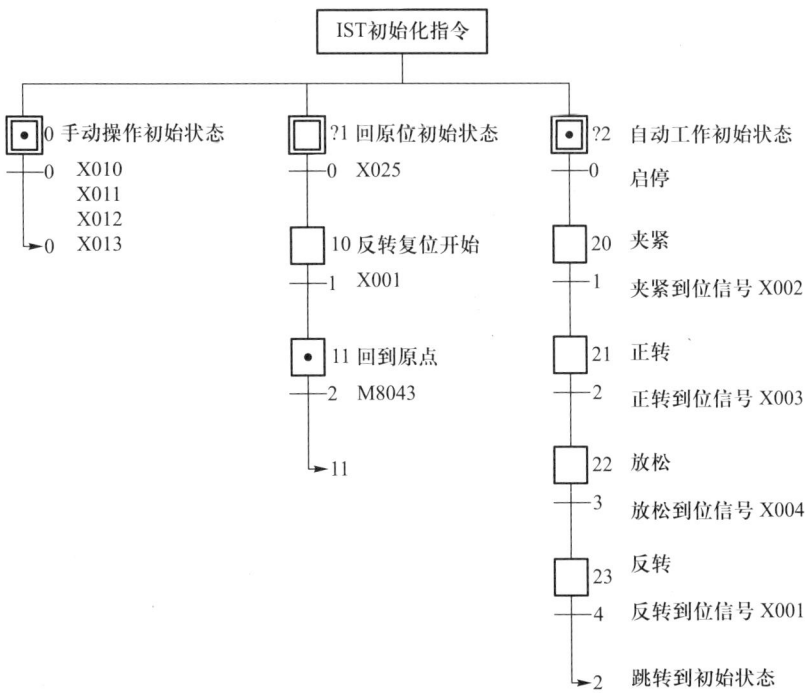

图 7.2.9 控制程序结构示意图

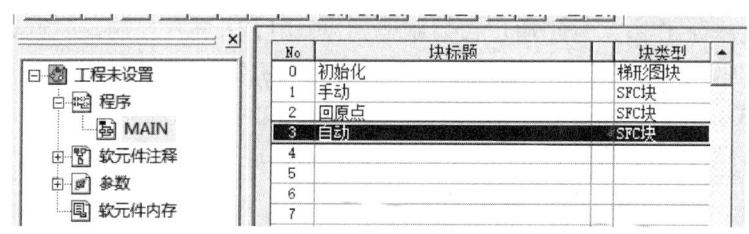

图 7.2.10 MAIN 主程序 SFC 功能块定义

由于 IST 指令的初始化功能,调用该指令以后,指令定义的编程元素(软元件)均进入指定状态,具体编程工作主要是针对工作方式状态内的控制进行编程。

(2) 初始化块编制

输入编辑初始化块时,双击块列表中初始化块名即可打开编辑窗口,在右侧梯形图输入窗口输入控制梯形图如图 7.2.11 所示。原位行程开关 X001 闭合,电磁阀 Y001 和 Y002 断电,三条件满足接通原点条件辅助继电器 M8044。运行状态下 M8000 常开触点闭合,调用 IST 指令,该指令使 S0、S1、S2、M8040、M8041、M8042、M8047 等元件自动受控,同时 IST 指令还指定了(X020~X027)几种操作方式,X020~X024 用于选择开关 SA,每次只允许一个工作方式接通,不能同时接通。程序如图 7.2.11 所示。

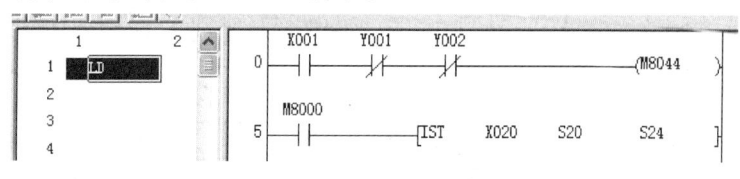

图 7.2.11 初始化块编程

(3) 手动操作块控制程序编制

手动操作是指依据设备单独给定动作要求,使用单独按钮分别控制对应给定电器的通电或断电。

选择手动操作的选择开关为 SA1(X020),当该选择开关位于手动控制状态时,由于 IST 指令置手动状态继电器 S0 为 ON,所以按下夹紧按钮 SB4(X010),Y001 输出信号使电磁阀线圈得电,机械手夹紧工件。同样,按动其他按钮,可以完成机械手松开、正转、反转等动作。手动操作块的梯形图程序如图 7.2.12 所示。

(4) 回原点复位块程序编制

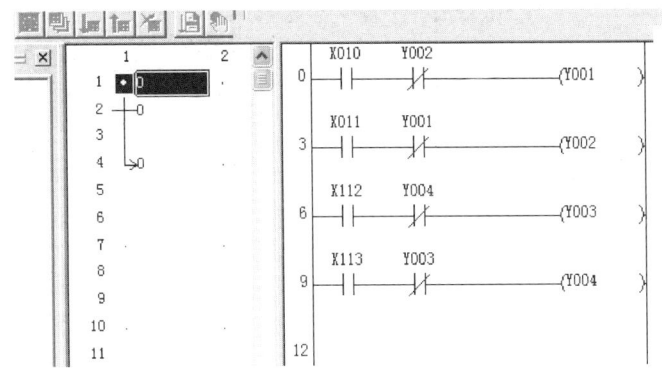

图 7.2.12 手动操作块控制程序

当设备调试过程结束,或自动工作过程中发生停电,设备都可能处于没有停在原位的状态,满足不了自动工作的初始启动要求,使得设备无法进入正常工作,所以必须使设备恢复原位状态,回原点状态控制块完成回原点复位的控制功能。

选择回原位的选择开关为 SA2(X021),当该选择开关位于回原点工作方式时,因 IST 指令置状态器 S1 为 ON,所以按下回原点按钮 SB1(X025),控制即由初始状态器转移到回原位控制状态器 S10(规定用状态继电器 S10~S19 控制回原点动作),状态内控制机械手反转,机械手反转到位压动原位行程开关 SQ1(X001),工作状态由 S10 转移到 S11 状态,在 S11 状态,返回原点结束辅助继电器 M8043 置位,完成机械手回原点动作,回原位的控制程序如图 7.2.13 所示。需注意的是,如果选择开关在 M8043 接通前,改变运行方式,则由于 IST 指令的作用,使所有输出被关断。

(5) 自动块程序编制

设备在开始自动工作之前,需要进行单步运行,单周期试运行,以检查设备动作是否符合要求,所以设备的工作方式控制还包含有单步运行控制、单周期运行控制和全自动运行控制,当使用 IST 指令时,利用其对启动按钮 SB2(X026)、辅助继电器 M8040 和 M8041 的控制,可以很方便地实现这样的控制功能要求。

1) 单步运行

单步运行是每按启动按钮一次,前进一个工步。当选择开关 SA3(X022)选择单步运行时,通过启动按钮 SB2(X026)控制辅助继电器 M8040 完成。

调用 IST 指令后,指令使 M8040 为 ON 处于接通状态,禁止所有状态转移。但是,当按下启动按钮 SB2(X026)时,可以使 M8040 为 OFF,处于断开状态,解除禁止转移,所以按动一次启动按钮,可以使状态按顺序转移一步,从而借助

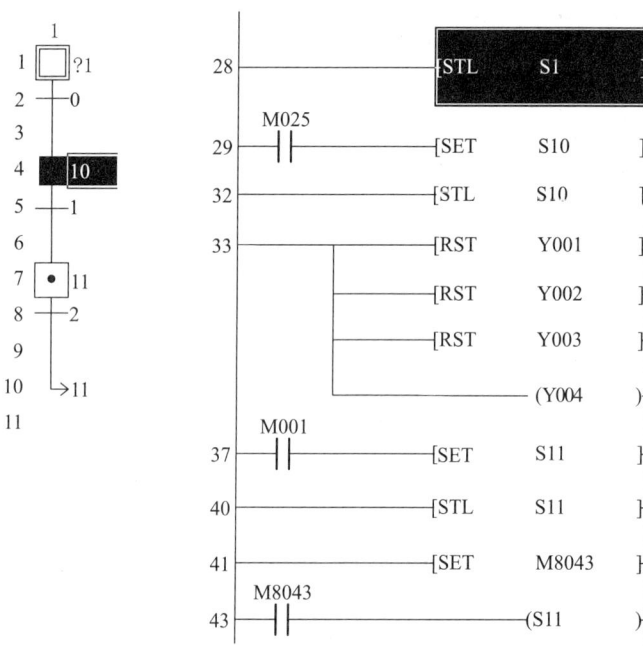

图 7.2.13 回原位控制程序

M8040 功能,即可按图 7.2.14 所示状态流程逐步完成状态流程中的所有工步。

2) 单周期运行(半自动运行)

单周期运行是在满足原点的位置要求,按下启动按钮,进行一次自动工作运行并在原点停止。当选择开关 SA4(X023)选择单周期运行时,通过启动按钮 SB2(X026)控制辅助继电器 M 8041 完成。

在调用 IST 指令后,因 IST 指令使转移开始,辅助继电器 M8041 仅在按启动按钮 SB2(X026)时接通,松开启动按钮,M8041 恢复 OFF 状态。由图 7.2.14 可知,当完成一个工作循环后,因转移条件控制 M8041 为 OFF 状态,状态器 S2 不能再转移到状态器 S20,所以只能完成单周期运行。

3) 全自动运行

设备全自动运行是指设备处于连续循环运行状态,当设备满足在原点位置条件下按启动按钮,开始连续运行,若按停止按钮,则运行至原点位置停止,选择开关 SA5(X024)选择自动循环工作方式。

当选择开关 SA5(X024)选择自动循环时,因 IST 指令使转移开始,辅助继电器 M 8041 一直保持 ON,机械手回原点后原位辅助继电器 M 8044 为 ON,满足设备启动的条件要求,按下启动按钮 SB2(X026),设备开始自动循环工作,并按

图 7.2.14 所示流程连续运行。

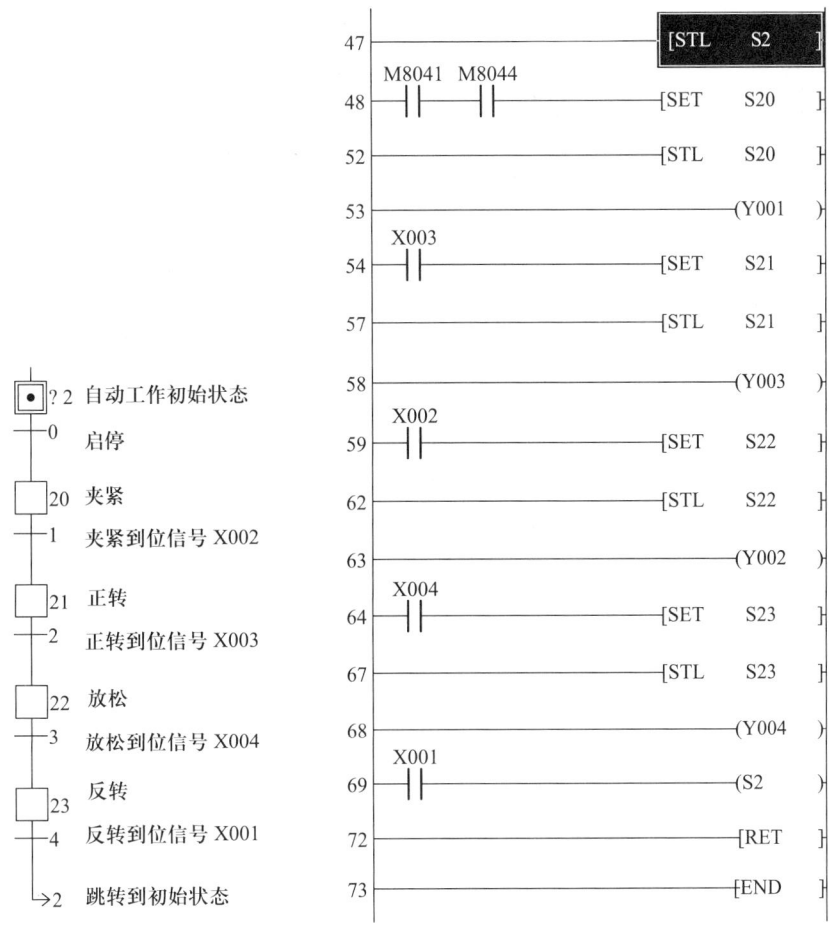

图 7.2.14 全自动控制块程序

由上面实例可知,该控制系统编程时用了初始状态功能指令(IST 指令),使控制程序变得非常简单。

7.3 监控组态软件在 PLC 控制系统中的应用

对设备运行而言,实时监控系统能够及时反映设备工作状况而有着广泛的应用需求。在由 PLC 构建的设备控制系统中,PLC 编程软件可以对设备运行进行实时监视。例如 6.5 小节讲述的 PLC 编程软件,当 PLC 与计算机处在在线

(online)状态时,可以选择监控命令,使处于梯形图输入方式下的程序编辑窗口成为 PLC 运行监控窗口,随着 PLC 主机运行,窗口中梯形图的触点与输出线圈上将会出现绿色亮块。有绿色亮块的控制点显示该点的状态为 ON,即触点闭合,线圈通电;反之为 OFF,触点打开,线圈断电,因此能够实时对 PLC 工作状态进行判别。但是由于受界面显示数据量以及显示方式的限制,监控数据不直观、不全面,且功能比较简单,只能满足设备调试使用,难以满足日常设备工作状态监控要求。

组态软件是面向监控与数据采集的软件平台工具,主要用于组建设备的监控系统,实现通过图形界面方式,直观显示设备系统运行状况。随着组态软件的快速发展,软件对实时数据库、实时控制、联网通信,以及对各种数据采集与控制设备(数据采集卡、PLC 设备等)等的支持功能不断加强,目前已成为一类应用性强、通用性好的软件工具,在组建各种设备监控系统中得到广泛应用。

使用组态软件制作 PLC 监控软件系统,可以通过由图形元素构成类似监控设备对象的图形画面,并在 PLC 信号驱动下,以动画的形式直观明了地实时显示整个设备运行过程,甚至能够在设备运行过程中人为介入,控制处理特殊情况,因此采用组态软件构建 PLC 监控组态软件系统很快成为 PLC 应用中的一个重要方面。在这一节里,我们将通过组态软件使用实例,简单讲述组态软件的基本概况和组建 PLC 监控组态软件的基本方法。

7.3.1 组态软件应用概述

组态软件是伴随着计算机技术的突飞猛进发展起来的。1975 年世界上第一套组态软件出现至今天,监控组态软件经历了从专用、封闭的阶段到现在的通用、开放的阶段。早期组态软件由于软件成本与使用成本居高不下,难以在中、小型系统中广泛使用。随着个人计算机的普及与开放系统(open system)概念的推广,基于个人计算机的监控系统开始得到广泛的应用。

PLC 控制系统中使用组态软件建立监控系统,也经历了上述过程。最初的组态软件产品由于各种外接设备的通信协议不同,各 PLC 生产商仅销售针对自己产品的组态软件,与其他厂商产品不能兼容,例如早期西门子的组态软件 GRAPH S5 等,这使得组态软件使用受到一定的局限性。随着组态软件产品在普通个人计算机上开始使用,对产品的通用性能要求成为监控软件推广使用的焦点,组态软件使用的前景,使很多 PLC 生产商公开自己 PLC 产品的通信协议,利用普通计算机通过组态软件构建 PLC 运行监控系统成为经常采用的方法,因此系统构建成本也大幅度地降低,目前几乎所有的 PLC 监控系统都使用这样的构建形式,由组态软件构建的 PLC 设备运行监控系统被广泛地用于各类控制系统,例如无人值守的远程监视(如江河汛情监视,交通管制与监控)、数据采集与分析(如生产线产品生产状况,各种设备状态的自动检测)、各种生产过程控制等。

组态软件构建的监控系统不仅用于监控自动化系统运行,同时也是自动化系统数据收集和处理中心,远程监视中心和数据转发中心。通过监控组态软件与普通数据库连接,还可将设备运行数据保存到普通数据库中,以提供其他系统使用。监控组态软件在自动化系统中的位置如图 7.3.1 所示。使用监控组态软件,操作人员可在它的支持下完成如下一些工作:

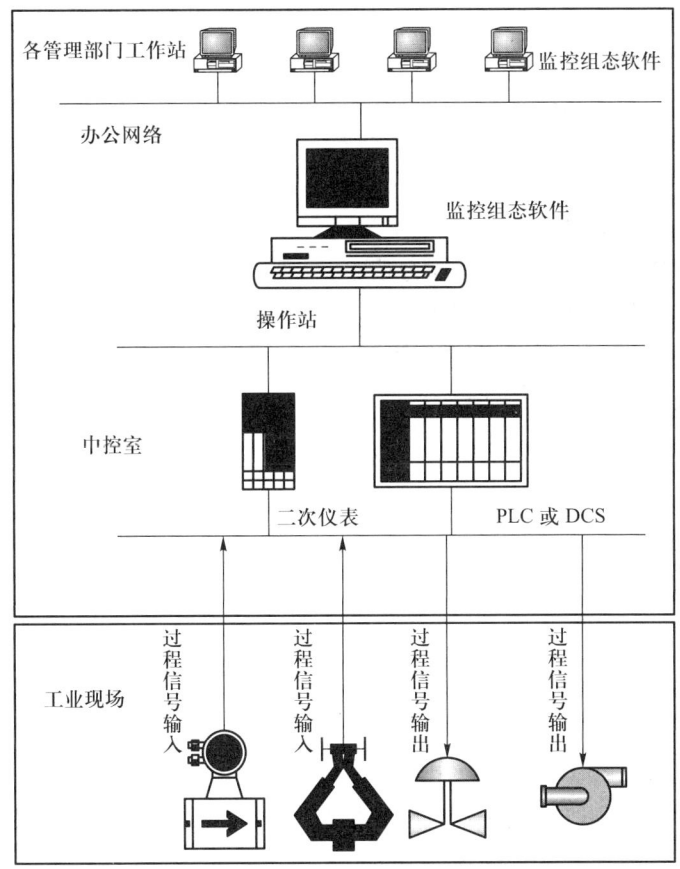

图 7.3.1　监控组态软件使用位置示意图

① 通过监控画面查看实际设备的运行过程与实时数据。
② 自动打印各种实时/历史数据报表。
③ 自由浏览各个实时/历史趋势画面。

④ 及时得到和处理各种异常情况的报警。

⑤ 在需要时,人为干涉生产过程,修改生产过程参数和状态。

⑥ 与管理部门的计算机联网,为管理部门提供生产实时数据。

7.3.2 组态软件的主要功能与组态步骤

使用组态软件构建 PLC 监控软件系统需要满足 3 方面的工作要求,一方面是能够通过 PLC 主机从现场获得实时数据,并对数据进行必要的处理,再以图形的方式将实时数据(设备实时工作状态)直观地显示在计算机屏幕上,另一方面是能够按照组态要求和操作人员的指令,将控制数据传送到 PLC 主机,对设备执行机构实施控制与调整。第三方面是在实时监控设备运行的同时,还能够对设备工作的历史数据进行记录留存,对异常工作情况进行声音报警以及图像显示报警等。目前组态软件针对这些需求配置有相应的组态软件工具,这些软件工具形成组态软件的基本功能。

1. 组态软件功能

一般组态软件以动态数据库为核心,建立如图 7.3.2 所示的数据处理流程。PLC 主机数据经由计算机通信接口,进入监控组态系统(组态软件)动态数据库,通过动态数据库的数据驱动图形界面图形元素,监控界面利用图形元素的动态变化显示外部设备工作状态。

图 7.3.2 数据处理流程

组态软件通常由两部分构成,一为组态环境,一为运行环境。组态软件结构如图 7.3.3 所示。在组态环境中,人们可以依据监控对象及监控要求,制作监控组态系统,然后通过运行环境,运行该监控组态系统,实施对外部运行设备工作状态的监控。进行监控组态软件的组态设计工作主要涉及如图 7.3.4a 所示功能的实现。

在组态软件中,根据数据处理流程形成该软件的几个基本功能,基本功能之间的结构关系如图 7.3.4b 所示。由组态软件功能结构示意图,我们不仅可以看到各功能之间的关系,同时也可看出利用组态软件进行 PLC 监控系统组态时需要完成的工作内容。

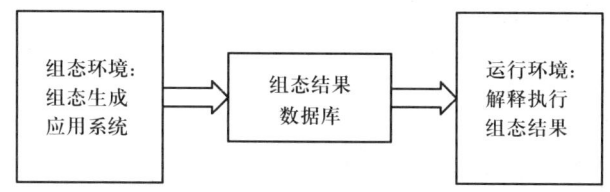

图 7.3.3　组态软件结构示意图

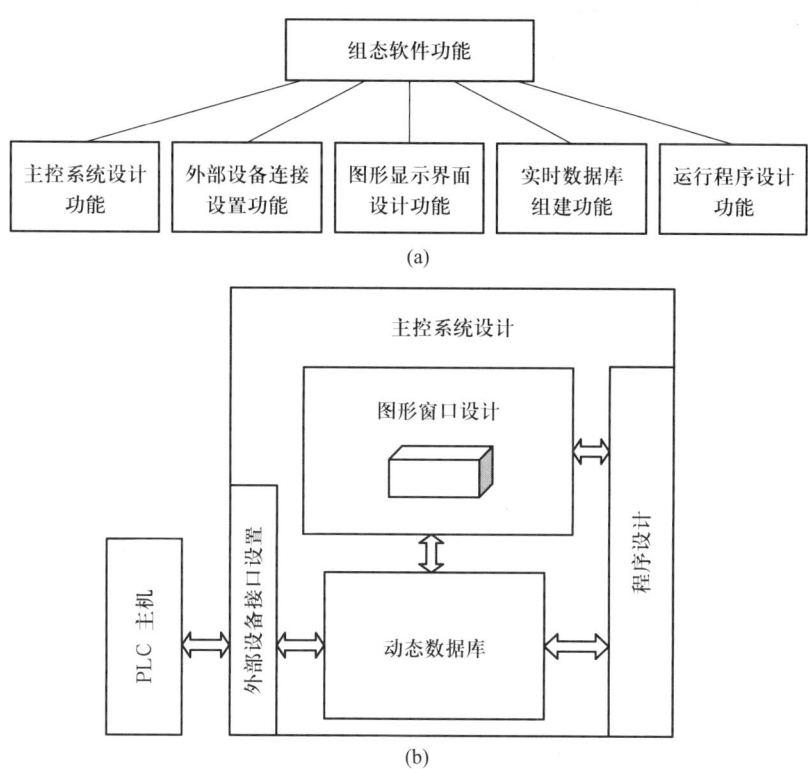

图 7.3.4　组态软件功能结构

2. PLC 监控系统组态步骤与内容

使用组态软件工具构建 PLC 设备监控组态系统的主要工作是在组态环境中组态生成监控应用系统,通常需要完成下列工作。

① 监控对象分析。
② 监控组态软件结构方案设计。
③ 软件动态数据库数据变量定义。
④ 图形显示界面窗口设计与动画属性设置,数据变量连接。

⑤ 外部设备连接属性设置,数据通道连接。
⑥ 安全机制设置。
⑦ 运行调试。

7.3.3 PLC 监控组态软件组态实例

目前,在组态软件的使用上有多种产品,例如三维科技的力控软件,昆仑通态的 MCGS 组态软件,"组态王"组态软件,Citect 公司的组态软件等。本小节在前面对组态软件工具概况认识的基础上,采用 MCGS 组态软件为例,通过对某物料分选模型监控系统组态应用,讨论一般组态软件工具的使用规律和组态方法。其他组态软件通常在软件结构、功能定义和操作方式上有所差异,但是应用基本原理类似,可以按照产品软件使用要求完成组态过程。

[例 7.3.1] 物料分选模型监控组态软件设计

1. 控制对象分析

分析监控对象是确定监控目标的基础,在开始进行组态工作之前,首先需要对监控对象进行剖析,通过剖析确定现场采集的数据类型与数量。对 PLC 设备而言,需要确定送入组态监控系统的数据类型与数目,即确定数据对象(监控点),同时也需要确定 PLC 主机类型与通信接口类型,以便在定义设备时做出正确选择。

在此例中,控制对象为一简单机械系统,分选设备系统结构示意图如图 7.3.5 所示。机械运动部件为一回转圆盘送料机构,将料仓中的不同物料依据指令信号送入不同的滑道进行分选,电动机 M1 驱动小齿轮,并带动送料转盘转动;电动机 M2 带动推料板转动,将物料推入滑道;物料判别及送料转盘在滑道 1~3 处的定位由接近开关发出信号控制。料斗处设置判别物料类型传感器 SQ1~SQ2,滑道处设置检测接近开关 SQ3~SQ5。采用 PLC 构成电气控制系统,控制分选设备自动循环工作。PLC 控制程序的设计方法与前面章节所述相同,此处不再赘述,PLC 的输入/输出信号作为设备工作过程的检测信号,将被传送进入监控组态系统。

分选设备的 PLC 工作监控系统采用 MCGS 组态软件组建,监控系统通过 PLC 的输入/输出端口开关类信号变化,显示和监控分选设备实时工作过程。组态软件的 DDE 功能能够将系统运行过程数据转为 Excel 电子表格数据存放,以备查阅或其他系统调用数据。分选设备的工作系统结构图如图 7.3.6 所示。

2. 监控系统方案设计

通过对监控系统目标分析,在确定监控对象的工作控制流程,监控对象的特征以及监控要求之后,可以进入监控系统方案设计。方案设计内容包括确定监

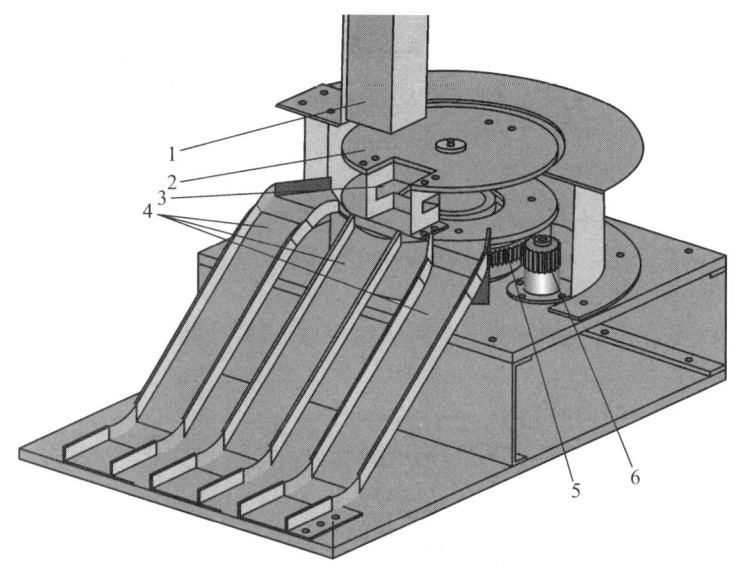

图 7.3.5 分选设备示意图
1—料斗;2—送料转盘;3—推料板;4—滑道;5—大齿轮;6—小齿轮

控系统框架和需要实现的功能,确定监控显示界面(显示窗口)形式与数目、动画显示方式、菜单结构等,同时设计勾画监控画面结构和画面草图。

由于此例为一简单设备系统监控,因此监控系统仅采用基本构成元素。确定系统含主控窗口,用于显示封面窗口、系统功能选择和窗口管理菜单;一个图形窗口作为监控图形界面,画面结构包括采用圆盘、滑道、接近开关和出料口图形元素组合表示被控设备,数量表显示处理数据;全部 PLC 输入/输出信号作为监控界面图形变化的驱动信号。

3. 监控系统组态

通过系统方案设计确定监控系统的总体框架后,具体组态则是通过组态软件提供的工具逐步完成。MCGS 软件是通过窗口构件方式完成具体组态内容。当软件安装后,双击桌面"组态环境"图标,即可进入如图 7.3.7 所示"组态"界面。主控窗口完成封面窗口和窗口管理设置、菜单设计以及安全机制设置;用户窗口用于绘制并设置图形监控界面;设备窗口完成外部设备连接属性设置、数据通道连接设置;实时数据库完成动态数据库数据变量定义;运行策略窗口用于编制运行控制程序。当每个窗口设置结束,就可以完成监控系统组态。

(1) 实时数据库组态

实时数据库是连接外部设备监控点数据与监控图形显示界面对应图形的纽带,也是组态软件中各个部分的数据交换与处理中心。实时数据库的变量包括

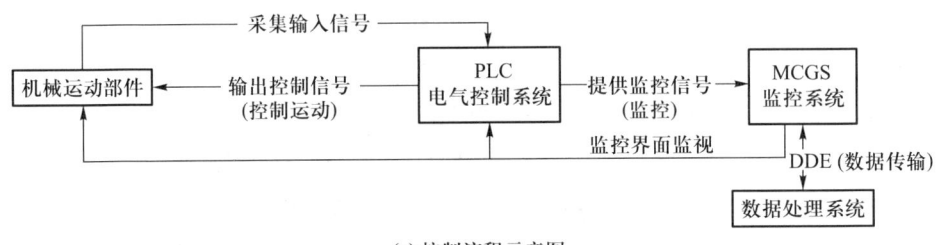

(a) 控制流程示意图

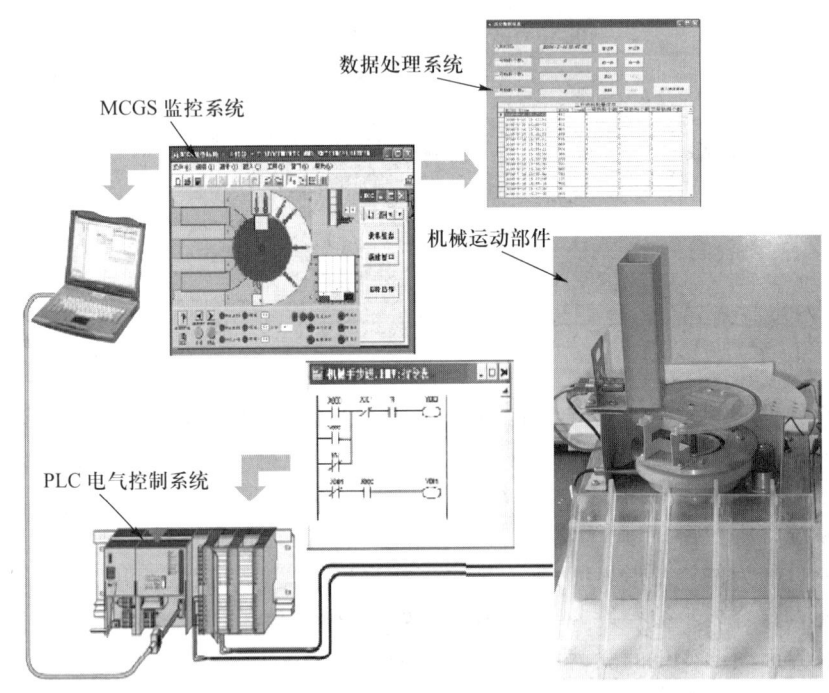

(b) 系统结构示意图

图 7.3.6　控制对象系统构成示意图

与设备连接的变量和组态软件内部用来传递数据及动画显示的变量。与设备连接的变量是在对监控对象分析的基础上，为确定需要监测的数据对象建立的变量，例如开关信号 SB 状态，液压系统电磁阀上电磁铁 YV 的状态等。这些变量与图形显示窗口中相关图形元素具有对应关系，常用做驱动图形元素状态变化；内部传递数据及动画显示的变量是用于使图形动画能够实现逼真运动效果的计算用变量。在建立实时数据库的过程中，利用组态软件工具对实时数据库变量进行定义，建立变量与其他组态部分之间的关联。实时数据库变量与设备控制

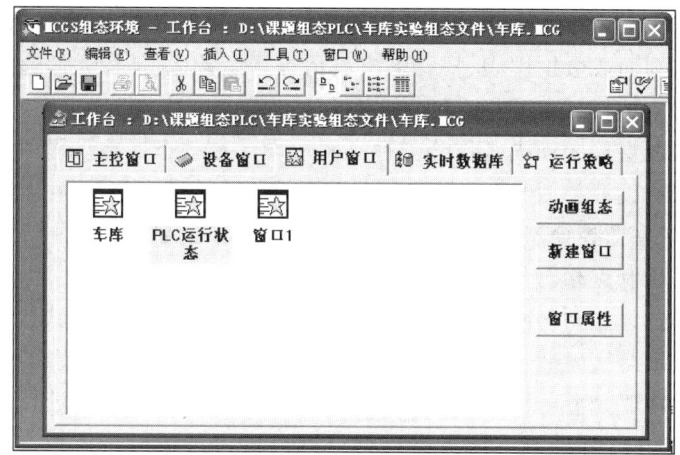

图 7.3.7 组态界面窗口

点(检测数据对象)、图形显示窗口中相关图形以及运行程序等具有对应关系。

使用 MCGS 组态软件是在实时数据库窗口设置变量和进行变量定义。在主窗口界面选择实时数据库窗口,即进入如图 7.3.8 所示实时数据库组态界面。通过[增加对象]按钮可以添加数据对象,使用[对象属性]按钮进入"变量属性"设置,定义数据名字、数据类型,并可添加注释,便于阅读与使用。数据库中数据变量类型定义有开关型、数值型、字符型、事件型等,依据数据性质和使用要求设定。

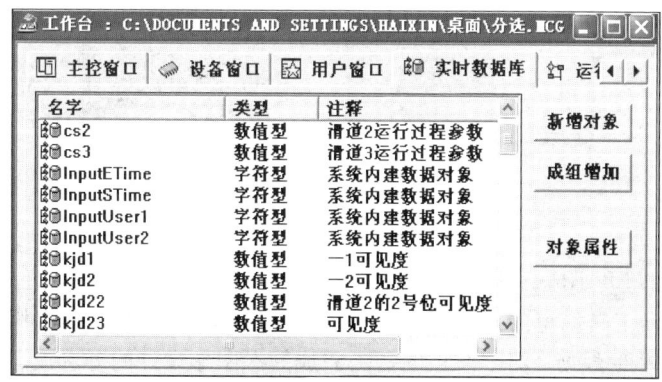

图 7.3.8 实时数据库组态

(2) 图形显示界面设计

图形显示界面设计完成监控画面窗口的组态,是构建监控系统的主要工作之一。监控画面窗口主要用于设置监控系统中人机交互的界面,例如各种动画显示的设备画面或数据图表、报警输出显示等。设备运行时,人们通过监控画面窗口监视设备运行状态,对设备实施控制。

监控画面窗口中动画制作分为静态图形设计和动态属性设置两个过程。

静态图形设计类似于"画画",通过组态软件中提供的基本图形元素及动画图形库,可以在监控窗口内"组合"出类似监控对象的画面,同时在画面中合理安排与设备控制点相对应的图形元素。

动态属性设置则是对窗口中的动画图形进行属性设置,定义图形动画效果,建立动画图形与实时数据库中变量一一对应关系。使实时数据库的变量成为图形动态变化的驱动源。图形动画效果可以采用对图形元素属性进行定义方法设置,也可以通过程序控制方法实现。

使用 MCGS 组态软件是在用户窗口进行监控图形界面设计与组态,选择[用户窗口]后打开组态界面。组态界面如图 7.3.9 所示。系统中监控图形界面允许有多个,可以通过添加窗口功能扩充。

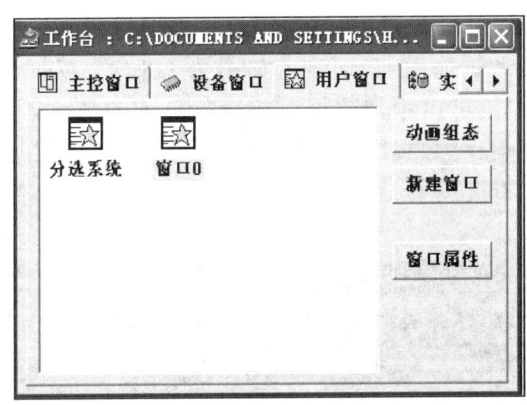

图 7.3.9　图形组态界面

双击"窗口 0"图标,可以打开图形设计窗口界面如图 7.3.10 所示,通过窗口中显示的浮动工具箱里的图形元素工具条,可以选择各种组图工具,组图过程与一般绘图工具软件类似。图中监控图形为完成静态图形设计的分选设备监控画面。

进行动态属性设置时,只需双击需要定义动画属性的图形元素,即可打开"动画组态属性设置"对话框如图 7.3.11 所示。图形属性设置中,"静态属性"定义图形外观特性,"动画连接"选项选定变化方式,变化方式确定后可以打开相应的定义对话框,通过在表达式中选择相应动态数据库中的对应变量,即可建立图形与数据变量的关联。

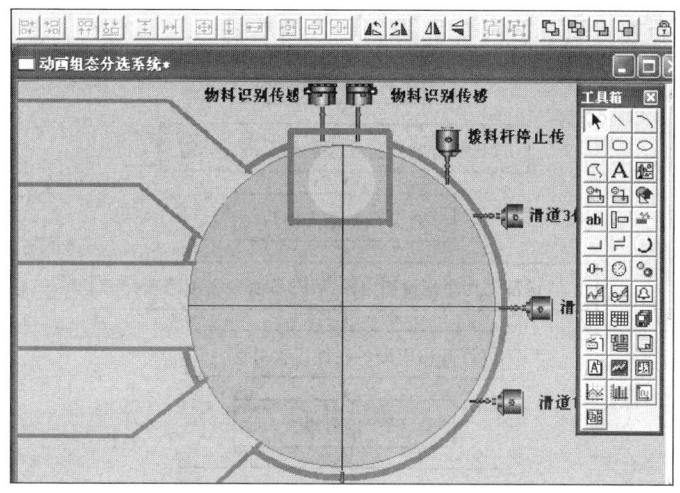

图 7.3.10　图形设计

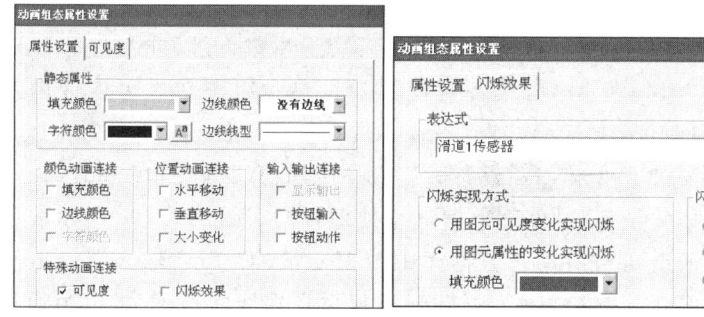

图 7.3.11　动画属性定义

(3) 外部设备连接设置

外部设备连接设置是组态软件建立与外部设备的连接和驱动关系的组态阶段。通过一系列的连接设置,可以配置设备通道,注册外部设备驱动程序,定义与驱动设备相关的数据变量连接,使外部设备数据通过设备连接设置功能与动态数据库中的相应变量一一建立联系。

外部设备连接设置在 MCGS 组态软件中是通过"设备窗口"进行数据定义与组态,选择"设备窗口"后可打开"设备窗口"选项卡如图 7.3.12 所示。

图 7.3.12　外部设备连接设置

完成设备窗口组态的流程如图 7.3.13 所示。

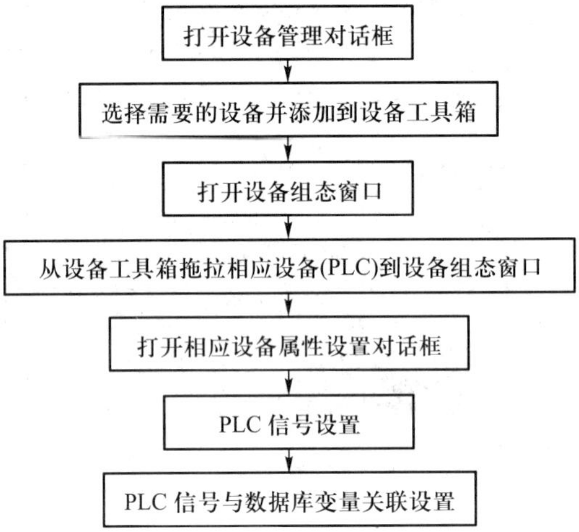

```
打开设备管理对话框
      ↓
选择需要的设备并添加到设备工具箱
      ↓
   打开设备组态窗口
      ↓
从设备工具箱拖拉相应设备(PLC)到设备组态窗口
      ↓
  打开相应设备属性设置对话框
      ↓
     PLC 信号设置
      ↓
PLC 信号与数据库变量关联设置
```

图 7.3.13　设置流程

双击"设备窗口"图标，打开"设备连接设置"窗口，可以进入如图 7.3.14 所示界面。图 7.3.14a 所示为"设备管理"窗口，显示组态软件可连接设备的类型、设备名称和型号，选定后添加到设备工具箱。图 7.3.14b 所示为将选定 PLC 设备放入设备窗口。由于 PLC 设备通过 RS232 通信端口与计算机连接，因此需要添加串口通信父设备，对外部数据进行处理转换。图 7.3.14c 所示表明具体外部设备信号通道与对应动态数据库中数据变量（如 PLC 输入端口地址 I0.0 对应数据库中的开关变量 SQ1）的连接，连接后在在线状态下，可以由通道值查看外部设备信号状态，"0"为开关触点未闭合，"1"则开关触点闭合。图 7.3.14d 所示表明通道数量的调整，数据读写方式。只读数据由外部设备读入监控系统，只写数据由系统将数据写入 PLC 主机，读写数据可双向使用。

(4) 运行程序设计

运行程序设计主要用来完成对系统运行流程的自由控制，使系统能按照设定的顺序和条件，完成实时数据库操作，图形显示窗口的打开、关闭以及动画图形复杂运动轨迹的控制操作，从而达到对监控系统工作过程精确控制及有序调度管理的目的。MCGS 组态软件的程序设计方法类似 VB 程序设计，通过打开运行策略窗口，进入策略组态，在脚本程序窗口可以编制控制运行的程序，从而提高和扩展监控系统的工作能力。进入运行策略窗口如图 7.3.15 所示。

(5) 主控系统设计与安全机制设置

主控系统设计主要完成监控系统的主窗口（主控窗口）或主框架设计。在

第 7 章 可编程序控制器扩展应用

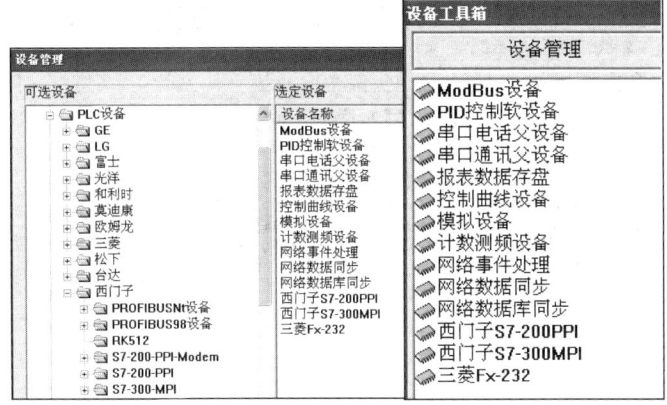

(a)

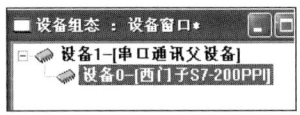

(b)

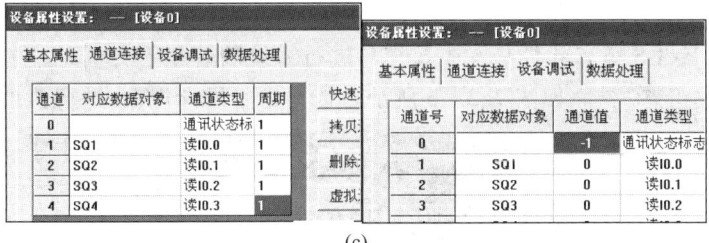

(c)

(d)

图 7.3.14 外部设备连接设置

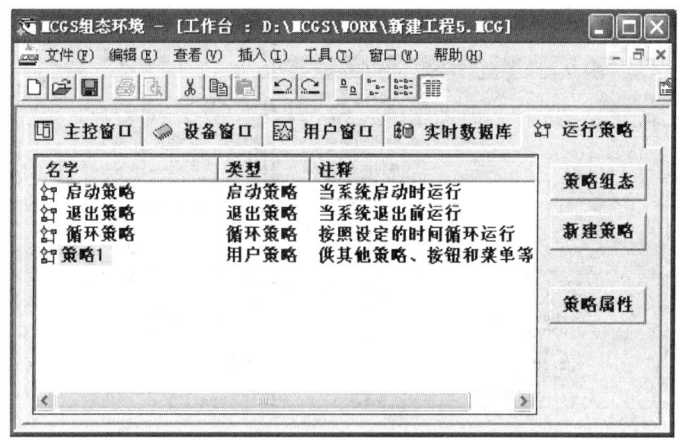

图 7.3.15　运行策略窗口

主控系统设计中,需要定义监控系统的名称、编制监控系统菜单、设计封面图形、确定自动启动的窗口等。主控系统内编制菜单是为了对系统运行的状态及工作流程进行有效的调度和控制。

采用 MCGS 组态软件是在主控窗口进行系统管理组态,选择"主控窗口"后打开"菜单组态"界面如图 7.3.16 所示。依据方案设计规划,进行菜单组态。

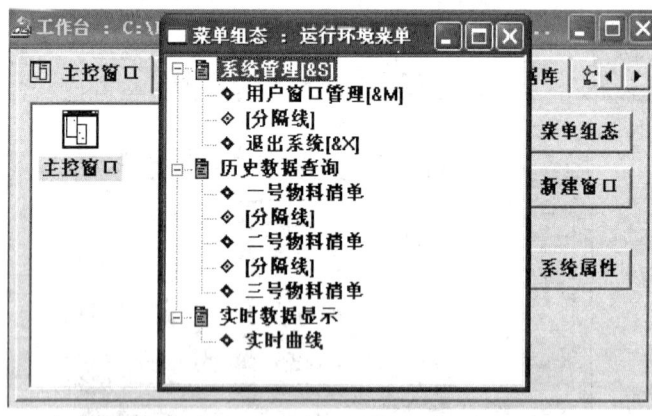

图 7.3.16　主控窗口设计

在工业生产控制中,要求尽量避免由于现场人为误操作所引发的故障或事故,因为误操作的后果有可能是致命的。为了防止这类事故的发生,一般组态软件都提供有完善的安全机制,严格限制各类操作的权限,使不具备操作资格的人员无法进行操作。建立安全机制的要点是严格规定操作权限,不同类别的操作由不同权限的人员负责,只有获得相应操作权限的人员,才能进行某些功能的操作。

采用 MCGS 组态软件可以在主控窗口中进行权限设置,以建立安全机制。打开主控窗口后进入系统属性设置功能,即可进行权限设置。

4. 监控系统运行

经过上述各阶段的工作,完成 PLC 监控组态系统的组态过程,监控系统即可以在运行环境下运行。随着外部设备工作进程,图形显示窗口通过动画形式得到实时响应。

习题及思考题

7-1 简述 PLC 程序中步进控制的特点与步进控制的程序结构。
7-2 比较并简述控制流程图与步进控制功能图的异同。
7-3 步进功能图有哪些主要类型?举例说明。
7-4 采用步进控制方法设计第 4 章中图 4.3.5 所示液压动力滑台的 PLC 控制程序。
7-5 简述功能指令的特点与使用要求。
7-6 简述组态软件在电气控制系统中的作用。
7-7 组态软件必须具有哪些基本功能?
7-8 使用组态软件构建监控系统需要完成哪些组态过程?
7-9 PLC 如何与组态软件交换数据?

第8章 可编程序控制器的 STEP7 编程方法

（西门子 PLC 产品应用）

由前述可编程序控制器编程方法的特点可看出，应用程序的编程思路是源于继电器控制系统设计，典型之处表现在程序以类似电气原理图的梯形图方式编制，这给广大电气设计人员的工作带来了很大的方便，也是使可编程序控制器迅速得到广泛应用的一个因素。但是可编程序控制器实际上也是一台工业用计算机，它具有计算机应用的特点和功能，它的控制程序结构形式也可以像大多数计算机软件程序一样以模块化的形式出现，模块化形式可以使整个程序结构清晰、功能明确，编制大型程序时，其优点更为突出。在实际 PLC 应用编程中，人们也采用类似计算机程序结构形式的编程方式，STEP 7 方法是其中之一。

8.1　STEP 7 编程方法基础

人们常习惯地将基于继电器控制系统思路发展起来的编程语言称之为继电器编程语言，这种编程语言在日本公司的中、小型系列可编程序控制器产品中普遍使用。另一种编程语言是基于电子技术和计算机技术的思路发展起来的，典型应用如西门子公司的 PLC 产品采用的 STEP 5 和 STEP 7 编程方法。

德国西门子 S5 系列 PLC 产品用于规模较大的系统控制，采用 STEP 5 编程方法，S7 系列 PLC 产品是近年开发用于中、小规模系统控制的 PLC 产品，采用 STEP 7 编程方法。STEP 5 和 STEP 7 方法原理基本相同。

由于 S7 系列产品适用于中、小规模的控制系统，在一般小型设备或小型自动线的电气控制系统中使用较多，同时近年来 STEP 7 编程软件系列产品的出现，使得控制系统可用产品类型更多，程序设计也更加方便、快捷，实现的控制功能更丰富。S7 系列 PLC 产品中，S7200 系列为小型集中型产品，用于较小规模的系统控制，S7300/400 系列为模块型产品，用于较大规模的系统控制。

尽管 PLC 产品以及编程软件产品在规模和功能上有所不同，但是其基本原理和使用方法相同，本小节以 S7 系列产品，STEP 7-Micro/WIN 编程软件为例，简单地讲述 STEP 7 编程方法的结构组成和使用基础。

8.1.1 STEP 7 程序结构与程序调用

STEP 7 编程语言编制的 PLC 控制程序采用模块化程序结构形式,这种程序结构形式具有很多优点,例如独立的模块程序易于实现标准化,部分程序修改可以不影响其他部分程序等,STEP 7 编写的程序由一些程序块组成,这些程序块主要有组织块(organization blocks)、程序块(function blocks)、功能块(functions)和数据块(data blocks)等,各种程序块的功能及调用方式分述如下。

1. 程序块

(1) 组织块 OB

组织块 OB 可以看作是可编程序控制器操作系统与用户控制程序之间的界面,由 PLC 操作系统直接调用,缺少组织块,用户程序就无法运行。组织块分为两类,一类组织块固化在主机的 ROM 中,是具有特定功能的固定程序块,实际上就是固化在系统中的子程序,其参数传递采用在编程时按固定格式写入需要数据的方式。如 OB100、OB101 和 OB102 程序块是开机启动程序块,OB20~OB23 为时间控制程序块等。这种类型的程序块数量和种类决定了 PLC 的功能范围,其功能、编号和使用要求在产品使用手册中均详细给予列出。另一类组织块为设计人员编制的程序块,如编号 OB1 的程序循环组织程序块,该程序块构成用户控制程序的主程序部分,用于组合程序中的其他各类程序块。

(2) 程序块 FB

程序块 FB 属于设计人员自己编制,对设备实施具体控制的程序块,这类程序块可以被组织块 OB1 多次调用,在程序块 FB 中也可调用其他 FB 程序块以及调用功能块 FC 和配置的数据块 DB,程序块 FB 可以从数据块等存放数据的地方获得参数。

(3) 功能块(函数块)FC

功能块 FC 也属于设计人员编制的程序类,是具有特定功能的程序块,用于实现反复调用的或完成特别复杂的特定功能。功能块 FC 实际上就是一些子程序,通过赋予不同的变量参数,执行特定功能,例如数学函数计算功能,与第 7 章讲述的功能指令作用类似。功能块可以被 OB1 块和 FB 块调用。可编程序控制器生产厂家也采用程序包形式提供标准功能程序块,人们通常根据自己的特殊控制要求编制功能块。在编制的设备控制程序中调用 FC 功能块时,只需按要求传送数据,运行功能块,即可实现预定控制功能。

(4) 数据块 DB

数据块 DB 是完全由数据组成的块,用于在程序中存储和传递数据。例如功能块需要的参数即通过数据块传送。

2. STEP7 程序构成和工作循环

STEP7 编程方法编制的程序由上述的各种程序块组合构成,程序块之间的调用关系如图 8.1.1 所示。图中可编程序控制器操作系统启动作为主程序的组织块 OB1,通过组织块 OB1 调用程序块 FB、功能块 FC,并可多重嵌套。程序块 FB 可以调用功能块 FC 和数据块 DB,数据块 DB 为 FB 块提供参数。程序运行必须编制有组织块 OB1(主程序),否则用户控制程序将不能运行。

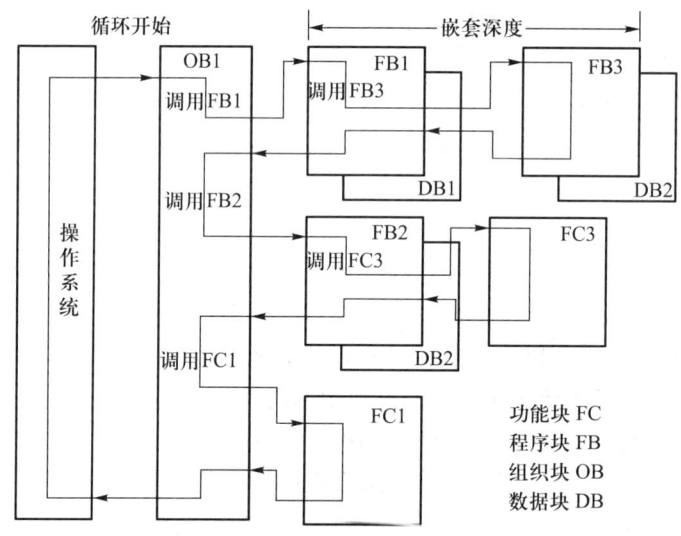

图 8.1.1 程序块组合调用关系

8.1.2 STEP7 编程软件应用简介

STEP7 控制程序使用编程软件编制。对应 S7200 产品系列,编程使用简单标准版 STEP 7-Micro/WIN 编程软件;对应 S7300/400 产品系列,使用 STEP 7 标准版编程软件。更多编程功能还有相应的编程软件,例如高级语言编程软件 S7-SCL、步进顺序控制编程软件 S7-GRAPH 等。

1. STEP7-Micro/WIN32 编程软件概述

简单标准版 STEP 7 编程软件 STEP7-Micro/WIN32 具备了 PLC 设备应用中的基本编程功能,其编程方式介于模块结构化程序与继电器编程方式之间。软件工作界面风格和文件操作与 word 文字处理软件类似,PLC 功能方面则不仅满足 PLC 控制程序的编制,还具有编程软件与 PLC 主机之间程序传送功能、PLC 主机运行监控功能,同时编程软件工作窗口提示辅助功能也很强。

STEP7-Micro/WIN32 编制的用户程序由三类程序块组成,设计人员编制的控制系统主程序为程序循环组织块 OB1,调用的控制程序块 FB 以子程序 SBR 的方式出现,中断处理程序 INT 相当于由事件触发的特定功能的程序块 FC。数据块提供数据存储与传送,其他多种功能采用了功能指令方式,指令使用与前面第 7 章讲述的方法相同,具体软件使用叙述如下。

2. 编程主窗口

通过菜单或双击桌面软件快捷图标进入编程软件即可打开主窗口。主窗口界面包括一个程序编辑窗口、程序构成元素选择窗口、变量表窗口和状态显示窗口。主窗口界面可通过设有的菜单命令和工具条,使编程操作方便、快捷。主窗口界面如图 8.1.2 所示。

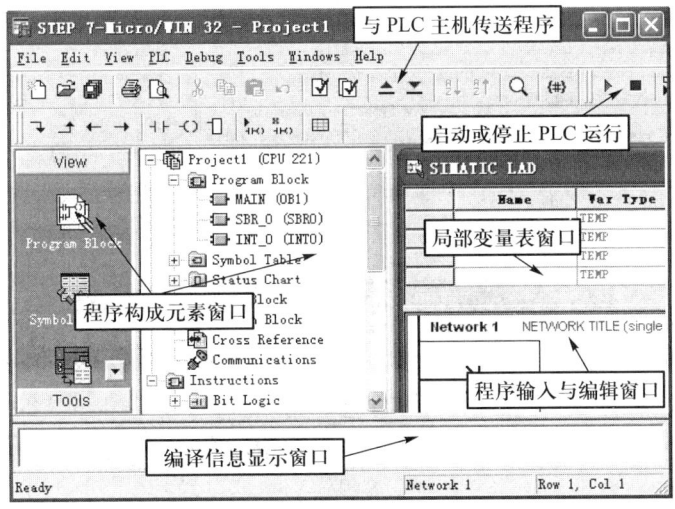

图 8.1.2 编程软件主窗口

3. 菜单命令与快捷工具条

STEP7-Micro/WIN32 编程软件主窗口界面与 office 软件界面类似,有常规的菜单条和快捷操作的工具条按钮,主菜单项包括文件、编辑、帮助等常规操作项,还有针对 PLC 使用的特定项。经常使用的菜单项以及工具条按钮如图 8.1.3 所示。文件菜单项用于处理文件的建立、保存、关闭等操作;编辑项用于控制程序编制中的编辑操作;界面项菜单用于编程界面的选择,例如编程方式的转换,由梯形图编程界面 Ladder 转换成指令表界面 STL,或由指令表界面 STL 转换为逻辑图界面 FBD。其他还有符号表界面、状态图界面等。PLC 项用于对 PLC 主机的操作,在 PLC 主机与计算机连接建立通讯关系的在线状态下,通过软件操作 PLC 主机,例如启动 PLC 主机工作,停止 PLC 主机工作,将计算机软件编制的用户程序下载到 PLC 主机,或者由 PLC 主机读取主机内的用户程序(连线成功后出现的子菜单)。

主窗口界面上设计的快捷工具条可以通过点击其上的快捷按钮实现常用菜单功能。

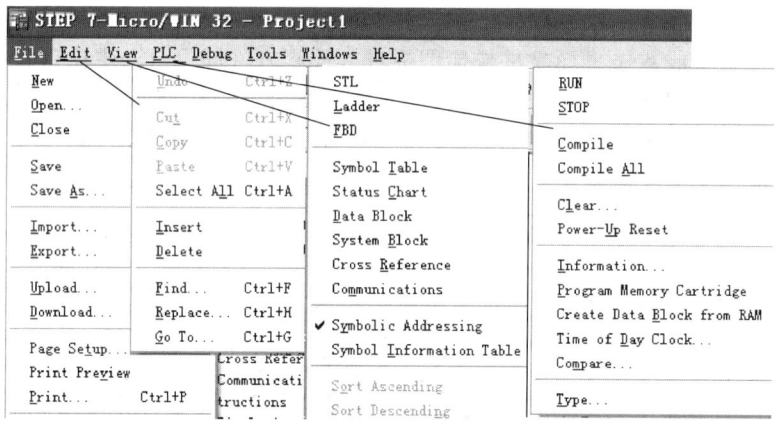

(a) 菜单项

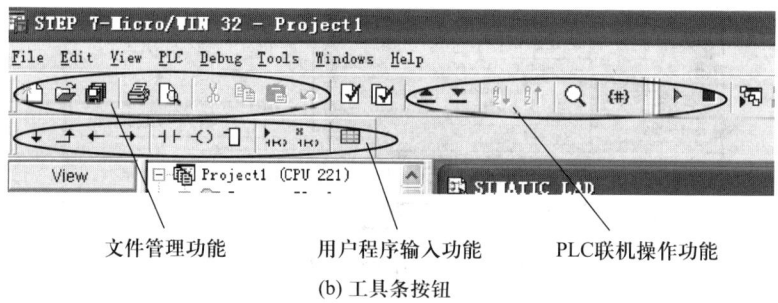

(b) 工具条按钮

图 8.1.3　主窗口菜单项

4. 程序构成元素窗口

通过主窗口中的程序构成元素窗口可以快速进入编程目标,同时对用户程序结构元素和 PLC 功能也能一目了然。程序构成元素窗口如图 8.1.4 所示,在树状目录下,双击选择项目,选择内容即可出现在编程窗口。图中 MAIN(OB1) 为主程序,子程序 SBR 和中断程序 INT 字符后的数字为所编制的程序块序号。编程所需各种指令可以通过打开构成元素窗口中的指令(Instructions)文件夹下的各类指令文件夹,依据需要,拖入编程窗口,即完成选用。

5. 编程方式选择

编程软件中程序的输入方式,不仅有梯形图形式、指令表形式,还有逻辑图

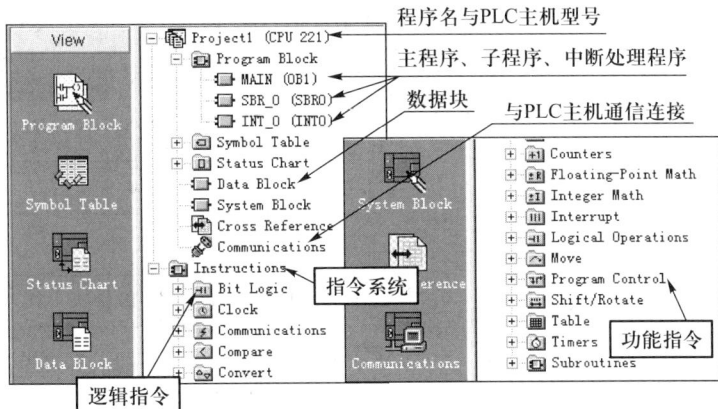

图 8.1.4　程序构成元素窗口

形式,三种程序形式之间通过选择菜单命令 STL(指令表)、Ladder(梯形图)、FBD(逻辑图)自动转换,菜单命令见图 8.1.5。

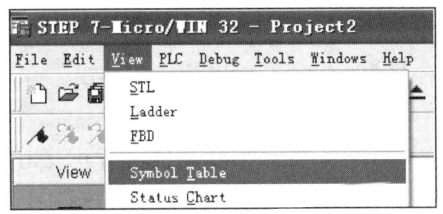

图 8.1.5　程序输入方式选择

尽管编程软件 STEP 7-Micro/WIN 32 的界面与三菱公司产品界面风格不同,但是基本使用方法相同,依据 STEP 7 程序构成要求,在程序块中按照前面章节叙述的指令应用方法,即能够完成用户控制程序编制工作,后面章节将通过应用软件 STEP 7-Micro/WIN 32 编程的实例来具体了解程序编制过程。

8.1.3　STEP 7 编程元素与指令

1. 编程元素(数据类型)

STEP 7 方法使用的编程元素与日本三菱公司 FX 系列机型类似,但是数据地址采用计算机存储地址的表达方式,其编程元素的地址中,字母表明元素类型,数字部分由字节地址、小数点、位地址组成,下面以西门子 S7200 系列 PLC 产品为例,讨论各类元素代号表达方式。

(1) 输入端口 I(相当于输入继电器的作用,使用与 X000 相同)

字母 I 为输入端口代号,输入端口使用地址为:I0.0~I0.7,I1.0~I1.7 等,I 后数字为字节地址,点后数字为该字节的位。输入端口地址如下所示,此时地址 I0.0 的状态为"1",地址 I1.0 的状态为"0"。

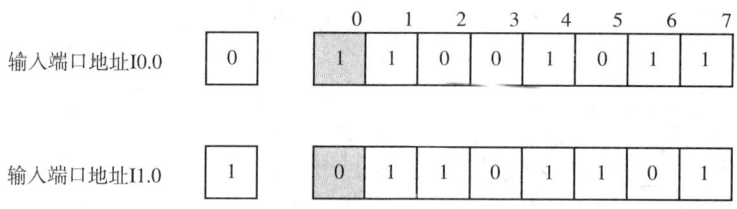

（2）输出端口 Q(相当于输出继电器的作用,使用与 Y000 相同)

字母 Q 为输出端口代号,输出端口使用地址为:Q0.0~Q0.7,Q1.0~Q1.7 等,表达方式与输入端口相同。

（3）标志代号 M(或 F,相当于中间继电器的作用)

字母 M 为标志代号,即辅助继电器类数据代号,使用地址为:M0.0~M0.7,M1.0~M1.7 等,表达方式也与输入端口相同。

（4）定时器 T(相当于时间继电器的作用)

字母 T 为定时器代号,定时器 T 使用地址为:T0~T60 等。

（5）计数器 C

字母 C 为计数器代号,计数器 C 使用地址为:C0~C40 等。

2. 编程指令

当控制系统为逻辑控制关系时,STEP 7 编程方法常采用逻辑图方式编程,逻辑图在编程软件中可转为相应的指令表,运算指令类型与日本三菱公司 FX 系列机型相似,有"与"指令、"或"指令以及由此构成的块指令等,但是字符表达存在差异,常用指令分述如下:

（1）"与"指令 A、AN,"或"指令 O、ON,输出指令"="

对多个信号存在"逻辑与"关系,或者存在"逻辑或"关系时,逻辑图及指令如图 8.1.6 所示。

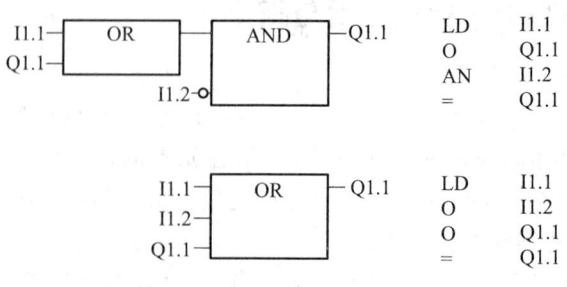

图 8.1.6 "与"和"或"指令

（2）复杂逻辑块指令

当逻辑图中出现多层逻辑关系时，逻辑图及指令采用如图 8.1.7 所示的方法表示。

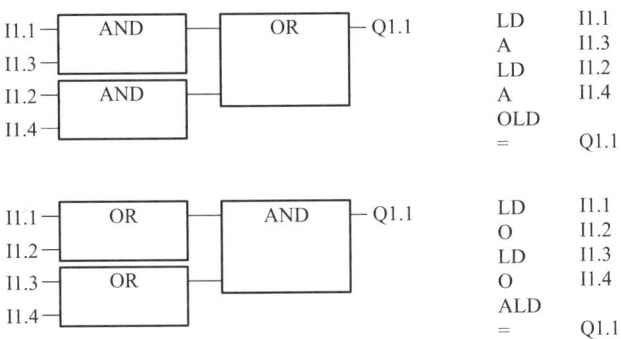

图 8.1.7　逻辑块指令

（3）强制置位和复位指令

强制置位 S 和复位指令 R 的逻辑图和指令如图 8.1.8 所示，N 表示置位和复位的位数，图示中为 1 位。

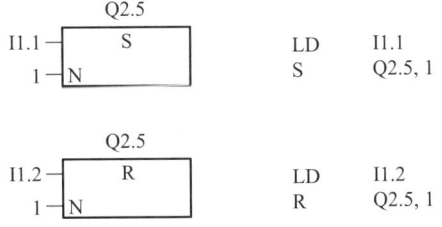

图 8.1.8　强制置位和复位指令

（4）定时器指令

定时器指令逻辑图及指令如图 8.1.9 所示，定时器的定时参数有两种赋值方式，一种是直接给出十进制数；另一种是给出数据地址，将该地址中的数值赋予定时器，此时在程序执行过程中，可出现可变的赋值数据，图中示例为使用输入端 IW1 地址中的数据给定时器赋值（IW1 为字的形式输入数据信号）。

（5）计数器指令

编程元素计数器有加计数器和减计数器，加计数器通过 PV 端赋预定计数值，CU 端输入信号上升沿递增计数，到达计数值时，计数器置位。R 端信号使计数器复位为 0。减计数器通过 PV 端赋预定计数值，CD 端输入信号上升沿递减计数，到达计数值为 0 时，计数器置位。LD 端信号使计数器加载计数值。计数

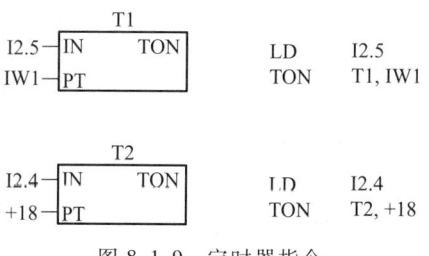

图 8.1.9 定时器指令

器指令中,PV 端赋值,可以是直接给出十进制数,也可以是给出数据地址,将该地址中的数值赋予计数器,计数器应用的逻辑图和指令如图 8.1.10 所示。

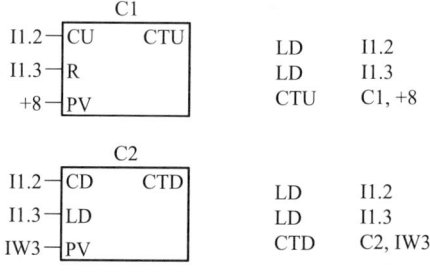

图 8.1.10 计数器指令

(6) 其他指令

PLC 编程的 16 类指令中,除去位逻辑操作类指令、定时器类指令、计数器类指令外,常用的其他指令还有程序控制类指令(Program Control),这类指令包含程序跳转控制、循环控制、结束程序命令等;数据传送类指令(Move 指令),用于在指定地址间传送数据;子程序调用类指令(Subroutines),用于子程序调用。这些指令如图 8.1.11 所示。

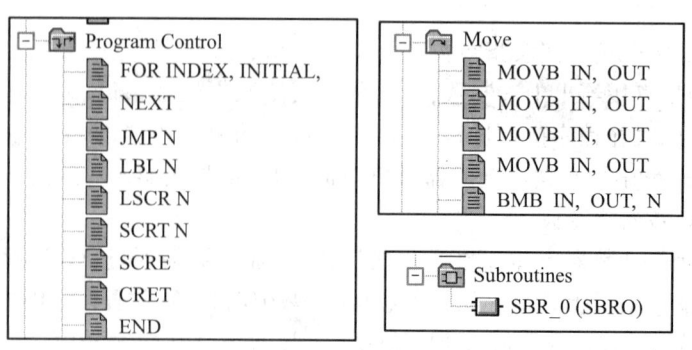

图 8.1.11 其他指令

（7）数据块生成与调用

数据块用于数据初始化，在数据块中，给指定数据寄存器地址赋值，以便于控制程序在运行过程中调用这些数据。当双击程序构成元素窗口中数据块(Data Block)图标后，即打开数据块编辑窗口。数据块中，赋值数据可以是十进制数，也可以是十六进制数，可以按字节赋值，也可以按字或双字赋值，可以是单个数据，也可以是成组数据，数据块例见图8.1.12所示。

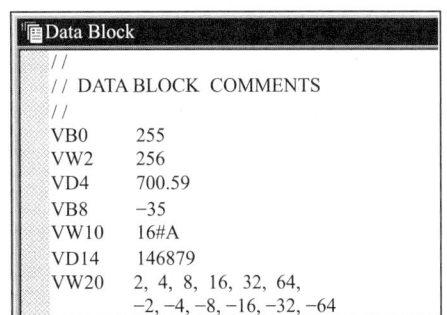

图 8.1.12　编辑数据块

8.2　S7-200系列PLC编程应用举例(风机运行监控)

为进一步理解基于电子技术和计算机应用技术的编程思路体现在控制程序的模块化结构和采用逻辑图的方式设计控制程序，下面以S7系列PLC产品，完成两组风机运行监控的程序设计为例，讨论控制系统的程序结构和设计过程。

[例8.2.1]　风机运行状态监控

1. 控制对象分析

某系统由A、B两组风机构成，每组有3台风机，依据工作需要，选择A组风机或B组风机工作，并通过监控显示灯监视风机工作状态，要求设计风机运行状态监视部分控制程序，控制要求如下：

① 监视所选运行组的风机。

② 每组中风机运行状态按下列信号要求显示。

a. 任意两台风机运行时，信号灯连续亮。

b. 一台风机运行时，信号灯以0.5 Hz的频率闪烁。

c. 无风机运行时，信号灯以0.2 Hz的频率闪烁。

d. 设备不运行时，信号灯不亮。

2. 控制逻辑设计

风机监控设计过程中，完成控制要求分析，明确控制对象及控制目的后，即进入逻辑设计阶段，依据控制目标要求绘制各个控制对象的控制逻辑。

（1）程序结构分析

系统中，两组风机选择运行，每组运行监控要求相同，可以采用子程序SRB1和SRB2分别实现A组和B组控制要求。

(2) 风机监视控制分析

两组风机运行监控要求相同,因此依据其中一组分析控制要求。由设备运行分析可知,每组风机有 3 种运行状态的信号灯显示,3 个状态可分别用 3 个控制逻辑满足控制要求,这 3 个控制逻辑是:

① 控制逻辑 1:任意两台风机运行时,信号灯连续亮。
② 控制逻辑 2:一台风机运行时,信号灯以 0.5 Hz 的频率闪烁。
③ 控制逻辑 3:无风机运行时,信号灯以 0.2 Hz 的频率闪烁。

运行时,总是存在一种运行状态,因此 3 个控制逻辑之间为"或"的关系,控制关系如图 8.2.1a 所示。同时 3 个控制逻辑构成 3 个分控制,分控制内含次一层控制。图 8.2.1b、c、d 所示分别为 3 个分控制的局部控制逻辑,实现要求的亮灯输出。因为例子是风机运行的监控部分,控制风机运行和产生频率信号的功能,均由其他程序段完成。监视控制逻辑图如图 8.2.1 所示。

3. 控制程序设计

将分部设计的局部控制逻辑根据其相互之间的关系要求,连接成系统,并确定所有输入/输出信号数目以及需要的中间变量,对所有数据分配 PLC 数据地址后,即可使用编程软件,输入设备的控制程序。例 8.2.1 风机监控系统的 PLC 信号地址分配见地址赋值表 8.2.1。

表 8.2.1 可编程序控制器信号地址赋值

	输入地址	说明	中间标志	说明
A 组风机	I0.1	风机 1 工作	M1.1	提供 0.2 Hz 频率信号
	I0.2	风机 2 工作	M1.2	提供 0.5 Hz 频率信号
	I0.3	风机 3 工作	SM0.0	状态辅助继电器,开机置 1
B 组风机	I1.1	风机 1 工作	M0.1	两风机运行状态
	I1.2	风机 2 工作	M0.2	无风机运行状态
	I1.3	风机 3 工作	M2.1	0.2 Hz 信号输出
	I0.0	A、B 组工作选择开关		
	输出地址	说明		
	Q0.1	设备运行		
	Q1.1	信号灯		

[例 8.2.1]的程序结构采用在主程序中条件调用风机组子程序,使用 STEP 7-Micro/WIN 32 软件可以直接以逻辑图(FBD)方式输入例 8.2.1 程序,

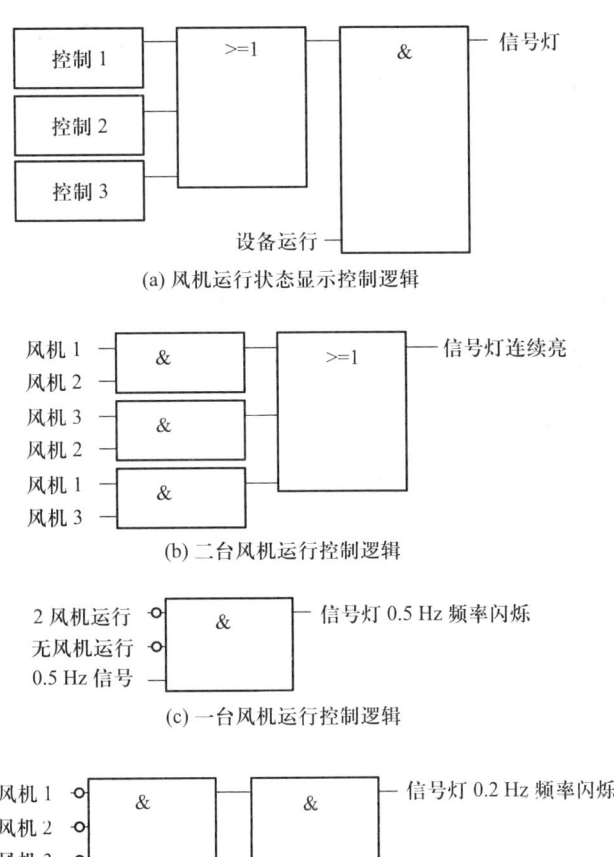

图 8.2.1 风机监控逻辑设计

输入程序软件界面如图 8.2.2 所示。

此时,打开"Instructions(指令)"文件夹,进一步打开"位逻辑指令"文件夹,然后选择需要的逻辑运算指令,并在指令的输入与输出端输入相应控制信号。图中程序选择串联指令和并联指令,快捷键可使输入信号取反以及增加信号端口。因为两组风机的控制逻辑相同,取风机 A 组子程序输入逻辑图如图 8.2.3 所示,逻辑单元式输入,使得程序简单清楚。全部程序的指令表程序如图 8.2.4 所示。

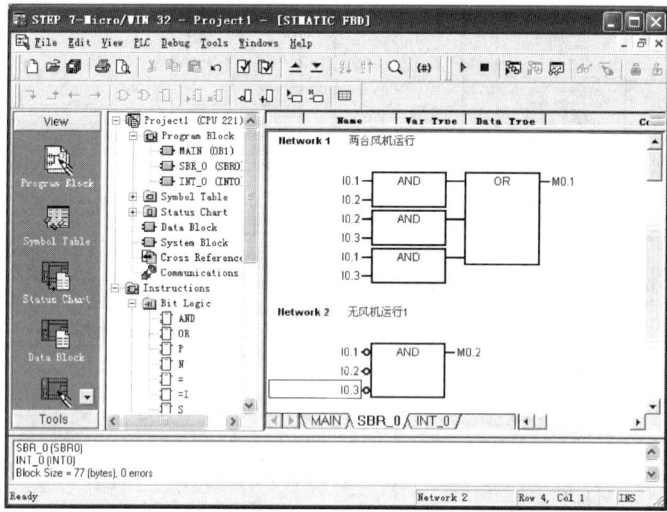

图 8.2.2　用户程序输入界面

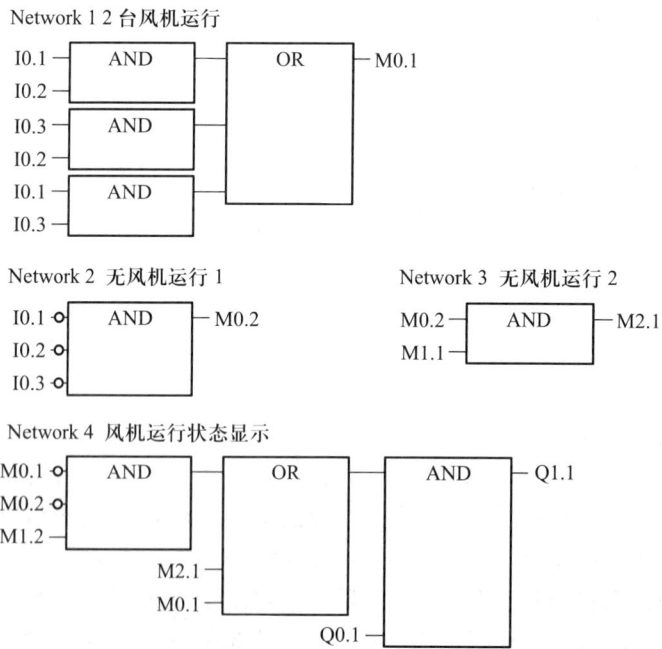

图 8.2.3　A 组风机运行状态显示

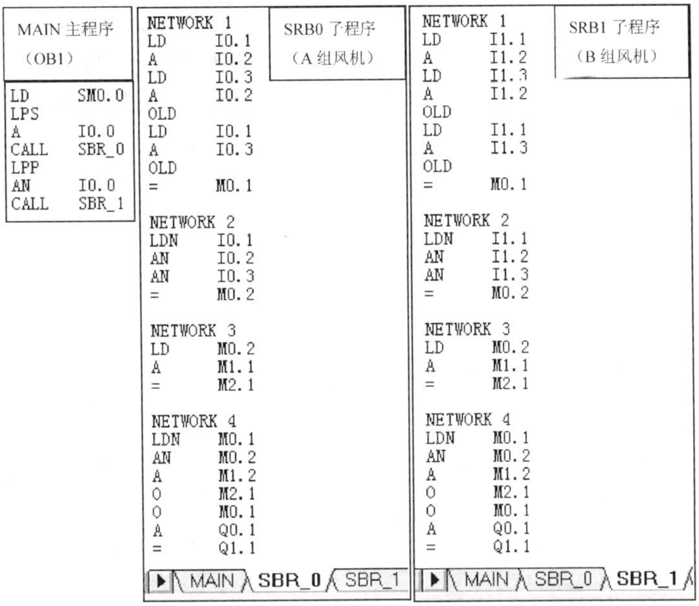

```
┌─────────────────┬─────────────────┬─────────────────┬─────────────────┐
│ MAIN 主程序     │ NETWORK 1       │ SRB0 子程序     │ NETWORK 1       │ SRB1 子程序
│  （OB1）        │ LD    I0.1      │ （A 组风机）    │ LD    I1.1      │ （B 组风机）
│                 │ A     I0.2      │                 │ A     I1.2      │
│                 │ LD    I0.3      │                 │ LD    I1.3      │
│ LD    SM0.0     │ A     I0.2      │                 │ A     I1.2      │
│ LPS             │ OLD             │                 │ OLD             │
│ A     I0.0      │ LD    I0.1      │                 │ LD    I1.1      │
│ CALL  SBR_0     │ A     I0.3      │                 │ A     I1.3      │
│ LPP             │ OLD             │                 │ OLD             │
│ AN    I0.0      │ =     M0.1      │                 │ =     M0.1      │
│ CALL  SBR_1     │                 │                 │                 │
│                 │ NETWORK 2       │                 │ NETWORK 2       │
│                 │ LDN   I0.1      │                 │ LDN   I1.1      │
│                 │ AN    I0.2      │                 │ AN    I1.2      │
│                 │ AN    I0.3      │                 │ AN    I1.3      │
│                 │ =     M0.2      │                 │ =     M0.2      │
│                 │                 │                 │                 │
│                 │ NETWORK 3       │                 │ NETWORK 3       │
│                 │ LD    M0.2      │                 │ LD    M0.2      │
│                 │ A     M1.1      │                 │ A     M1.1      │
│                 │ =     M2.1      │                 │ =     M2.1      │
│                 │                 │                 │                 │
│                 │ NETWORK 4       │                 │ NETWORK 4       │
│                 │ LDN   M0.1      │                 │ LDN   M0.1      │
│                 │ AN    M0.2      │                 │ AN    M0.2      │
│                 │ A     M1.2      │                 │ A     M1.2      │
│                 │ O     M2.1      │                 │ O     M2.1      │
│                 │ O     M0.1      │                 │ O     M0.1      │
│                 │ A     Q0.1      │                 │ A     Q0.1      │
│                 │ =     Q1.1      │                 │ =     Q1.1      │
└─────────────────┴─────────────────┴─────────────────┴─────────────────┘
  ▶ MAIN  SBR_0  SBR_1              ▶ MAIN  SBR_0  SBR_1
```

图 8.2.4　监控部分程序

8.3　STEP 7 编程方法应用扩展（S7-300 系列 PLC 应用）

使用 STEP 7 编程方法的西门子 S7 系列 PLC 产品为适应不同生产控制规模的要求，与三菱 PLC 产品一样，不仅有用于小规模控制系统的小型集中式控制器 S7-200 系列产品，还有可以构成较大规模控制系统的模块化结构控制器 S7-300/400 系列产品，以及目前发展很快地适应网络规模控制系统的组件和控制器。本小节在小型集中式控制器 S7-200 系列产品应用的基础上，以 S7-300 系列产品为例讲述西门子模块式控制器的构成和基本使用方法。

8.3.1　西门子 S7-300 系列 PLC 硬件系统组成

S7-300 系列 PLC 控制系统由各种标准模块组成，这些模块具有特定功能并相互独立，标准模块通过安装在固定机架（导轨）上的方式构成一个完整的 PLC 应用系统。模块组合式 PLC 用于构成较大规模且多功能要求的控制系统，通过选择输入/输出模块的数量，组建需要的点数（输入、输出信号数）范围。通常系统点数可在 500 点以上，通过选择特定功能模块，满足各种控制要求。

组成 S7-300 系列 PLC 控制系统的标准模块包含电源模块(PS)、中央处理器模块(CPU)、输入/输出信号模块(SM)、特定功能模块(FM)、接口模块(IM)和通信模块(CP),其中特定功能模块依据控制功能需要选择。为适应不同的应用环境和应用场合,模块本身的结构也不同,例如 S7-300 系列 PLC 的 CPU 模块可分为紧凑型、标准型、革新型、户外型、故障安全型和特种型等,在使用中也需要进行选择。S7-300 系列 PLC 控制系统硬件构成如图 8.3.1 所示,标准模块功能特点分述如后。模块式 PLC 具有点数扩充简单方便,体积小而紧凑,控制容量大,功能多而强等特点,得到广泛的应用。

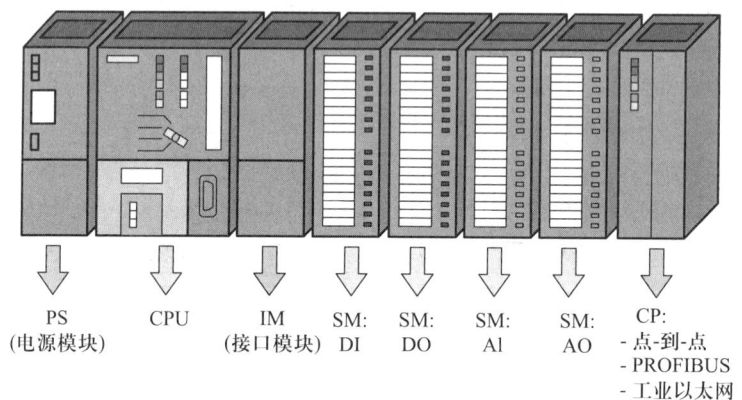

图 8.3.1 S7-300 系列 PLC 控制系统硬件组成

1. 电源模块(PS)

电源模块用于为 PLC 运行提供所需电源,通过模块可以将外部供电电源转换成供 PLC 内部器件使用的电源,电源组件中的备用电源采用锂电池,当外部供电中断时(关机时),使得 PLC 内部信息不被丢失。

2. 中央处理器模块(CPU)

中央处理器模块(CPU)也称主机模块,是 PLC 工作的核心器件,器件中包含存储器。PLC 生产厂商使用 CPU 部件的指令系统编写本厂产品的系统程序,系统程序固化在存储器组件的只读存储器中。CPU 按系统程序所赋予的功能,接受用户应用程序和数据,在设备运行时,PLC 执行用户程序以及存取计算数据,实现对设备的控制。

3. 输入/输出信号模块(SM)

输入/输出信号模块(SM)中,输入模块用于采集现场的各种控制信号,输出模块用于输出控制器为设备提供的控制信号。模块有 6 种类型,分别为数字量输入模块、数字量输出模块和数字量输入输出混合模块,同样对应的还有模拟量输入模块、模拟量输出模块和模拟量输入输出混合模块。针对外部设备使用控制信号的要求不同,输出模块还有直流电、交流电以及不同工作电压等多种类型选择。

4. 特定功能模块(FM)

模块组合式 PLC 各种特殊控制要求是通过功能模块实现,常用的功能模块有通讯模块、温控模块、插补运算模块、D/A 数模或 A/D 模数转换模块等。随着控制技术的发展,很多功能模块本身就是一个完整的控制器,这些产品的出现使得模块式 PLC 构成的控制系统组建更加方便灵活,应用功能得到增强。

5. 接口模块(IM)

当系统控制规模较大,构建控制系统模块较多时,单个固定机架(导轨)无法满足安装要求,此时需要采用多个机架,分布在各机架上的模块需要与主机模块传递数据与控制信号,因此接口模块是多机架系统需要配备的模块,通过接口模块完成各机架上模块之间的信息传递。

6. 通信模块(CP)

通信模块用于使用 PLC 同其他设备一起构建网络的控制系统,网络系统中各设备之间的数据和控制信号的处理与传送需要通过通信模块完成。

西门子 PLC 生产商已将各种模块以产品目录的方式详细列出,各种模块的用途、特点、技术参数和使用要求在目录上均可查找到,人们在使用 S7-300 系列 PLC 产品构建控制系统时需要依据被控设备的控制要求、被控设备的内在条件与外部环境条件,以及 PLC 产品目录、产品使用说明书,选择必须的、合适的产品模块组建和安装控制系统。

8.3.2 S7-300 系列 PLC 产品编程应用

与小型集中式控制器 S7-200 系列产品相同,模块化结构控制器 S7-300 系列产品也采用 STEP 7 编程方法编程,因此其指令系统中的基本指令、编程方法均与 S7-200 系列产品相同,不同的地方在于相比 S7-200 系列产品,S7-300 指令更丰富;同时 S7-200 采用简单标准版 STEP 7-Micro/WIN 编程软件编制用户程序,而 S7-300 系列的 PLC 产品编程采用标准 STEP 7 软件包。在编程软件中,指令系统中的所有指令均可以查询获得。我们通过 S7-200 系列 PLC 产品的使用学习已了解 STEP 7 编程方法的基本要领和方法,下面将通过标准 STEP 7 软件包学习了解 S7-300 系列模块化 PLC 产品的使用。

1. STEP7 编程软件包构成与编程方式

S7-300 系列 PLC 产品使用分为两个部分,一是硬件选择组合,二是使用编程软件编制用户程序。硬件选择组合在控制系统设计中依据控制要求,通过产品目录和产品使用说明书的硬件连接要求来完成,方法基本与前述章节相同。编制西门子 S7-300 系列 PLC 产品控制系统用户程序时使用标准 STEP 7 软件包,软件包及其包含的应用工具如图 8.3.2 所示。

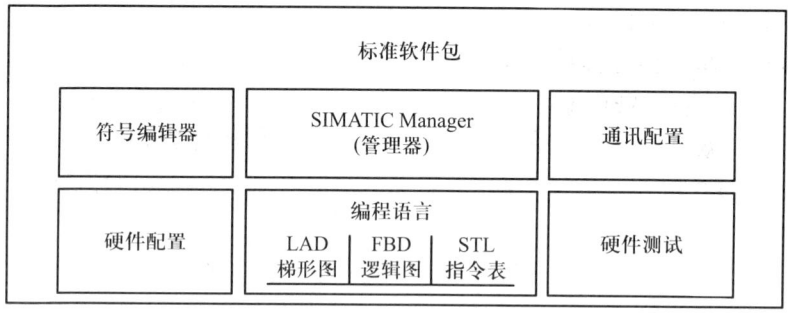

图 8.3.2　STEP7 软件包组件示意图

图 8.3.2 中所示 SIMATIC 管理器是软件包的管理系统,PLC 控制系统程序的构建是在管理器框架的基础上完成,使用 PLC 编程软件包编程过程如图 8.3.3 所示。

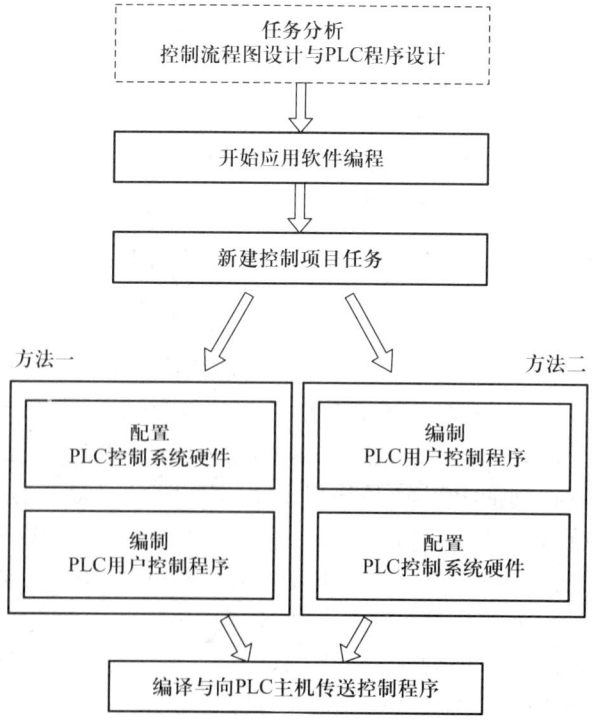

图 8.3.3　编制用户程序过程

由图 8.3.3 可知,编程过程中,硬件配置是重要的一步,不同于 S7-200 系列 PLC 产品,S7-300 系列 PLC 产品应用时,其硬件构成是针对被控设备构建,其用户程序与特定硬件系统是唯一对应关系。

使用标准 STEP 7 编程软件包编程有如下 5 个步骤:

① 建立和管理控制项目;

② PLC 系统配置(模块等硬件配置、通讯系统配置);

③ 符号管理与编制控制程序;

④ 传送程序到 PLC 主机;

⑤ 控制系统测试。

由编程过程概况可知,②与③两步骤次序可以互换

2. 编程软件工作界面

(1) 编程软件主窗口与项目文件系统

STEP 7 软件包安装后,通过双击桌面软件图标 运行软件,首先打开的是 SIMATIC Manager 管理器主界面窗口如图 8.3.4 所示。

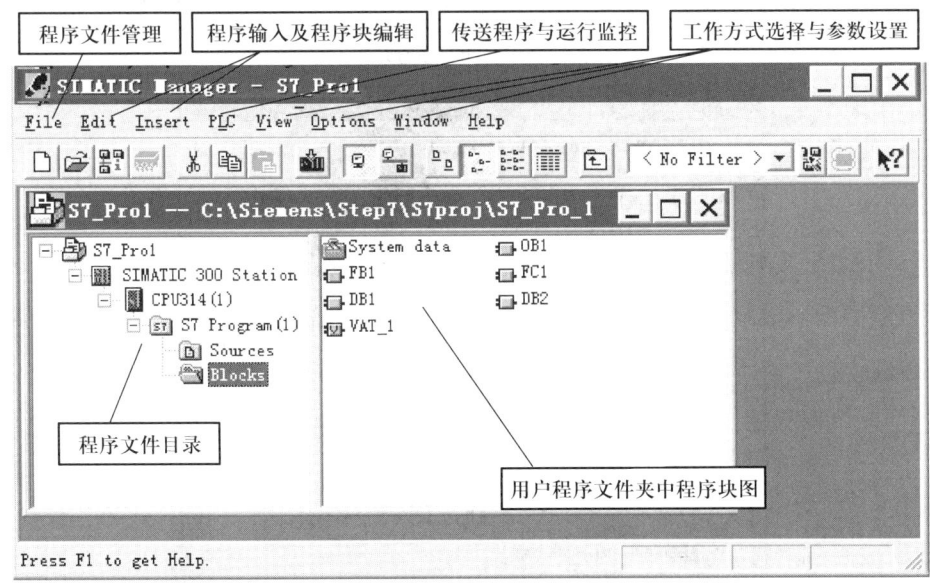

图 8.3.4 编程软件主界面窗口

开始新设备控制程序编制时,首先需要建立新的项目文件系统,从管理器主窗口菜单文件项(File)的下拉菜单中,选择新建项目向导,即进入如图 8.3.5 所示的建立新项目向导对话框,点击继续,打开 CPU 类型选择和程序块与编程方

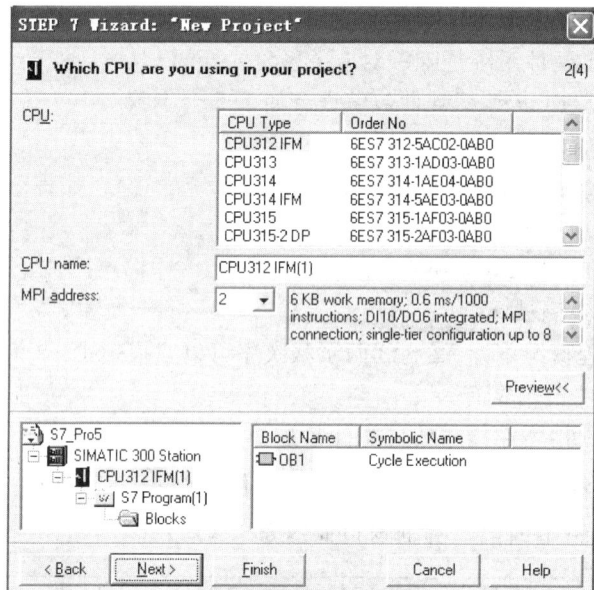

(a) 选择PLC主机CPU型号

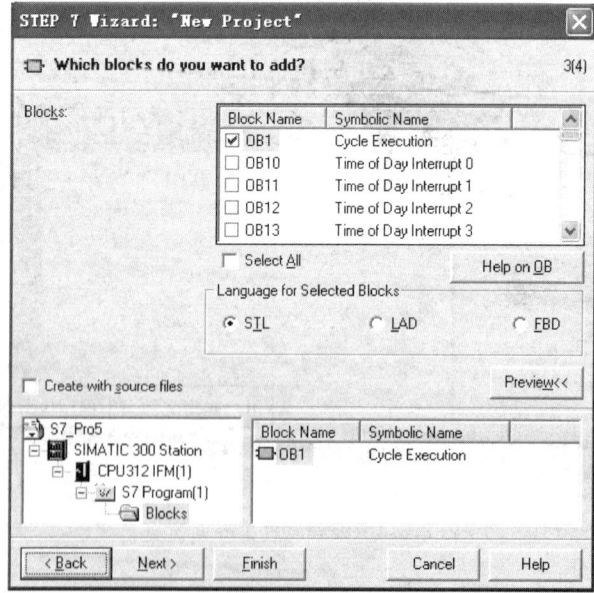

(b) 选择组织块与编程方式

图 8.3.5　建立项目文件系统框架

式选择对话框,选定 CPU 型号与编程方式后,即完成项目文件系统框架。

项目文件系统框架建立过程如图 8.3.5a、b 所示,完成构建后,返回编程软件的主界面窗口。项目文件系统也可以通过菜单命令打开。

在 SIMATIC 管理器主界面上,通过结构树的方式显示控制项目的文件系统构成与所有组件,可以很方便地对控制项目文件进行管理以及快捷地进入选择的工作界面。

(2) 硬件配置窗口与硬件系统配置

由于 S7-300 系列为模块组合式 PLC,是针对具体控制对象的要求选择标准模块,并通过机架组装构建而成的,其控制系统的硬件配置是唯一的,其对应的用户控制程序也是唯一的。因此在进行应用程序编程时,首先需要在编程软件建立的新项目中,将控制系统设计过程中选定的模块进行配置。组合式 PLC 模块组件型号多样,组合方式也因用户的工作需求千变万化,通过硬件配置过程,可以完成所选硬件模块的地址分配与属性设定。编程中对新建项目进行 PLC 系统硬件配置(模块等硬件配置、通讯系统配置)是在硬件配置窗口完成。

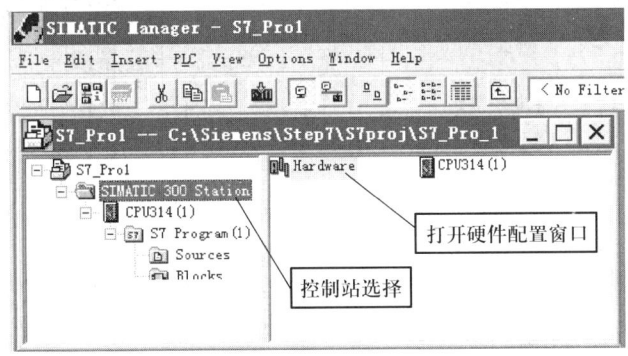

图 8.3.6 进入硬件配置窗口路经

进入硬件配置窗口的路径如图 8.3.6 所示,展开管理器窗口中的站文件夹,双击文件夹内硬件(Hardware)图标,即可打开如图 8.3.7 所示的硬件配置窗口。

硬件配置窗口分为两个部分,左边窗格为所有 PLC 模块列表,右边窗格为配置窗口。由于新建项目的 CPU 型号已选定,因此,初始配置窗口中主机模块位置已确定,后续配置是针对电源模块、输入/输出端口模块和其他应用模块展开的。

配置窗口中有上下两个表格,上部表格给出模块安装的机架插槽位置与编号,下部表格给出模块具体信息。如图 8.3.7 所示,上部表格显示电源模块安装在 1 号插槽,主机 CPU 模块安装在 2 号插槽,输入模块在 4 号插槽,输出模块在 5 号插槽。下部表格显示主机地址为节点 2,32 端口的输入模块使用端口地址

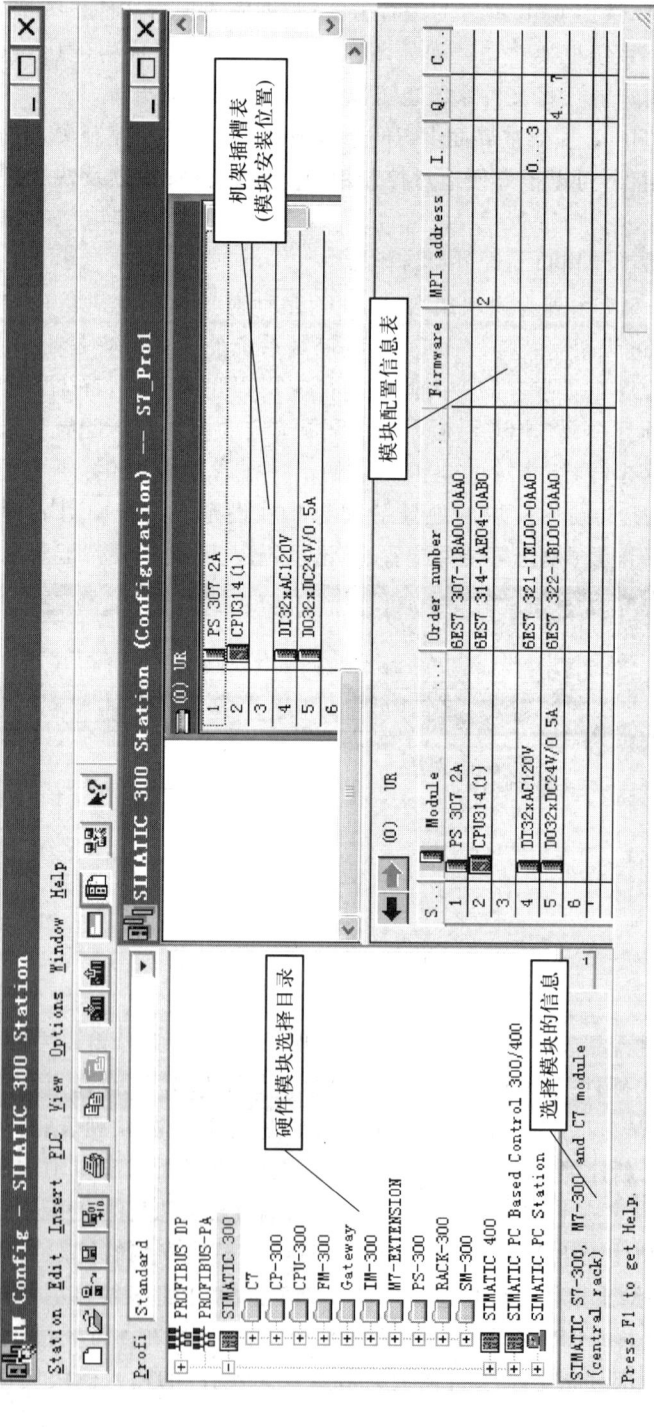

图 8.3.7 硬件配置界面窗口

范围为字节 0～字节 3 共 32 位(端口地址 I0.0～I0.7,I1.0～I1.7,I2.0～I2.7, I3.0～I3.7),32 端口的输出模块使用端口地址范围为字节 4～字节 7 共 32 位 (端口地址 Q4.0～Q4.7,Q5.0～Q5.7,Q6.0～Q6.7,Q7.0～Q7.7)。

进行硬件配置时,首先在硬件模块列表窗口选定控制系统的基本模块,例如 PLC 工作基本模块(电源模块、通讯模块等)、设备控制方案确定的模块(输入/ 输出端口模块、特定功能模块等),然后在选中目标上按下鼠标左键并拖拽到硬件配置机架表,松开左键完成配置。图 8.3.7 中模块信息为系统默认数据,即系统自动分配的地址,如果双击表中模块名,则可以打开相应的模块属性对话框,自定义模块数据,例如地址分配。

完成硬件配置后,即可以进入用户程序编制过程。

(3) 控制程序编程窗口与程序编制

编制 PLC 用户控制程序首先需要完成外部设备信号与 PLC 端口地址之间的连接定义,即模块端口地址定义、端口信号注释说明等,这些工作在符号编辑窗口完成,而 PLC 控制程序的输入与编辑是在编程窗口进行。

进入符号编辑窗口与程序编制窗口的路径如图 8.3.8 所示,首先在管理器

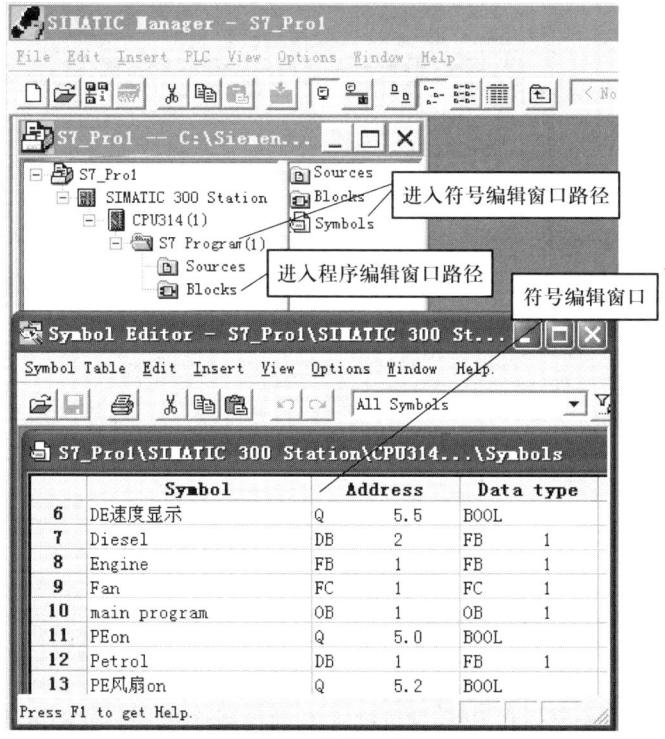

图 8.3.8 符号编辑窗口

窗口的左窗格中选择 S7 program(1)程序文件夹,展开下一级文件及文件夹,展开的文件与文件夹将出现在管理器窗口的右窗格,然后点击符号编辑器(Symbols)的图标,可以进入符号编辑窗口;完成符号编辑以后,当点击程序块(Blocks)文件夹,展开后点击需要编辑的程序块图标,即进入程序编制窗口。

用户程序编制窗口如图 8.3.9 所示,程序编制过程与前面章节叙述的方法相同,特殊指令依据产品使用说明书的要求操作,在产品使用说明书中还列有编程实例,可以参考。

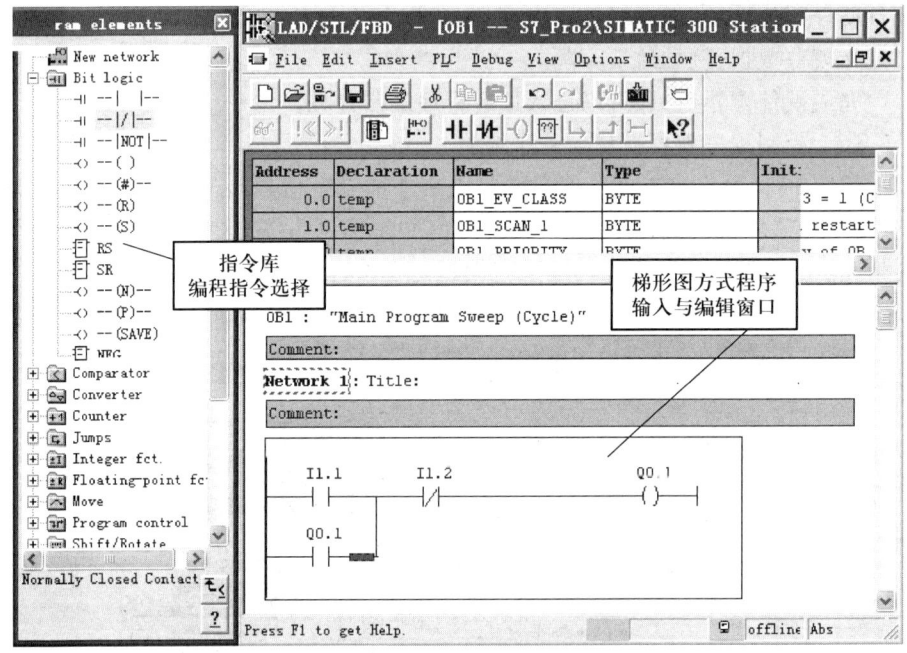

图 8.3.9 用户程序编制窗口

(4) 程序传送窗口

在计算机上使用软件编制好的程序需要传送到 PLC 主机,通过 PLC 主机控制设备工作。编程软件与 PLC 主机的连接关系如图 8.3.10a 所示。传送程序时,工作模式处于 STOP 位置,程序传送路径选择如图 8.3.10b 所示。

为了传送程序,首先需要在计算机与 PLC 主机之间建立通讯联系,完成 PLC 主机组装并接通电源后,从软件主窗口的 View 菜单中选择 Online 命令,即可进行软件与 PLC 主机的连接。

完成连接后的软件和 PLC 主机就可以进行程序传送。如图 8.3.10b 所示,软件主窗口的 PLC 菜单中选择 Download 命令,控制程序将从软件下载到 PLC

第 8 章　可编程序控制器的 STEP7 编程方法　　247

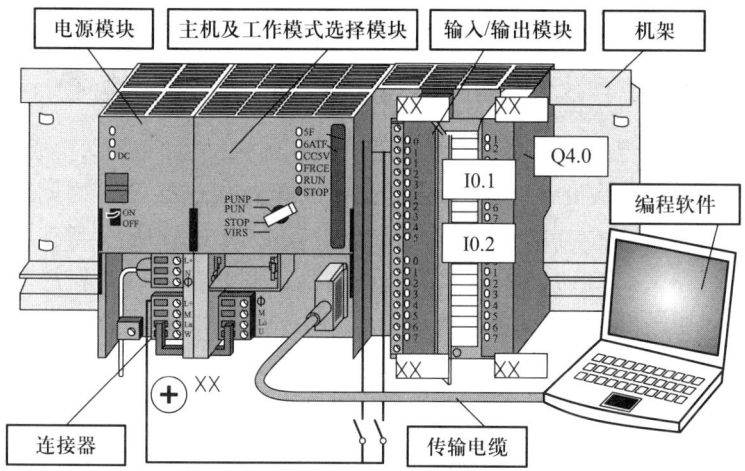

(a) PLC安装示意图

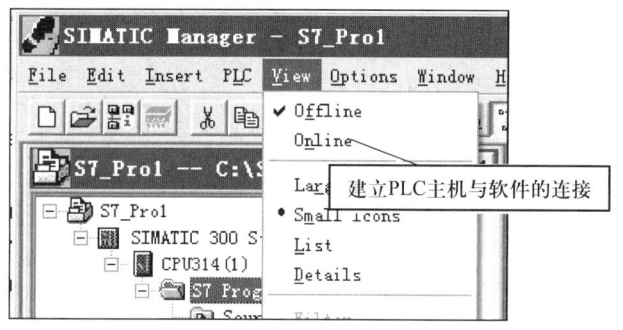

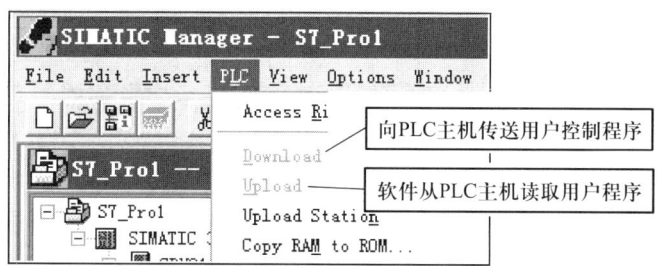

(b) 程序传送路径

图 8.3.10　程序传送

主机;选择 Upload 命令,PLC 主机中的控制程序将被软件读取到计算机中。

完成程序传送后,即可以使用模拟输入的信号,仿真实际现场信号对控制系统程序进行测试。

8.3.3 西门子 S7 系列 PLC 的网络应用与组态监控

西门子 PLC 产品系列已具有构成工业自动化通讯网络的功能,构成 PLC 网络的重要一环就是网络设备之间的通讯连接,通讯连接包括 PLC 之间、PLC 与上位计算机之间和 PLC 与其他智能设备之间。其中"集中管理,分散控制"的分布式控制系统在工厂自动化系统以及一些远程控制系统中得到广泛的应用。PLC 设备可以通过通讯模块、通讯处理器、远程访问路由器以及现场总线等通讯设备构建网络系统。若干设备可以构成本地控制系统网,还可以通过网关与外部异地网络连接传送数据,因此网络系统的应用成为 PLC 设备应用的重要组成部分。

与其他 PLC 生产厂商一样,西门子 PLC 产品也有组态软件和可视化设备,以实现对控制系统的实时监控,使用西门子 PLC 产品构建的监控系统用到的西门子组态软件为 WinCC。

1. 西门子 PLC 产品的网络应用

常用构建西门子控制系统的设备如图 8.3.11 所示,图中第一层为计算机、编程设备、监控操作设备,第二层单元层是各种系列的 PLC 设备,第三层为现场层(含 AS-I 层),接入的是远程现场输入输出设备、传感器设备。网络系统中设

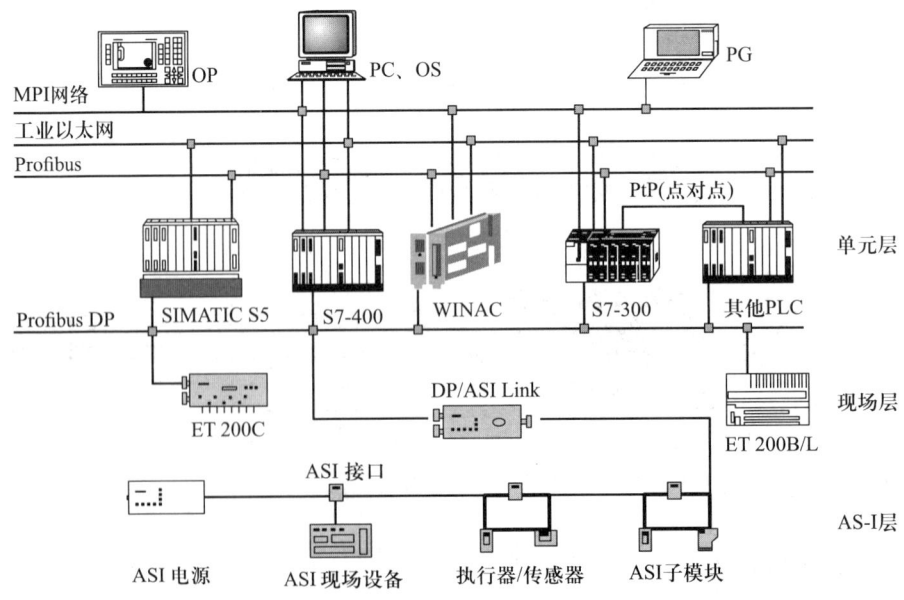

图 8.3.11 西门子设备网络应用简图

备数据及控制信号的传递有多种交换方式,图中显示网络系统中包含了点对点接口(PtP)模式、多点接口(MPI)模式、Profibus 总线模式、工业以太网和执行器/传感器(ASI)模式。本书受篇幅限制,网络配置与设备具体使用方法请参阅使用说明书。

2. 生产系统实时监控系统应用

当前,对 PLC 设备构成的控制系统构建实时监控系统时,均是采用组态软件制作,例如前面章节讲述的三菱 PLC 设备,其使用的是 MCGS 组态软件。组态软件很多,通常是兼容多种类型的设备,但是西门子 PLC 产品常规使用西门子组态软件 WinCC 构建实时监控系统。西门子公司制作的 WinCC 工业组态软件产品具有丰富的构建监控系统以及数据处理的功能,其中多任务功能使得监控系统能对生产过程数据作出快速响应,SQL 数据库的使用使 WinCC 系统也成为企业数据整体中的一个组成部分。

西门子组态监控系统和控制系统与设备的关系如图 8.3.12 所示。采用 PLC 构建的电气控制系统一方面与设备相连,完成设备运行所有控制信号的采集、运算处理和向设备输出驱动控制信号,控制设备运行;另一方面 PLC 系统同时将设备运行的状态信号传送到上位计算机,通过由组态软件构建的监控系统实现设备的实时图形可视化监控。

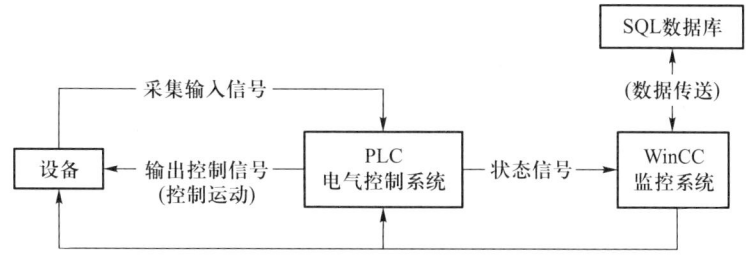

图 8.3.12　控制系统,监控系统,被控设备之间关系示意图

使用西门子 PLC 产品构建设备控制系统完成以后,即可以使用 WinCC 组态软件构建设备的实时监控系统。当完成 WinCC 软件的安装后,使用 WinCC 组建监控系统有如图 8.3.13 所示的 8 个步骤,分别完成创建新监控系统、设置外部设备数据进入通道、建立外部数据与内部数据对应关系和连接点、绘制可视化监控界面图形、建立外部设备数据与监控界面图元素的连接关系以及监控系统的仿真测试。

西门子公司 WinCC 组态软件构建和使用的监控系统应用关系示意图如图 8.3.14 所示。

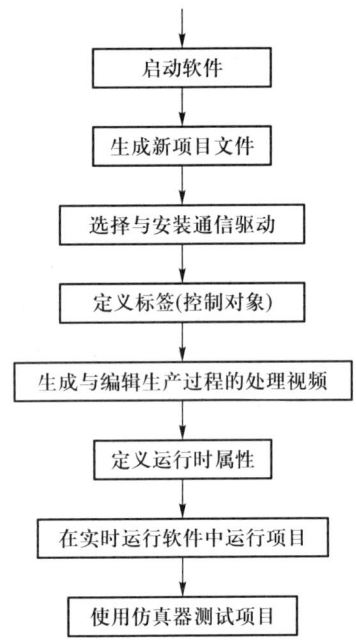

图 8.3.13 组建监控系统流程图

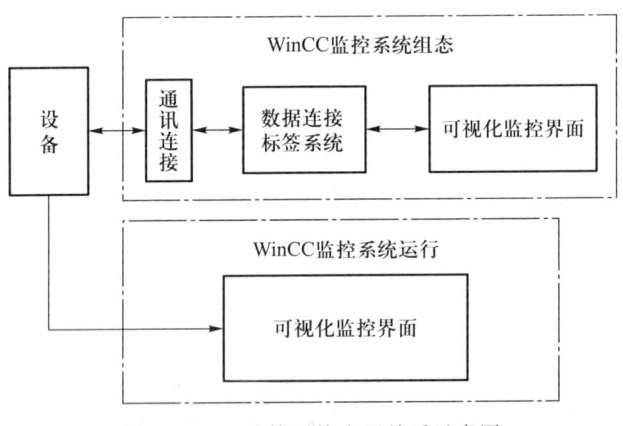

图 8.3.14 监控系统应用关系示意图

3. 西门子 TIA portal 应用

在西门子网站显示当前的西门子 S7 系列 PLC 产品除 S7-200、S7-300/400 系列产品外,还有逐渐推广使用的 S7-1200、S7-1500 系列 PLC 产品。S7-1200 系列产品是在 S7-200 基础上拓展的;S7-1500 系列是在 S7-300/400 基础上拓展的。由 S7-1500 系列 PLC 产品构建的基本系统如图 8.3.15 所示,图中包含主机模块 S7-1500、现场数据采集与输出模块 ET200、平板监控模块 TP1200 以及 TIA Portal 软件平台。

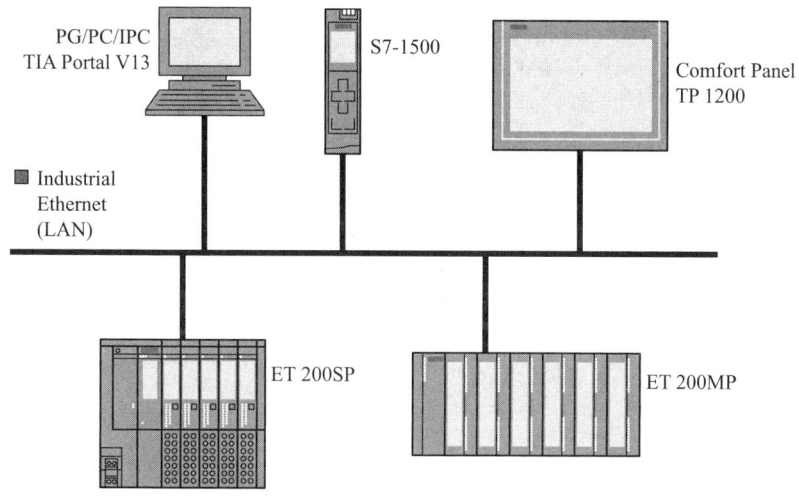

图 8.3.15　S7-1500 系列 PLC 产品最简系统组成

在上述 S7-1500 系列 PLC 产品构建的系统中，TIA Portal 软件平台是西门子公司最新全集成自动化软件平台，平台包含了两个软件功能，其一是 STEP7 软件功能，为 S7-1200/1500、S7-300/400 提供编程功能；其二 WinCC 软件功能，为控制系统提供设备实时监控系统构建与使用功能。S7-1200、S7-1500 系列 PLC 产品的使用差异以及与 TIA Portal 软件平台的关系见图 8.3.16 所示，更多的使用细节请参照使用说明书。

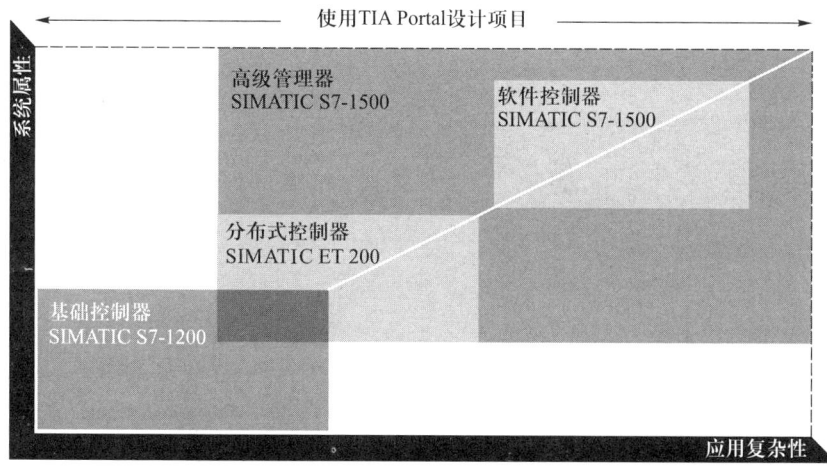

图 8.3.16　S7-1200/1500 系列产品的使用差异以及与 TIA Portal 软件平台关系示意图

习题及思考题

8-1 简述 STEP 7 编程方法与继电器语言编程方法的异同。

8-2 STEP 7 编程方法编制的程序一般由哪些程序块构成？简述各种程序块的功能。

8-3 简述控制程序中,各程序块的调用关系。

8-4 采用逻辑图方式,设计第 5 章中控制组合机床自动循环工作的 PLC 程序。

第四部分

设备调速控制技术

第9章 设备伺服系统概述

9.1 概述

9.1.1 设备的调速要求

大部分设备通过电力拖动系统提供转矩和转速来完成各种各样的工作任务。一些简单设备对转速没有什么严格要求，因此只需要控制电动机的启动、停止，动力经机械传动链到达执行机构，满足工作要求即可。但是大多数生产设备不仅需要从电力拖动系统获得动力，而且还需要在不同的转速下工作，所以能够对工作速度进行调节是设备的基本功能要求。常用的设备速度调节方法有机械有级调速方式、电气有级调速方式和电气无级调速方式。

1. 机械有级调速

在生产设备中，特别是对中、小型设备，常常采用三相笼型异步电动机拖动。这种设备系统中电动机转速不变，而设备通过机械传动链及其变速机构，获得多种转速输出，如机床主轴通过主轴变速齿轮箱可以以不同等级的转速工作。这种通过变速齿轮箱的调速方式常常不能保证最有利的切削速度，也就是设备不能在所有的情况下都能保证有最高的生产率。此外，复杂设备的机械传动系统不仅结构庞大，过长的机械传动链还造成传动精度降低和设备造价增加。

2. 电气和机械的有级调速

为了简化设备的传动系统，人们采用电气与机械结合的方式进行有级调速。这种调速方式通过多速笼型异步电动机(双速、三速或四速电动机)提供2~4种转速，再经过机械传动链使设备获得不同的工作速度。这种变速方式可以使齿轮变速箱减少变速级数，从而减少变速轴，简化齿轮变速箱结构，缩小其体积。图9.1.1所示为主轴输出12级速度时对应于单速、双速和三速电动机的齿轮变速箱机械传动系统结构。

从图中可以看出，采用单速电动机时，齿轮变速箱的尺寸最大，轴和齿轮用得也最多。但是多速电动机比单速电动机在价格上贵得多，因此，多速电动机常应用在变速箱体积受到限制的场合。

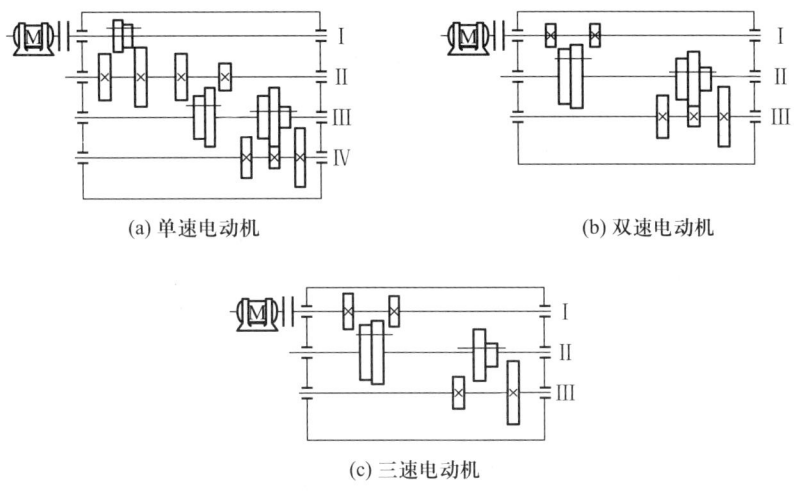

图 9.1.1 变速箱的机械传动系统

3. 电气无级调速

设备在有级调速情况下,速度输出级数有限,并且速度以阶跃方式变化,对很多需要连续平滑改变速度的设备来说,就不能满足工作要求。为了实现设备连续平滑的调节速度,就需要采用无级调速。设备的无级调速可以采用电气方式,也可以采用液压或机械方式。但是由于电气方式具有设备简单、控制方便等优点,在大部分普通机械设备上使用的都是电气无级调速系统。

设备的电气无级调速是通过直接改变电动机的转速而实现的,此时机械传动系统中取消了变速箱,设备工作机构仅通过简单的齿轮减速,即可从电动机获得连续变化的各种转速输出。这样的设备变速系统,机械传动结构变得非常简单,传动精度得以提高,并且设备可以在最佳速度下工作,能够极大地提高生产效率。

9.1.2 电气调速的基本概念

机械有级调速的结构形式与调速方法在相关课程中给予讨论,电气机械组合式有级调速的实现与控制在前面4.1.4节已做了充分的讨论,这里主要讨论电气无级调速。

1. 设备的调速与稳速要求

如前所述,通过调速系统,设备可以实现在合适的速度下工作,但是设备除了要求能够获得预定的转速外,在工作过程中,还需要保持工作的转速稳定不变,由此对电动机转速输出提出了调速与稳速的概念。

(1) 调速

通过上述的机械、电气方法都可以调节改变设备的工作速度,这种实现多种速度输出就是对设备进行变速控制,也称为调速。采用电气无级调速控制时,是通过改变电动机的转速控制参数,获得相应的电动机转速输出。

(2) 稳速

当设备在给定转速下工作的过程中,出现了干扰因素,如机床切削加工中,由于工件材质不均、刀具磨损等原因造成切削力变化,此时设备的负载出现波动,并造成电动机输出的转速出现波动,这种转速波动将影响到设备的工作性能,影响产品加工质量。要使设备在负载波动的过程中仍然能稳定的保持工作转速不变,这就需要稳速控制。所谓稳速,是指电动机转速在各种干扰因素的影响下,仍然能够按要求的精度稳定在某一速度下运行。

一般对输出转速要求不高的设备只需具有调速功能,但是对很多工作性能要求高的设备,则往往需要同时具备调速与稳速功能。

2. 电气无级调速的基本形式

目前,能够实现无级调速控制的电气系统有直流无级调速系统和交流无级调速系统。直流调速系统通过对直流电动机的控制,实现设备的无级变速运行。交流调速系统是通过对交流异步电动机的控制实现设备的无级变速。

(1) 直流调速系统

直流调速系统主要由可控直流电源与直流电动机组成,按可控直流电源结构可分为旋转变流装置和静止变流装置。构成旋转变流装置的变流机组是通过交流电动机拖动直流发电机,直流发电机给直流电动机供电,再由直流电动机拖动设备工作。该系统中转动设备多,机组庞大,不仅占地面积大,耗能也非常高,是早期直流调速系统采用的装置。随着电力电子技术的发展,静止变流装置成为直流调速系统的主要设备。静止变流装置依据构成系统的元件和工作原理不同,也有两种类型,即静止可控硅整流器系统(V-M系统)和直流斩波器及脉宽调制变换器系统(PWM系统)。两种类型的系统都采用电力电子器件构成,它们的特点是体积小、功耗低、可控性好,是目前直流调速系统广泛采用的设备。

(2) 交流调速系统

在很长的一段时间里,需要较高控制性能的传动系统中,直流调速系统一直占据主导地位,主要原因在于直流电动机控制简单、调速平滑、性能良好。但是直流电动机结构上存在的机械换向器和电刷,造成它维护困难、寿命短,并且单机容量和最高电压都受到一定限制。交流电动机(主要是异步电动机)与直流电动机不同,它没有电刷,结构简单,维护容易,但是很久以来,由于技术原因,只能对其完成简单的变速控制,很难实现高性能的调速控制。随着技术的发展,各种高性能电力电子器件的出现和计算机技术的应用,使得交流电动机调速控制出现了巨大的变化,交流调速系统的调速性能可以和直流调速系统相媲美,经济性能也有较大的提高,因此被广泛用于拖动各种设备。目前常用的交流调速系统有交流调频调速系统、交流串级调速系统、同步电动机控制系统等。

3. 电气无级调速控制系统结构

依据设备对调速性能的要求,在电气无级调速中,调速控制系统可以分为开环控制系统和闭环控制系统。

开环控制系统是没有输出反馈的一类控制系统。这种系统的输入指令直接供给控制器,并通过控制器对受控对象产生控制,获得预定的输出,输出结果的精度一般不高。只有变速而无稳速要求的普通设备,如一些家用电器设备(洗衣机、电烤箱,生产车间的普通车床、钻床等),常采用开环控制系统。开环控制系统的主要优点是简单、经济、维修容易以及价格便宜。它的缺点是输出精度低,对环境变化和干扰十分敏感,容易产生输出值的波动,例如使设备输出转速波动。开环系统具有调速功能,不具有稳速功能。

在工业应用领域,很多设备的输出结果都有较高要求,例如数控机床主轴的转速,对这样的设备都需要采用闭环控制系统。闭环控制系统利用反馈原理,将输出结果采集并反馈到输入端,通过给定值输入信号与实际值反馈信号的比较,获得实际输出与给定值之间的差值(称为误差信号),并将差值信号提供给控制器,通过控制器调节受控对象的输出值与给定值逼近,从而形成闭环控制回路,由此闭环控制系统也称为反馈控制系统。闭环控制系统不仅能够调节设备的输出转速,还能够使设备的输出转速稳定在允许波动范围以内,因而同时具有调速和稳速功能。闭环控制系统的优点是输出结果精度高、抗干扰能力强等。它的缺点是结构比较复杂、不容易维修、价格比较昂贵。

开环系统和闭环系统的结构框图如图 9.1.2 所示。

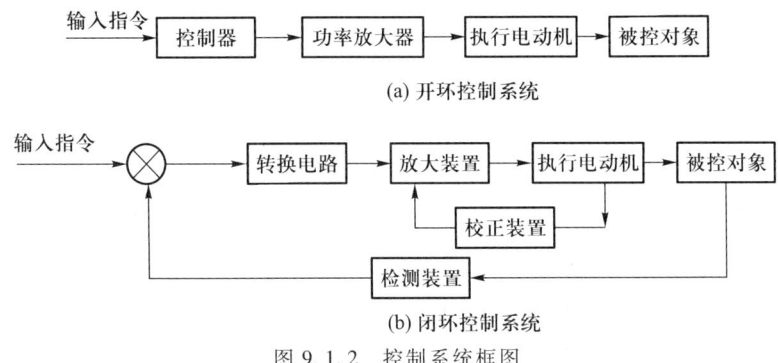

图 9.1.2 控制系统框图

4. 电气无级调速系统中调速与稳速控制

当设备对输出速度不仅有调速要求，同时还有稳速要求时，调速控制系统即需要采用闭环控制系统。设备转速控制中的闭环控制系统也称为设备的伺服控制系统(server control system)。伺服控制系统不仅具有无级调速的功能，同时也可以具有稳速功能，从而能够保证设备的调速性能和工作精度要求。

9.2 伺服控制系统

伺服控制系统是一种跟踪系统，其输入通常为模拟的或数字的电参考信号，输出的是机械位置或角度。它的主要性能要求是输出能够尽量不失真地复现输入参考指令信号的变化。伺服系统主要用于受控机械系统的运动控制，是机电一体化系统或产品（如数控机床、工业机器人等）的重要组成部分。

9.2.1 伺服控制系统构成

伺服系统的受控对象是机械运动或者位置输出，通常为机电一体化系统的组成部分，例如，多自由度工业机器人控制系统中含有多个连杆伺服系统，分别控制每个连杆。多数数控机床也有几个伺服系统，用来分别控制主轴转动和工作台运动。

闭环伺服系统与一般反馈控制系统一样，也是由控制器、受控对象（亦称为过程）、反馈测量装置以及比较器等部分组成。伺服系统中，受控对象一般是指机器的运动部分，如工业机器人的手臂、数控机床的工作台以及自动导引车的驱动轮等。反馈装置是由传感器等构成的测量单元，它测量系统的实际输出值，并将其转换为电信号反馈到系统的输入端，通过比较器将输入指令信号与反馈信号进行比较，并将比较后的差值信号（误差信号）作为输入信号加给控制器。控制器在输入信号的驱动下，向着减少误差的方向输出调节控制参数，控制执行元件完成满足要求的运动和位置输出，系统内各部分组合构成闭环控制回路。

伺服系统的执行元件是机械部件和电子装置的接口，它们的功能是依据控制器发出的控制指令，将能量转化为机械部件运动的机械能。根据执行元件能量转换形式的不同，可以分为电气元件、液压元件和气压元件等类型。伺服系统的执行元件可以由各类元件单独组成，也可以相互组合。如完全由电气元件组成的电气伺服系统，由电气和液压元件组合的电气—液压伺服系统等。电气执行元件通常是电动机，它具有能源易获取、干净且无污染、控制性能良好等优点，目前多数伺服系统采用电动机作为伺服系统的执行元件。

闭环伺服系统的基本要求是使系统的输出量能够快速而精确地跟随输入指

令的变化规律。但是也有以开环形式出现的伺服系统,采用何种控制系统,完全由设备的工作要求、调速性能要求以及经济性要求所决定。

伺服系统服务的对象很多,如计算机光盘驱动控制、弧焊机器人轨迹控制、雷达跟踪系统等。虽然伺服系统服务对象的运动部件、检测部件及机械结构等不同,对伺服系统的要求也有差别,但所有伺服系统的共同点则是带动控制对象按照指定规律作机械运动。

9.2.2 伺服控制系统分类

1. 开环伺服系统

开环伺服系统结构简单、稳定性好、成本低,在精度要求不高、负载不大的场合得到广泛的应用。图9.2.1所示的是步进电机驱动的伺服系统原理图。该伺服系统是典型的开环控制系统。步进电机是一种变磁阻式电动机,它的结构简单、价格便宜、工作可靠,能将数字电脉冲输入信号直接转换为输出轴旋转运动,是一种应用较多的数控元件,在许多经济型数控设备中,这种控制系统得到广泛的使用。

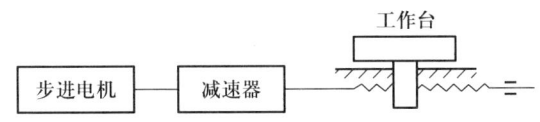

图 9.2.1 开环系统控制的步进电机驱动

2. 闭环伺服系统

闭环伺服系统与开环伺服系统相比,具有精度高、动态性能好、抗干扰能力强等一系列优点。闭环伺服系统通过检测元件将执行部件的位移、转角、速度等运动物理量变换成电信号反馈到系统的输入端,与控制指令比较得出误差信号,并按照减小误差的方向控制驱动电路,直到误差减小到零为止,因此伺服系统中的反馈检测元件一般精度比较高。由于系统传动链的误差、闭环内各元件的误差以及运动中造成的误差都可以在闭环控制系统中得到补偿,所以系统能够具有较高的工作精度,一般闭环伺服系统的定位精度可达±0.001~±0.003 mm。

在闭环伺服系统中,根据位置反馈传感器安装位置,系统还可以进一步分为半闭环伺服系统和全闭环伺服系统。

(1) 半闭环伺服系统

当位置检测元件安装在传动链的某一部分上,就形成半闭环系统,如图9.2.2所示数控设备工作台的半闭环伺服系统。图中设备的位置反馈传感器被安装在伺服电动机轴(或滚珠丝杠)上,以间接方式测量工作台的位移。由于工作台的实际移动数据未能进入闭环控制回路,运动传动链一部分在闭环控制回路以外,环外的传动误差就得不到系统补偿,所以半闭环伺服系统的精度相对全闭环伺服系统有所降低。但是半闭环伺服系统可以避免由传动机构的非线性(如齿隙、库仑摩擦、非刚性等)引起的系统问题,并且系统中的检测元件构造简单、价格便宜,系统也比较容易调整,因此应用相当广泛。

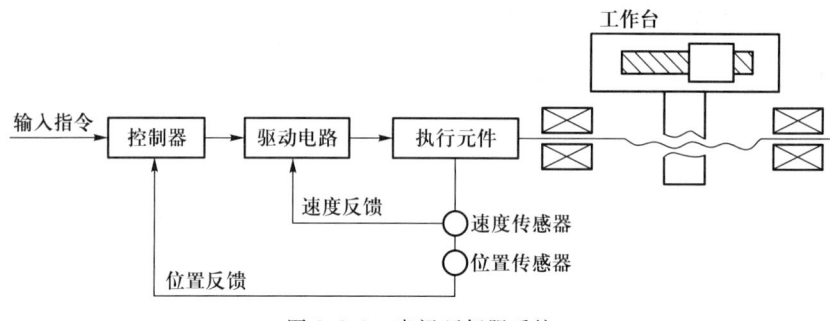

图 9.2.2　半闭环伺服系统

(2) 全闭环伺服系统

如果位置检测元件安装在最后的移动部件上,直接测量实际输出量,并将其反馈到系统输入端,参与调节控制,就形成全闭环伺服系统。如图 9.2.3 所示为数控设备工作台全闭环伺服系统。图示设备的位置传感器安装于输出轴(工作台)上,传感器直接测量工作台的移动,工作台实际移动数据进入闭环控制系统,因此该系统为全闭环系统。全闭环系统对输出值进行直接检测控制,系统内的误差都可以得到补偿,因此可以获得较好的控制精度,但是系统稳定性要求比较高,同时受机械传动部件的非线性影响比较大,故只有在要求高精度的场合,才采用全闭环系统。

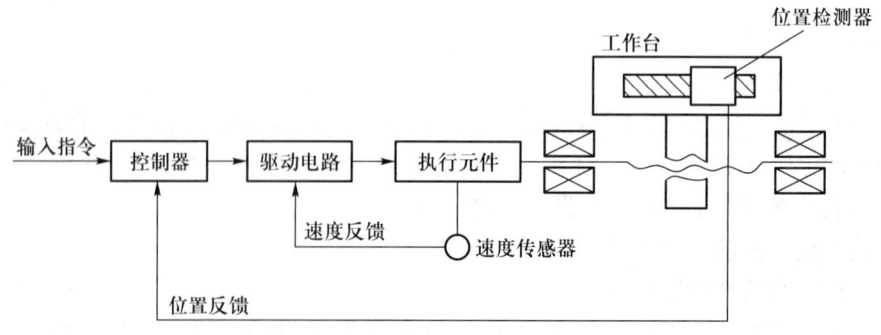

图 9.2.3　全闭环伺服系统

3. 闭环直流伺服系统

对采用直流电动机驱动的设备实现闭环伺服控制的系统,称之为闭环直流伺服系统。系统主要包含两种类型的控制,即速度控制和位置控制。

(1) 速度伺服系统

速度控制是伺服系统应用的一个重要方面。速度伺服控制系统由速度控制单元、直流伺服电机、速度检测装置等构成。速度控制单元用于控制电动机的转速,通过改变直流电动机驱动电路的参数,达到调节电动机输出转速的目的。在由晶闸管构成的直流电动机驱动电路中,只要改变晶闸管的触发控制角,就可以调节电动机的电枢电压,获得不同的转速输出。在采用 PWM 方法控制的驱动电路中,通过改变脉冲的宽度,控制电动机的转速。当调速系统为开环时,由于直流电动机本身的机械特性比较软,直流开环伺服系统不能满足机电一体化设备的工作要求,因此在实际应用中一般都采用闭环伺服系统。闭环直流伺服系统中,目前用得最多的是晶闸管整流调速系统和 PWM 脉宽调速系统。

(2) 位置伺服系统

位置控制是伺服系统应用的另一个重要方面,位置伺服系统广泛地用于各种领域,如数控机床、工业机器人、雷达天线和电子望远镜的瞄准系统等。在速度伺服系统的基础上增加位置反馈环节就可构成直流位置伺服系统。

位置伺服系统中,位置控制有模拟式和数字式,前者如仿形机床伺服系统。随着计算机控制技术的发展,人们在位置控制上越来越多采用数字式,由于速度控制常采用模拟式,从而构成混合式的伺服系统。数字式的位置控制伺服系统根据其位置信号的比较方式还可分为数字式脉冲控制的伺服系统、数字式编码器控制的伺服系统、数字式相位控制的伺服系统以及数字式幅值控制伺服系统等控制类型。

数字式脉冲控制伺服系统的检测反馈与比较电路比较简单,因此应用也比较广泛,系统中采用光栅、脉冲编码器等作为位置检测器件。其系统构成如图 9.2.4 所示。

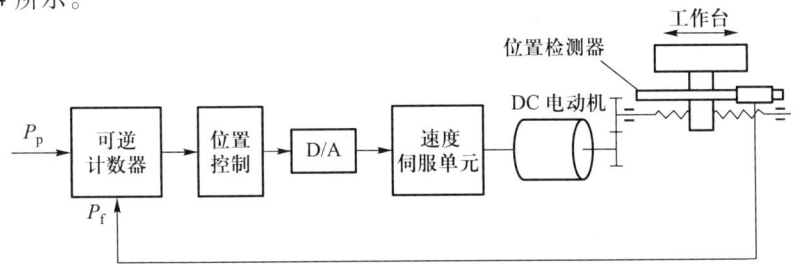

图 9.2.4 数字式脉冲控制的伺服系统

在数字式脉冲控制的伺服系统中,控制装置的位移指令以指令脉冲数 P_p 形式给出,反馈信号为位置检测器给出的反馈脉冲数 P_f,它们分别进入数字控制器中的计数器端,经运算输出位置偏差量,该偏差量经位置控制器、D/A 转换器、速度伺服控制单元,进而控制直流伺服电动机,使设备获得精度很高的位置输出。

4. 闭环交流伺服系统

对采用交流电动机驱动的设备实现闭环伺服控制的系统,称之为闭环交流伺服系统。闭环交流伺服系统中,主要有串级调速、变频调速和同步电动机调速这几种使用广泛的控制系统。串级调速伺服系统的特点是利用了转子电路中接入的附加设备,在进行调速的同时,将转差功率进行再利用,这部分功率可以转为机械功率送回到电动机轴上,或者是经过变流装置送回交流电网,因此这种伺服系统的效率比较高。

变频调速系统是通过变频装置为交流异步电动机提供频率和电压均可改变的交流电源实现电动机的调速控制。由变频装置组成的交流调速系统一方面利用了异步电动机结构简单、坚固耐用、经济可靠、惯性小和使用不受环境限制的特点,构成经济实用的电气拖动系统;另一方面由于高性能、高精度新型装置的不断出现和发展,调速系统能够获得与直流调速系统一样好的性能指标;同时还可以应用到大容量、高转速的交流电动机控制,因此交流控制伺服系统近些年来在国内外得到了广泛的应用。

9.2.3　伺服系统的基本要求

由于伺服系统所服务的对象千差万别,因而对伺服系统的要求也各不相同,通常系统性能要求以指标的方式来衡量,工程上对伺服系统的技术要求很具体,一般有以下几个方面。

(1) 对系统稳态性能的要求

伺服系统的稳态性能指系统的输出误差。对闭环控制的伺服系统而言,实际系统由于元件精度、制造与安装精度以及运行过程中各种因素的影响等,都会造成系统的工作误差,稳态性能要求保证系统稳定运行时的误差控制在许可范围内。

(2) 对系统动态性能的要求

伺服系统为闭环控制系统时,要求系统能够稳定运行,因此需要通过一系列的动态性能指标来衡量,这些性能指标包括了稳定性指标和快速性指标。

(3) 对系统工作环境条件的要求

实际系统对环境也有相应的要求,不同国家和地区,以及设备所处的工作环境差别很大,要保证系统能正常运行,必须在工作环境条件上,如温度、湿度、防潮、防化、防辐射、抗振动等方面满足要求。

(4) 其他要求

其他要求包含了对系统制造成本、运行的经济性要求,还有标准化程度、能源条件等方面的要求。

9.2.4 伺服系统应用

伺服系统应用很广泛,这里给出两种典型应用例子,以进一步描述伺服系统。

(1) 工业机器人伺服系统应用

图9.2.5所示为工业机器人的一个连杆伺服系统示意图。它的受控过程是机器人的连杆运动。系统采用微处理机作为控制器。连杆的实际位置由旋转变压器测量,测得数据转换为电的数字信号后,反馈给微处理机控制器。微处理机经过控制算法运算后,输出控制指令,在经过数/模转换和伺服功率放大,供给连杆上的伺服电机。伺服电机根据控制指令驱动连杆转动,直到机器人手到达参考信号设定的希望位置为止。

机器人伺服控制系统利用位置和速度反馈信号控制机械手运动。位置信号可以是绝对值信号或者增量值信号,机器人控制器将设定信号送给伺服系统,使得它的控制对象运动到给定位置(绝对位置),或者运动给定距离(增量位置)。

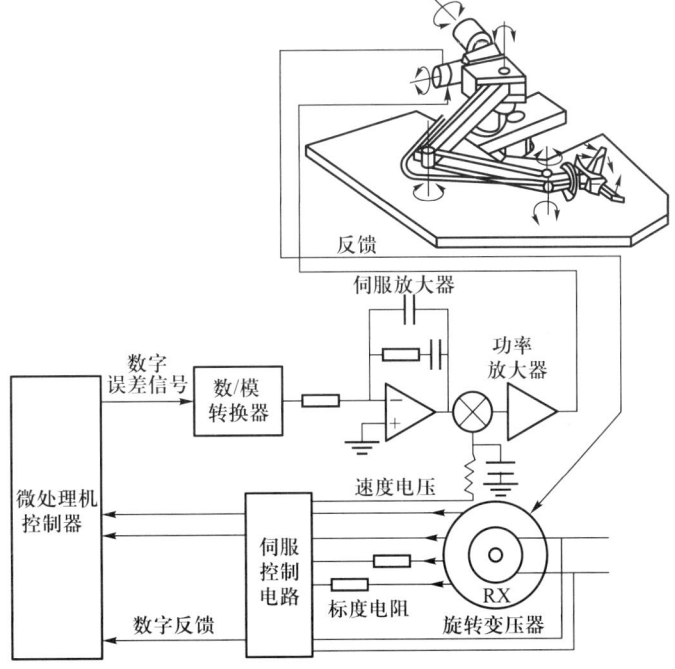

图9.2.5 机器人连杆伺服系统

(2) 三坐标数控机床

三坐标数控机床利用闭环伺服系统控制 x、y 及 z 三个方向的位移,在坐标系中获得很高位置精度。图 9.2.6 所示为三坐标数控机床的组成部件示意图。图中 x 位置控制器沿 $+x$ 箭头方向水平移动工件。y 位置控制器沿 $+y$ 箭头方向水平移动工件,z 位置控制器沿 $+z$ 箭头方向垂直移动刀具。图中箭头表示改变 x 位置的信息传递过程,例如机床控制单元读取程序中一条指令,确定位置改变 +0.004 mm;控制单元传送一个脉冲给机床伺服电机,伺服电机转动丝杠螺母副进给 +0.001 mm;位置传感器测量位置的变化,把这一信息反馈给控制器;控制器比较 +0.004 mm 的理论运动距离与 +0.001 mm 的实际测量信息,然后传送出另一个脉冲;重复以上过程,直到测量运动等于希望的 +0.004 mm 为止。

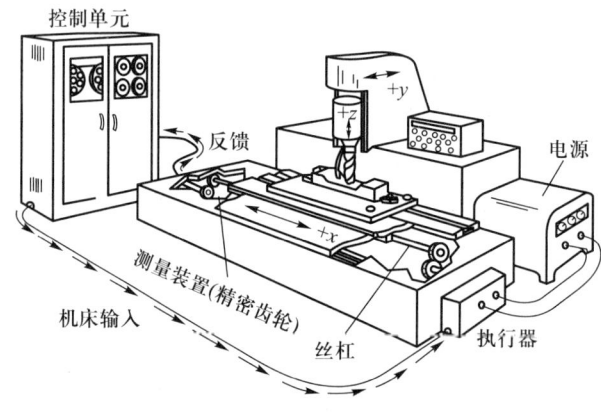

图 9.2.6 三坐标数控机床

习题及思考题

9-1 简述伺服系统的定义、功能、类型及特点。

9-2 何谓开环控制系统?何谓闭环控制系统?两者各具有什么优缺点?举例说明。

9-3 简述伺服系统在机电传动控制中的应用。

第 10 章　直流电动机调速控制

20 世纪 90 年代前约 50 年间,直流电动机几乎是唯一能实现高性能拖动控制的电动机。近年来,随着交流电动机调速系统的发展,直流电动机拖动形式不断受到挑战,但是,由于直流电动机具有良好的线性特性、优异的控制性能以及高效率等优点,在大多数的速度伺服控制和闭环位置伺服控制中仍然是最优先的选择。本章主要讲述直流调速控制系统的组成与调速原理等基础知识。

10.1　直流调速控制系统的基本概念

10.1.1　直流电动机工作原理

直流发电机与电动机的结构和基本原理模型如图 10.1.1 和图 10.1.2 所示,机组主要由定子磁极、转子电枢和换相器与电刷 3 部分组成。直流发电机转子转动,并通过换向器,输出直流电流,此种直流电源形式为旋转变流方式。直流电动机通过换相器,将直流转换为转子电枢上的交变电流,驱动转子转动,目前直流电流通常由静止整流装置提供,直流电动机各组成部分的作用与工作原理分述如下。

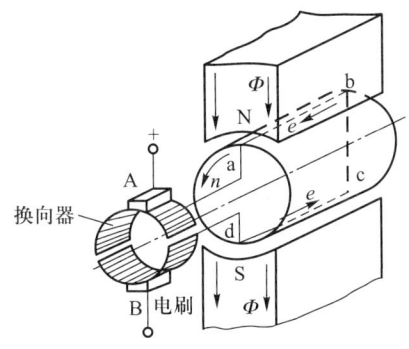
图 10.1.1　直流发电机基本原理模型

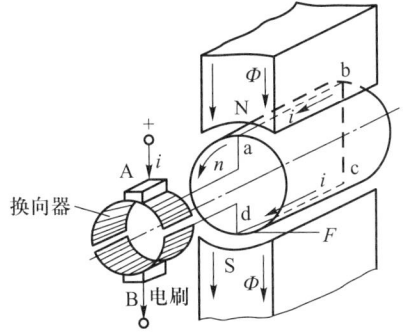
图 10.1.2　直流电动机基本原理模型

(1) 定子磁极

电动机的磁极构成有多种形式,永磁式直流电动机的磁极 N—S 由永磁铁构成,励磁式直流电动机的定子磁极由绕制在磁极上的激磁线圈构成。直流电动机按励磁方式还可分为他励、并励、串励和复励 4 类。它们的运行特性也不尽相同,这里主要讨论在调速系统中用的最多的他励直流电动机控制。

(2) 转子电枢

直流电动机的转子电枢是表面绕有线圈(即电枢绕组)的圆柱形铁心,铁心为硅钢片叠制的导磁体。每一个线圈(如图10.1.2所示的abcd线段)的端点都焊接到对应的换向片上。

(3) 换向器与电刷

电刷 A 和 B 是电动机定子的一部分。当电枢转动时,每一个电刷都交替地与两个换向片接触,以保持电枢线圈中电流分布相对于定子不变。

当在电刷 A 和 B 两端加以直流电压 U 以后,便有直流电流 I 经过电刷进入电枢绕组。根据载流导体在磁场中受电磁力作用的安培定律可知,转子线圈 ab 段所受电磁力向左,而 cd 段所受的电磁力向右,这两个力对转子电枢产生转矩,使转子逆时针旋转。当 cd 段与直流电源正极相连时,电枢电流换向,cd 段受向左的电磁力,而 ab 段受向右的电磁力。由于 ab 段和 cd 段位置进行了交换,所以电枢仍然逆时针旋转。转子每旋转半圈电枢电流换向一次,电枢则始终按逆时针方向旋转。

10.1.2 他励直流电动机机械特性方程

依据上述直流电动机工作原理,在定子磁极构成的磁场中,当电动机的电枢绕组上加上直流电压后,电枢绕组中就有电流流过,而电动机的转子就在电磁转矩作用下旋转起来,从而实现电动机的转速输出。他励直流电动机通过励磁绕组建立定子磁极,图10.1.3所示为他励直流电动机电路简图。

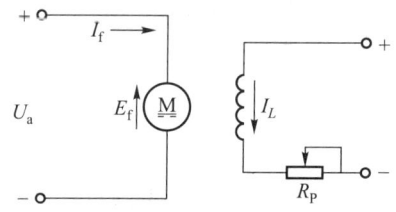

图 10.1.3 他励直流电动机电路图

直流电动机的控制是建立在电动机机械特性基础之上的,机械特性通过特性方程表达,电动机机械特性方程建立了电枢电压 U_a、励磁电流 I_f、电动机输出转矩 T_D 与输出转速 n 之间的函数关系。依据直流电动机的定理,可以写出下列方程式

$$U_a = E_f + I_f R_\Sigma \qquad (10.1.1)$$

$$E_f = C_e \Phi n \qquad (10.1.2)$$

$$T_D = C_T \Phi I_f \qquad (10.1.3)$$

式中:C_e——电动机电动势常数;

C_T——电动机转矩常数;

Φ——磁场磁通;

R_Σ——电枢回路总电阻。

由式(10.1.1)、(10.1.2)可得

$$U_a = C_e \Phi n + I_f R_\Sigma \tag{10.1.4}$$

电动机的转速为

$$n = \frac{U_a - I_f R_\Sigma}{C_e \Phi} = \frac{U_a}{C_e \Phi} - \frac{I_f R_\Sigma}{C_e \Phi}$$

将式(10.1.3)代入上式可得

$$n = \frac{U_a}{C_e \Phi} - \frac{R_\Sigma}{C_e C_T \Phi^2} T_D \tag{10.1.5}$$

当 $T_D = 0$ 时

$$n = n_0 = \frac{U_a}{C_e \Phi}, \text{而 } \Delta n = \frac{R_\Sigma T_D}{C_e C_T \Phi^2}$$

$$n = n_0 - \Delta n \tag{10.1.6}$$

当无外负载时，转速仅与外加电压成正比，此时转速称为理想空载转速 n_0。加入负载后，产生一速度降落，实际转速中的 Δn 称为速降。式(10.1.5)即为电动机的机械特性方程式。

10.1.3 他励直流电动机调速方式

对机械特性方程式(10.1.5)进行分析，可以看出，改变方程中的供电电压 U_a，或改变定了磁极的磁通 Φ，都可以改变直流电动机的输出转速，由此产生两种直流电动机的调速方式，一为改变电枢电压的调压调速方式，另一为改变定子磁极磁通量的调磁调速方式。

1. 调压调速

当保持他励直流电动机励磁磁通 Φ 和电枢回路电阻 R_Σ 不变时，通过改变电动机的电枢电压 U_a，得到不同电动机转速的方法，称为调压调速。

在调压调速的过程中，由于转速降落 $\Delta n = T_D R_\Sigma / C_e C_T \Phi^2$ 不变，因此可以得到对应不同 U_a 下一组平行机械特性曲线，如图 10.1.4 所示。通过调压改变电动机转速时，当电动机电枢所允许通过的电流一定，而 Φ 保持不变，那么不论电动机工作在高速或是低速，电动机所能输出的转矩 $T_D = C_T \Phi I_f$ 是一定的。而电动机的功率为 $P_D = T_D n$，所以在调压调速方式中，转矩为恒定值，功率随转速的变化而变化。在变速过程中，电动机输出转矩不随转速改变的变速特性称为"恒转矩变速特性"，其特性如图 10.1.5 所示，因此调压调速也称为恒转矩调速。

恒转矩调速方式通过降低电源电压改变转速，电源电压越低，转速也越低，调速方向是从基速(额定转速)向下调。同时电动机机械特性的硬度不变。低速运行时，转速随负载变化的幅度较小，转速稳定性较好，一般用于恒转矩负载

的调速。

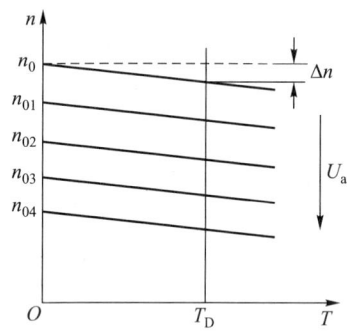

图 10.1.4　改变电压 U_a 的机械特性

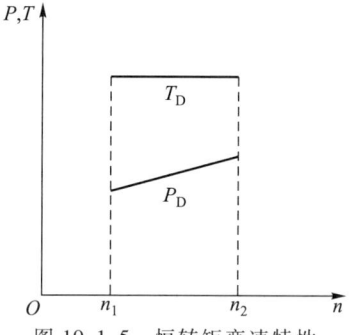

图 10.1.5　恒转矩变速特性

2. 调磁调速

由电动机机械特性方程式可知，如果保持他励直流电动机电源电压不变，在电动机拖动的负载转矩不太大时，降低他励直流电动机的磁通，可以使电动机转速升高，因此如果保持电枢电压 U_a 不变，并且 R_Σ 为常数，通过改变磁通 Φ，也可以获得不同的电动机输出转速，这种改变电动机磁场达到改变电动机转速 n 的方式称为调磁调速方式。但由于磁路饱和，磁通 Φ 一般只能减弱，不能增强，这种向下调节方式也称为弱磁调速。

采用改变磁通来改变转速方法中，电动机所允许的电流 I 一定，磁通 Φ 减少，转速 n 相应增大，转矩 $T_D = C_T \Phi I_f$ 则因为 Φ 下降而下降。由此可见，当调节励磁改变转速时，T_D 是随转速 n 改变而改变，转速越高输出的转矩越低，转速越低输出的转矩越高，调磁调速方式得到如图 10.1.6 所示的机械特性曲线。

虽然转矩 T_D 下降，但是转速 n 上升，因此可维持功率 P_D 基本不变，其关系如图 10.1.7 所示。这种电动机功率不随转速改变而改变的特性称为"恒功率变速特性"，改变电动机磁场调速的方法也称作恒功率调速。

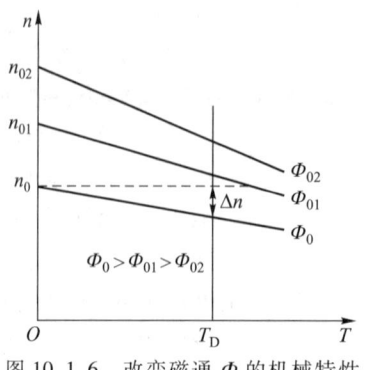

图 10.1.6　改变磁通 Φ 的机械特性

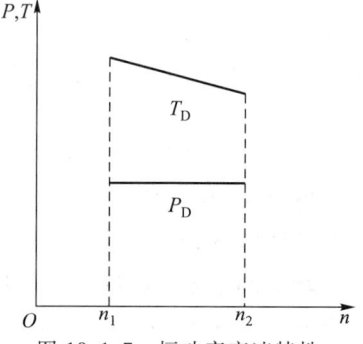

图 10.1.7　恒功率变速特性

3. 电力拖动系统调速方式的选择

在实际设备负载类型中,机床的进给运动可看作是恒转矩负载,譬如卧式车床刀架进给力是较小的,拖动进给装置主要是克服导轨摩擦力,而摩擦力的大小一般是不随速度的高低而有太大的变化。所以无论是高速进给,或是低速进给,需要的转矩是一样的,即属于恒转矩性质负载,但此时恒转矩负载需要的功率则随转速增高而加大。对恒转矩性质的负载,在调速过程中需要保持负载转矩不变,这样就应当选择恒转矩调速方式,以保证电动机在许可范围内任何一级转速下工作时,都能够满足所需要的转矩和功率要求。

如果对恒转矩负载采用恒功率调速方式,由于恒功率调速方式具有在调速过程中允许的功率恒定的特点,而恒转矩负载在高速时需要功率较大,低速时需要功率较小,在这种情况下,依据高速功率需求选择电动机,则低速时不能满载运行,动力过剩;依据低速功率需求选择电动机,则高速时电动机将欠载运行,效率就更低。同样的问题也会出现在恒功率性质的负载采用恒转矩调速方式。所以直流电动机调速系统与负载性质配合不好会造成不应有的浪费,在选用时,应针对负载性质选择相应的调速系统来拖动。

根据以上所述,在设计电动机调速系统方案时,需要考虑负载性质,以使调速方案完全合理。

10.1.4 直流电动机调速装置

采用调压调速方法,是直流调速系统中应用较广泛的一种调速方式,只要能够对直流电动机提供可调的直流电压,就能实现调节电动机输出转速。在由可控直流电源与直流电动机组成的直流调速系统中,可控直流电源装置是调速系统的关键装置,按其工作原理可分为旋转变流装置和静止变流装置。静止变流装置是目前直流调速系统的主要设备。

1. 直流调速装置类型

为了获得可控的直流电压,最初的直流调速系统采用旋转变流装置,由直流发电机为直流电动机供电。在发电机—电动机组调速系统中,通过改变发电机所发出的电压或改变电动机磁场都可以改变转速,能够得到很宽的调速范围,控制也较方便,但它需要的设备数量多、设备容量大、占地面积大、能量损耗也大,并不是理想的拖动系统,其系统组成示意图如图10.1.8a所示。随着电力电子器件的发展,出现采用晶闸管整流设备的静止变流装置,并逐渐取代旋转变流装置。采用静止变流装置的调速系统因为发电机及拖动发电机的异步电动机被替换掉,所以整个系统体积小,并且装置反应速度快、效率高,得到了广泛的应用。晶闸管整流设备组成示意图如图10.1.8b所示。大功率电力电子器件的出现,使人们可以采用电力晶体管(GTR)作为可控电子元件构成晶体管直流脉宽调速系统,即 GTR-PWM 直流调速系统,并使用脉宽调制技术,实现电动机电枢电压平滑调节。直流脉宽调速系统的组成示意图如图 10.1.9 所示。

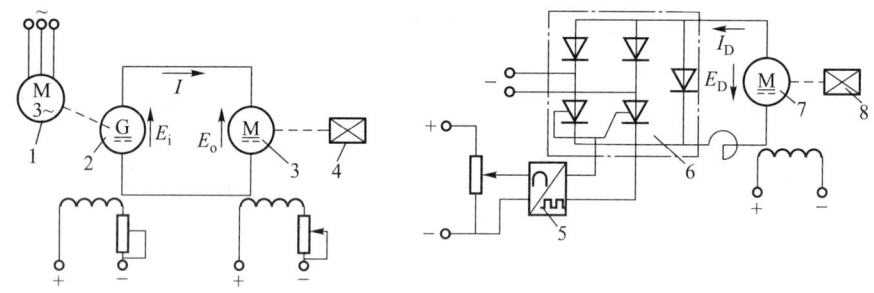

(a) 发电机—电动机调速系统　　　　(b) 晶闸管—直流电动机调速系统

图 10.1.8　直流调速系统

1—异步电动机;2—发电机;3、7—电动机;4、8—生产机械;5—触发装置;6—整流装置

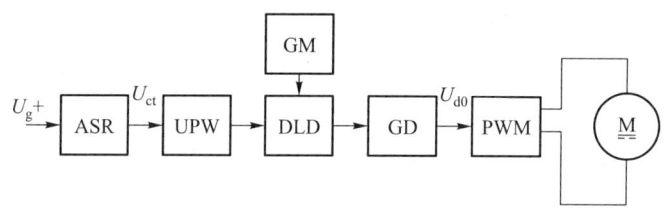

图 10.1.9　GTR-PWM 直流调速系统示意图

ASR—转速调节器;UPW—脉宽调制器;GM—调制波发生器;
DLD—逻辑延时环节;GD—驱动器;PWM—脉宽调制变换器

2. 静止可控直流电源

静止变流装置构成调压直流调速系统,依据其构成的元件和工作原理不同,形成两种调压调速装置,即晶闸管整流装置和脉宽调制 PWM 装置,相应的控制方式为晶闸管驱动方式控制和 PWM 驱动控制。

(1) 晶闸管驱动方式控制原理

通过由两只晶闸管和两只二极管构成的单相半控桥式全波整流电路可以说明晶闸管整流装置的工作过程。

晶闸管整流电路结构以及整流过程波形图如图 10.1.10 所示,当输入交流电压在正半周时,晶闸管 VT1 导通,交流电压为零时,该晶闸管截止;在输入交流电压负半周时,另一只晶闸管 VT2 导通,交流电压为零时,该晶闸管也截止。这样两只晶闸管轮流导通,就得到全波整流的输出电压波形。

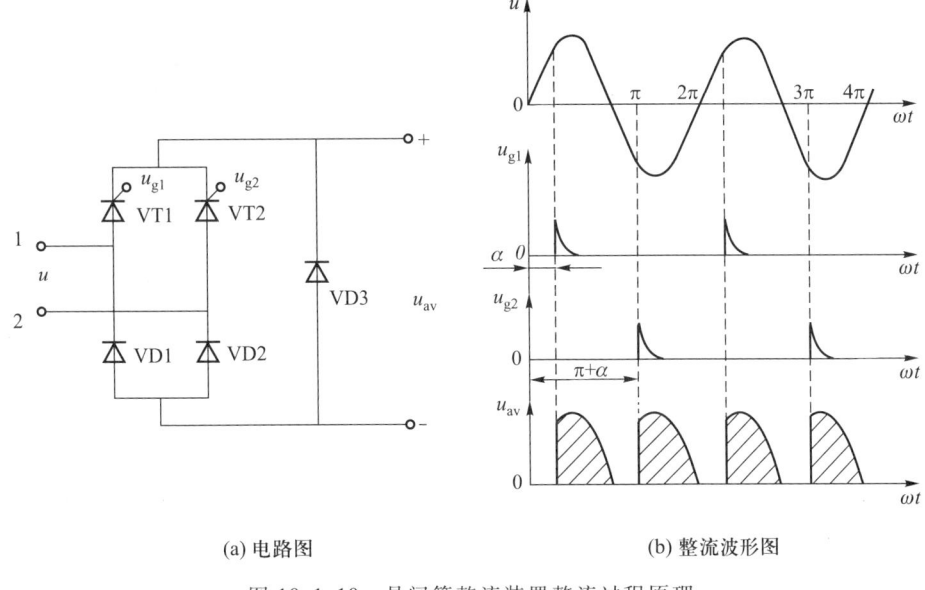

(a) 电路图   (b) 整流波形图

图 10.1.10　晶闸管整流装置整流过程原理

由于使用可控的晶闸管,晶闸管的导通时刻由其控制极的触发脉冲 u_g 控制,晶闸管触发前不导通的范围为控制角 α(也称为移相角 α),整流过程中,改变控制角 α,即可以控制整流电路输出的平均电压值。当 α 角由 0 变化到 π 时,整流输出电压从最大变化到 0。当 0<α<π 时,输出电压平均值为

$$u_{av} = \frac{\sqrt{2}}{\pi} u_2 (1+\cos \alpha)$$

式中:u_{av}——晶闸管整流输出平均电压;

u_2——整流器的交流电压有效值。

通过晶闸管整流装置,就可以获得控制直流电动机变速的可调直流电压。

(2) PWM 驱动控制原理

PWM(Pulse Width Modulation)是脉冲宽度调制的英文缩写,它的含义是利用大功率晶体管的开关作用,将恒定的直流电源电压斩成一定频率的方波电压,并加在直流电动机的电枢上,通过对方波脉冲宽度的控制,改变电枢的平均电压来控制电机的转速。图 10.1.11 所示为 PWM 降压斩波器原理和输出波形。图 10.1.11a 所示的晶体管 VT 工作在"开"和"关"状态,假定 VT 先导通 t_1 秒,此时全部电压加在直流电动机的电枢上(忽略管压降),然后使 VT 关断 t_2 秒,此时电压全部加在 VT 上,电枢回路的电压为 0。反复导通和关闭晶体管 VT,在电动机上得到如图 10.1.11b 所示的电压波形。在 $t=t_1+t_2$ 时间

内，加在电动机电枢回路上的平均电压为

$$U_a = \frac{t_1}{t_1+t_2}U = \alpha U \qquad (10.1.7)$$

式中，$\alpha = \frac{t_1}{t_1+t_2}$，称之为占空比，$0 \leq \alpha \leq 1$。$U_a$ 的变化范围在 $0 \sim U$ 之间，均为正值，即电动机只能在某一个方向调速，称之为不可逆调速。

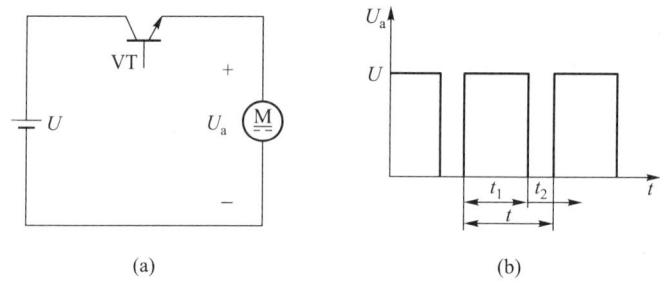

图 10.1.11　PWM 降压斩波器原理及输出波形

当需要电动机在正、反两个方向上都能调速时，使用如图 10.1.12 所示的桥式（H 形）降压斩波电路。图示电路中，VT1、VT4 同时导通同时关断，VT2、VT3 同时导通同时关断，但同一桥臂上的晶体管（如 VT1 和 VT3、VT2 和 VT4）不允许同时导通，否则将使直流电源短路。设先使 VT1、VT4 同时导通 t_1 秒后关断，间隔一定的时间后，再使 VT2、VT3 同时导通 t_2 秒后关断，如此反复，则在电动机上的输出如图 10.1.12b 所示电压波形。

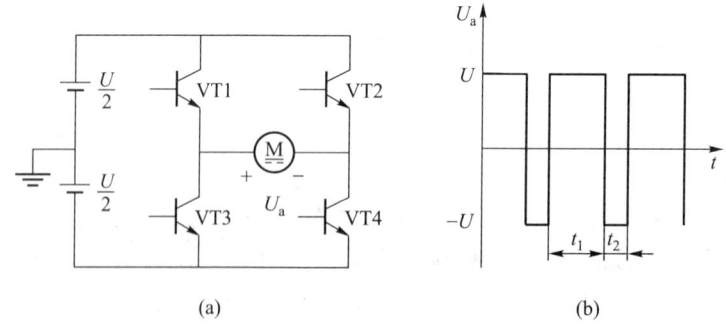

图 10.1.12　H 桥 PWM 降压斩波原理及输出波形

电动机上的平均电压

$$U_a = \frac{t_1-t_2}{t_1+t_2}U = (2\alpha-1)U$$

当 $0 \leq \alpha \leq 1$，U_a 值的范围式 $-U \sim +U$，因此电动机可以在正、反两个方向上调速。

图 10.1.13 所示的是用硬件电路实现 PWM 驱动的电路框图。根据 PWM 的工作原理，必须有一种电路或装置能够将控制转速的指令转换成脉冲的宽度，其中元件工作在高速开关状态，这种装置称为直流 PWM 驱动装置。图 10.1.13 所示的驱动电路包括脉冲频率发生器、电压-脉冲变换及分配器和功率放大器。频率脉冲发生器可以是三角波或锯齿波发生器，它的作用是生成一个固定频率的调制信号，或叫载波信号 U_0。电压-脉冲变换器将转速指令信号 U_θ 和 U_0 进行综合，产生一个宽度被调制的开关脉冲信号，分配器作用是将电压-脉冲变换输出的脉冲信号按一定逻辑关系分配到基极驱动器，控制晶体管的基极，以保证功率放大电路中晶体管协调工作。

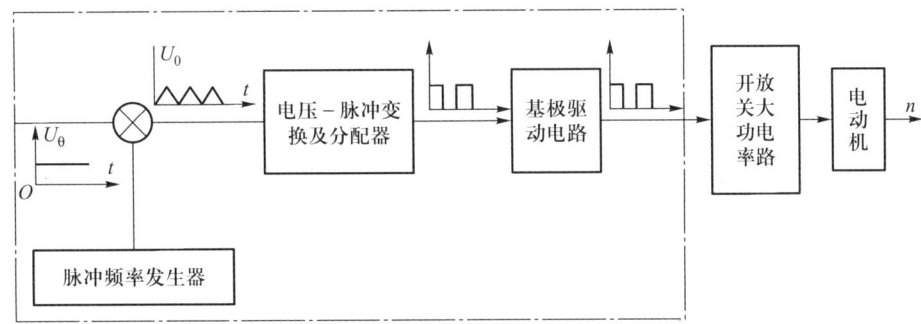

图 10.1.13 PWM 驱动电路框图

脉宽调制驱动装置的输出电压是幅值恒定、频率恒定、脉宽可调的波形。输出的直流分量与占空比成比例关系。由于电枢电感的滤波作用和转子惯量的平滑作用，调制中的交流分量产生的作用很小，可以忽略不计，因此控制直流电动机的脉宽调制电压，可以等价为控制直流电压。

10.1.5 直流电动机调速指标

在生产实践中，设备的调速性能是通过调速指标来衡量的。不同的设备，有不同调速性能要求，需要从技术方面与经济方面进行考虑。调速性能主要有两大类指标，即技术指标与经济指标。

1. 调速的技术指标

调速的技术指标又分为静态技术指标和动态技术指标。

（1）静态技术指标

系统稳定运行时的技术指标称为静态技术指标。主要有以下 3 项：

1）调速范围

调速范围是指电动机在额定负载时可运行的最高转速 n_{max} 和最低转速 n_{min} 之比。用 D 来表示，即

$$D = n_{max}/n_{min}$$

电动机的 n_{max} 受电动机的换向及机械强度等方面因素的限制。一般在额定转速 n_N 以上，转速提高的范围不大。因此在通常情况下，电动机的 n_{max} 就是指它的 n_N。

电动机的 n_{min} 受系统低速运行时生产机械对转速相对稳定性的限制。所谓的相对稳定性，是指当负载转矩变化时转速变化的程度。转速变化愈小，系统的相对稳定性愈好。

生产设备不同，要求的调速范围也不同，如卧式车床要求的调速范围是 30~40，而数控机床一般要求调速范围为 100 以上。

2）静差率

当电动机在某一机械特性上运行时，额定负载下转速降落 Δn 的大小反映系统抵抗因负载加入产生转速降落的能力，降落数值小，表明抵抗能力强，系统机械特性比较硬。而额定负载下的转速降落 Δn 与理想空载转速 n_0 之比，称为静差率，静差率反映了控制系统在转速变化时的稳定性程度，用 s 来表示

$$s = \frac{\Delta n}{n_0} = \frac{n_0 - n}{n_0} \times 100\% \tag{10.1.8}$$

由负载变动而引起的 Δn 愈小，则静差率 s 越小，转速的相对稳定性就愈高，反之，转速的相对稳定性愈差。不同的生产设备对静差率的要求不同，普通车床可以允许 $s \leqslant 30\%$，一些高精度的数控机床要求可达 $s \leqslant 0.1\%$。

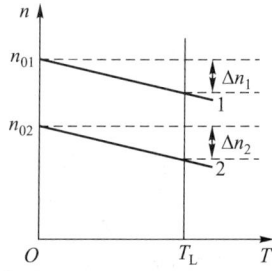

图 10.1.14 静差率比较

要注意的是，静差率与系统的机械特性硬度既有联系，也有区别，如图 10.1.14 所示，在不同电压下的机械特性曲线平行，特性 1 和 2 的转速降落相同，硬度相同。但是由于理想转速不同，静差率不同。同样硬度的机械特性，理想空载转速越低，静差率 s 越大，转速相对稳定性越差。例如，$n_0 = 1\,000$ r/min，$\Delta n = 10$ r/min 时，$s = 1\%$，而 $n_0 = 100$ r/min 时，静差率达到 $s = 10\%$。所以静差率指标是指最低理想转速时对应的特性静差率。

生产设备调速时，为了保持系统具有一定的运行稳定性，要求系统的 s 小于某一允许值，这就限制了系统运行的最低转速，从而也限制了设备的调速范围 D。如果机械特性硬度不变，静差率要求越好，允许的调速范围越小，可见

D 与 s 是相互制约的。静差率 s 与调速范围 D 之间的关系可用数学式表达。由静差率定义可得

$$s = \frac{\Delta n}{n_{0\,\min}} = \frac{\Delta n}{n_{\min} + \Delta n}$$

$$n_{\min} = \frac{(1-s)\Delta n}{s}$$

依据调速范围的定义,可推导调速范围 D 与静差率 s 之间的关系为

$$D = \frac{n_{\max}}{n_{\min}} = \frac{n_{\max} s}{(1-s)\Delta n} \tag{10.1.9}$$

需要调速的生产设备必须同时提出调速范围与静差率这两项指标,例如普通车床调速要求静差率 $s \leqslant 30\%$,调速范围 $D = 10 \sim 40$。

通过下面的例子可以进一步认识静态技术指标之间的关系。

[**例 10.1.1**] 某他励直流电动机有关数据为:$P_N = 60$ kW,$U_N = 220$ V,$I_N = 305$ A,$n_N = 1\,000$ r/min,电枢回路总电阻 $R_\Sigma = 0.04\ \Omega$,计算下列各种情况下电动机的调速范围。

① 静差率 $s \leqslant 30\%$,电枢串电阻调速。
② 静差率 $s \leqslant 20\%$,电枢串电阻调速。
③ 静差率 $s \leqslant 20\%$,降低电源电压调速。

[**解**] ① 静差率 $s \leqslant 30\%$,电枢串电阻调速时,电动机的 $C_e \Phi_N$

$$C_e \Phi_N = \frac{U_N - I_N R_\Sigma}{n_N} = \frac{220 - 305 \times 0.04}{1\,000}\text{V}/(\text{r}\cdot\min^{-1}) = 0.207\,8\ \text{V}/(\text{r}\cdot\min^{-1})$$

理想空载转速

$$n_0 = \frac{U_N}{C_e \Phi_N} = \frac{220}{0.207\,8}\ \text{r/min} = 1\,058.7\ \text{r/min}$$

静差率 $s \leqslant 30\%$ 时

$$s = \frac{n_0 - n_{\min}}{n_0}$$

最低转速

$$n_{\min} = n_0 - s n_0 = (1\,058.7 - 30\% \times 1\,058.7)\ \text{r/min} = 741.1\ \text{r/min}$$

调速范围

$$D = \frac{n_{\max}}{n_{\min}} = \frac{n_N}{n_{\min}} = \frac{1\,000}{741.1} = 1.35$$

② $s \leqslant 20\%$ 时,最低转速

$$n_{\min} = n_0 - s n_0 = (1\,058.7 - 20\% \times 1\,058.7)\ \text{r/min} = 847\ \text{r/min}$$

调速范围

$$D = \frac{n_{\max}}{n_{\min}} = \frac{1\ 000}{847} = 1.18$$

③ $s \leq 20\%$，降低电源电压调速时，额定转矩时转速降落

$$\Delta n_N = n_0 - n_N = (1\ 058.7 - 1\ 000)\ \text{r/min} = 58.7\ \text{r/min}$$

最低转速相应机械特性的理想空载转速

$$n_{01} = \frac{\Delta n_N}{s} = \frac{58.7}{0.2}\ \text{r/min} = 293.5\ \text{r/min}$$

最低转速

$$n_{\min} = n_{01} - \Delta n_N = (293.5 - 58.7)\ \text{r/min} = 234.8\ \text{r/min}$$

调速范围

$$D = \frac{n_{\max}}{n_{\min}} = \frac{1\ 000}{234.8} = 4.26$$

从例题中可以看到：①调速范围必须是在具体的静差率限定下才有意义，否则，电动机本身带负载调速可以使最低转速到零，这样将毫无意义；②在一定静差率 s 的限定下调速范围的扩大，主要是提高机械特性的硬度，减小 Δn_N。

（2）动态技术指标

系统转速从 n_1 变化到 n_2 的动态过程中的指标称为动态技术指标。采用时域分析方法定义的动态指标分为给定输入的跟随性能指标和扰动输入的抗干扰性能两类指标。

1）给定输入的跟随性能指标

假设当给定调速输入信号为单位阶跃信号时，跟随性能指标有 3 项，分别为：

① 最大超调量　最大超调量 M_p 是指当输入为阶跃信号时，最大输出量与稳态值之差对稳态值之比，即

$$M_p = \frac{n_{\max} - n_2}{n_2} \times 100\% \qquad (10.1.10)$$

M_p 太大，不能满足生产工艺上的要求；M_p 太小，则会使过渡过程过于缓慢，不利于生产率的提高，一般 M_p 为 $(10 \sim 35)\%$。

② 过渡过程时间　过渡过程时间 t_s 也称调节时间，是指从输入控制作用于系统开始，直至被调量 n 进入 $(0.05 \sim 0.02)n_2$ 稳态值区间内（并且以后不再超出这个范围）为止的一段时间。过渡过程时间愈短，系统的快速响应性愈好。

③ 振荡次数　振荡次数 N 是指在过渡过程时间内,被调量 n 在其稳态值上下摆动的次数,例如图 10.1.15 所示的振荡次数为 1 次。振荡次数愈少,则系统的稳定性愈好。

以上 3 项指标中,调节时间 t 越小,系统跟随越快。最大超调量 M_p 越小,跟随性与稳定性越好。在一般电动机调速控制系统中,快速性和稳定性往往是矛盾的。上述 3 项指标是衡量调速系统动态过程品质好坏的主要指标。

2）扰动输入的抗干扰性能

抗干扰性能指标也是系统动态性能的重要指标之一。若电动机调速控制系统的输入不变,当系统受到阶跃扰动后,输出便出现一个扰动的暂态响应曲线。扰动响应曲线中,最大动态降落 ΔC_{max} 和恢复时间 t_v 是衡量系统的抗干扰性能的两个指标。一般以系统稳定运行中突加一个使输出响应降低的负扰动 N 以后的过渡过程作为典型的抗扰动过程,扰动响应曲线如图 10.1.15 所示。

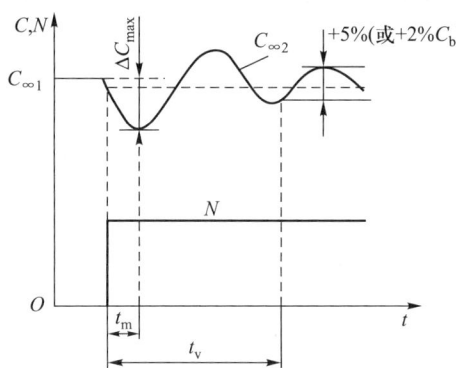

图 10.1.15　突加扰动的动态过程和抗扰性能指标

① 最大动态转速降落　电动机调速控制系统稳定运行时,突加负载扰动下的动态转速降落常以稳态转速的百分比表示

$$\Delta n_{max}\% = \frac{\Delta n_{max}}{n_\infty} \times 100\%$$

② 恢复时间　恢复时间是指由扰动作用瞬间到输出响应恢复到允许范围内(一般在新稳态值的±5%或±2%范围内)所经历的时间。

最大动态转速降落和恢复时间越小,表示系统抗干扰性能越好。但一般系统的抗干扰性能与跟随性能之间存在一定的矛盾。若超调量小、上升时间长,则系统的最大动态转速降落大,恢复时间长,即抗干扰能力弱。反之,超调量大、上升时间短的系统,则抗干扰能力强。

2. 调速的经济指标

调速的经济指标取决于调速系统的设备投资及运行费用,而运行费用又取决于调速过程的损耗,它可用设备的效率 η 来说明。

$$\eta = \frac{p_2}{p_2 + \Delta p} \qquad (10.1.11)$$

式中：p_2——电动机轴上的输出功率；

Δp——系统调速时的损耗功率。

调速的经济性主要考虑调速设备的初投资、调速时电能的损耗、运行时的维修费用等,同时调速时电能的损耗除了要考虑电动机本身的损耗外,还要考虑电源的效率。不同的调速方法其经济指标不同,应当在满足技术指标要求的前提下,选择设备投资少、电能损耗小,而且维修方便调速方案。

10.2 速度负反馈单闭环直流电动机调速系统

通过对直流电动机的机械特性方程分析,以及对两种调速方法的特性分析,我们已经知道,使用调压调速方法可以实现额定转速以下大范围平滑调速,这是目前直流调速系统采用的主要方式。而弱磁调速对普通电动机的调速范围很小,不能超过 2 倍,一般在特殊设计的调磁电动机调速,或有额定转速以上的调速需求时采用。本节主要讨论调压调速方法。

10.2.1 晶闸管-直流电动机调速系统

对晶闸管-直流电动机调速系统,常用的有开环直流调速系统,单闭环直流调速系统、多闭环直流调速系统等几种形式。

1. 开环直流调速系统

晶闸管-直流电动机开环调速系统的结构简图如图 10.2.1 所示。给定转速输入信号电压 u_g 加在晶闸管整流装置输入端,在装置内,输入信号电压经放大器放大后加到触发器上,触发器依据控制角 α 产生脉冲,控制晶闸管整流装置输出可控直流电压 u_D,其工作原理如前所述。u_g 变化将改变晶闸管触发脉冲控制角 α,从而控制输出电压 u_D,达到控制电动机的转速输出的目的。开环调速系统只能完成调速功能。

2. 单闭环直流调速系统

单闭环直流调速系统的组成如图 10.2.2 所示。与开环控制系统相同,通过给定电动机转速控制电压 u_g,实现电动机的调速控制,同时,u_g 又作为给定输出转速的标准值与实际运行速度检测的反馈电压值 u_{TG} 进行比较,以产生反映实

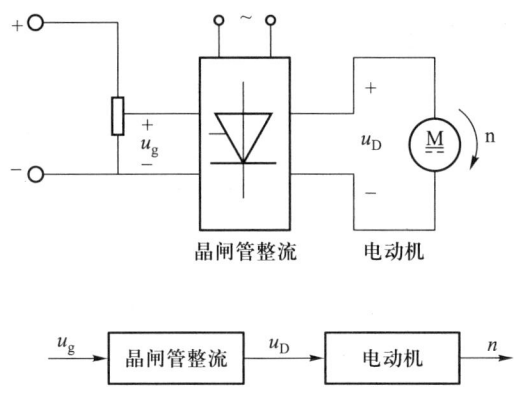

图 10.2.1　晶闸管-电动机速度开环控制系统

际输出转速误差的信号。加到放大器输入端的速度误差信号值,能够控制晶闸管整流装置输出经过补偿的可控直流电压 u_D,使电动机轴不仅按设定的转速 n 而且稳定在该转速下转动。即由于闭环系统反馈值的存在,调速系统不仅可以调速,同时还具有稳速功能。

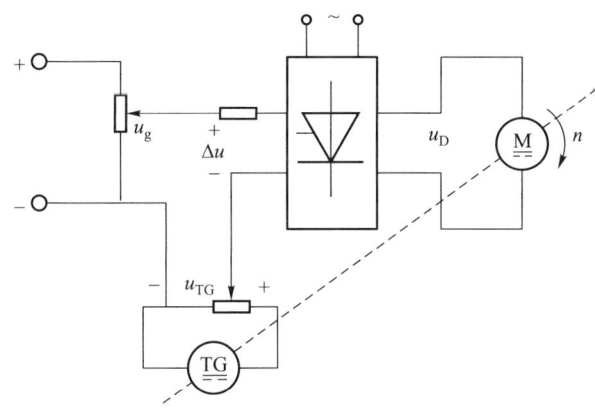

图 10.2.2　速度闭环控制系统

3. 双闭环直流调速系统

在调速系统中,主要被调量是电动机的转速,依靠速度调节,使设备的稳态性能得到改善,但是当需要提高动态性能要求时,单环系统则不能满足使用要求。在实际应用中,为改善系统的动态性能,缩短过渡过程,通常在单环系统中,增加对电流量的调节,即系统中,不仅有速度环,还有电流环,形成含有速度调节和电流调节的双环系统,以改善系统的调速性能。

10.2.2　晶闸管-直流电动机转速负反馈调速系统

1. 调速系统组成及工作原理

晶闸管-直流电动机转速负反馈调速系统是典型的单闭环直流调速系统,其系统构成如图10.2.3所示。图中给定输入转速控制电压u_g,与电动机测速反馈电压u_{TG}进行比较后,形成反映速度误差的控制电压信号Δu($\Delta u = u_g - u_{TG}$),并加到放大器的输入端,经放大器将信号放大,输出控制电压u_K到触发器上,触发器产生控制角为α的脉冲,触发控制主电路晶闸管导通,使晶闸管整流装置输出可控直流电压u_D,加在直流电动机 M 的电枢两端,实现电动机的转速稳定在给定转速 n 下转动。

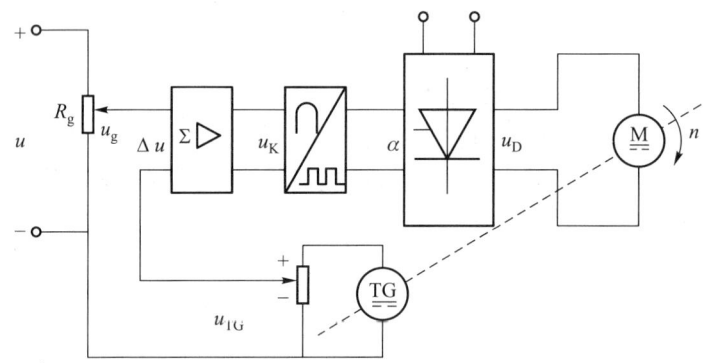

图10.2.3　转速负反馈调速系统

电动机转速通过测速发电机反馈电压u_{TG}反映出来。我们知道测速发电机与电动机同轴相连,它的电枢电动势E_{TG}为

$$E_{TG} = C_{eTG} \Phi_{TG} n$$

式中:C_{eTG}——由测速发电机结构决定的电动势常数;

　　　Φ_{TG}——测速发电机励磁磁通;

　　　n——测速发电机转速,即电动机转速。

式中,$C_{eTG}\Phi_{TG}$为不变的常数,因此测速发电机的电枢电动势反映了电动机的转速。并由分压电阻取出转速反馈电压u_{TG}值。

在稳态工作时,电动机以给定转速运行,当负载增加时,负载电流I_D增大,电动机转速 n 将会下降,此时测速发电机的反馈电压u_{TG}减小,而$\Delta u = u_g - u_{TG}$增大,放大器输出电压u_K增加,它使得晶闸管整流装置的控制角α减少,(导通角增大),晶闸管整流输出电压u_D增加,电动机转速回升到接近原给定转速值,系统的调节过程可示意为:

$$负载↑→n↓→u_{TG}↓→\Delta u↑→u_K↑→a↓→u_D↑$$
$$n↑←\;$$

同理当负载下降时，转速 n 上升，其调整过程可示意为：

$$负载↓→n↑→u_{TG}↑→\Delta u↓→u_K↓→a↑→u_D↓$$
$$n↓←\;$$

可见当转速 n 下降时，调整的结果使 n 回升到接近原来值，当 n 上升时，调整的结果使 n 下降接近原来值，调节过程中，总是趋向于消除输出转速的误差，从而达到稳速目的。由于反馈信号直接取自输出转速，因此这种系统即为速度负反馈闭环控制系统。

2. 调速系统静特性分析

通过对上述转速负反馈调速系统工作原理的分析，可以看到，采用晶闸管整流装置的调速系统，能够实现对电动机的调速和稳速控制。对于开环调速系统与闭环调速系统都能实现调速功能，但在机械特性和其调速指标上有什么不同呢？通过下面对系统的机械特性分析，可以进一步认识开环与闭环两种系统的性能。

（1）开环系统机械特性

分析系统的机械特性，可以通过系统总的放大倍数求取系统的机械特性。由图 10.2.1 回路可知，假定晶闸管整流装置的总放大倍数为 k_k，依据系统的机械特性方程式可得开环系统的机械特性方程

$$n_k = \frac{k_k u_g}{C_e \Phi} - \frac{I_D}{C_e \Phi} R_\Sigma = n_{0k} - \Delta n_k \tag{10.2.1}$$

式中：C_e——电动机电动势常数；

$k_k u_g$——整流装置输出电压；

Φ——磁场磁通量；

R_Σ——电枢回路总电阻。

（2）闭环系统机械特性

由图 10.2.3 所示回路分析，此时输入晶闸管整流装置控制电压为测速发电机的实际速度反馈电压 u_{TG} 取出值与给定调速电压 u_g 相比较后的差值为 $\Delta u = u_g - u_{TG}$，速度反馈电压

$$u_{TG} = \frac{R_2}{R_1 + R_2} E_{TG} = k_r C_{eTG} \Phi_{TG} n = k_{TG} n$$

式中：C_{eTG}——测速发电机电动势常数；

E_{TG}——测速发电机电动势；

R_1、R_2——测速发电机反馈分压电阻。

整流装置输出驱动电压

$$u_D = k_k \times \Delta u = k_k \times (u_g - u_{TG})$$

$$k_k(u_g - k_{TG}n) = C_e\Phi n + \frac{I_D}{C_e\Phi}R_\Sigma$$

依据系统的机械特性方程式整理

$$n_b = \frac{k_k u_g}{C_e\Phi + k_k k_{TG}} - \frac{I_D R_\Sigma}{C_e\Phi + k_k k_{TG}} = \frac{k_k u_g}{C_e\Phi\left(1 + \frac{k_k k_{TG}}{C_e\Phi}\right)} - \frac{I_D R_\Sigma}{k_e\Phi\left(1 + \frac{k_k k_{TG}}{C_e\Phi}\right)}$$

令

$$k = \frac{k_k k_{TG}}{C_e\Phi}$$

得闭环系统的机械特性方程

$$n_b = \frac{k_k u_g}{C_e\Phi(1+k)} - \frac{I_D R_\Sigma}{C_e\Phi(1+k)} = n_{0b} - \Delta n_b \quad (10.2.2)$$

式中：n_b——闭环系统电动机输出转速；

n_{0b}——闭环系统电动机输出理想转速；

Φ——测速发电机磁场磁通。

（3）系统静特性分析

分析系统静特性的目的是要改善和提高系统的调速性能，而系统的调速性能可以通过调速性能指标来衡量。开环系统与闭环系统的机械特性方程有很大的不同，它们在一些关键调速性能指标上的差异，则进一步反映出不同系统的调速性能。人们可以通过比较分析开环系统与闭环系统的调速范围 D、静态速降 Δn 和静差率 s，寻找减少静态速降，扩大调速范围等改善系统调速性能的途径。下面将在相同系统参数的前提下，对开环系统与闭环系统的给定调速电压 u_g、静态速降 Δn 和系统调速范围 D 三个方面进行比较。

1）给定调速电压 u_g

假定开环系统与闭环系统的输出转速相同，即两者的理想转速相同，则有

$$n_{0b} = n_{0k}$$

由开环系统与闭环系统的机械特性方程可得

$$\frac{k_k u_{gk}}{C_e\Phi} = \frac{k_k u_{gb}}{C_e\Phi(1+k)}$$

由上式获得开环系统与闭环系统给定输入电压关系

$$u_{gb} = (1+k) u_{gk}$$

分析上述结果可知，在相同的输出转速要求下，开环系统与闭环系统的给定

调速电压的数值,闭环系统给定调速电压 u_{gb} 是开环系统给定调速电压 u_{gk} 的 $(1+k)$ 倍。当只有转速负反馈的单闭环系统在运行中,若突然失去转速负反馈,有可能会造成严重的事故。因此,系统中往往需要加入保护环节。

2) 系统转速降落 Δn

由开环系统与闭环系统的机械特性方程(式 10.2.1)和(式 10.2.2)分别可得到两种系统的转速降落值。

闭环转速降落为

$$\Delta n_b = \frac{I_D R_\Sigma}{C_e \Phi (1+k)}$$

开环转速降落为

$$\Delta n_k = \frac{I_D R_\Sigma}{C_e \Phi}$$

将两者进行比较,可以得到它们之间的关系

$$\frac{\Delta n_b}{\Delta n_k} = \frac{I_D R_\Sigma}{C_e \Phi (1+k)} \bigg/ \frac{I_D R_\Sigma}{C_e \Phi}$$

$$\Delta n_k = (1+k) \Delta n_b$$

此时,闭环系统速降 Δn_b 是开环系统的速降 Δn_k 的 $1/(1+k)$ 倍。显然当系统加入速度负反馈以后,在同样的负载情况下,闭环系统的速降减小了 $(1+k)$ 倍,因而很大地提高了系统机械特性的硬度。

3) 系统调速范围 D

我们已知系统调速指标中的调速范围指标与静差率指标之间存在着互相制约的关系,这种关系反映在开环系统与闭环系统中,也明显地表现出两者性能的差异。比较开环和闭环系统的调速范围与静差率关系公式

$$\frac{D_b}{D_k} = \frac{n_{max} s}{\Delta n_b (1-s)} \bigg/ \frac{n_{max} s}{\Delta n_k (1-s)}$$

得到开环和闭环系统的调速范围关系式

$$D_b = (1+k) D_k$$

分析调速范围关系式可以看到,在相同的最高转速与静差率要求的条件下,闭环系统的调速范围可达到开环系统的 $(1+k)$ 倍。

4) 提高与改善直流调速系统调速性能的途径

综上所述,闭环系统可获得比开环系统硬得多的机械特性,并且能够在一定静差率的要求下,较大地拓宽调速范围。放大倍数 k 的取值愈大,调速范围愈大。但是 k 值的过分增大,将会导致系统工作稳定性变差,容易产生不稳定现象而使系统无法工作,因此存在制约关系的参数之间,需要多方面的综合

考虑。

通过对直流调速系统静特性分析结果可以看出,高性能要求设备的调速控制,需要采用闭环调速系统,以使其调速和稳速性能都能够很好地满足。

同时从速度负反馈调速系统的调速过程分析中,我们还可以看到,随着负载变化,电动机输出转速将会高于或低于给定转速,但在闭环系统的调整作用下,总是能够回调并接近原来的给定值。也就是说系统调节趋向于消除转速误差。但是从系统工作原理分析,晶闸管整流系统是依据误差 Δu 驱动工作,当误差 $\Delta u = 0$ 时,触发脉冲控制电压 u_k 消失,整流装置就不能维持输出 u_D 来驱动电动机工作,因此,这种转速负反馈控制系统是利用给定量与反馈量之差(即误差)进行转速控制。依靠给定量与反馈量之差进行转速调整的系统为"有差调节系统"。有差调节系统中电动机不能完全回到原来给定的转速,它仅仅能接近原来的转速。

10.3 无静差直流调速系统

前面讨论的自动调速系统是采用一般按比例放大的放大器调节系统,尽管放大倍数可以很大,但是因为是"有差调节系统",不能维持被调量完全与给定值相同。若要使系统能够在被调量完全等于给定量,即当其偏差为零时仍然能够正常工作,就需要在偏差为零时,仍然有一维持电压作为晶闸管整流装置的输入,以保证整流装置有正常的转速输出。由自动控制原理课程可知,采用具有积分作用的 PI 调节器可以使系统输出误差基本消失,因此使用 PI 调节器构成转速负反馈调速系统为无静差调速系统,调节器是构成无静差调速系统的主要器件。

10.3.1 调节器

1. 比例调节器

集成运算放大器具有开环放大倍数高、输入电阻大、输出电阻低、漂移小、线性度好等优点,利用运算放大器配以比例、比例积分等反馈网络就组成了调节器。

比例调节器的构成如图 10.3.1 所示,调节器有两个输入信号,u_g 为给定信号,u_{TG} 为反馈信号,进行综合后进入运算放大器。由于可认为 A 点为虚地点,因此有

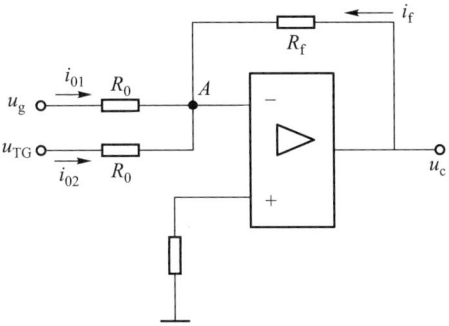

图 10.3.1 比例调节器

$$i_A = 0$$
$$i_A = i_{01} - i_{02} + i_f = 0$$
$$\frac{u_g}{R_0} - \frac{u_{TG}}{R_0} + \frac{u_c}{R_f} = 0$$
$$u_c = \frac{R_f}{R_0}(-u_g + u_{TG}) = -K(u_g - u_{TG})$$

2. 积分调节器与比例积分调节器

积分调节器的构成如图 10.3.2a 所示,在放大器反馈回路中,用电容 C_f,代替比例调节器中的电阻 R_f,构成积分调节器。积分调节器的输出电压 u_c 如式(10.3.1)所示。

$$u_c = \frac{1}{R_0 C_f} \int u_{sr} dt \qquad (10.3.1)$$

式(10.3.1)中,积分调节器输出电压 u_c 与输入电压 u_{sr} 的积分成正比。因此当输入电压 u_{sr} 为恒值时,输出电压随时间线性增长,增长速率由积分调节器的时间常数确定。如果输入电压始终存在,则输出到达限幅值 U_{scm} 后,将不再继续增长,呈现限幅特性。若当一定时间后输入电压消失,积分调节器的输出则保持输入信号消失处的输出值不变,呈现输出保持特性,输入/输出信号关系如图 10.3.2b 所示。构建无静差调速系统即是基于积分调节器的输出限幅特性和输出保持特性。

但是从积分调节器的特性图中还可看出,积分调节器的输出相对输入有明显的滞后作用,尤其时间常数较大时,将使系统调节时间加长,动态响应迟缓,不能立即响应系统调节要求。为了弥补积分调节器的缺欠,将其与比例调节器组合构成比例积分调节器,也称 PI 调节器。PI 调节器既保持了

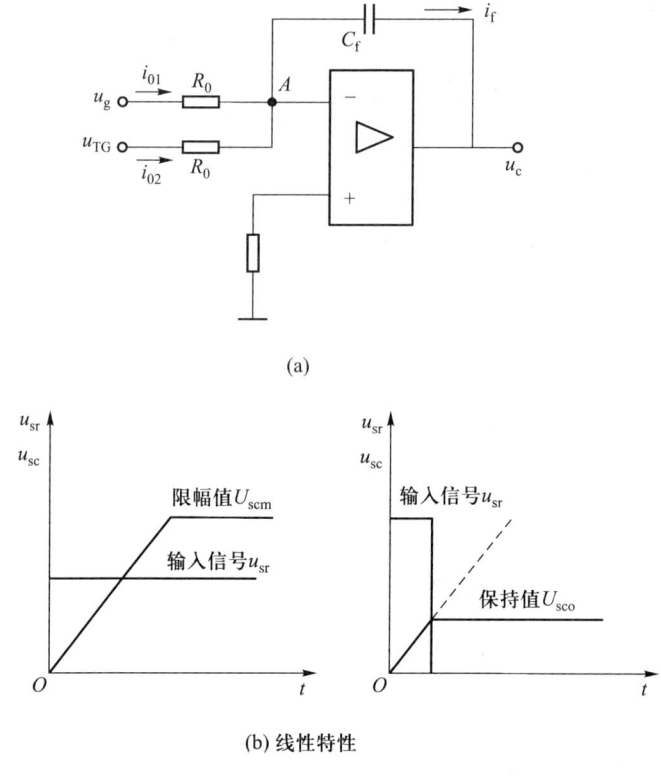

(b) 线性特性

图 10.3.2 积分调节器

积分调节器的限幅与保持特性,又保留了比例调节器无滞后的快速性特点。

PI 调节器结构如图 10.3.3 所示,在运算放大器的反馈回路中,同时串入电阻和电容,就构成了 PI 调节器。比例积分调节器具有以下特点:

① 具有比例调节功能,当出现输入变化的瞬间,输出能够立即响应,所以具有较好的动态响应特性,弥补了积分调节的延缓作用,使系统能有良好的快速响应性。

② 具有积分调节器的限幅和保持功能,当输入端出现信号时,积分就进行,直至输出达限幅值为止。在积分过程中,如果输入信号变为零,其输出则始终保持输入信号改变前的那个输出值。

采用 PI 调节器的晶闸管整流闭环调速控制系统,当电动机负载出现波动,引起转速变化时,调节器的输入端将出现误差电压 Δu,由于比例调节功能,调速系统立即响应,整流装置的输出跟随变化,使电动机转速向给定转速靠近。此后积分调节功能开始起作用,当误差电压 $\Delta u = 0$ 时,由于积分调节器的保持

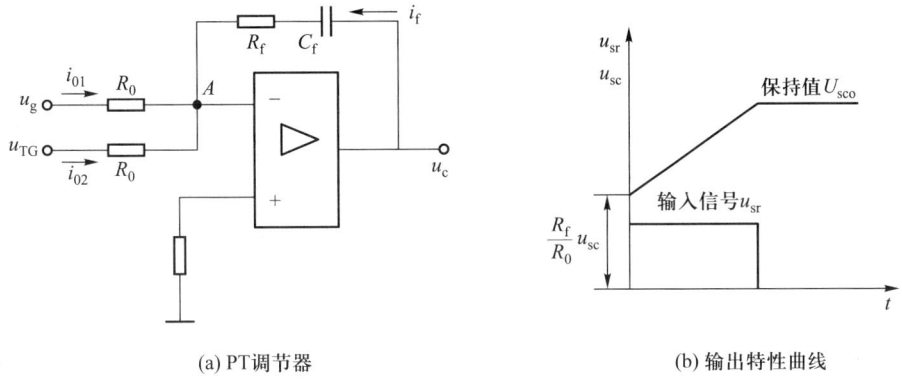

(a) PI调节器　　　　　　　　　(b) 输出特性曲线

图 10.3.3　比例积分调节器

特性,PI 调节器能够提供无误差的电压信号,使整流装置继续工作。

正因为有 PI 调节器的这种快速响应和积累、保持特性,因此,在晶闸管控制系统使用 PI 调节器可以构成无静差自动调速系统。

10.3.2　采用 PI 调节器的单闭环转速负反馈调速系统

1. 调速系统结构

在单闭环速度负反馈调速系统中,加入 PI 调节器,就构成无静差转速负反馈调速系统,其结构组成原理图如图 10.3.4 所示。由图中可以看到,与使用普通放大器的调速回路相比,PI 调节器取代了普通放大器的位置,调节器的输入为测速发电机的实际速度反馈电压 u_{TG} 取出值和给定的调速电压 u_g 的差值 $\Delta u = u_g - u_{TG}$。调节器的输出为晶闸管整流装置的输入控制电压。

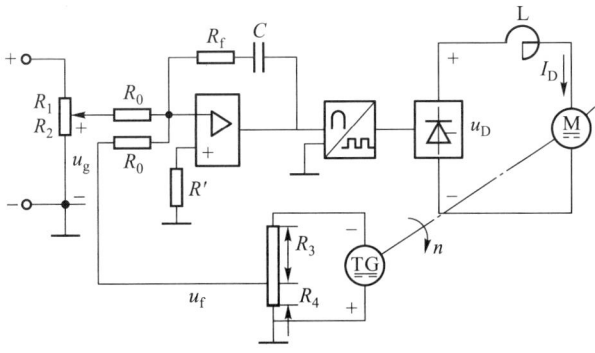

图 10.3.4　转速负反馈调速系统

2. 启动调速过程

当电动机启动时,加载速度给定电压 u_g,此时电动机输出转速为零,相当速度误差 $\Delta n=n_1$,调速系统由于 PI 调节器的作用,输出电压很快达到最大值(即限幅值),电动机在这个电压下启动,转速迅速上升,当电动机转速上升到达给定转速值 n_1 时,速度负反馈电压正好与给定电压相等。也就是 PI 调节器的输入信号 $\Delta u=0$。但是由于调节器的积分限幅特性作用,速度调节器的输出仍然保持在限幅值,晶闸管整流器输出电压也处在最大值,所以电动机转速要超过给定值继续上升。这样就使得负反馈电压 u_{TG} 就要大于 u_g,$\Delta u<0$,PI 调节器反向积分,其输出电压从最大值下降,晶闸管整流电压也下降,电动机转速也下降。当 $\Delta n=0$ 时,调节器输入电压 $\Delta u=0$,但是它的输出电压保持在当前值,使电动机能够维持在给定转速下运转。

3. 稳速调速过程

系统在正常运行中,如果由于负载波动造成转速变化,系统将进入稳速调节过程。例如,当负载增加时,电动机负载电流增大,电动机转速开始下降,从而产生一个转速偏差 Δn,速度反馈电压 u_{TG} 减小,送到调节器的输入偏差电压 $\Delta u=(u_g-u_{TG})>0$,由于 PI 调节器的输出电压是由比例和积分两部分组成,比例输出是没有惯性的,偏差电压 Δu 使电动机转速很快回升,速度偏差 Δn 愈大,调节作用愈强,电动机转速回升也愈快。当转速回到原来转速 n 以后,Δu 也减少到零,系统恢复在给定转速下运行。负载减小时,电动机转速升高,系统调节过程类似。

因为比例作用与积分作用是同时发生,共同对系统起调节作用,所以我们看到的是它们的合成效果。晶闸管整流电压增长的速度与输出转速偏差 Δn 相对应,只要有偏差,输出电压就要变化,而且由于积分作用的存在,电压增长的数值是积累的。所以整流电压数值不仅取决于偏差值的大小,还取决于偏差存在的时间。

因为不论负载怎样变化,积分调节的作用是一定要把负载变化的影响完全补偿掉,使转速回到原来的给定转速为止,在调节开始和中间阶段,比例调节起主要作用,它首先阻止 Δn 继续增大,并能使转速立即回升。调节后期转速偏差 Δn 减小了,比例调节的作用不显著,而积分调节作用上升到主导地位,最终依靠积分作用完全消除偏差。这就是无差调节的稳速过程。

10.4　直流电动机转速、电流双闭环调速系统

采用转速负反馈和 PI 调节器的单闭环调速系统可以在保证系统稳定的条

件下实现转速无静差调速。如果对系统的动态性能要求较高,特别是对一些经常正反转运行的重型设备,动态性能要求成为调速系统必须重视的问题时,单闭环调速系统就难以满足调速性能要求。人们研究单闭环调速系统中看到,系统在启动过程中,对动态过程的电流或转矩不能控制达到最佳状态,这使得调速过渡过程相对较长,而且对快速起制动、突加负载、动态速降小等状况无法满足控制要求。

通常,在电动机最大电流(转矩)受限的情况下,人们总是希望利用电动机的允许过载能力。如果在过渡过程中始终保持电流(转矩)为允许的最大值,那么电力拖动系统就有可能以最大的加速度启动。在到达稳态转速后,又能够让电流立即降下来,使转矩马上与负载相平衡,转入稳态运行。这样的理想启动过程需要控制的参数即是电流。

按照反馈控制规律,采用某个物理量的负反馈就可以实现保持该量基本不变,那么在设备启动过程中,通过电流负反馈获得近似的恒流过程来加速启动过程,而在到达稳态转速后,利用转速负反馈,使设备稳速运行。需要解决的问题是如何实现系统既有转速和电流两种负反馈作用,又使它们只能分别在不同的阶段起作用,双闭环调速系统提供了解决这个问题的途径。

10.4.1 转速、电流双闭环调速系统的组成

转速、电流双闭环调速系统原理图如图 10.4.1 所示。为了实现电流和转速两种负反馈控制,系统中设置了两个调节器,分别调节转速和电流,二者之间实行串级连接。转速给定电压与转速反馈电压合成作为转速调节器的输入,其输出作为电流调节器的输入,电流调节器的输出控制整流装置提供电动机驱动电压。这样电流调节环在里面,也称为内环,转速调节环在外面,称为外环。

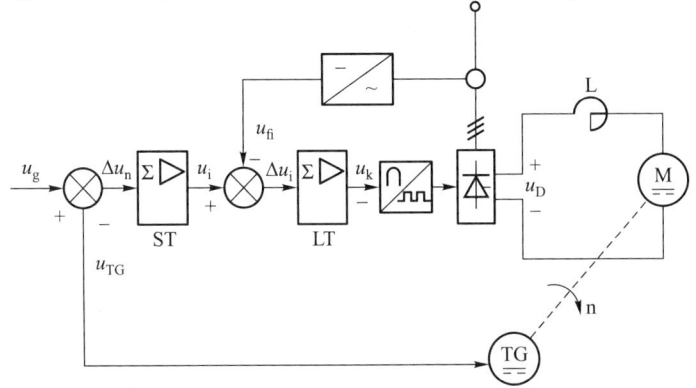

图 10.4.1 转速、电流双闭环调速系统

为了获得良好的静、动态性能,双闭环调速系统的两个调节器一般都采用PI调节器,两个调节器的输出都带有限幅特性,转速调节器 ST 的输出限幅(饱和)电压是 U_{scm},它决定了电流调节器给定电压的最大值;电流调节器 LT 的输出限幅电压是 U_k,它限制了晶闸管整流器输出的电压最大值。

10.4.2 转速、电流双闭环调速系统的调速过程

在双环调速系统中主要被调量是电动机转速,依靠速度闭环控制扩大调速范围,改善系统工作性能,满足生产工艺的各种速度要求。将电流作为被调量进行调节,则可以达到改善系统静态、动态指标,缩短过渡过程,提高生产率。下面通过对设备启动与正常工作状态分析,认识双环系统的工作原理。

1. 启动过程

设备在启动时,速度给定电压 u_g 突加到速度调节器输入端。由于速度调节器的比例积分作用,输出电压立即达到限幅值 U_{scm}。这个电压加到电流调节器的输入端,使电流调节器输出最大允许电压 U_k 加到触发器上,晶闸管整流器输出电压迅速上升,电动机立即启动。由于电动机的惯性,在转速 n 从零上升到给定转速 n_1 的一段时间内,速度负反馈电压 u_{TG} 一直小于 u_g,速度调节器的输入偏差电压 $\Delta u_n = (u_g - u_{\text{TG}}) > 0$,所以速度调节器的输出便一直处于限幅值不变。这种情况实际上相当于速度负反馈这个闭环开路,不起作用。也就是说,电流调节器在启动这一段时间得到的给定电压是一个固定不变的值。此时,调节系统相当于只有一个电流调节器的单闭环系统。因为电流调节器的给定值就是速度调节器的输出值,所以在速度调节器输出电压限幅值的作用下,电流调节器的电流给定值为最大值,整流输出电压迅速上升,主回路电流经转换成为电压 u_{fi} 反馈到电流调节器的输入端,电流调节器的输入电压为 $\Delta u_i = (u_{\text{im}} - u_{\text{fi}}) > 0$,由于调节器的积分作用,调节器输出电压 u_k 就不断增大,一直到主回路电流 I 增大到 I_{Dm} 为止。电流从零上升到最大允许值 I_{Dm} 所需的时间是极短的。所以可以认为启动一开始,电流就达到了最大值 I_{Dm}。当电流增加到 I_{Dm} 时,电流负反馈电压 u_{fi} 正好等于电流给定电压 U_{scm}(在调整时速度调节器输出电压限幅值 U_{scm} 是根据最大反馈电流 I_{Dm} 转换成的电压 u_{fi} 来确定的),此后,电动机一直在最大给定电流 I_{Dm} 下加速,转速迅速上升。随着电动机转速的增长,电动机反电动势也随着增加,使主回路电流 I 下降,其值比 I_{Dm} 值小,此时 u_{fi} 也就低于了 u_{im},即 $\Delta u_i = (u_{\text{im}} - u_{\text{fi}}) > 0$,电流调节器又进行积分,增加它的输出电压 u_k,使 u_D 增加,主回路电流增加,重新达到 I_{Dm} 为止。这样在启动过程中,电动机能够保持在最大启动电流作用下,以最大加速度不断加速。电流调节器的输入端不断出现正的偏差电压,调节器不断积分,整流电压不断增长,在整个启动过程中一直维持主回路

电流为最大允许值 I_{Dm} 不变。实现了在启动中最佳状态要求。

因为在最大允许电流 I_{Dm} 下启动，电动机转速很快达到给定转速 n_1。当电动机转速超过给定转速 n_1 以后，速度调节器的输入偏差 $\Delta u_n = (u_g - u_{TG}) < 0$，这时速度调节器的输出电压低于限幅值 U_{scm}，也就是速度环开始起作用。此时电流调节器的输入偏差电压 $\Delta u_i = (u_i - u_{fi}) < 0$，其输出电压 u_k 立刻降低，因而晶闸管输出电压 u_D 和主回路电流 I 迅速下降，转速 n 又重新降到给定转速 n_1。此时速度调节器的输入偏差电压 Δu_n 又等于零，但由于积分器的保持作用，它的输出电压 u_i 不再下降，并等于反馈电流的电压信号值。这时电动机电流等于负载电流 I，电流调节器的输入偏差电压 $\Delta u_i = 0$，它的输出电压 u_k 不再下降。从这一调节过程可知，在转速 n 上升到给定稳定速度以后，速度调节器开始起作用，直到转速调节到给定速度为止。这个过程中，电流调节器只起到了一个传递信号的作用，不起电流调节作用。电流调节器主要作用是在主回路电流过大，如启动、制动、过载时，保证电流维持最大允许值 I_{Dm} 不变。

2. 负载变化时调节过程

假设电动机正在稳速运转，转速等于给定速度 n_1，电动机电流等于负载电流 I_c，当负载突然由 I 增至 I_{c1} 时，转速开始下降，速度调节器的输入偏差 Δu_n 大于零。它的输出电压增加，使电流调节器的输入偏差 Δu_i 大于零，其输出电压 u_k 增大，晶闸管输出电压 u_D 增加，电动机电流迅速增加，一直到电流增加超过了负载电流 I_{c1}。当 $I > I_{c1}$ 时转速 n 便开始回升，经过一段时间之后转速 n 又重新回到 n_1，当转速 n 回升以后，速度调节器和电流调节器的输入电压都不断减少，并在转速等于 n_1 时，它们也都减少到零。随着负载的增加，速度调节器的输出电压也随之增加。因此负载增加的过程也是速度调节器起调节作用的过程，依靠它的输出电压 u_i 增加，使电流调节器和晶闸管输出电压增加，来补偿电流在电动机回路引起的压降，以保证在稳定状态时电动机转速等于给定转速 n_1。

3. 双闭环调速系统静特性

双闭环调速系统的静特性为一条与横轴平行的水平线，如图 10.4.2 所示。其中曲线 1 和曲线 2 为不同给定速度 n_1、n_2 时的静特性。为了说明有差和无差的区别，在图中还绘出了有差调节系统的静特性曲线 3 和 4。可以看出无差调节系统特性硬度大，限流准确，而有差调节系统的特性硬

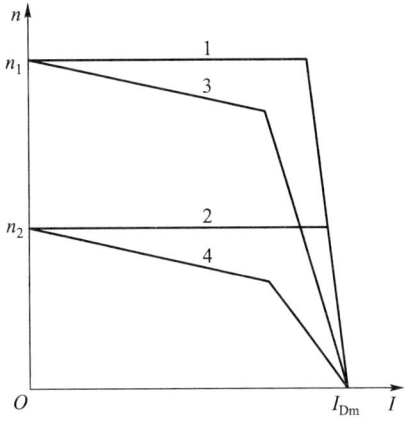

图 10.4.2 系统静特性曲线

度小。采用 PI 调节器的双闭环调节系统,从理论上讲,系统的静态误差为零,但实际上调节器不是理想的,它的放大倍数并不是无穷大,因此系统仍有一定的静差,但静差很小,一般能够满足静特性的要求。

从上述分析可知,双闭环调速系统的动静态指标都比有差调节系统好得多,因此在直流调速系统中应用广泛。

习题及思考题

10-1 什么叫调速范围、静差度?它们之间有什么关系?怎样才能扩大调速范围?

10-2 设备对调速系统提出的静态、动态技术指标主要有哪些?为什么要提出这些技术指标?

10-3 恒转矩调速、恒功率调速有何区别?如何实现这两种调速?

10-4 为什么电动机的调速性质应与生产机械的负载特性相适应?

10-5 有一直流调速系统,其高速时的理想空载转速 $n_{01} = 1\ 480$ r/min,低速时的理想空载转速 $n_{02} = 157$ r/min,额定负载时的转速降 $\Delta n_N = 10$ r/min。试画出该系统的静特性(即电动机的机械特性),求出调速范围和静差度。

10-6 为什么调速系统中加负载后转速会降低?闭环调速系统为什么可以减少转速降?

10-7 为什么闭环调速系统可以提高机械特性的硬度?

10-8 改变转速负反馈调速系统的给定电压,直流电动机的转速会跟着改变吗?如果给定电压不稳定,对调速精度有什么影响?

10-9 某一有静差调速系统的速度调节范围为 $75 \sim 1\ 500$ r/min,要求静差度 $s = 2\%$,该系统允许的静态速降是多少?如果开环系统的静态速降是 100 r/min,则闭环系统的开环放大倍数应有多大?

10-10 积分调节器在调速系统中为什么能消除系统的静态偏差?在系统稳定运行时,积分调节器输入偏差电压 $\Delta u = 0$,其输出电压决定于什么?为什么?

10-11 在无静差调速系统中,为什么要引入 PI 调节器?比例积分两部分各起什么作用?

10-12 在双闭环调速系统中转速调节器的作用是什么?它的输出限幅值按什么来整定?电流调节器的作用是什么?它的限幅值按什么来整定?

第 11 章 交流电动机调速控制

交流调速系统是采用交流电动机拖动机械设备工作的调速控制系统。长期以来,由于直流调速系统的调速性能优于交流调速系统,因此在调速领域内一直以直流调速系统为主。但是直流电动机本身存在的结构性问题,直流调速系统的使用也受到很多限制。

随着电力电子技术、大规模集成电路技术以及计算机技术的飞速发展,各种大功率半导体器件(晶闸管、可关断晶闸管和功率晶体管等)、集成电路及微型计算机的出现,使交流调速有了坚实的技术基础而快速发展起来。现在交流调速的调速性能已可以与直流调速的性能相媲美,甚至有取代的趋势,交流调速系统在设备拖动中逐步被广泛采用。

交流调速技术涉及的内容相当多,本章主要讨论交流调速系统的组成、基本类型,常用调速方法,以及在变频调速系统中普通变频器的使用基础。

11.1 交流电动机调速概述

交流电动机拖动系统中,常用的交流电动机有同步电动机和异步电动机。异步电动机结构简单、维护容易、运行可靠,并具有较好的稳态和动态特性,因此,它是工业中使用得最为广泛的一种电动机。同步电动机中,永磁同步电动机、永磁无刷直流电动机等也在各类设备的驱动上被广泛采用。

11.1.1 三相异步电动机的结构和工作原理

三相异步电动机主要由定子和转子构成,定子是静止不动的部分,转子是旋转部分,在定子与转子之间有一定的气隙,图 11.1.1 所示为其结构图。

当定子的对称三相绕组接到三相电源上时,绕组内将通过对称三相电流,在空间产生旋转速度为 n_0 的旋转磁场(定子绕组内三相电流所产生的合成磁场),在磁场的作用下,转子将沿 n_0 的方向转动,其转速为 n,三相交流异步电动机转动原理如图 11.1.2 所示。由于转子转速滞后于旋转磁场转速(同步转速),所以称这种电动机为异步电动机,而把转速差 (n_0-n) 与同步转速 n_0 的比值称为异步电动机的转差率,用 s 表示,即

$$s = \frac{n_0 - n}{n_0} \tag{11.1.1}$$

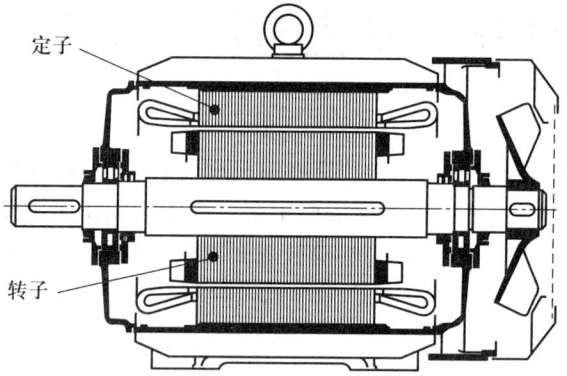

图 11.1.1 三相交流异步电动机结构简图

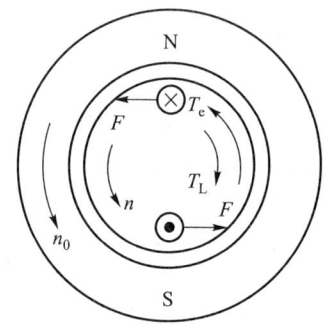

图 11.1.2 三相交流异步电动机转动原理图

转差率 s 是分析异步电动机运行的主要参数,通常异步电动机在额定功率时,n 接近于 n_0,转差率 s 很小,约为 $0.015\sim0.060$。

11.1.2 交流电动机调速系统分类

由电工学课程可知交流电动机的旋转磁场转速 n_0(同步转速)表达式为

$$n_0 = \frac{60f_1}{p}$$

式中:f_1——电动机定子绕组的供电频率;

p——电动机定子绕组的磁极对数。

根据异步电动机转差率的定义,异步电动机的输出转速公式为

$$n = n_0(1-s) = \frac{60f_1}{p}(1-s) \tag{11.1.2}$$

由公式我们可以看到,能够控制电动机转动速度变化的参数有 3 个,即供电频率 f_1、磁极对数 p 和转差率 s。也就是说通过改变这些参数,就可以改变电动

机的转速,能够控制参数改变的系统,称为交流调速系统。

1. 交流调速系统分类

交流调速系统依据调速方式和调速特性有多种分类方法,常见分类如表11.1.1所示。

表 11.1.1 交流调速系统分类

分类方法	类型		
按调速方法分类	改变供电频率 f_1 调速	改变磁极对数 p 调速	改变转差率 s 调速
按调速效率分类	高效系统	低效系统	
按调速平滑性分类	有级调速	无级调速	
按调速装置所在位置分类	定子侧调速	转子侧调速	转子轴上调速
按使用的电动机分类	异步电动机	同步电动机	

对按调速方法分类而言,改变不同的调速参数,可以形成不同的调速方法,因此就有改变供电频率 f_1、改变磁极对数 p 和改变转差率 s 的 3 种调速方法。按使用的电动机分类,因为不同电动机适用不同的调速方式,依据电动机类型来划分,对异步电动机有适用于笼形异步电动机的调速系统,也有适用于绕线转子异步电动机调速系统;对同步电动机分别有适用于励磁同步电动机、永磁同步电动机、无刷直流电动机等的调速系统。

2. 常用调速系统

由交流调速系统分类可以看出,不同的调速系统改变参数的方法不同,控制对象也有差别。在调速系统的选用过程中,一般针对设备调速性能要求、调速系统结构特点采用高效经济的系统选择方案,常用的调速方法有以下几种。

(1) 常用有级调速系统

1) 变磁极对数调速系统

调速系统通过改变磁极对数 p 调速。此方法属于高效性质,在定子侧控制,用于异步电动机。

2) 转子串电阻调速系统

调速系统通过改变转差率 s 调速,此方法属于低效性质,在转子侧控制,用于绕线转子异步电动机。

(2) 常用无级调速系统

1) 定子侧控制

定子调压系统——通过改变转差率 s 调速,调速方法属于低效性质,用于异步电动机。

定子调频系统——通过改变供电频率 f_1 调速,调速方法属于高效性质,用于异步电动机或同步电动机。

2) 转子侧控制

串级调速(向下调)系统,通过改变转差率 s 调速,调速方法属于高效性质,用于绕线转子异步电动机。

改变磁极对数的调速方法,在前面章节中已给予讲述,这种方法操作简便、机械特性硬,但平滑性差、调速级数少,通常与机械调速相结合使用。改变转子电阻是采用转子串电阻的方法,优点是操作简单,缺点是机械特性软、低速运行稳定性差、调速范围小、效率低,且为有级调速,一般用于调速性能要求不高的设备。本书主要对应用较广泛的定子侧变频调速和转子侧串级调速方法,以及属于永磁同步电动机类的无刷直流电动机调速控制进行讨论。

11.2 交流电动机定子侧变频调速系统

异步电动机的变压变频调速系统一般简称变频调速系统,由于在调速时转差功率不变,在各种异步电动机调速系统中效率最高,同时性能也最好,是用于交流电动机调速的主要调速方式。

11.2.1 变频调速的基本原理

由前面式(11.1.2)可知道,如果能够均匀地改变定子绕组的供电频率 f_1,电动机的同步转速 n_0 就可以平滑地改变,从而电动机的转速 n 也可以平滑地改变,但是在对异步电动机进行调速控制时,需要系统有较好的工作性能。由电动机理论知道,三相异步电动机定子每相电动势的有效值计算式如下

$$E_1 = 4.44 f_1 N \Phi_m \tag{11.2.1}$$

式中:E_1——定子每相电动势的有效值;

f_1——定子供电频率;

N——定子绕组的有效匝数;

Φ_m——每极磁通。

从式中可以看到,电动机定子电动势与磁通 Φ_m 有关。异步电动机在运行时,如果磁通太弱,铁心利用将不充分,同样的转子电流下,电磁转矩小,负载能力也下降;反之,如果磁通太强,则会处于过励磁状态,励磁电流变大,功率因数降低,电动机的铁损增加,为使电动机不过热,负载能力也要下降。因此,在变速的过程中,希望能控制磁通保持在额定值不变,即要求

$$\Phi_m = 常数$$

这样式(11.2.1)可写为

$$\frac{E_1}{f_1} = 4.44N\Phi_m \tag{11.2.2}$$

分析式(11.2.2)可知,磁通 Φ_m 的值由 E_1 和 f_1 共同决定,只要能够控制好 E_1 和 f_1,就可以达到使电动机的气隙磁通保持恒定的目的。实际在调频过程中,针对 E_1 和 f_1 参数的控制,存在基频(额定频率)以上调速和基频以下调速两种情况。

1. 基频以下的恒磁通变频调速

当变频的范围在基频(电动机额定频率)以下的时候,为了保持电动机的负载能力,需要使气隙磁通保持不变,分析式(11.2.2)看出,只有在降低供电频率的同时也降低感应电动势,方能够保持 E_1/f_1 = 常数,即保持电动势与频率之比为常数进行控制,这种控制称为恒磁通变频调速,由于调速过程中,转矩近似不变,因此属于恒转矩调速方式。

但是因为电动势 E_1 难于直接检测和控制,所以当 E_1 和 f_1 的值较高,可以忽略定子绕组电阻和感抗压降时,近似地认为电动机定子电压 $U_1 = E_1$。在控制上保持定子电压 U_1 和频率 f_1 的比值为常数,就形成恒压频比控制方式,这种控制方式为近似的恒磁通控制。

当频率较低时,U_1 和 f_1 都变小,定子绕组电阻和感抗压降不能忽略,这时可以人为适当地提高定子电压以补偿定子电阻压降的影响,使气隙磁通大体保持不变。定子电压和频率的关系曲线称为 U/f 曲线,如图 11.2.1 所示。

在图 11.2.1 中,曲线②表示有补偿时的函数关系曲线,曲线①表示没有补偿时的函数关系曲线。实际的变频器中,补偿函数曲线有多条,可以根据负载性质和运行状况加以选择。

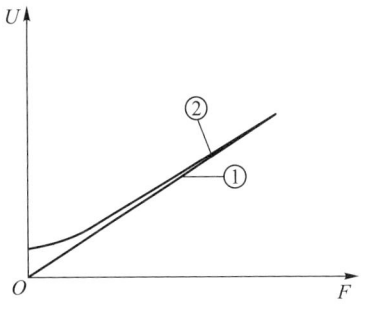

图 11.2.1 U/f 曲线

2. 基频以上的弱磁变频调速

当变频的范围在基频以上的时候,频率由额定值向上增大,但电动机定子电压 U_1 受额定电压 U_{1N} 的限制不能再升高,只能保持 $U_1 = U_{1N}$ 不变。这样的调速方式,定子供电频率 f_1 升高,电动机转速上升,而主磁通随着 f_1 上升而减小,电动机输出转矩下降,其调速过程相当于直流电动机弱磁调速的情况,电动机输出功率近似保持不变,属于恒功率调速方式。

恒磁通变频调速与弱磁变频调速的控制特性如图 11.2.2 所示。

3. 变频调速装置

由上面的讨论可知,异步电动机的变频调速必须按照一定的规律同时改变变频电源的电压和频率,实现称之为 VVVF（variable voltage variable frequency）的调速控制。

为了使交流电动机得到可调的电压和频率,需要专用的变频电源。早期变

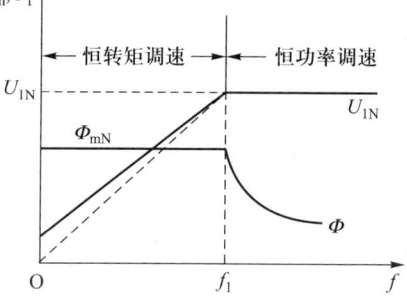

图 11.2.2　变频调速时的控制特性

频电源采用旋转变频机组或离子变频器来获得可变的电源频率,这种设备投资大、效率低,可靠性差,因此很长时间内变频调速方法难以得到推广。随着晶闸管以及功率晶体管等半导体电力电子器件出现,各种静止变频器生产得到了迅速的发展,各种类型的变频装置被用于提供可变频率,特别是电力半导体器件生产技术、电子技术及微型计算机技术的发展与结合,更使得变频装置向大容量、高性能的方向发展。

变频调速装置的发展建立了变频调速的应用基础,因此变频调速以其运行效率高、调速范围大、静态稳定性能好、可靠性高、使用方便且经济效益显著等优势,成为异步交流电动机的一种比较理想的调速方法而被广泛使用。

11.2.2　变频器的基本结构与工作原理

要将现有的恒压恒频交流供电电源转换成电压、频率可调的变频调速系统电源,需要通过特定的变频装置来实现,这样的变频装置即是变频器。变频器分为直接变频的交-交变频装置和间接变频的交-直-交变频装置两大类型。交-交变频器可将恒频恒压的交流电直接变换成频率、电压均可控制的变频变压交流电。交-直-交变频器则是先把恒频恒压的工频交流电压通过整流器变成直流电压,然后再通过逆变器将直流电压变换成频率、电压均可控制的交流电压。目前的通用变频器绝大多数都采用交-直-交的形式。因此这里只讨论交-直-交型变频器。

1. 交-直-交变频原理

交-直-交变频器的变频原理如图 11.2.3 所示。变频装置中,左侧为晶闸管整流器,属于可控整流,可以将交流电压整流为幅值可调的直流电压 U_D,直流电压 U_D 通过电容 C 滤波,减小 U_D 的波动。右侧为由晶闸管构成的变频电路,通过控制晶闸管开关元件 VT1、VT3 和 VT2、VT4 轮流切换导通,即可在电阻负

载上得到交流输出电压 u_O,变频过程如图 11.2.3 中的时序图所示,在 $t=0$ 时刻触发晶闸管 VT1、VT3 使其导通,电阻 R 上便得到左正右负的电压,假定此时的电压极性为正;在 $t=t_1$ 时刻触发晶闸管 VT2、VT4 使其导通,同时让晶闸管 VT1、VT3 关断,电阻 R 上便得到右正左负极性的电压,在图上表示为负电压。然后在 $t=t_2$ 时刻再触发晶闸管 VT1、VT3 使其导通,同时让晶闸管 VT2、VT4 关断,这将重复 $t=0$ 时刻的过程,如此循环下去,就可以在 R 上得到交变的电压。这种采用 4 个晶闸管开关元件组成,具有将直流电压变为交流电压功能的电路装置,称之为逆变器。变频器输出电压 u_O 的幅值由晶闸管整流器输出电压 U_D 决定,而输出电压 u_O 的频率由逆变器开关元件切换的频率所决定。开关元件切换得快,u_O 的频率高,反之 u_O 的频率低,u_O 的频率不受电源频率的限制,通过对开关元件通、断的切换控制,即可控制变频器输出电压 u_O 的频率。

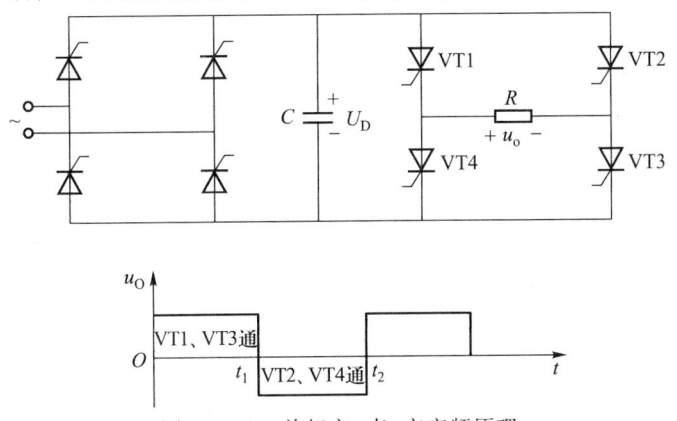

图 11.2.3 单相交-直-交变频原理

2. 三相交-直-交变频器

由变频器工作原理可知,通过变频器能够获得电压与频率均可调的交流电压。三相交-直-交变频器的基本结构如图 11.2.4 所示,由主电路和控制电路组成,主电路又包括整流器、中间直流环节和逆变器。

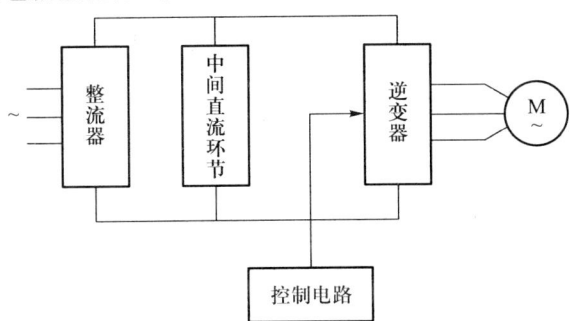

图 11.2.4 三相交-直-交变频器原理图

(1) 整流器

电源侧的变流器是整流器,它的作用是把三相(也可以是单相)交流电压整流成为直流电压。

(2) 逆变器

负载侧的变流器为逆变器,最常见的结构形式是利用 6 个开关器件组成三相桥式逆变电路。通过控制电路,有规律地控制逆变器中开关器件的通与断,以得到任意频率的三相交流电压输出。

(3) 中间直流环节

由于逆变器的负载为异步电动机,属于感性负载,所以无论电动机处于电动状态或发电制动状态,其功率因数总不会为 1,在中间直流环节和电动机之间总会有无功功率的交换。这种无功能量要靠中间直流环节的储能元件(电容器或电抗器)来缓冲。所以又常称为中间储能环节。

用于缓冲无功功率的中间环节的储能元件可以是电容元件,也可以是电感元件,依据中间环节器件不同,变频器分成电压型变频器和电流型变频器两大类。

电流型变频器的特点是以大电感作为中间环节的储能元件,无功功率将由该电感来缓冲。由于电感的作用,直流电流变化率趋于平稳,电动机的电流波形为方波或阶梯波,电压波形接近于正弦波。直流电源的内阻较大,近似于电流源,故称为电流源型变频器或电流型变频器。

电压型变频器的特点是采用大电容作为中间环节的储能元件,由于电容的作用,直流电压变化率趋于平稳,电动机的电压波形为方波或阶梯波,电流波形接近于正弦波。直流电源的内阻较小,近似于电压源,故称为电压源型变频器或电压型变频器,中间储能电容上的电压称为直流母线电压。

(4) 控制电路

控制电路的主要任务是完成对逆变器中各开关器件的通、断控制,对整流器的电压控制以及完成各种保护功能。变频器的控制电路常由运算电路、检测电路、控制信号的输入/输出电路和驱动电路等构成。目前的变频器一般采用微处理器控制,高性能的变频器已经采用数字信号处理器(DSP)进行全数字控制。对产品的控制电路,当前的设计思路趋向于采用尽可能简单的硬件电路,而依靠软件来实现各种控制功能。

3. 变频器分类

变频器依据其器件、结构组成与变压变频控制方式不同,又可以分为 3 种类型,如图 11.2.5 所示。

(1) 可控整流调压-逆变器变频

这种变频器的整流器采用晶闸管三相桥式可控整流电路,即通过对晶闸管控制角 α 的控制,将交流电源的恒压恒频交流电压变换为幅值可调的直流电压,再经逆变器变频。此类变频器结构简单、控制方便。但是由晶闸管组成的三相六拍逆变器(每周换相 6 次),输出谐波较大是其主要缺点。变频器结构框图如图 11.2.5a 所示。

（2）不可控整流-斩波器调压-逆变器变频

这类变频器采用不可控的二极管桥式整流电路,提供定值直流电压,通过斩波器用脉宽调压,再经逆变器变频,获得电压、频率可调的输出。变频器结构框图如图 11.2.5b 所示。

（3）不可控整流-PWM 逆变器同时变压变频

这类变频器也采用不可控的二极管桥式整流电路,提供定值直流电压,变频器的输出频率和输出电压的调节均通过逆变器按 PWM 脉宽调制的方式来完成。变频器结构框图如图 11.2.5c 所示。

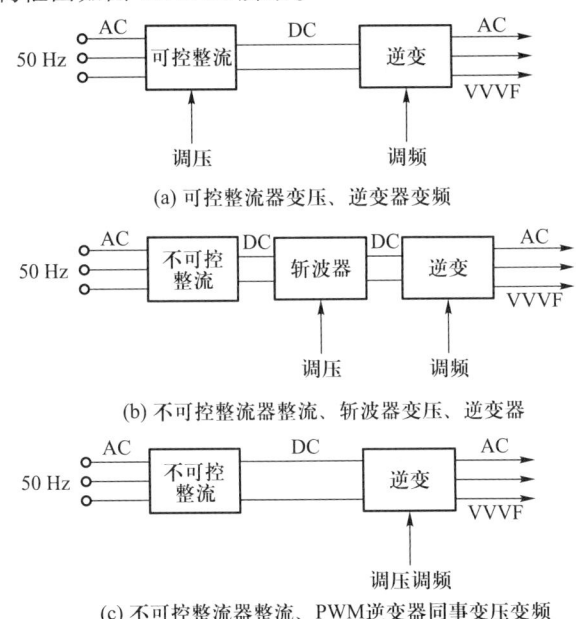

图 11.2.5　变频器结构

目前用于一般工业领域的通用型变频器大多属于电压型变频器,通常采用正弦波脉冲宽度调制方式(SPWM 方式)控制。主电路器件以自关断器件为主,其中大功率的绝缘栅双极晶体管(IGBT)或电力功率晶体管(GTR)等器件应用最多,容量比较大的则采用门极可关断晶闸管(GTO)。

11.2.3 正弦波脉宽调制(SPWM)

异步电动机变频调速通过变频器来完成所要求的变频和变压功能(VVVF)。变频器实现 VVVF 控制技术有脉冲幅值调制 PAM(pulse amplitude modulation)和脉冲宽度调制 PWM(pulse width modulation)两种方式。

PAM 方式将变压(VV)和变频(VF)分开完成。变频过程中,可控整流电路输出可调的直流电压,再经逆变器逆变后输出频率可调的交流电压。早期调压调频控制技术都采用 PAM 方式。因为晶闸管等半导体器件开关频率不高,逆变器输出的交流电压波形只能是方波。若要使方波电压的有效值随频率的变化而改变,则只能改变方波的幅值。由于使用 PAM 方式输出的交流电压含方波,存在谐波影响,造成电动机在低频区出现转矩脉动的问题。

电力电子技术的发展,全控型快速半导体开关器件,如 GTO、IGBT、IPM 等开关频率很高的器件出现,使得调频调速的变频器能够采用 PWM 技术。变频器的整流器采用不可控整流电路,只提供定值直流电压,PWM 逆变器完成变频与变压过程。不可控整流方式,既简化电路结构,又可提高输入端的功率因素,并减少高次谐波对电网的影响。同时,PWM 逆变器输出电压为 PWM 波,因为不是方波,所以减少了低次谐波,从而解决了电动机在低频区的转矩脉动问题。

虽然 PWM 方式具有很多优点,并在中、小功率的 VVVF 技术中得到广泛应用,但由于全控型器件成本高,在大功率变频器中仍然使用以普通晶闸管作为开关器件的 PAM 方式。当然,随着技术的进步和发展,使用情况还会改变。

1. 正弦波脉宽调制(SPWM)原理

在普通交流异步电动机驱动中,三相电源为电动机提供三相正弦波交流电压。普通逆变器输出的交流电压中,含有方波成分。为改变输出波形不理想的状况,目前大多数变频器都采用 PWM 脉宽调制技术。

但是,同样采用 PWM 脉宽调制技术,却存在不同的脉冲调制方法,如等脉宽 PWM 法、正弦波 PWM 法(SPWM)以及电流跟踪型 PWM 法等。等脉宽 PWM 法是为了克服 PAM 只能输出频率可调的方波电压的缺点发展起来的,是最简单的 PWM 法。等脉宽 PWM 法在输出的电压中也含有较大的谐波成分。SPWM 法则是为了克服等脉宽 PWM 法的缺点而发展起来的新的 PWM 法。

正弦波脉宽调制(SPWM)方法中,是把一个正弦波分成 N 个等幅而不等宽的方波脉冲,每一个方波的宽度,与其所对应时刻的正弦波的值成正比,这样就产生了与正弦波等效的等幅不等宽的矩形脉冲序列波,由于各脉冲的幅值相等,所以逆变器可由恒定的直流电源供电,也就是说,逆变器输出脉冲的幅值就是整流器的输出电压,各脉冲的宽度,则可通过逆变器开关器件的通断进行控制。

当逆变器各开关器件都是在理想状态下工作时,驱动相应开关器件的信号也应与逆变器的输出电压波形相似。从理论上讲,这一系列脉冲波形的宽度可以严格地用计算方法求得,并作为控制逆变器中各开关器件通断的依据。

实际应用中,也采用"调制"这一概念,以所期望的波形(在这里是正弦波)作为调制波,而受它调制的信号称为载波。在 SPWM 中常用等腰三角波作为载波,因为等腰三角波是上下宽度线性对称变化的波形,当它与任何一个光滑的曲线相交时,在交点的时刻控制开关器件的通断,即可得到一组等幅而脉冲宽度正比于该曲线函数值的矩形脉冲。

SPWM 法可由模拟电路和数字电路等硬件电路来实现,也可以用计算机软件和软件与硬件结合的方法来实现。用硬件电路实现 SPWM 法,是用一个正弦波发生器产生可以调频调幅的正弦波信号(调制波),用三角波发生器生成幅值恒定的三角波信号(载波),将它们在电压比较器中进行比较后,输出 PWM 调制电压脉冲。图 11.2.6 所示的是 SPWM 方法调制 PWM 脉冲的原理图。

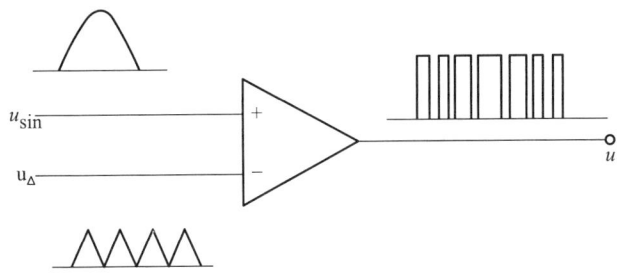

图 11.2.6 SPWM 调制 PWM 脉冲原理

三角波电压和正弦波电压分别接电压比较器的"-"、"+"输入端。当 $u_\Delta <u_{\sin}$ 时,电压比较器输出高电平;反之则输出低电平,从而形成幅值相同,脉宽变化规律与正弦波相同的矩形脉冲序列波。

2. SPWM 变频器电路构成原理

图 11.2.7a 所示的是 SPWM 变频器的主电路的示意图,逆变器的 6 个功率开关器件(可以是 GTR、MOSFET 或 IGBT)各由一个续流二极管反并联接,逆变器由三相整流桥提供的恒值直流电压 U_s 供电。图 11.2.7b 所示的是它的控制电路,一组三相对称的正弦参考电压信号 u_{ra}、u_{rb}、u_{rc} 由参考信号发生器提供,其频率决定逆变器输出的基波频率,在所要求的输出频率范围内可调。参考信号的幅值也可在一定范围内变化,以决定输出电压的大小。三角载波信号是共用的,分别与每相参考电压比较后,产生 SPWM 脉冲序列波 u_{da}、u_{db}、u_{dc},作为逆变器功率开关器件的驱动控制信号。

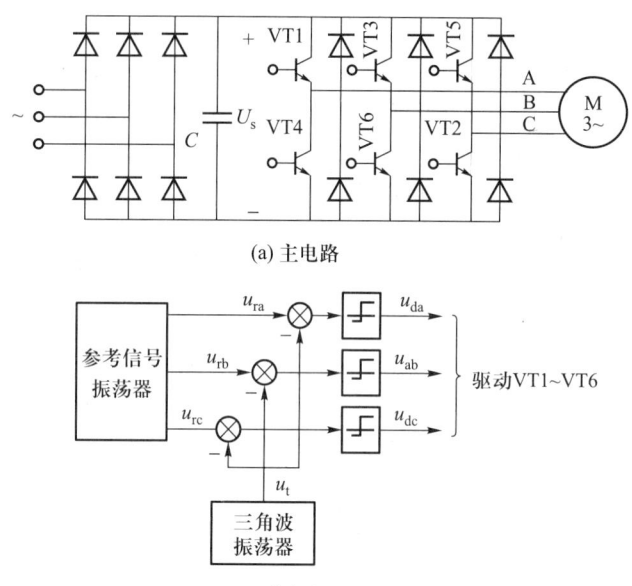

图 11.2.7　SPWM 变压、变频电路示意图

调制控制方式可以是单极式,也可以是双极式。图 11.2.8 所示为采用单极式控制时,在正弦波半个周期内的调制情况,负半周是用同样的方法调制后再倒相而成。在每个正弦波周期内,同一桥臂只有一个开关管在导通或关断。

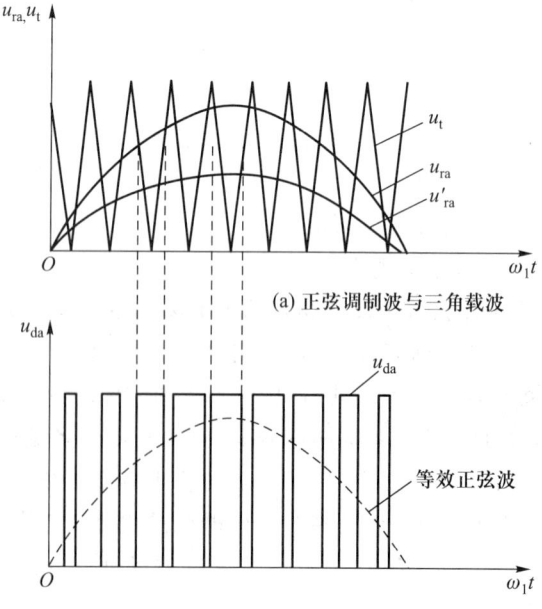

图 11.2.8　单极式脉宽调制波原理

图 11.2.9 所示为三相 SPWM 逆变器工作在双极式控制方式时的输出电压波形,其调制方法和单极式相同,输出基波电压的大小和频率也是通过改变正弦参考信号的幅值和频率而改变的,只是双极式控制时,三角波信号也是双极性的。逆变器同一桥臂上下两个开关管工作于交替导通状态。图 11.2.9a 所示的是调制波形,图 11.2.9b、c、d 所示的分别是相电压波形,图 11.2.9e 所示的是线电压波形。

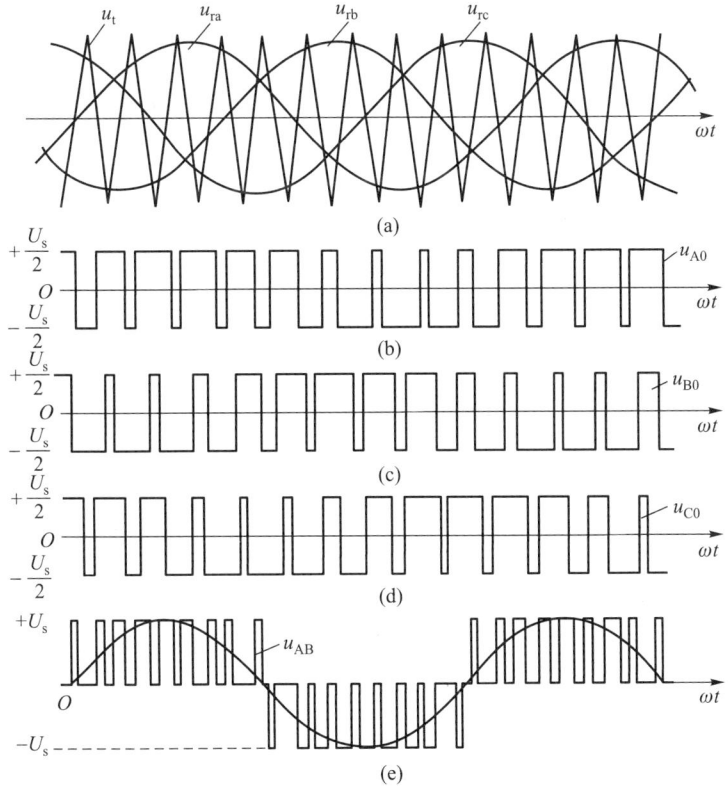

图 11.2.9 双极式控制方式时的输出电压波形

当将正弦波脉宽调制(SPWM)技术应用于交流调速系统时,由于脉宽调制的特点,逆变器主电路开关器件的开关能力、主电路的结构及其换流能力等均与调制效果有关,所以脉宽调制技术在交流调速系统应用中存在一些制约条件,主要有下列两点。

(1) 开关频率

逆变器各功率开关器件的开关损耗限制了脉宽调制逆变器的每秒脉冲数(即逆变器每个开关器件的每秒动作次数)。从电动机的角度出发,当然是开关频率越高越好,但是,开关频率过高,将导致开关管的功率损耗的增加,故只能在这两者之间折中。

(2) 调制度

为保证主电路开关器件的安全工作,必须使所调制的脉冲波有个最小脉宽与最小间隙的限制,以保证脉冲宽度大于开关器件的导通与关断时间。

3. SPWM 变频调速的实现方法

目前常用 SPWM 的生成方法有以下 4 种。

(1) 分立元件

由振荡器分别产生正弦波和三角波信号,通过比较器直接比较,此电路控制精度难以保证,可靠性差。

(2) 专用集成电路

脉宽调制集成电路芯片 HEF4752。

(3) 计算机和专用芯片结合生成 PWM 信号

利用单片机和 HEF4752 组成 SPWM 变频调速系统。

(4) 计算机生成 PWM 信号

用计算机生成 SPWM 波,比专用芯片灵活,还具有自诊断能力,成本相对较高。

11.3 交流电动机转子侧串级调速系统

转子侧串级调速是一种高效调速系统,只适用于绕线转子异步电动机。系统中,电动机的定子绕组接电网,转子绕组经调速装置接电网,通过在转子回路中引入可控的附加电动势 E_f 来改变转差率 s,实现调速。调速装置一端接转子绕组,它的频率和电压随转差率 s 变化而变化,另一端接电网,频率和电压固定,该调速装置实质上是台变频器(从可变频率和电压变为固定频率和电压),这样的调速系统也可看作转子侧变频调速。

11.3.1 串级调速概述

绕线转子异步电动机传统的调速方法是在转子电路中外串电阻。这种调速方法的本质是利用改变消耗于转子外串电阻中的功率来改变转差率,从而达到调速的目的,是一种耗能调速的方法。由于耗能大、效率低,同时外串电阻的级数不能太多,使得调速范围小,静差率大,平滑性差(有级调速),因此这种方法只能用于小功率电动机和对调速性能要求不高的场合。

当绕线转子异步电动机用于调速性能要求较高的场合,通常采用串级调速方式。串级调速方式的特点是可以将相当于转子电路外串电阻调速方法中,消耗在转子外串电阻上的功率,转变为机械功率送回到电动机轴上,或是将这部分功率送回交流电网再利用,所以这种调速方法的效率比较高。但是要想利用这部分功率只靠电动机本身是不能实现,需要增加一些其他的设备来构成串级调速系统。目前这些串级系统有晶闸管逆变串级调速、斩波+晶闸管逆变串级调速和斩波+PWM逆变串级调速等。

因为串级调速是建立在转子外串电阻调速概念上的,为了清楚了解串级调速的工作过程,这里先分析一下绕线转子异步电动机转子电路串电阻调速的功率关系。设电动机定子输入的电功率为 P_1,除去定子绕组的铜损耗和定子铁心的铁心损耗,可得到电动机定子通过空气隙传递给转子的电磁功率 P_M。电磁功率中的一部分为定子传递给转子电路的电功率 P_s,也称为转差功率,它消耗于转子绕组本身电阻及转子外串电阻中,转差功率为:

$$P_s = 3I_2^2(r_2 + R_2) \tag{11.3.1}$$

式中: I_2——转子每相电流;

r_2——转子绕组每相电阻;

R_2——转子绕组中,每相外串电阻。

电磁功率中的另一部分转化为机械功率 P_m,机械功率与电磁功率的关系为

$$P_m = P_M - P_s \tag{11.3.2}$$

当绕线转子异步电动机拖动恒转矩负载,并采用外串电阻调速时,因为定子传递给转子的电磁功率 P_M 不变,增加外串电阻 R_2,电动机的转差功率 P_s 增加,使得电动机输出的机械功率 P_m 随之下降,导致输出转速下降。同时转子外串电阻中的损耗将随 R_2 的增加而增加,导致电动机的效率随转速的下降而下降。这也形成转子外串电阻调速的两个特点,其一是调速通过增大转子回路电阻值来降低电动机的转速。当电动机负载转矩恒定时,转速越低转差功率 P_s 也越大。通过增大转差功率来降低转速,但同时增加的转差功率全部被转化为热能消耗掉,因此这种调速方法的效率随调速范围的增大而降低。其二是由于电动机转子回路附加电阻的级数有限,此方法为有级调速。

对于大、中容量的绕线转子异步电动机,若长期在低速下运转,显然是不宜采用这种低效率的能耗调速方法。

11.3.2 串级调速构成与调速原理

由于绕线转子异步电动机的转子绕组能通过滑环与外部电气设备相连接,所以除了可在定子侧控制电压、频率以外,还可在转子侧引入控制变量进行调速。异步电动机转子侧可调节的参数有电流、电动势、阻抗等。一般说,稳态时

转子电流是随负载大小而定,并不能随意调节,转子回路阻抗的调节属于耗能型调速法,所以调节转子电动势是解决调速问题的途径。绕线转子异步电动机转子附加电动势工作原理简图如图 11.3.1 所示。

图中绕线转子异步电动机运行时,其转子相电动势为

$$E_2 = sE_{20} \qquad (11.3.3)$$

式中:s——异步电动机的转差率;

E_{20}——绕线转子异步电动机在转子不动时的相电动势,或称开路电动势。

式(11.3.3)说明,转子电动势 E_2 值与其转差率 s 成正比。当转子在正常接线时,转子相电流的方程式为

$$I_2 = \frac{sE_{20}}{\sqrt{r_2^2 + (sX_{20})^2}} \qquad (11.3.4)$$

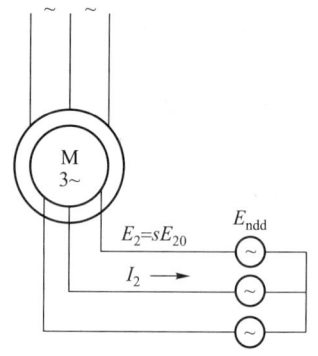

图 11.3.1 绕线转子异步电动机转子附加电动势工作原理图

式中:r_2——转子绕组每相电阻;

X_{20}——$s=1$ 时转子绕组每相感抗。

当在每相转子电路中串入与转子电动势同频率的附加电动势 E_f 时(其相位与转子电动势同相位,或是反相位),则转子电路电流方程式为

$$I_2 = \frac{sE_{20} \pm E_f}{\sqrt{r_2^2 + (sX_{20})^2}} \qquad (11.3.5)$$

当电动机拖动的负载转矩 T_2 为恒定值时,可认为转子电流 I_2 也为恒定值。设在未串入附加电动势前,电动机在 $s=s_1$ 的转差率下稳定运行。当加入反相的附加电动势 E_f 后,由于负载转矩恒定,式(11.3.5)左边 I_2 恒定,因此电机的转差率 s_1 必须加大。这个过程也可描述为在反相附加电动势 E_f 引入的瞬间,因为转子回路总的电动势减少,转子电流 I_2 也随之减少,使得电动机的电磁转矩 T_1 也减少;由于负载转矩 T_2 未变,出现了电动机电磁转矩值小于负载转矩值($T_1 < T_2$),稳定运行条件被破坏,迫使电动机降速。随着转速的降低,转差率 s 增大,转子电流 I_2 回升,电磁转矩也相应回升,直至这一过程持续到电动机转速降低到电动机的电磁转矩恢复到与负载转矩相等,转差率增加到 $s=s_2(s_2>s_1)$ 的新值时为止,转速则由 n 降低到 $n'=n_1(1-s_2)$ 稳定运行,即电动机进入新的稳定状态工作。此时的关系式为

$$\frac{s_2 E_{20} - E_f}{\sqrt{r_2^2 + (s_2 X_{20})^2}} = I_2 = \frac{s_1 E_{20}}{\sqrt{r_2^2 + (s_1 X_{20})^2}}$$

这就是异步电动机向降低转速的方向调速的过程。

同理,加入同相附加电动势 E_f,可使电动机转速增加。所以当绕线转子异步电动机转子侧引入一可控的附加电动势时,即可对电动机实现转速调节。

11.3.3 晶闸管串级调速系统结构与工作原理

在电动机转子中引入附加电动势可以改变电动机的转速,但是由于电动机转子回路感应电动势 E_2 的频率随转差率变化而变化,所以附加电动势的频率必须也能随电动机转速的变化而变化。实际系统中是把转子交流电动势整流成直流电动势,然后与一直流附加电动势进行比较,通过控制直流附加电动势的幅值,调节电动机的转速,从而将交流可变频率的问题转化成与频率无关的直流问题。附加电动势装置需要将转子交流电动势转换成直流电动势,同时利用可控整流装置获得一个可调直流电压作为转子回路的附加电动势,以达到电动机调速的目的。

在前面直流电动机调速的章节里,我们已了解晶闸管整流电路把交流电转变成直流电供给负载的过程。在异步电动机变频调速的内容中也已知,利用晶闸管电路可以把直流电变成交流电,这种对应于整流的逆向过程,定义为逆变。而将直流电逆变成交流电的电路称为逆变电路。在许多场合下,同一套晶闸管电路既可作为整流电路,又能作为逆变电路工作,这种装置通常称为变流装置或变流器。也就是晶闸管串级调速系统的工作原理。

晶闸管串级调速系统的原理图如图 11.3.2 所示,绕线转子异步电动机 MA 的转子三相电动势由三相桥式整流器变为直流电压 U_D,经平波电抗器滤波后加

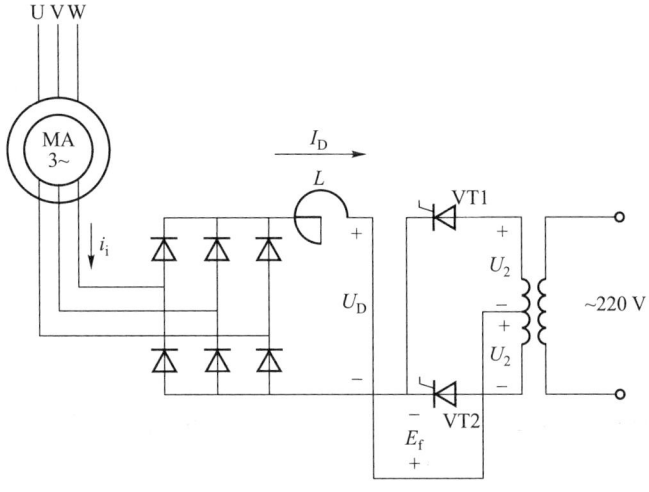

图 11.3.2 晶闸管串级调速系统原理图

至由晶闸管组成的单相有源逆变器上(在实际应用的串级调速系统中,多采用三相逆变器),逆变器的交流侧通过逆变变压器接到交流电网,形成有源逆变电路。如果晶闸管的触发角 $\alpha>90°$,逆变器做逆变运行,逆变器的直流侧输出电动势 E_f 的极性为上负下正,它相当于在电动机转子电路中串入的附加电动势 E_f。附加电动势由下式确定,即

$$E_f = 0.9 U_2 \cos\alpha$$

式中,U_2 为逆变变压器的二次电压。

逆变器通过附加电动势 E_f 吸收转子的转差电功率为

$$P_f = E_f I_D$$

式中,I_D 为直流电流。

转子电路将电功率 P_f 通过整流器和逆变器送回给交流电网。在忽略电动机损耗的情况下,这个电功率 P_f 就是异步电动机的转差功率。

如果电动机带动恒转矩负载,则电动机的转子相电流 I_2 和 I_D 在稳定运行时均保持恒定。当逆变器的触发角 α 在 $90°\sim180°$ 之间增大时,逆变器直流侧的输出电动势 E_f 也增大,使电动机的转速 n 下降,转差率 s 上升。随着减速过程结束,电动机在较低的转速下稳定运行。

从功率传递的角度来看,当在转子电路中引入附加电动势 E_f 的同时,实际也引入了附加功率 P_f,当 E_f 与 sE_{20} 相位相反时,此附加功率 P_f 相当于绕线转子异步电动机串电阻调速时,外串电阻上所消耗的功率。所以电动机在低速运转时,转子中的转差功率 P_s 只有小部分消耗在转子绕组 r_2 上,而大部分被串入的附加电动势 E_f 所吸收。

随着逆变器触发角 α 的增大,逆变器输出电动势 E_f 增加,电动机的转差功率 $P_s \approx P_f = E_f I_D$ 也增加,逆变器送回给交流电网的电功率 P_f 也随之增加,因此提高了电动机低速运行时的效率。

实际应用中的串级调速,多采用电力电子器件组成的三相逆变器构成绕线转子异步电动机的电气串级调速系统,除拖动电动机外,其余的装置都是静止型的元器件,所以也称为静止型电气串级调速系统(静止 scherbius 系统),如图 11.3.3 所示。从图示的这些装置构成上可以看出,它们是一个交-直-交变频器,因此这种调速系统也看作是电动机定子在恒压恒频供电下的转子变频调速系统。但由于逆变器通过逆变变压器与交流电网相连,它输出的频率是固定的,所以实际上调速控制系统也是个有源逆变器。

上述串级调速系统由于控制角 α 可平滑连续调节,使得电动机的转速也能被连续平滑地调节。此外,由于电动机的转差功率能够通过转子整流器变换为直流功率,再通过逆变器变换为交流功率回馈到交流电网,与转子串电阻调速的

有级调速和低效率运行相比,转子侧串级调速方法也称为转差功率回馈型调速方法。

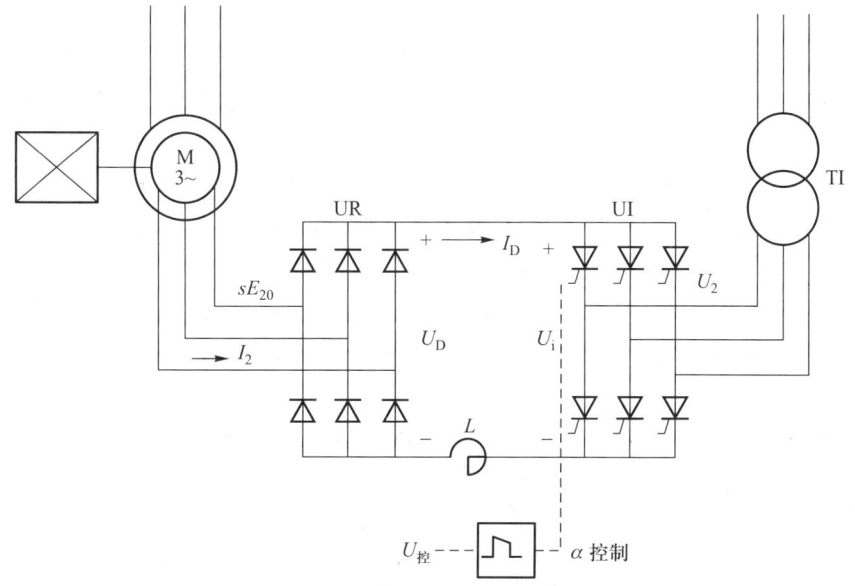

图 11.3.3　转速开环串级调速系统

11.4　无刷直流电动机调速系统

永磁同步电动机、永磁无刷直流电动机是近年来发展较快的新型电动机,它们都是无励磁绕组的同步电动机,两者结构类似,只是气隙中磁场和定子感应电动势的波形不同。永磁同步电动机的波形为正弦波,永磁无刷直流电动机为梯形波。

同步电动机是以转速与电源频率严格保持同步为特色,其转速不受负载影响,只要电源频率不变,转速也将保持恒定。并且同步电动机变频调速的原理和基本方法,以及所用的变频装置都和异步电动机变频调速大体相同。在这一节里,主要讨论永磁无刷直流电动机的调速系统。

目前,无刷直流电动机的应用日益广泛,它已从最初的航空、军事设施应用领域扩展到工业和民用领域,例如采用小功率无刷直流电动机驱动的计算机外围设备(硬盘、光盘)、办公室自动化设备(复印机、传真机)和音响影视设备(录像机、CD 机)等。在家用电器中的空调器、电冰箱、风扇、洗衣机上使用也十分普遍。在工业控制领域里,机器人关节驱动和自动生产线、电子产品加工装备上的各种中、小功率的驱动等都广泛采用无刷直流电动机控制。

11.4.1 永磁无刷直流电动机结构组成

无刷直流电动机由电动机本体、控制驱动电路、磁极位置传感器3个主要部分组成。电动机本体包括定子和永久磁钢转子。定子电枢铁心由电工钢片叠成,电枢绕组通常为整距集中式绕组,呈三相对称分布,也有两相、四相或五相。转子磁钢为两极或多极结构,形状呈弧形(瓦形)。磁极下定子、转子气隙均匀,气隙磁通密度呈梯形分布。位置传感器是一种无机械接触式的转子磁极位置检测装置,如霍尔效应元件、光电变换元件等。控制驱动电路通常包括换相控制电路、逆变器、PWM调压电路以及保护电路等。电子换向控制电路中,各功率开关元件分别与相应的定子相绕组串联。各功率元件的导通与关断由转子位置传感器给出的信号决定。

永磁同步/无刷直流电动机结构示意如图11.4.1所示。

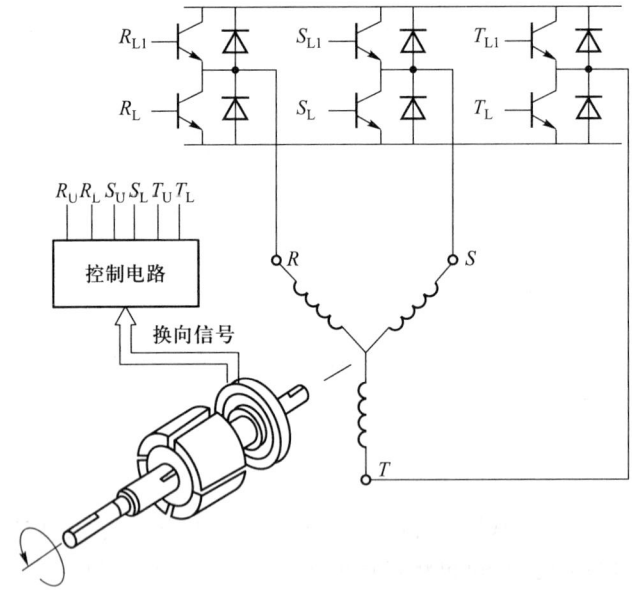

图11.4.1 永磁同步/无刷直流电动机结构

无刷直流电动机与有刷直流电动机的结构原理很相似,只是有刷直流电动机的磁极是静止的,电动机的电枢为转子,是一个转动的交流绕组,由直流电源经电刷和换向器提供交流电流,在磁场力作用下旋转。无刷直流电动机则磁极旋转,电枢静止,由位置传感器检测旋转磁极的位置,并为控制定子绕组电流方向的逆变器提供换相信息,从而使电动机转子可获得连续的转矩转动。这里,磁极位置检测器相当于电刷,而逆变器相当于机械式的换向器。也因为如此相似,无刷直流电动机具有了如有刷直流电动机那样的调速方法和调速特性。同时无刷直流电动机以电子换向电路取代了传统直流电动机的整流子-电刷换向器,所以既保持了直流电动机的优点,又避免了直流电动机因电刷而引起的缺陷。

11.4.2 永磁无刷直流电动机调速控制

同步电动机变频调速控制系统由静止变频器提供变压变频电源,其控制方式有他控变频和自控变频两类,永磁同步电动机都属于自控式变频系统,电动机的换相状态由转子的位置确定,而控制频率由转子运行速度决定,调速系统使用的变频器可为交-直-交型。

属于永磁同步电动机类的永磁无刷直流电动机依据位置传感器检测转子运动过程中的位置信号,控制逆变器开关器件的导通与截止,使电动机定子绕组中的电流按次序换向,形成步进式的旋转磁场,驱动转子连续不断地转动。这其中位置传感器与换相过程是控制系统的关键因素。

1. 无刷直流电动机的转子位置传感器

由于调速系统中的变频器是利用转子位置检测器发出信号,经过触发脉冲控制电路来控制逆变器的触发换相,并且电动机的换相状态是由转子的位置来决定,因此转子的位置检测器是系统中的关键器件。转子位置检测器有多种,永磁无刷直流电动机(方波电动机)中,一般采用简易型的位置检测器,该器件不能用来检测主轴转子的精确位置,其检测精度通常只有 $60°$(电角度),其主要作用是为了满足电动机换相的要求。

位置传感器的种类很多,有电磁式、光电式、磁敏式等。由于磁敏式霍尔位置传感器具有结构简单、体积小、安装灵活方便、易于机电一体化等优点,故目前使用越来越广泛。

霍尔传感器按其功能和应用可分为线性型、开关型两种。直流无刷电动机的转子位置检测器使用开关型传感器。开关型传感器由电压调整级、霍尔元件、差分放大器、施密特触发器和输出级等部分组成,输入为磁感应强度,输出为开关信号。属于开关型的传感器。

直流无刷电动机的霍尔位置传感器和电动机本体一样,也是由静止部分和运动部分组成,即位置传感器定子和位置传感器转子。其转子与电动机转子一同旋转,以指示电动机转子的位置,可以直接利用电动机的永磁转子,也可以在转轴其他位置上另外安装。定子由若干个霍尔元件,按一定的间隔,等距离地安装在电动机定子上,以检测电动机转子的位置,传感器示意图如图 11.4.2a

所示。

位置传感器的基本功能是在电动机的每一个电周期内,产生出所要求的开关状态数。位置传感器的永磁转子转过每一对磁极(N、S极),也就是说每转过360°电角度,就要产生出与电动机绕组逻辑分配状态相对应的开关状态数,以完成电动机的一个换流全过程。如果磁极对数多,则在360°机械角度内完成换流全过程的次数也多。

对于三相无刷直流电动机,一般位置传感器的霍尔元件数量是3,安装位置间隔120°电角度,其输出信号是 H_1、H_2、H_3,其波形如图11.4.2b 所示。

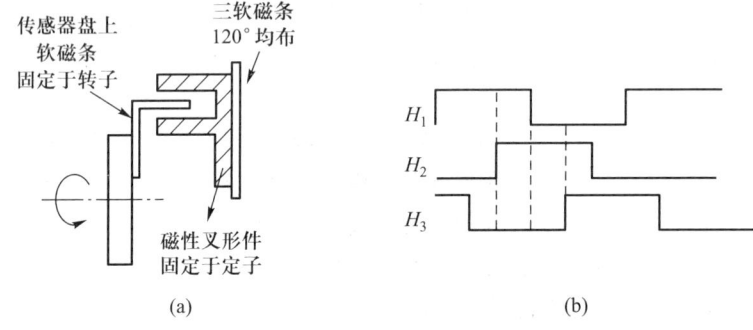

图11.4.2 霍尔位置传感器

2. 无刷直流电动机工作原理

无刷直流电动机的工作原理如图11.4.3所示。图中,为了方便起见,将电动机定子三相整距集中式绕组表示为单匝线圈(虚线)。电子换向控制位置检测传感器与转子同轴连接。

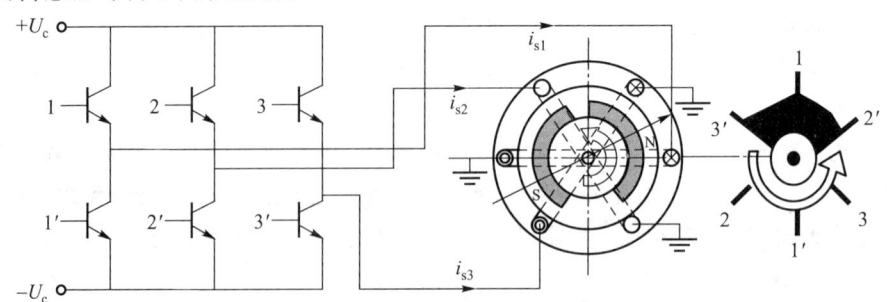

图11.4.3 无刷直流电动机驱动原理电路图

在图示瞬间,控制触点 2′刚刚脱开,触点 1、3′接通,此时逆变器主电路中对应的1、3′开关管导通,定子绕组 1 中的电流 i_{s1} 为正,3 中的电流 i_{s3} 为负,它们与梯形分布的气隙磁场相互作用,形成常值的电磁转矩使转子逆时针转动。转动60°角后,下一瞬间,触点3′、2接通,主电路中对应的3′、2开关管导通,绕组3中的电流i_{s3}为负,绕组2中的电流i_{s2}为正,仍然产生与前一瞬间相同的常值电磁转矩使转子沿逆时针方向转动。转子依次旋转一周,主电路中对应的开关管按13′→3′2→21′→1′3→32′→2′1顺序导通,使得电动机电枢绕组中的电流能够随着转子位置的变化按次序换向,驱动永磁转子连续不断地旋转。

3. 无刷直流电动机速度闭环控制系统

由于无刷直流电动机的应用范围非常广泛,不同的应用场合,其运行性能要求不同,因此有不同的调速系统组成结构。与直流电动机调速控制系统类似,无刷直流电动机的调速系统依据运行性能指标要求可以构成开环系统、单闭环系统以及双闭环系统等。

(1) 开环调速系统

开环型三相无刷直流电动机调速控制系统内部包含有电子换相器主电路、三相逆变器、换相控制逻辑电路、PWM调速电路以及过流保护电路等。电路结构示意图如图11.4.4所示。

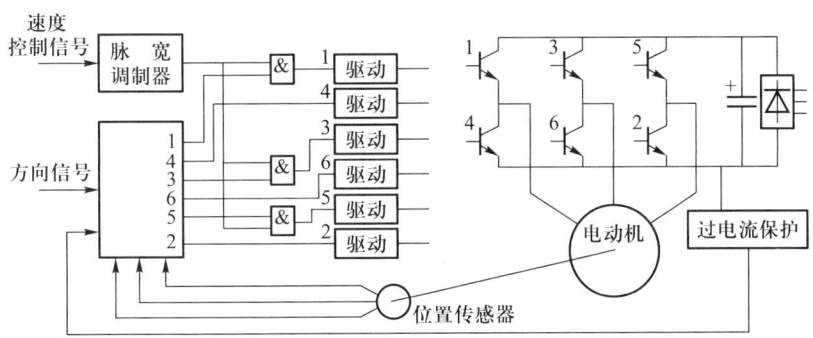

图 11.4.4 开环调速控制系统示意图

1) 换相控制逻辑电路

换相控制逻辑电路接收转子位置传感器的输出信号,进行译码处理后,给出电子换相器主回路(三相逆变器)中6个开关管的驱动控制信号。换相控制逻辑电路同时接收电动机的转向控制信号DIR,控制电动机正转或反转。

2) PWM调速电路

无刷直流电动机,加上电子换相器,从原理上说,就相当于一台有刷的直流电动机,电子换相器解决了无刷电动机换相问题,使用脉宽调制电路调节定子电枢电压,实现电动机的调压调速控制。

3) 保护电路

无刷直流电动机在开环运行的情况下,最重要的保护就是过电流保护。一般在主回路中的直流母线上取得过电流反馈信号,在过电流保护环节中与设定的保护值相比较,如果超过了保护值就引发保护动作。

(2) 速度闭环调速系统

在开环系统的基础上,加上速度反馈以及速度调节控制器,就形成了无刷直流电动机的速度闭环控制系统。

无刷直流电动机闭环调速系统中,速度控制器的输出信号,用作脉宽调制器的控制信号。将霍尔位置传感器的信号加以处理后,形成速度反馈信号。

无刷直流电动机闭环调速系统原理框图如图 11.4.5 所示。系统由无刷直流电动机、位置和转速检测装置、PWM 脉宽调制装置、逆变器以及控制电路组成。

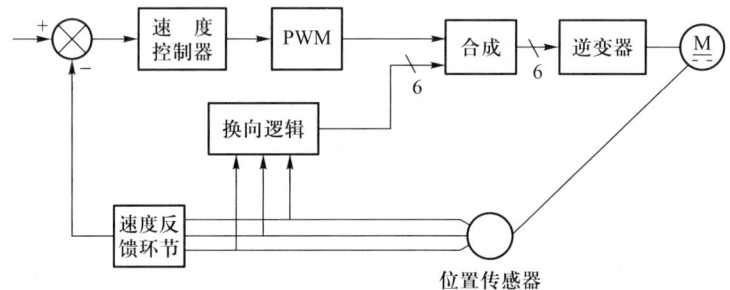

图 11.4.5　速度闭环控制系统示意图

11.5　VVVF 变频器产品与使用

随着电力电子技术和微处理器技术的不断发展,以及电动机控制技术的进一步完善,现代的通用变频器产品应用已经很广泛。变频器产品的种类也很多,本节以西门子 MICROMASTER 产品为例,简单介绍变频器的主要功能和初步使用方法。

11.5.1　一般变频器的基本结构

通用型变频器的基本结构示意图如图 11.5.1 所示,变频器的主回路包括整流环节和逆变环节两部分,随着电力电子器件的集成化水平和智能化程度的提高,目前变频器的主回路已经非常简单。整流环节采用 6 单元的不可控功率桥式模块,逆变环节则一般采用智能功率模块 IPM。

智能功率模块 IPM 是近年来出现的并且得到了迅速应用的功率开关器件,IPM 的内部集成了 6 单元的低功耗的 IGBT 元件及其驱动电路,也包括了高效的短路保护电路。TTL电平的控制信号可以直接驱动IPM模块,这样就使得控制电路的硬件非常简单。

控制电路部分一般由两片微处理器构成。其中的一片为主微处理器,主要作用是实时产生PWM波形,完成对电动机的实时控制,同时还要实时检测电动机的电流和直流母线电压,完成过欠电压保护、过电流保护以及过电流失速保护和过电压失速保护等。主微处理器带有16位的定时器,通过定时产生PWM波形。有一些微处理器带有自己的"事件处理单元",可以直接产生中心对称的PWM波形。

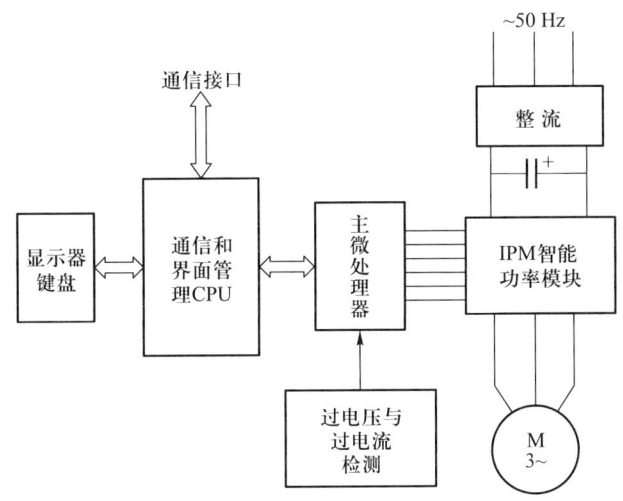

图 11.5.1 变频器的基本结构

变频器为了控制上的方便,通常还采用另外一片8位的单片机,这片单片机主要完成键盘和显示器的管理,系统控制参数的存储,与上位机的通信等工作,有些还具有网络功能。

11.5.2 变频器的主要控制参数

通用变频器通过各种控制参数的设置,满足使用者的控制需求,这些参数涉及频率指令信号的选择、升降频时间的设定、频率和电压范围的设定、U/f 曲线的选择、电动机停止方式的选择、防止过电压失速功能的设定、防止过电流失速功能的设定、停电后再运行的情况选择等。下面对这些参数做简单介绍。

1. 频率指令信号选择

变频器的频率给定信号有3种来源,频率可以由变频器的键盘设定,也可以由外接的 0～5 V 模拟信号控制,还可以由上位计算机通过串行通信的方式输入。使用中通过确定的方式改变频率值。

2. 频率和电压范围的设定

变频器的输出频率和输出电压的范围是可以设定的,设定内容包括最高/最低输出频率,最高/最低输出电压等。

3. U/f 曲线的选择

由交流电动机变频原理已知,为了实现恒磁通调速,必须在变频的同时调整电压。对于不同的电动机和负载状况,需要不同规律的 U/f 曲线与之适配,变频器中一般存有数十种不同规律的 U/f 曲线,可以通过参数设置来选择。

4. 电动机停止方式的选择

在变频器控制电动机运行的情况下,电动机可以有两种停止方式,一种是以制动方式立即停止,另一种是以自由运转的方式停止,停止的方式也可以通过参数设置来确定。

5. 防止过电压失速功能的设定

当电动机执行减速时,由于负载惯量的影响,电动机会把负载上的动能转换成为电能储存在变频器的直流母线电容上,造成直流母线电压升高,有可能导致过电压保护的发生,从而造成"失速"。在选择了防止过电压失速功能的情况下,当变频器检测到了直流侧的母线电压过高,但还没有导致过电压保护动作时,变频器会自动暂停减速,输出的频率暂时保持在当前值不变,直到直流母线电压降低后,再继续减速。

6. 防止过电流失速功能的设定

当电动机在加速时,由于加速过快或负载比较重,电动机的电流可能会上升到很大,导致过电流保护动作,造成电动机的"失速"。在选择了防止过电流失速功能的情况下,当变频器检测到了电流过大,但还没有导致过电流保护动作时,变频器会自动暂停加速,输出的频率暂时保持在当前值不变,直到电流降低后,再继续加速。

7. 停电后再运行的情况选择

在停电后,根据不同的负载工况,应该对再来电以后的情况做出不同的选择。通过参数设定,可以选择恢复供电后继续运行或停车不运行。

11.5.3 变频器使用简介

[例 11.5.1] 西门子 MICROMASTER 变频器简介

如上面所述,变频器使用过程中,首先需要通过参数设定确定设备运行的控制模式,不同的变频器产品,可以依据产品操作手册的参数定义和操作方法完成。变频器在工作过程中,变频变速的操作有 3 种方式,这里以面板键盘操作为例,给予简要介绍。

1. 变频器接线结构框图

变频器接线结构框图如图 11.5.2 所示。图中结构框图说明变频器接线端子与外部设备的关系,同时也表明变频器内部的工作关系。其中前面板为人机操作界面。

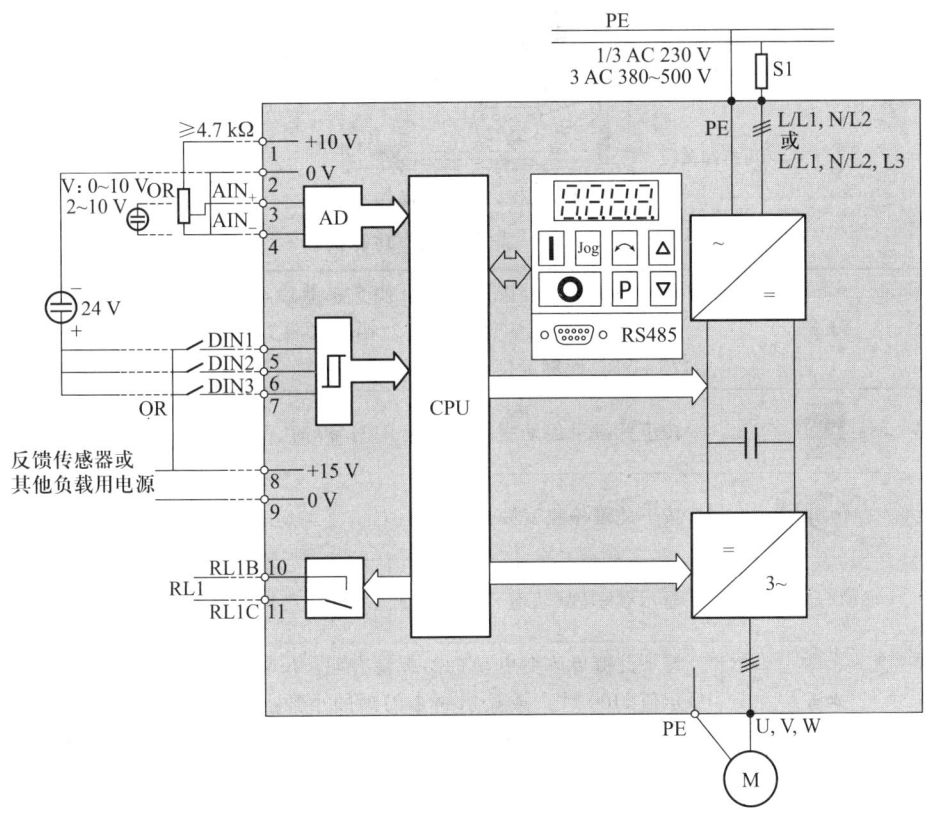

图 11.5.2 变频器结构框图

2. 基本操作

变频器开机前,需要对工作模式进行参数设定,操作手册中将对每个参数有详细说明。基本参数设定的操作可见下面的例子。

（1）前面板操作参数设定

1）前面板操作功能

操作前面板上的各种功能元件如图 11.5.3 所示,操作键功能说明见表 11.5.1。

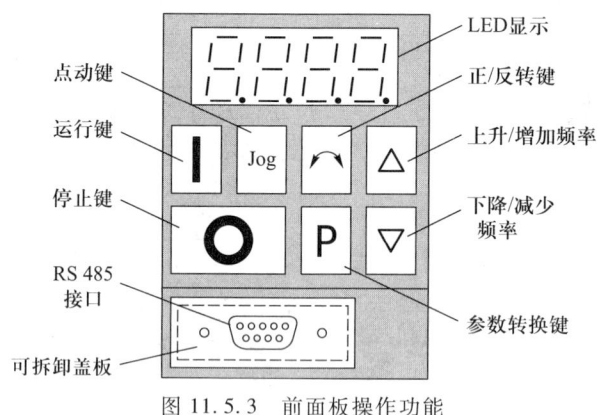

图 11.5.3 前面板操作功能

表 11.5.1 前面板操作功能说明

Jog	在变频器停止时按下此键可使变频器启动并运行到预设置频率。一旦释放此键,变频器即停止。当变频器运行时,按此键无效。当 P123=0 时,此键封锁
I	按下此键可启动变频器。当 P121=0 时,此键封锁
O	按下此键停止变频器运行
LED 显示	显示频率(默认值),参数号或参数值(当按下 P 键时)或故障码
↷	按下此键可改变电动机的旋转方向。反转时显示一个"-"号(当显示值<100 时),或显示一个闪烁的小数点,(当显示值>100 时)。当 P122=0 时,此键被封锁
△	按此键可增加频率。在编程过程中,可增加参数号和数值。当 P124=0 时,此键无效
▽	按此键可减小频率。在编程过程中,可减小参数号和数值。当 P124=0 时,此键无效
P	用于访问参数。当采用数字量输入,P015-P053 和 P356=14 时此键无效。按下此键并保持一会则对某些参数可以增加精度

2) 参数设定基本操作

利用参数设定建立设备的控制模式是使用变频器时的关键操作,参数设定的基本操作方法如表 11.5.2 所示。这里说明的方法仅用来设定一个数字量频率值,仅从出厂设定中改变很少的参数。如果需要更多的参数设定,应当按照使用手册要求操作。

设变频器连接的是一台标准的西门子四极电动机。

表 11.5.2　参数设定基本操作说明

步骤/操作	按键	显示
1. 接通变频器的主电源 频率实际值(0.0 Hz)和频率设定值(5.0 Hz 缺省) 交替显示		0.0 ↕ 5.0
2. 按编程键	P	P000
3. 按 △ 键直到显示 P005	△	P005
4. 按 P 键显示当前频率设定值。(5 Hz 为出厂设定值)	P	0050
5. 按 △ 键设定所需要的频率值(例如 35 Hz)	△	0350
6. 按 P 键将设定值写入	P	P005
7. 按 ▽ 键返回到 P000	▽	P000
8. 按 P 键退出编程状态。 显示将在当前频率值和频率设定值之间变换	P	0.0 ↕ 35.0
9. 按 ▌(运行)键启动变频器 电动机轴将开始转动,显示屏将显示出变频器频率逐步上升到 35 Hz 注: 在加速 7 s 后可达到设定频率(35 Hz/50 Hz)如果需要,可直接用 △ ▽ 键调节电动机转速(或频率)。(将 P011 设定为 001,可使新的频率设定值在变频器不运转时也能保留在存储器中。)	I	0.0 ↕ 35.0
10. 按 ○(停止)键可使变频器停止运行 电动机将减速并可控地停止	O	↓ 0.0

注:① 默认加速时间是 10 s 达到 50 Hz(由参数 P002 和 P013 定义)。

② 默认减速时间是 10 s 由 50 Hz 到停止(由参数 P003 和 P013 定义)。

(2) 开机检查

当变频器工作模式要求的参数设置后,准备开机工作时,还应当检查所有的电缆连接正确,所有安全预防措施都满足要求,确保能安全地启动电动机。

当按动变频器的"运行"键时,显示值将变到 5.0,此时电动机轴将开始转动。变频器用 1 s 时间可以升到频率为 5 Hz。按动"停止"键,显示值将变到 0.0,并且电动机减速到完全停止也需要 1 s。

开机工作前还需要注意以下几点:

① 该类型变频器没有主电源开关,主电源一旦接上变频器即通电。但是变频器将处于输出禁止的待机状态,直到按下"运行"键或通过端子 5(右转)或端子 6(左转)给出运行信号为止。

② 如果显示值选择为输出频率(P001;0),当变频器停止时,相应的设定值大约每 1.5 s 闪显一次。

③ 变频器的出厂设定是根据西门子标准四极电动机的标准应用设置的。当使用其他型号电动机时,需要将电动机铭牌上的额定参数输入到参数 P081 至 P085 中,如图 11.5.4 所示,以确保变频器与电动机匹配。并且只有当参数 P009 被设定为 002 或 003 时,才能访问这些参数。

3. 变频器运行方式选择操作简介

(1) 开关量控制

采用数字量控制的基本参数设置及运行操作步骤如下:

① 用一个简单的启/停开关将端子 5 和 8 连接起来。这样变频器为顺时针旋转运行状态(出厂设定值)。

② 接通变频器主电源。将参数 P009 设为 002 或 003,使所有的参数可以被调整。

③ 将参数 P006 设定为 000,定义为开关量控制。

④ 将参数 P007 设为 000,定义为开关量输入[此时为 DIN_1(端子 5)],并使前面板控制无效。

⑤ 将 P005 设置为所需要的频率。

⑥ 将电动机额定铭牌上的数据对应地输到参数 P081 到 P085(图 11.5.4)。

⑦ 将启/停开关接通,变频器将驱动电动机按 P005 中所设为频率运行。

(2) 模拟量控制

采用模拟量电压控制的基本设置及运行操作步骤如下:

① 用一个简单的启/停开关将端子 5 和 8 连接起来,这样变频器设定为顺时针旋转运行(出厂设定状态)。

② 按图 11.5.2 所示将一个电位器连接到控制端子,或将端子 2(0 V)和端子

4 连接上,并将一个 0~10 V 信号输入到端子 2(0 V)和端子 3(AIN+)之间。

③ 接通变频器的主电源。将参数 P009 设为 002 或 003,使所有的参数可以被调整。

④ 将参数 P006 设定为 001,即为模拟量控制。

⑤ 设置参数 P007 为 000,即为数字量输入[此时为 DIN(端子 5)],并使前面板控制无效。

⑥ 通过参数 P021 和 P022 设置最小和最大输出频率。

⑦ 将电动机额定铭牌上的数据对应地输到参数 P081 到 P085(图 11.5.4)。

⑧ 将启/停开关接通。转动电位器(或调节模拟量输入电压)直到变频器上显示出所需要的频率。

习题及思考题

11-1 改变三相异步电动机哪些参数可以改变其转速?

11-2 简述常用的三相异步电动机调速方法。

11-3 当三相异步电动机采用变频调速时,在额定转速以上及以下通常采用怎样的调速方式?

11-4 什么是整流器?什么是逆变器?简述交-直-交晶闸管变频器的工作原理。

11-5 简述 SPWM 原理。

11-6 简述串级调速特点及应用场合。

11-7 简述无刷直流电动机的调速原理和调速系统构成。

11-8 变频器的主要有哪些控制参数?

第五部分

电气控制系统设计基础

第 12 章 设备电气控制系统设计

在设备的设计和制造过程中,控制部分设计是设备设计中的重要组成部分。当设备采用电气方式控制时,设备的电气系统必须能够满足机械设备对电气控制提出的要求。这些要求包括控制方式、控制精度、自动化程度等,还要能够满足控制装置本身的制造、使用和维护等要求,因此设计经济合理、满足使用要求的电气控制系统是设备设计制造中的主要工作之一。

设备电气设计涉及的内容很广泛,在这一章里将概括地介绍设备电气设计的基本内容,并在前面章节内容学习的基础上,重点讲述电气控制系统设计的一般规律和设计方法。

12.1 电气控制系统设计的基本原则和内容

要使电气控制装置满足设备工作要求,能够正常可靠运行,在设计过程中,必须综合考虑各类影响因素,遵循一些基本设计原则。本节将从电气控制装置设计中涉及的各相关方面,讨论设计所遵循的基本原则和主要的工作内容。

12.1.1 电气控制系统设计的基本原则

设备电气控制系统设计的基本原则主要从系统的功能性、安全性、合理性和经济性几方面规划设计目标和内容,使设计出的电气系统能够控制设备安全、可靠、并满足设定的要求正常运行,这些设计原则和要求主要有如下几个方面。

1. 满足设备提出的控制要求

设备是在电气装置的控制下,按总体设计确定的规律和功能,各部件协调运转,完成工作过程的,因此必须保证电气设计能够最大限度地满足设备对电气控制提出的技术要求。

2. 妥善处理机与电的关系

现代技术的发展,使得设备工作运动可由机械方法实现,也可由电气方法实现(例如车床主轴制动,可以采用机械方式制动,也可以对电动机采用电气制动),机与电两者在设备结构中处于相互关联、相互依赖的状况,只有统筹考虑两者的配置关系和正确选用合理的组合方式,才能使设备整机达到要求的技术指标和经济指标。

3. 力求设计方案简单

在满足设备提出的技术指标前提下,电气控制系统设计应力求简单,使得制造、维修方便,运行可靠性提高。这是因为高性能、高指标不仅使控制系统的生产成本和复杂程度增加,同时系统愈复杂,所用元器件愈多,系统的可靠性就愈低(不包括冗余设计而增加的元器件)。设备系统通常以其性能价格比和运行可靠性来衡量,提高系统工作可靠性,提高装置的性能价格比,是电气控制系统设计中遵循的基本原则。

4. 正确合理地选用电气元件

正确合理地选择电气元件可以保证设备运行经济可靠。电气元件及电气设备选择的原则是不仅要求器件设备满足使用功能上的需求,同时在可能的情况下,尽量减少元器件的品种类型和规格种类,提高它们的复用率,以使器件设备在采购、管理和使用时带来方便。

5. 操作与维护方便

制造设备是为了使用设备,使用和维护性能也是设计中必须考虑的要点。设计简洁清晰、方便快捷的操作功能可以提高设备的使用效率和安全性。外形协调、美观将会改善操作人员的工作环境。

针对电气系统设计制造,我国颁布了一系列相关国家标准,标准涉及设计参数选用、电气设备安全性设计、设备通用要求等。对电气传动系统设计的具体方面,例如系统的功能特性、使用条件、参数额定值、性能要求、安全和警告标志等还制定有基本要求,因此在电气系统设计的过程中,设计的系统还需要符合这些标准及要求。

12.1.2 电气控制系统设计的主要工作内容

电气控制系统设计主要涉及两个阶段的工作,第一是设计准备阶段,第二是实施设计阶段。在设备的设计过程中,由于设备机械工作部分是电气控制系统的控制对象,因此电气设计与机械结构设计是既独立,又相互关联的两大部分。对电气系统设计而言,不仅是对电气控制系统设计方法以及所涉及的设备、元器件性能的掌握,同时也需要对机械部分有详尽的分析与充分的了解,对机械部分与电气部分交互相连部分也是如此。设计准备阶段需要在设备机械结构,功能要求分析的基础上确定电气设计的工作目标。设计实施阶段,则依据机械设备的控制要求,设计和完成电气控制装置在制造、使用和维护过程中所需的技术文件(图纸和资料等)。电气控制系统设计的主要工作内容分述如下。

1. 机械设备分析

机械设备分析阶段需要完成对电气系统控制对象的分析,控制对象分析主要包含两个方面的内容。

(1) 设备的主要技术性能分析

技术性能分析主要涉及设备的驱动方式分析,例如设备采用机械传动,或者是液压、气动系统工作,分析这些系统的工作特性和对电气系统的工作要求。

(2) 设备电气控制系统技术要求分析

设备电气控制系统技术要求分析,也是电气传动方案分析,依据设备的结构组成,动力驱动方式,运动控制要求(制动、正反转要求),调速要求等分析电气系统的控制方式。其中包含依据调速性质和负载特性分析电气驱动方式。

2. 电气控制方式选择

正确合理的选择电气控制方式是设备电气系统设计的要点,它不仅关系到设备的技术与使用性能,而且也影响设备的机械结构和总体方案。电气控制方式需要根据设备总体技术要求,根据各种电气控制方式(继电器系统、PLC 系统、数控系统等)的特点拟定,当控制方式选定后,后续设计将在此基础上展开。

3. 操作与维护性要求分析

操作与维护性能设计涉及操作台、电气柜等相关电气设备的设计,这里包括设备状态显示、故障诊断、安全保护等方面要求的分析。

4. 设备工作环境及设施条件分析

工作环境及设施条件分析包括供电条件分析(供电电网状况,如电网容量、电流种类、电压及频率等)、工作场地环境分析(室内、野外、北方、南方等),控制系统设计必须依据国家标准和现场条件参数进行,以保证设备能在相应的工作环境和条件下安全正常的运行。

5. 确定技术条件与实施设计

在前面各项分析的基础上,依据设备总体设计任务书及拟定的电气设计技术条件,即可进行电气控制系统的图纸设计和编写技术文件。具体电气设计工作应包括如下一些内容:

① 拟定电气设计技术任务书。

② 提出电气传动控制方案及总体框架(电气控制装置设计预期达到的主要技术指标,各种设计方案技术性能比较及实施可能性)。

③ 设计电气控制系统原理图(系统电路图、PLC 程序等)。

④ 选择电气设备及元器件,编写器件明细表。

⑤ 设计与绘制电气设备布置图、电器安装图以及接线图。

⑥ 操作台、电气柜等装置的标准构件选用与非标准构件设计。

⑦ 编写电气设计说明书和操作使用、维护说明书。

12.2 电气控制装置的设计步骤与设计要点

电气控制装置在设计准备完成的基础上进入技术实施阶段,技术实施阶段一般包含 3 个工作过程,即初步设计过程、技术设计过程和产品设计过程,3 过程工作既是独立的,同时也是互相关联的,一般情况下依据下列步骤展开和完成具体的设计工作。

12.2.1 电气控制系统设计的设计步骤

电气控制系统装置设计过程的三个设计步骤和工作内容分述如下。

1. 初步设计阶段

初步设计阶段也为方案设计阶段,在设计准备阶段,通过对设备的工作要求分析、工作环境和条件分析、操作与安全要求分析、电气控制装置技术可行性分析和经济性分析,电气控制系统装置设计的目标和条件即可确定,总体方案设计是以方案的形式将实现目标的方法和手段具体化,确定装置的技术性能、基本构建形式以及主要技术参数。

初步设计阶段的方案设计包括如下内容:

① 确定装置的名称、用途、工艺过程、技术性能、传动参数及现场工作条件。

② 确定供电电网种类、电压等级、频率和容量。

③ 确定电气控制的特性要求(如电气控制的基本方式、自动化程度、自动工作循环的组成、电气保护及联锁等)。

④ 确定电气传动的基本要求(如传动方式、电动机选择、负载特性、调速范围、平滑度等指标要求)。

⑤ 明确有关操作及显示方面的要求。

⑥ 提出电气传动控制系统的原理性方案及预期的主要技术性能指标,从技术性能方面对多个方案进行比较,并从中选择。

⑦ 估算投资费用及拟定技术经济指标。

初步设计形成的总体设计方案,以及电气设计方案文件是进行装置技术设计和产品设计的依据。只有在总体方案正确的前提下,才能保证生产的设备各项技术指标能够实现。如果在设计过程中某个细节或环节设计不当,可通过试验和改进来纠正,但是如果总体方案存在问题,将会导致整个设计失败,并造成非常大的损失。因此,初步设计需要在充分调研和分析的基础上,注意借鉴已获成功应用并经过生产考验的类似装置和生产工艺,根据技术、经济指标及现有的条件进行综合分析来确定最终总体方案。

2. 技术设计阶段

技术设计阶段是根据初步设计中确定的总体方案,最终完成电气控制系统设计文件的阶段。技术设计阶段主要完成如下工作内容:

① 对电气系统设计中某些环节做必要的试验,确定可行性。

② 设计绘制电气控制系统的电气原理图(包括使用 PLC 时的设计图与控制程序)。

③ 选择系统所用的元器件,提出专用元器件的技术指标,编制元器件明细表。

④ 绘制电控装置组合布置图,出线端子图等。

⑤ 编写技术文件(设计计算书、技术设计说明书、使用说明书等,介绍系统原理、主要技术性能指标及有关运行维护条件和对施工安装要求)。

3. 产品设计阶段

产品设计是根据技术设计阶段完成的技术文件,最终完成电气控制装置制造用的所有技术文件。产品设计需完成下列内容:

① 非标准电气设备部分设计(操作台、电气柜等设备)。

② 绘制产品总装配图、部件装配图和零件图。

③ 绘制产品接线图或接线表。

④ 图纸标准化审查和工艺会签。

一般来说,电气控制装置的设计应按上述三个阶段进行,每个阶段中的内容在不同的设计项目中有所差异,通常视具体情况确定。

12.2.2 电气控制系统设计的设计要点

电气控制系统设计内容很多,这里对一些较为重要的环节做进一步阐述。

1. 电气系统控制方式选择

常用机械设备的各部分关系如图 12.2.1 所示,控制系统是设备电气控制装置的核心,目前,控制系统的种类很多并各具特色,如继电器控制系统,PLC 控制系统(中小型、大型)、普通微机系统,工业控制计算机系统等。图 12.2.1 中同时列出主要的几种设备电气系统控制方式的典型构成形式,装置控制系统应根据设备对电气控制提出的技术指标,综合考虑控制系统的功能、抗干扰能力、系统可靠性、环境适应性、软硬件工作量、执行速度、带载能力等因素来选用。

2. 电气传动调速方式选择

设备的主要功能是完成各种工作运动。不同结构和用途的设备对运动的形式、速度和工作要求差别很大,这也标志着设备对调速性能的要求。设备调速性能通常决定了其采用的驱动方式和对输出速度的控制,相应也决定了电气控制

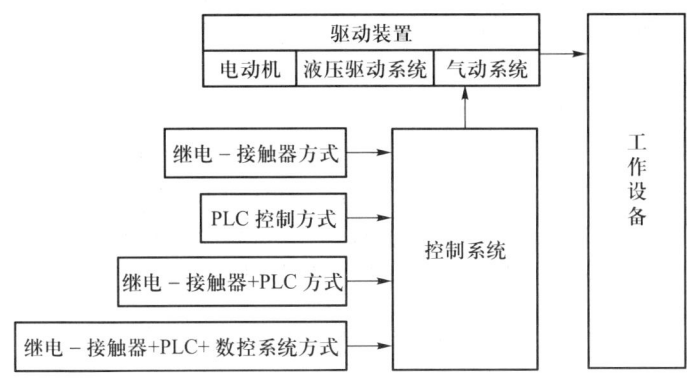

图 12.2.1 典型电气控制方式结构形式

的方式。所以合理选用电气传动调速方式是决定电气系统的技术、经济指标的重要因素。在控制系统设计时,需要综合考虑设备传动的特点与负载特性,依据调速系统的调速性质、调速范围、平滑指标、动态性能、效率、费用等指标选定调速方式。

3. 电气系统中的环境影响因素

电气控制装置中的各种元器件在设计与制造时,通常需要依据使用环境在器件结构上有相应的保护措施,例如对应于地区温度差异、粉尘状况、防爆等的结构设计,以保证使用的可靠性。而由电气元器件组成的电气设备在储存、运输和工作过程中,环境因素显然也是影响设备工作可靠性和使用寿命的重要因素。因此,电气控制装置在设计时不能忽视环境因素,需要采取相应措施,依据使用环境条件对系统做出适当的调整,以减少控制装置的故障率,延长使用寿命。影响设备工作的环境因素主要指气候、机械振动和电磁场。

(1) 气候环境影响因素

气候环境与地理条件密切相关,影响电气装置的气候因素主要是温度、湿度、气压、风沙等。

1) 温度

环境因素中影响较广泛的因素是温度,它常与其他环境因素结合在一起成为设备的主要损坏原因。高温环境使装置散热条件变差,系统内温度升高,元器件负载能力下降,寿命缩短;高温也加剧氧化反应,造成设备绝缘结构、表面防护涂层加速老化等问题。因此,高温环境下使用的设备在设计时必须考虑功率器件、发热元件的降级使用(如电阻、电子电力器件、电动机等),考虑强制的冷却手段(风冷、水冷、蒸发冷却等)。过低的环境温度会使空气的相对湿度增大、材料收缩变脆、润滑变差。一般设备工作环境最高温度不超过

+40 ℃,24 h 周期内平均温度不超过+35 ℃,最低温度不低于-5 ℃。

2)湿度

湿度与温度因素结合往往会产生巨大的破坏作用。湿度高会在物体表面附着一层水膜,导致产品电气绝缘性能降低,加剧化学腐蚀和霉菌繁殖。湿度过低则容易产生静电荷积蓄,静电对电子器件影响特别大。因此对于湿热气候区域使用的装置,在设计时需要考虑器件的封装材料和防护层的选用。一般在最高环境温度为+40 ℃时,相对湿度不超过 50%,较低温度时,允许有较高的相对湿度(+20 ℃以下允许 90% 相对湿度)。

3)气压

气压对电气控制装置的影响主要是指低气压。海拔较高的区域气压低,空气稀薄,这会造成空气绝缘强度下降,灭弧困难。海拔每升高 100 m,空气绝缘强度下降 1%,考虑空气间隙与击穿电压的关系。用于低气压地区,设备绝缘间距的设计应当放宽。

4)风沙,灰尘

因为电器的触点积有沙尘会导致触点接触电阻增加,器件表面的沙尘会磨损防护层,导电的尘埃易造成绝缘漏电和短路现象等。设计中对控制箱、柜的密封性有一定的要求,但是密封防护与冷却相互矛盾,设计时需要综合考虑散热和防护措施。

(2)机械环境影响因素

机械环境影响主要是指机械振动环境,机械振动将会影响设备的工作可靠性和设备使用寿命。不同环境条件如地面、车载、周围有无振动源等,均是装置设计过程中必须考虑的因素。当存在机械振动因素时,设计中需要采取相应的措施,减小或消除振动因素的影响,常用的措施有:

① 提高元器件、组件和装置的抗振能力。

② 在振源与敏感元件、部件之间加隔离措施。

③ 尽可能改善整个工作环境的振动状况。

(3)电磁场

电磁干扰对电气控制装置工作可靠性影响很大,严重时会使系统不能正常工作。电气控制装置内外电磁干扰关系如图 12.2.2 所示,图中虚线表示干扰路径。电磁干扰需要给予重视。

1)系统抗电磁干扰设计原则

产生电磁干扰必须是 3 个因素同时存在:干扰源、传输途径、相对干扰敏感的接收电路。因此系统抗电磁干扰通常针对干扰源的特点,采用适当的措施,对干扰加以抑制。抗电磁干扰的基本原则为:

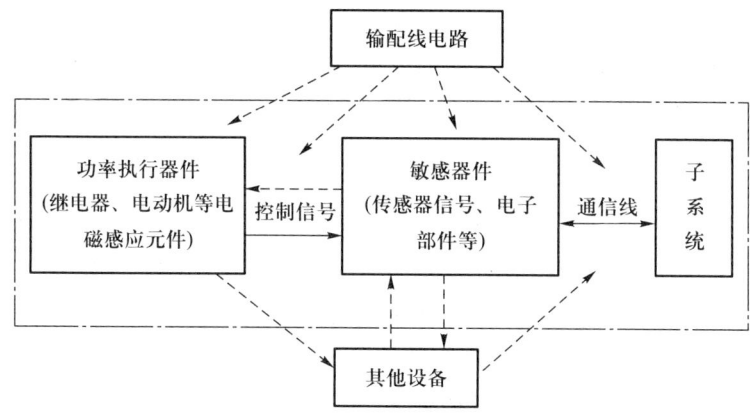

图 12.2.2　电磁干扰路径示意图

① 抑制干扰源,直接消除干扰产生的原因。
② 阻断干扰进入敏感部件的途径。
③ 加强受干扰部件抗电磁干扰能力,降低其对干扰的敏感度。

2) 抗电磁干扰的常用措施

提高设备的抗干扰能力是贯穿整个设计、制作、调试与使用维护的全过程,在方案设计阶段即注意抑制干扰问题,则可从方案设计上采取相应对策,消除可能出现的大多数干扰,而且技术难度小,成本低、设计中常用的抗干扰措施有优选电路、精选元器件、滤波、屏蔽、接地、隔离与正确布局布线等。常用隔离方式如图 12.2.3 所示。合理布局,通过减少长线特别是并行长线连接,正确选用、分类敷设导线,减少串扰和辐射干扰,以及减小干扰源对敏感元件干扰。

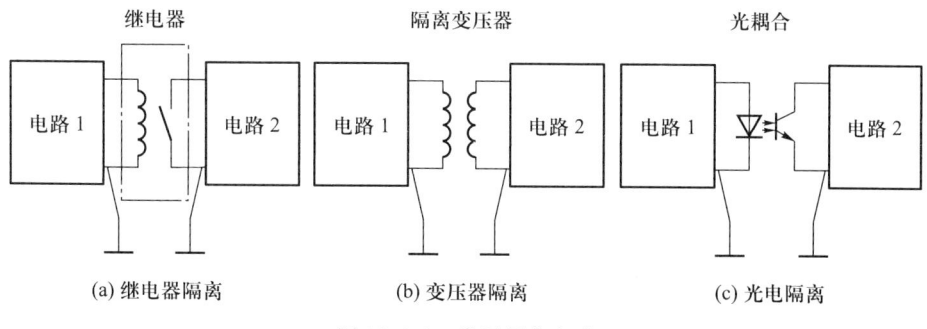

图 12.2.3　常用隔离电路

4. 工艺设计问题

工艺设计的目的是为了满足电气控制装置的制造和使用要求,在正确的原理设计前提下,电气系统的可靠性、抗干扰性、可维修性、结构合理性等都与电气工艺设计密切相关(如前一节论述的环境对系统的影响问题)。电气工艺设计的主要内容是电气控制设备的总体配置(总装配图)、总接线图(表)、电气柜装配设计(元器件布置)、接线图(表)、柜、面板、导线等设计和选用。

(1) 电气设备总体布置设计

电气装置由各种电气元件通过导线连接构成,不同功能的器件安装在设备的不同位置,例如有些器件安装在电气控制柜中(如继电器、接触器、PLC 等各种控制电器),有些器件安装在设备的相应部位上(如传感器、行程开关、接近开关等),还有些器件则要安装在面板或操作台上(如各种控制按钮、指示灯、显示器、指示仪表等)。由于各种电器的安装位置不同,电气控制装置形成多个部件和组件,因此在构建完整装置的同时,不仅需要考虑各个组件的结构,还要考虑部件、组件间的电气连接问题。总体布置设计是否合理将直接影响电气控制装置的制造、装配、运输、调试、操作、维护及工作运行。

1) 组件划分

电气系统中组件划分是根据装置的制作、维护、调试和运行可靠性等因素综合考虑的,组件划分原则为:

① 将功能类似的元器件组合在一起。

② 尽可能减少组件间的连线数量,接线关系密切的元器件置于同一组件中。

③ 强弱电分离,减少系统内部干扰影响。

④ 力求美观、整齐,外形尺寸尽可能采用标准。

⑤ 便于检查与调试,将需经常调节、维护和更换的元器件组合在一起。

2) 组件连接方式

组件之间的进出连接线必须通过接线端子,端子规格按电流大小和端子上进出线数选用(一般一个端子接一根导线,最多不超过两根)。电气柜(箱)与被控设备或电气柜(箱)之间应采用多孔接插件,以便拆装和搬运。

3) 元器件布局原则

电气柜、板上元器件布局一般按下述原则布置:

① 体积大和较重的元器件宜安装在控制柜的下部,以降低柜体重心。

② 发热元器件宜安装在控制柜上部,以避免对其他器件的热影响。

③ 需经常维护、调节的元器件安装在便于操作的位置上。

④ 外形尺寸与结构类似的元器件放在一起,以便安装、配线及使外观整齐。

⑤ 电气元件布置不宜过密,要留有一定的间距。若采用板前走线槽配线方法,应适当加大各排电气元件的间距,以利布线和维护。

⑥ 将散热器及发热元件置于风道中,以保证得到良好的散热条件,而熔断器应置于风道外,以避免改变其工作特性。

(2) 布置图绘制

确定电气元件位置以后,就可以绘制对应的电器布置图,布置图上元件是根据元器件外形绘制的(产品说明书中器件技术规格不仅给出性能指标,还有器件外形及安装尺寸说明),外形尺寸必须符合该器件的最大轮廓尺寸。图中标注各元器件代号(在元器件外形图上方)和相互间距。间距尺寸可不给公差连续标注,但尺寸不封闭,一般以左端和下端做基准尺寸,画法及标注如图 12.2.4 所示。安装布置在板上的元器件,还需根据布置图画出元件安装开孔图。

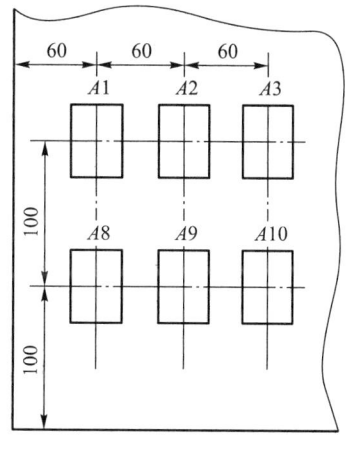

图 12.2.4 元器件布置图

(3) 接线图设计

接线图是电气控制装置进行柜内布线的工作图纸,它是根据系统电路图及电气元件布置图绘制的。接线图应符合以下要求:

① 接线图应按布置图上的元器件位置绘出元器件对应的图形符号或简化外形图,标出相应器件的代号和端线号。

② 所有元器件代号和端线号必须与电路图中元器件代号和端线号一致。

③ 与电路图不同,接线图上同一电气元件的各部分(如继电器的触点与线圈等)必须画在一起。

④ 接线图连线可用连续线条(单线或束线)加线号表示,也可用中断线加去向表示(图 12.2.5)。

⑤ 接线图绘制必须符合 GB/T 6988.3—1997 国家标准规则。

(4) 控制面板(操作面板)

控制面板上布有操作件和显示件,通常遵循方便操作,操作功能清晰醒目布置规则,如操作件一般布置在目视的前方,元器件按操作顺序由左向右再从上而下布置,也可按目视的生产流程布置。一般尽可能将高精度调节、连续调节、频繁操作件配置在右方。急停按钮宜选用大型的蘑菇头按钮,并布置在控制面板上不易被碰撞的位置。显示器件宜布置在面板的中上部(操作者的远端)。按钮与指示灯颜色的含义均有国家标准可查阅,一般红色含有警示意义,绿色标明正常工作。

(5) 导线的选择

装置中控制电路的导线截面,需要按规定的截流量选择。考虑到机械强度

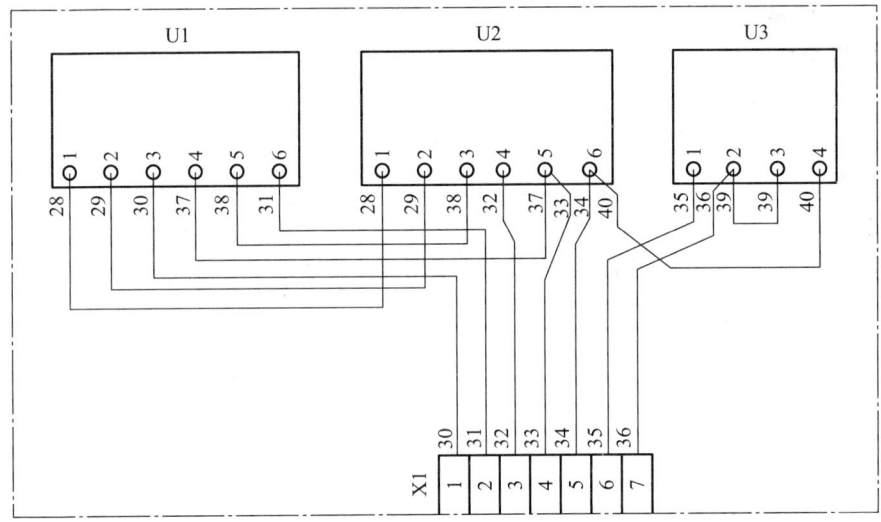

(a) 连续线绘制

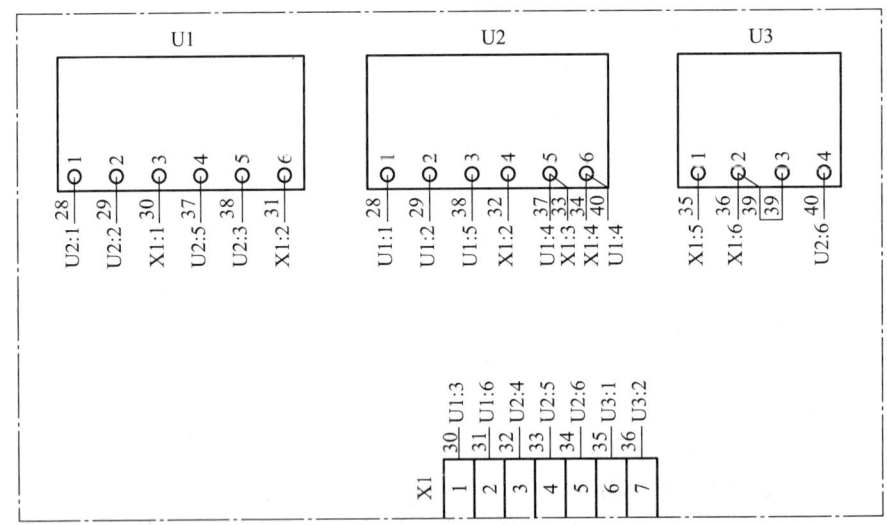

(b) 中断线绘制

图 12.2.5 端线接线图

需要,对于低压电气控制装置的控制导线,通常采用 1.5 mm² 或 2.5 mm² 截面的导线。所采用的导线截面不宜小于 0.75 mm² 的单芯铜绝缘线,或不宜小于 0.5 mm² 的多芯铜绝缘线。对于电流很小的线路(电子逻辑电路或信号电路),导线最小截面一般不得小于 0.2 mm²。

12.3 设计举例

本节通过自动铣削加工专用设备电气控制系统设计实例,对电气设计过程给予进一步的阐述。

12.3.1 设备结构及运动概述

自动铣削专用设备用于特定金属零件的平面加工,待加工零件存放在垂直料仓中,通过油缸驱动送料机构,将其推到加工位置,定位夹紧后,滑台移动进给,铣削头完成铣削加工,加工完的零件被推出加工区域。设备简图如图12.3.1所示。

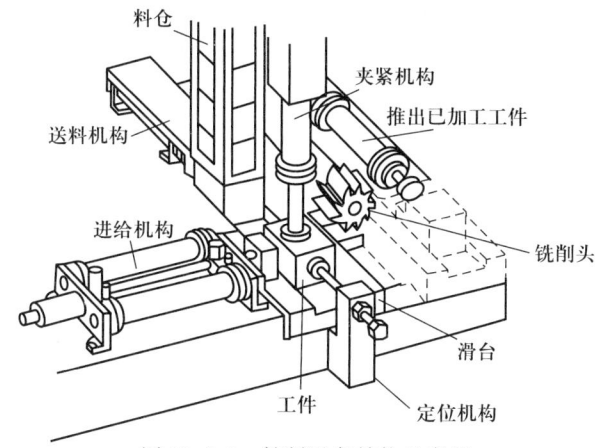

图12.3.1 铣削设备结构示意图

1. 设备机构组成分析

构成自动铣削专用设备机构如下(图12.3.1):

① 料仓 存放待加工零件,利用零件重力下落到送料位置。
② 送料机构(油缸1) 将待加工工件推到装夹位置。
③ 定位机构 对工件进行定位。
④ 夹紧机构(油缸2) 下落夹紧工件。
⑤ 进给机构(油缸3) 推动滑台,带动工件前移。
⑥ 铣削头 交流电动机驱动铣刀,进行铣削加工。
⑦ 出料机构(油缸4) 推出加工完成的工件。

2. 设备工作过程分析

该铣削设备加工为自动过程,当给出开始工作的指令后,设备即开始自动加工工作循环,设备运动部件与信号配置关系简图如图12.3.2所示,其自动加工工作过程描述如下:

338　第五部分　电气控制系统设计基础

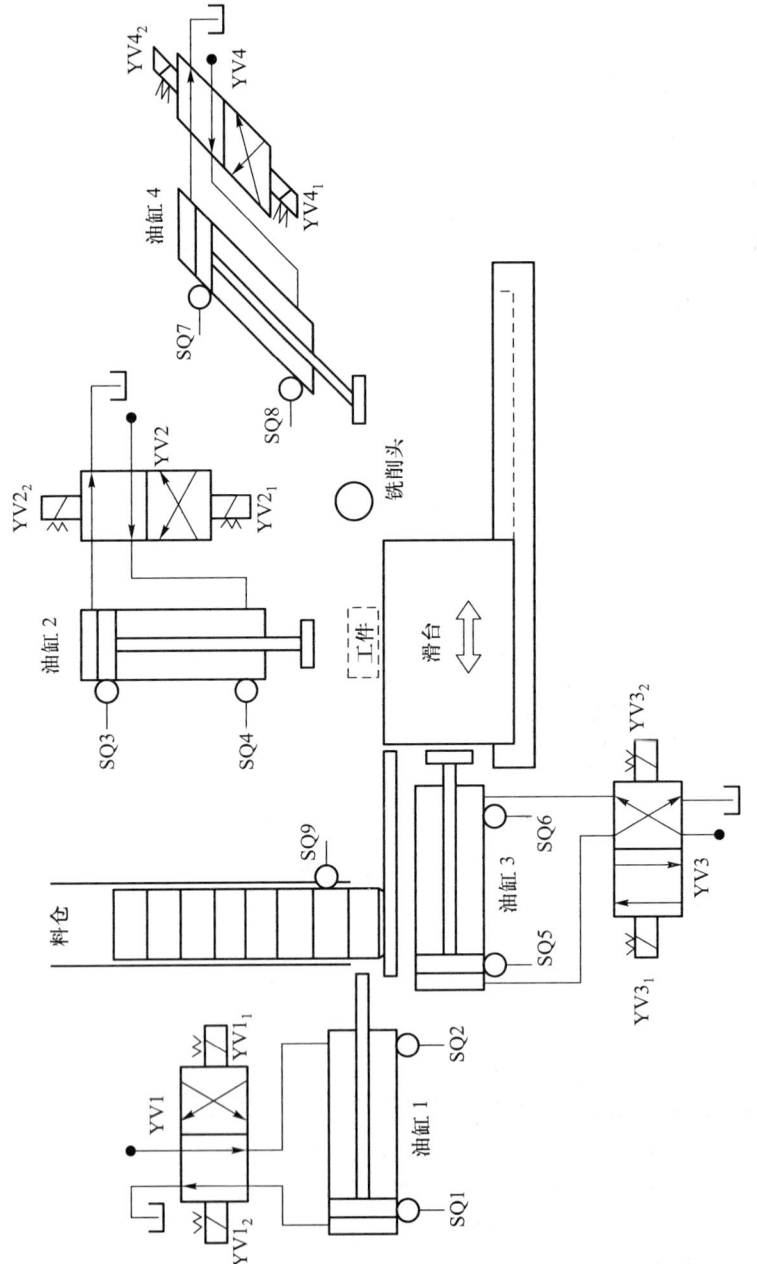

图 12.3.2　设备驱动元件与信号配置关系简图

由油缸 1 驱动的送料机构将待加工件推到加工位置→定位→油缸 2 驱动的夹紧机构下落夹紧待加工件→送料机构油缸 1 退回原位,料仓中落下下一个待加工件→油缸 3 驱动进给滑台带着工件移向铣削头,完成铣削加工,并到达终点位置→到达终点位置后,油缸 2 松开工件,回到上端原位→出料机构油缸 4 前移,将工件推出加工区→油缸 4 返回原位,油缸 3 带动滑台也回到原位。

注意上述工作过程,当一个加工过程完成后,所有运动件均在原位,料仓中有一个待加工件落到送料位,并且停止按钮未被按下,再次开始循环的初始条件满足,然后可以开始下一个加工循环。

12.3.2　初步设计

初步设计要完成电气控制系统的方案设计,依据前一节讨论的设计步骤,铣削设备电气控制系统的方案设计如下。

1. 设备工艺过程、传动特性及技术性能分析

铣削专用设备是常见的普通机械加工设备,用于零件的平面加工,专用铣削设备具有自动循环加工的特点,在较大批量零件的生产中使用。例中设备为典型机电液一体化设备,采用液压传动与电气传动组合的方式。移动部件为液压系统驱动,铣削头刀具旋转由交流异步电动机驱动,液压系统液压泵也由交流异步电动机驱动。设备概述部分给出了设备的工艺过程要求以及技术要求。

2. 电源

专用铣削设备在机械加工车间使用,车间用电系统提供交流 380 V 三相四线制工业用电电源。

3. 电气控制特性要求

专用铣削设备在正常加工状态时,通过操作台按钮操作,开始自动加工循环。现场传感器(行程开关、光电开关)获取工作状态信号,控制设备完成循环加工过程工作状态的自动切换,其中设备运动部件定位采用行程开关;料仓送料位物料检测使用反射式光电开关。从系统工作可靠性和可维护性出发,设备在加工前以及安装、维护过程中,可以对各运动件进行调整,位置调整采用按钮点动,操作台上可完成设备操作与设备状态显示。设备系统具有短路及过载保护,运动件联锁保护以及防护罩安全保护(打开防护罩时设备停止运动)。

4. 设备电气传动

专用铣削设备系统中往复运动部件采用液压传动,由电气控制系统驱动电磁换向阀线圈控制油路切换。铣削头的刀具运转采用普通三相笼形异步电动机,单向旋转,无减压启动、制动和调速功能要求。油泵电动机采用普通三相笼形异步电动机,单向旋转,系统油压由液压系统控制。

5. 设备操作显示功能

设备通过操作台操作,操作台上有设备运行模式选择、启动/停止控制、调整操作按钮、急停按钮。设备状态显示有设备通电显示、运行工步显示、故障显示。

6. 控制系统选择

专用铣削设备属于自动工作设备类,是典型的机电液一体化设备。设备在室内车间使用,环境条件较好,所以对电气控制系统无特殊要求。通过对设备控制要求状况分析,并结合设备运行要求和特点,可以看到采用普通 PLC 控制设备是一种较好的选择。

PLC 作为控制器的系统,适用于工作状态变化较多的控制场合,并且 PLC 设备具有软、硬件开发工作量小、输出负载能力强、工作可靠性高等特点。对例中专用铣削设备来说,由于控制系统规模不大,控制信号的数目不多,因此选择小型整体式可编程序控制器(PLC)作为系统控制器。

PLC 设备对加工自动循环过程中多工作状态的控制具有明显优点,但是对简单控制,如油泵电动机的控制,则不能发挥其长处,通常在小型 PLC 输入/输出端口有限的情况下,选择采用 PLC 与继电器系统组合方式构成设备电气控制系统。在本例中,由于油泵电动机在整个加工过程中处于无变化持续工作状态,因此选择采用继电器系统逻辑控制,自动循环控制部分则使用 PLC 程序控制。

12.3.3 技术设计

技术设计是根据初步设计的总体方案,实现并完善设计中的各个环节和细节,完成控制系统的电气原理设计。对系统中有些采用了新技术、新工艺和某些没有经过实践考验的环节,在技术设计时还需做相应的试验。对自动铣削加工设备,电气控制系统技术设计阶段工作主要包含系统电路图的设计与绘制,PLC 控制程序设计与仿真运行验证,电气元件选择及文件编制,非标电气设备图,电器布置图,接线图等图纸设计与绘制。

1. 绘制电气控制系统电路图

控制系统电路图的设计是根据初步设计的构思逐步完成。自动铣削加工设备电气系统采用继电器控制方式与 PLC 程序控制方式相组合的形式构成控制系统,油泵电动机控制通过简单继电器控制电路。电气系统的电路图如图 12.3.3 所示,图中主电路含油泵电动机 M1 与铣削头驱动电动机 M2 的动力电路,分别由交流接触器 KM1、KM2 主触点控制动力电路的接通与断开;图中控制电路分为两部分,一部分为控制油泵电动机的电路部分,接触器 KM1 和 KM2 的线圈电路为简单继电器方式控制电路;另一部分为 PLC 控制电路部分,由于电气系统中大部分电气元件只与 PLC 存在接线关系,并且这部分电路接线关系较

第 12 章 设备电气控制系统设计

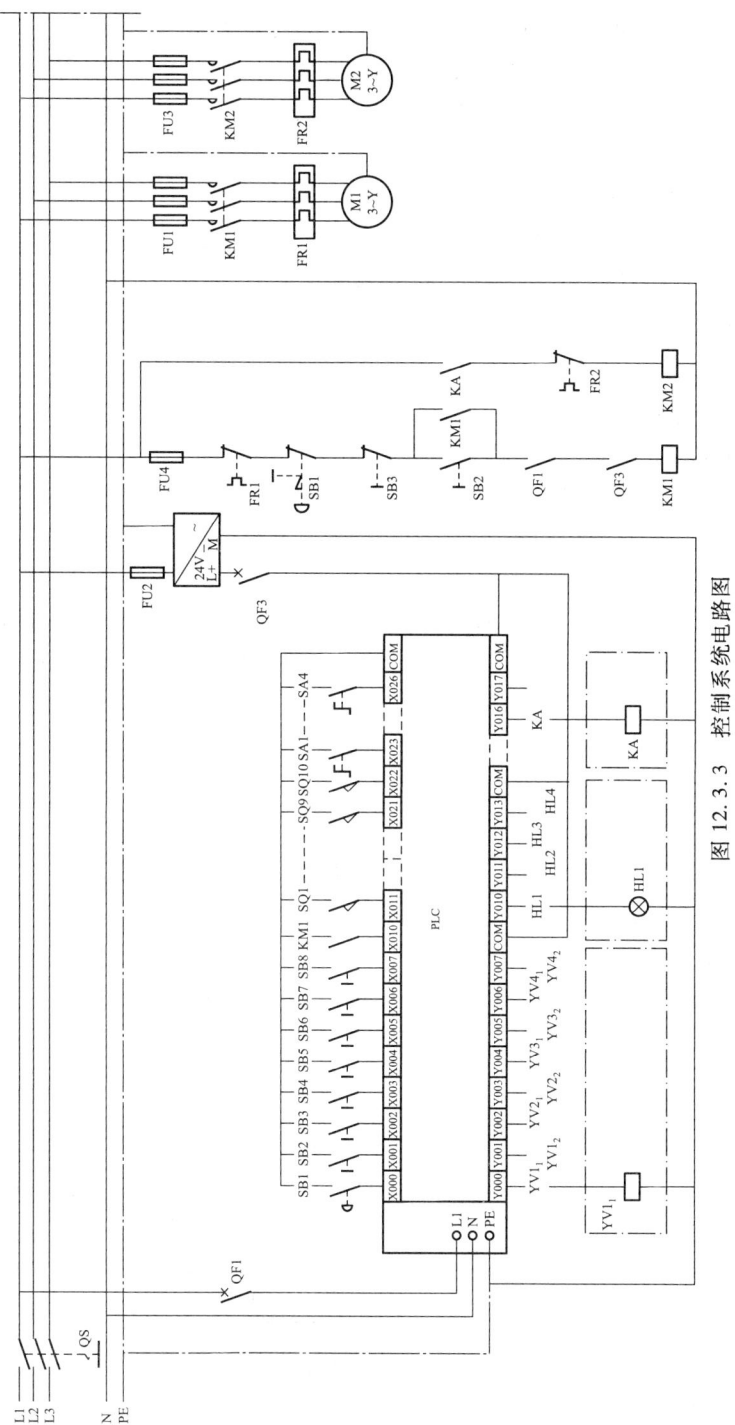

图 12.3.3 控制系统电路图

多,所以通常在电路图中只绘出 PLC 与电路的接线关系,与 PLC 输入/输出端口连接的电器接线采用 PLC 端子图的形式另行绘出,或者使用接线表的形式给出每个端口和与之相连接电器的关系。电气系统电路图的设计与绘制方法如前面章节所述。

使用 PLC 构建设备电气系统时需要注意系统的安全设计,当外部电源发生异常、PLC 发生故障时,PLC 的误动作、误输出有可能造成事故,因此需要在 PLC 的外部设置安全电路和机构,例如紧急制动停车、保护电路,正反转交流接触器触点互锁等。同时 PLC 产品手册中的使用安全事项必须严格遵守。

2. PLC 程序设计

PLC 程序设计是电气控制系统技术设计阶段的重要工作之一。通过对设备控制要求的详细分析,并确定设备的控制方案和电气传动系统组成结构之后,就可以计算需要 PLC 处理的输入/输出信号数目,在留有一定数目机动端口的前提下,确定 PLC 机型规模。PLC 产品通常依据需要的功能来选择,例如自动铣削加工设备是典型的顺序工作方式,可以采用步进指令控制,因而三菱 FX 系列产品成为在选之列,同时产品选择还应考虑产品售后服务和技术支持的条件,已有设备 PLC 使用状况等,为后期 PLC 使用维护提供方便。

如前面章节所述,编制 PLC 程序的过程分为确定输入/输出信号和端口地址赋值、绘制控制流程图或功能图、编制梯形图和输入程序 4 个阶段,本例设计过程如下。

(1) PLC 输入/输出信号确定

自动铣削加工设备电气控制系统中,PLC 输入/输出信号包括设备上的传感器信号,执行器件的驱动信号,操纵台上的主令信号和状态显示信号。输入/输出信号如表 12.3.1 所示。

表 12.3.1 PLC 输入/输出赋值表

	输入信号			输出信号	
电气元件	输入端口地址	用途说明	电气元件	输出端口地址	用途说明
SB1	X000	急停按钮	$YV1_1$	Y000	油缸 1 前进换向阀电磁铁
SB2	X001	油泵电动机启动按钮	$YV1_2$	Y001	油缸 1 后退换向阀电磁铁
SB3	X002	油泵电动机停止按钮	$YV2_1$	Y002	油缸 2 前进换向阀电磁铁
SB4	X003	加工循环启动按钮	$YV2_2$	Y003	油缸 2 后退换向阀电磁铁
SB5	X004	点动调整按钮	$YV3_1$	Y004	油缸 3 前进换向阀电磁铁

续表

输入信号			输出信号		
电气元件	输入端口地址	用途说明	电气元件	输出端口地址	用途说明
SB6	X005	点动调整按钮	$YV3_2$	Y005	油缸3后退换向阀电磁铁
SB7	X006	点动调整按钮	$YV4_1$	Y006	油缸4前进换向阀电磁铁
SB8	X007	点动调整按钮	$YV4_2$	Y007	油缸4后退换向阀电磁铁
KM	X010	油泵电动机工作	HL1	Y010	自动循环工作状态显示灯
SQ1	X011	油缸1原位行程开关	HL2	Y011	调整工作状态显示灯
SQ2	X012	油缸1终点行程开关	HL3	Y012	故障停机显示灯
SQ3	X013	油缸2原位行程开关	HL4	Y013	设备通电显示灯
SQ4	X014	油缸2终点行程开关	KA	Y016	铣削头刀具电动机继电器
SQ5	X015	油缸3原位行程开关			
SQ6	X016	油缸3终点行程开关			
SQ7	X017	油缸4原位行程开关			
SQ8	X020	油缸4终点行程开关			
SQ9	X021	料仓待加工件检测开关			
SQ10	X022	防护罩安全开关			
SA1	X023	自动/手动调整选择开关			
SA2	X024	铣削头电动机选择开关			
SA3	X025	单循环/连续循环选择开关			
SA4	X026	复位选择开关			

(2) 自动循环加工控制流程设计

自动铣削加工设备 PLC 程序结构依据控制要求可分为 3 个部分,即自动循环加工控制部分、工作状态显示部分与调整控制部分。利用 PLC 程序结构化特点,3 部分可以形成 3 个子程序部分。自动循环加工控制部分是控制程序的主体部分,因其控制的工作状态复杂多变,所以通过控制流程设计,确定控制关系。自动循环加工步进控制功能图如图 12.3.4 所示,自动循环控制程序如图 12.3.5 所示,程序设计方法与前面章节讨论的方法相同。

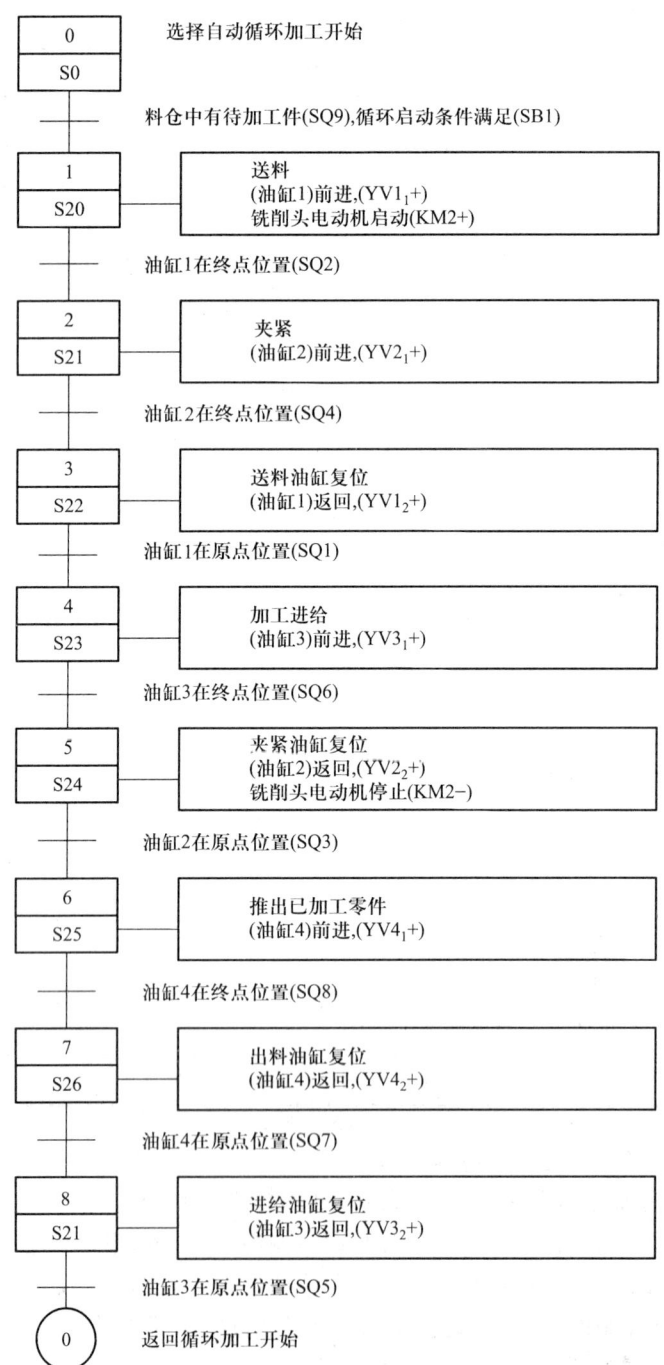

图 12.3.4 设备控制功能图

```
自动铣削循环.PMW:指令表
0   LD   X003      25  STL  S21       52  OUT  Y007
1   OR   M0        26  OUT  Y002      53  LD   X017
2   AND  X010      27  LD   X014      54  SET  S27
3   ANI  X000      28  SET  S22       56  STL  S27
4   ANI  X023      30  STL  S22       57  OUT  Y005
5   AND  X022      31  OUT  Y001      58  LD   X015
6   OUT  M0        32  LD   X011      59  AND  X025
7   LD   M0        33  SET  S23       60  SET  S0
8   AND  X003      35  STL  S23       62  RET
9   SET  S0        36  OUT  Y004
11  STL  S0        37  LD   X018
12  LD   X013      38  SET  S24
13  AND  X015      40  STL  S24
14  AND  X017      41  OUT  Y003
15  AND  X011      42  RST  Y016
16  AND  X021      43  LD   X013
17  SET  S20       44  SET  S25
19  STL  S20       46  STL  S25
20  SET  Y016      47  OUT  Y006
21  OUT  Y000      48  LD   X020
22  LD   X012      49  SET  S26
23  SET  S21       51  STL  S26
```

图 12.3.5　自动铣削循环部分程序

（3）控制程序设计与调试

控制程序设计在自动循环加工步进控制功能图的基础上，按前面章节叙述的方法，使用编程软件，组合其他两部分的控制程序，完成 PLC 程序设计、程序输入和仿真调试。

3. 系统元器件选择

系统元器件选择涉及器件类型有电动机、熔断器、接触器、开关器件、导线等。一般情况下，电动机、电磁阀等在机械设计过程中已依据设备工作形式与负载选定。普通低压电气元件选择的技术参数要求、参数计算等依据电气设计手册中的数据和计算公式确定，具体产品需要根据生产厂商的产品样本选定。

4. 电器板接线图

电器板上元器件布置按照电气工艺设计中的元器件布局规则，接线图上接线端编号与电路图一致，PLC 依据产品使用手册接线要求和端子使用要求绘制端子接线图。这里受篇幅的限制，具体设计图纸略去。

习题及思考题

12-1　电气控制系统设计过程中应当遵循哪些基本原则？

12-2　电气控制系统设计过程中有哪些主要工作内容？

12-3　电气控制系统设计有哪些应完成的技术文件?

12-4　在寒冷地区使用的设备与在热带地区使用的设备,其电气系统设计有什么不同?

附　　录

附录 A　电气元件的操作件图形符号及电气元件触点图形符号例

类别	图形符号	说　　明
操作件和操作方法		手动控制操作件,一般符号
		带有防止无意操作的手动控制操作件
		拉拔操作
		旋转操作
		按动操作
		接近效应操作
		接触操作
		紧急开关,"蘑菇头"式的
		手轮操作
		脚踏式操作
		杠杆操作
		钥匙操作
		曲柄操作
		凸轮操作 如需要,可示出一个更详细的凸轮图
		借助电磁效应操作
		电磁器件操作,例如过电流保护
		热器件操作,例如过电流保护
		电动机操作

续表

类别	图形符号	说　　明
其他符号	⏚	接地,一般符号 地,一般符号 如果接地的状况或接地目的表达得不够明显,可加补充信息
		抗干扰接地 无噪声接地
		保护接地 此符号可表示接地连接具有专门的保护功能,例如在故障情况下防止电击的接地
开关和保护器件触点示例		当操作件被吸合时延时断开的动断触点
		当操作件被释放时延时闭合的动断触点
		当操作件吸合时延时闭合,释放时延时断开的动合触点
		位置开关的动合触点
		位置开关的动断触点

续表

类别	图形符号	说 明
开关和保护器件触点示例		热敏自动开关(例如双金属片)的动断触点 注意区别此触点和下图所示热继电器的触点： 
		手动操作开关,一般符号
		具有动合触点且自动复位的按钮开关
		具有动合触点且自动复位的拉拔开关
		具有动合触点但无自动复位的旋转开关
		接触器 接触器的主动合触点 (在非动作位置触点断开)
		具有由内装的测量继电器或脱扣器触发的自动释放功能的接触器
		断路器
		隔离开关
		负荷开关(负荷隔离开关)

续表

类别	图形符号	说　　明
开关和保护器件触点示例		具有由内装的测量继电器或脱扣器触发的自动释放功能的负荷开关
		多位置开关 使用少数位置（示出 4 个位置）
	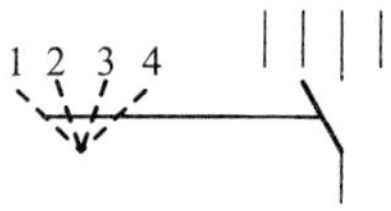	带位置图示的多位置开关 有时原图与位置图同时列出便于表示每一个开关位置的作用。也可用于表示操作器件运动的极限，如下面的例子所示：  操作器件（例如手轮）仅仅能从位置 1 到 4 之间来回转动  操作器件仅能按顺时针方向转动  操作器件按顺时针方向转动时不受限制，但按逆时针方向旋转时只能从位置 3 到 1
	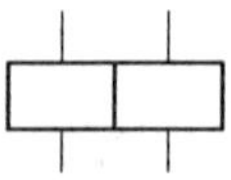	具有两个独立绕组的操作器件的分立表示法

附　录　　　351

续表

类别	图形符号	说　　明
开关和保护器件驱动示例	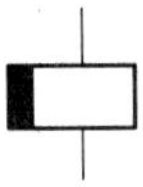	缓慢释放继电器线圈
	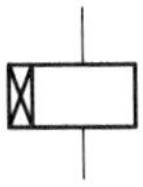	缓慢吸合继电器线圈
	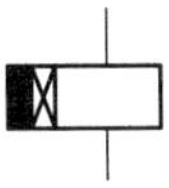	缓吸和缓放继电器线圈
	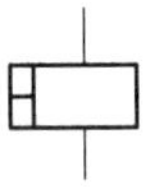	快速继电器(快吸和快放)线圈
		对交流不敏感继电器线圈
	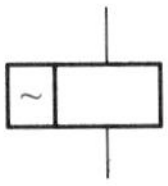	交流继电器线圈
	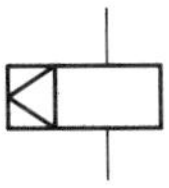	机械保持继电器线圈
	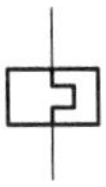	热继电器驱动器件
	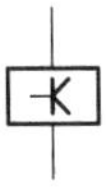	电子继电器驱动器件
		接近传感器

附录 B 电气元件文字符号(项目种类代号)

字母代码	项目种类	举例
A	组件 部件	分立元件放大器、磁放大器、激光器、微波激射器、印制电路板 本表其他地方未提及的组件、部件
B	交换器 (从非电量到电量或相反)	热电传感器、热电池、光电池、测功计、晶体换能器、送话器、拾音器、扬声器、耳机、自整角机、旋转变压器
C	电容器	
D	二进制单元 延迟器件 存储器件	数字集成电路和器件、延迟线、双稳态元件、单稳态元件、磁芯存储器、寄存器、磁带记录机、盘式记录机
E	杂项	光器件、热器件 本表其他地方未提及的元件
F	保护器件	熔断器、过电压放电器件、避雷器
G	发电机、电源	旋转发电机、旋转变频机、电池、振荡器、石英晶体振荡器
H	信号器件	光指示器、声指示器
J	—	—
K	继电器、接触器	—
L	电感器 电抗器	感应线圈、线路陷波器 电抗器(并联和串联)
M	电动机	—
N	模拟集成电路	运算放大器、模拟/数字混合器件
P	测量设备、试验设备	指示、记录、计算、测量设备,信号发生器、时钟

续表

字母代码	项目种类	举例
Q	电力电路的开关器件	断路器、隔离开关
R	电阻器	可变电阻器、电位器、变阻器、分流器、热敏电阻
S	控制电路的开关器件、选择器	控制开关、按钮开关、选择开关、压力传感器、转速传感器
T	变压器	电压互感器、电流互感器、控制电路电源用变压器
U	调制器、变换器	鉴频器、解调器、变频器、编码器、逆变器、变流器
V	电真空器件、半导体器件	电子管、气体放电管、晶体管、晶闸管、二极管
W	传输通道 波导、天线	导线、电缆、母线、波导、波导定向耦合器、偶极天线、抛物面天线
X	端子、插头、插座	插头和插座、测试塞孔、端子板、焊接端子片、连接片、电缆封端和接头
Y	电气操作的机械装置	制动器、离合器、气阀
Z	终端设备、混合变压器、滤波器、均衡器、限幅器	电缆平衡网络、压缩扩展器、晶体滤波器、网络

注：如需更细致的区分标注，可选用后页表中所列出的种类代号。

项目种类代号及名称

种类代号	器件种类名称	种类代号	器件种类名称
EL	照明灯	SL	液体标高传感器
FR	热保护器；延动保护器	SM	伺服电机
FU	熔断器	SP	压力传感器
GS	发生器；同步发电机	SQ	位置传感器；接近开关；限位开关；终端开关
HA	声响指示器		
HL	光指示器；指示灯	SR	转数传感器
K	继电器；接触器	ST	温度传感器
KA	继电器	T	变压器
KL	双稳态继电器	TA	电流互感器
KM	接触器	TC	控制电路电源用变压器
KP	极化继电器	TG	测速发电机
KR	逆流继电器	TI	逆变变压器
KT	时间继电器	V	电子管；晶体管
M	电动机	VC	控制电源整流管（器）；矢量控制
MA	异步电动机		
MS	同步电动机	VD	二极管
MT	力矩电动机	VE	电子管
（P）A	电流表	VT	晶闸管
PC	脉冲计数器	W	导线；电缆；母线
PJ	电能表	X	端子（板）；接线座
PLC	可编程序控制器	XJ	测试插孔
PWM	脉宽调制器	XP	插头
Q	电力电路开关器件	XS	插座
QF	断路器	XT	端子板（排）
QL	负荷开关	Y	电气操作器件
QS	隔离开关	YA	电磁铁
S	选择开关器件	YB	电磁制动器
SA	控制开关；转换开关；选择开关	YC	电磁离合器
		YM	电动阀
SB	按钮	YV	电磁阀

注：表中所列代号，可作为电气制图中"项目种类的字母代码"的区分增注用字母代码。

附录 C　日本三菱公司微型可编程控制器指令

(1) 基本指令

助记符、名称	功能	回路表示和可用软元件	助记符、名称	功能	回路表示和可用软元件
[LD] 取	运算开始 a 触点	XYMSTC	[ORF] 或脉冲下降沿	脉冲下降沿检出并联连接	XYMSTC
[LDI] 取反转	运算开始 b 触点	XYMSTC	[ANB]	并联回路块回路块与的串联连接	
[LDP] 取脉冲上升沿	上升沿检出运算开始	XYMSTC	[ORB]	串联回路块回路块或的并联连接	
[LDF] 取脉冲下降沿	下降沿检出运算开始	XYMSTC	[OUT] 输出	线圈驱动指令	YMSTC
[AND] 与	串联 a 触点	XYMSTC	[SET] 置位	线圈接通保持指令	SET　YMS
[ANI] 与反转	串联 b 触点	XYMSTC	[RST] 复位	线圈接通清除指令	RST　YMSTCD
[ANDP] 与脉冲上升沿	上升沿检出串联连接	XYMSTC	[PLS] 脉冲	上升沿检出指令	PLS　YM
[ANDF] 与脉冲下降沿	下降沿检出串联连接	XYMSTC	[PLF] 下降沿脉冲	下降沿检出指令	PLF　YM
[OR] 或	并联 a 触点	XYMSTC	[MC] 主控	公共串联点的连接线圈指令	MC　N　YM
[ORI] 或反转	并联 b 触点	XYMSTC	[MCR] 主控复位	公共串联点的清除指令	MCR　N
[ORP] 或脉上升沿	脉冲上升沿检出并联连接	XYMSTC			

续表

助记符、名称	功能	回路表示和可用软元件	助记符、名称	功能	回路表示和可用软元件
[MPS] 进栈	运算存储	（回路图：MPS/MRD/MPP）	[NOP] 空操作	无动作	消除流程程序或
[MRD] 读栈	存储读出		[END] 结束	顺控程序结束	顺控顺序结束回到"0"
[MPP] 出栈	存储读出与复位				
[INV] 反转	运算结果的反转	（回路图：INV）			

(2) 应用指令（也称功能指令）

分类	FNC NO.	指令助记符	功能	FX1S	FX1N	FX2N	FX2NC	分类	FNC NO.	指令助记符	功能	FX1S	FX1N	FX2N	FX2NC
程序流程	00	CJ	条件跳转	○	○	○	○	传送与比较	10	CMP	比较	○	○	○	○
	01	CALL	子程序调用	○	○	○	○		11	ZCP	区域比较	○	○	○	○
	02	SRET	子程序返回	○	○	○	○		12	MOV	传送	○	○	○	○
	03	IRET	中断返回	○	○	○	○		13	SMOV	移位传送	-	-	○	○
	04	EI	中断许可	○	○	○	○		14	CML	倒转传送	-	-	○	○
	05	DI	中断禁止	○	○	○	○		15	BMOV	一并传送	-	○	○	○
	06	FEND	主程序结束	○	○	○	○		16	FMOV	多点传送	-	-	○	○
	07	WDT	监控定时器	○	○	○	○		17	XCH	交换	-	-	○	○
	08	FOR	循环范围开始	○	○	○	○		18	BCD	BCD转换	○	○	○	○
	09	NEXT	循环范围终了	○	○	○	○		19	BIN	BIN转换	○	○	○	○

续表

分类	FNC NO.	指令助记符	功能	对应可编程控制器 FX1S	FX1N	FX2NC	分类	FNC NO.	指令助记符	功能	对应可编程控制器 FX1S	FX1N	FX2NC
四则逻辑运算	20	ADD	BIN 加法	○	○	○	数据处理	40	CJ	批次复位	○	○	○
	21	SUB	BIN 减法	○	○	○		41	CALL	译码	○	○	○
	22	MUL	BIN 乘法	○	○	○		42	SRET	编码	○	○	○
	23	DIV	BIN 除法	○	○	○		43	IRET	ON 位数	-	-	○
	24	INC	BIN 加 1	○	○	○		44	EI	ON 位数判定	-	-	○
	25	DEC	BIN 减 1	○	○	○		45	DI	平均值	-	-	○
	26	WAND	逻辑字与	○	○	○		46	FEND	信号报警置位	○	○	○
	27	WOR	逻辑字或	○	○	○		47	WDT	信号报警器复位	○	○	○
	28	WXOR	逻辑字异或	○	○	○		48	FOR	BIN 开方	○	○	○
	29	NEG	求补码	-	-	○		49	NEXT	BIN 整数-二进制浮点数转换	○	○	○
循环移位	30	ROR	循环右移	-	-	○	高速处理	50	CMP	输入输出刷新	○	○	○
	31	ROL	循环左移	-	-	○		51	ZCP	滤波器调整	○	○	○
	32	RCR	带进位循环右移	-	-	○		52	MOV	矩阵输入	○	○	○
	33	RCL	带进位循环左移	-	-	○		53	SMOV	比较置位（高速计数器）	-	-	○
	34	SFTR	位右移	○	○	○		54	CML	比较复位（高速计数器）	-	-	○
	35	SFTL	位左移	○	○	○		55	BMOV	区间比较（高速计数器）	-	-	○
	36	WSFR	字右移	-	-	○		56	FMOV	脉冲密度	○	○	○
	37	WSFL	字左移	-	-	○		57	XCH	脉冲输出	○	○	○
	38	SFWR	移位写入	○	○	○		58	BCD	脉冲调制	○	○	○
	39	SFRD	移位读出	○	○	○		59	BIN	带加减速的脉冲输出	○	○	○

续表

分类	FNC NO.	指令助记符	功能	对应可编程控制器 FX1S	FX1N	FX2NC	分类	FNC NO.	指令助记符	功能	对应可编程控制器 FX1S	FX1N	FX2NC
方便指令	60	ADD	初始化状态	○	○	○	外围设备SER	80	RS	串行数据传送	○	○	○
	61	SUB	数据查找	-	-	○		81	PRUN	8进制位传送	○	○	○
	62	MUL	凸轮控制（绝对方式）	○	○	○		82	ASCI	HEX-ASCII转换	○	○	○
	63	DIV	凸轮控制（增量方式）	○	○	○		83	HEX	ASCII-HEX转换	○	○	○
	64	INC	示教定时器	-	-	○		84	CCD	校验码	○	○	○
	65	DEC	特殊定时器	-	-	○		85	VRRD	电位器读出	○	○	○
	66	WAND	交替输出	○	○	○		86	VRSC	电位器刻度	○	○	○
	67	WOR	斜坡信号	○	○	○		87					
	68	WXOR	旋转工作台控制	-	-	○		88	PID	PIC运算	○	○	○
	69	NEG	数据排列					89					
外围设备I/O	70	ROR	数字键输入				浮点数	110	ECMP	二进制浮点数比较	-	-	○
	71	ROL	16键输入					111	EZCP	二进制浮点数区间比较	-	-	○
	72	RCR	数字式开关	○	○	○		118	EBCD	二进制浮点数-10进制浮点数转换		○	○
	73	RCL	7段译码	○	○	○							
	74	SFTR	7段码按时间	○	○	○		119	EBIN	10进制浮点数-二进制浮点数转换	-	○	○
	75	SFTL	箭头开关	-	-	○							
	76	WSFR	ASCII码变换	-	-	○		120	EADD	二进制浮点数加法	-	-	○
	77	WSFL	ASCII码打印输出	-	-	○		121	ESUB	二进制浮点数减法	-	-	○
	78	SFWR	BFM读出	-	○	○		122	EMUL	二进制浮点数乘法	-	-	○
	79	SFRD	BFM写入	-	○	○							

续表

分类	FNC NO.	指令助记符	功能	对应可编程控制器 FX1S	FX1N	FX2N/FX2NC	分类	FNC NO.	指令助记符	功能	对应可编程控制器 FX1S	FX1N	FX2N	FX2NC
浮点数	123	EDIV	二进制浮点数除法	-	-	○	接点比较	224	LD=	(S1)=(S2)	○	○	○	○
	127	ESOR	二进制浮点数开方	-	-	○		225	LD>	(S1)>(S2)	○	○	○	○
	129	INT	二进制浮点数-BIN整数转换	-	-	○		226	LD<	(S1)<(S2)	○	○	○	○
	130	SIN	浮点数SIN运算	-	-	○		228	LD<>	(S1)≠(S2)	○	○	○	○
	131	COS	浮点数COS运算	-	-	○		229	LD≦	(S1)≦(S2)	○	○	○	○
	132	TAN	浮点数TAN运算	-	-	○		230	LD≧	(S1)≧(S2)	○	○	○	○
	147	SWAP	上下字节变换	-	-	○								
定位	155	ABS	ABS现在值读出	○	○	-		232	AND=	(S1)=(S2)	○	○	○	○
	156	ZRN	原点回归	○	○	-		233	AND>	(S1)>(S2)	○	○	○	○
	157	PLSY	可变度的脉冲输出	○	○	-		234	AND<	(S1)<(S2)	○	○	○	○
	158	DRVI	相对定位	○	○	-		236	AND<>	(S1)≠(S2)	○	○	○	○
	159	DRVA	绝对定位	○	○	-								
时钟运算	160	TCMP	时钟数据比较	○	○	○		237	AND≦	(S1)≦(S2)	○	○	○	○
	161	TZCP	时钟数据区间比较	○	○	○		238	AND≧	(S1)≧(S2)	○	○	○	○
	162	TADD	时钟数据加法	○	○	○		240	OR=	(S1)=(S2)	○	○	○	○
	163	TSUB	时钟数据减法	○	○	○		241	OR>	(S1)>(S2)	○	○	○	○
	166	TRD	时钟数据读出	○	○	○		242	OR<	(S1)<(S2)	○	○	○	○
	167	TWR	时钟数据写入	○	○	○								
	169	HOUR	计时仪	○	○	-		244	OR<>	(S1)≠(S2)	○	○	○	○
外围设备	170	GRY	格雷码变换	-	-	○		245	OR≦	(S1)≦(S2)	○	○	○	○
	171	GBIN	格雷码逆变换	-	-	○								
	176	RD3A	模拟块读出	-	○	-		246	OR≧	(S1)≧(S2)	○	○	○	○
	177	WR3A	模拟块写入	-	○	-								

注:○表示该型号机型具有此功能;-表示该型号机型不具备此功能。

参考文献

[1] 余雷声,等.电气控制与 PLC 应用[M].北京:机械工业出版社,1998.

[2] 齐占庆,等.电气控制技术[M].北京:机械工业出版社,2002.

[3] 周军,等.电气控制及 PLC[M].北京:机械工业出版社,2001.

[4] 金续曾,等.电机电气控制线路图册[M].北京:中国水利水电出版社,1998.

[5] 杨振宽,等.电工最新基础标准手册[M].北京:机械工业出版社,2003.

[6] 郁汉琪,等.电气控制与可编程序控制器应用技术[M].南京:东南大学出版社,2003.

[7] 陈在平,赵相宾,等.可编程序控制器技术与应用系统设计[M].北京:机械工业出版社,2002.

[8] Dietmar Falk, Hans-klaus Gockel, 等. Metalltechnik Grundbildung[M]. Braunschweig:Westermann Schulbuchverlag GmbH,1991.

[9] Peter Bastian, Gimter Hofmann, Otto Spielvogel, 等. Praxis Elektrotehnik[M]. Leinfelden-Echterdingen:Europa-Lehrmittel GmbH&Co,1991.

[10] Guenter Wellenreuther, Dieter Zastrow. Steuerungstechnik mit SPS[M]. Braunschweig:Friedr Vieweg & Sohn Verlagsgesellschaft GmbH,1996.

[11] 陈伯时,等.电力拖动自动控制系统[M].北京:机械工业出版社,1997.

[12] 李宁,刘启新.电机自动控制系统[M].北京:机械工业出版社,2003.

[13] 马国华.监控组态软件及其应用[M].北京:清华大学出版社,2001.

[14] 邓星钟,等.机电传动控制[M].武汉:华中科技大学出版社,2001.

[15] 高钟毓.机电控制工程[M].2 版.北京:清华大学出版社,2002.

[16] 曾励.机电一体化系统设计[M].北京:高等教育出版社,2004.

[17] 李发海,王岩.电机与拖动基础[M].北京:清华大学出版社,2005.

[18] 龚浦泉,陈远龄,等.机床电气自动控制[M].重庆:重庆大学出版社,1988.

[19] 天津电气传动设计研究所.电气传动自动化技术手册[M].北京:机械工业出版社,2005.

郑重声明

高等教育出版社依法对本书享有专有出版权。任何未经许可的复制、销售行为均违反《中华人民共和国著作权法》，其行为人将承担相应的民事责任和行政责任；构成犯罪的，将被依法追究刑事责任。为了维护市场秩序，保护读者的合法权益，避免读者误用盗版书造成不良后果，我社将配合行政执法部门和司法机关对违法犯罪的单位和个人进行严厉打击。社会各界人士如发现上述侵权行为，希望及时举报，我社将奖励举报有功人员。

反盗版举报电话　　（010）58581999　58582371
反盗版举报邮箱　　dd@hep.com.cn
通信地址　　北京市西城区德外大街4号　高等教育出版社法律事务部
邮政编码　　100120

防伪查询说明
用户购书后刮开封底防伪涂层，使用手机微信等软件扫描二维码，会跳转至防伪查询网页，获得所购图书详细信息。
防伪客服电话　　（010）58582300